*I*NTELLIGENT
PROCESSING OF
SPATIAL INFORMATION

空间信息
智能处理

张飞舟　　刘典 / 编著

北京大学出版社
PEKING UNIVERSITY PRESS

图书在版编目 (CIP) 数据

空间信息智能处理 / 张飞舟，刘典编著 . —北京：北京大学出版社，2019. 11
ISBN 978-7-301-29984-5

Ⅰ. ①空… Ⅱ. ①张… ①刘… Ⅲ. ①空间信息技术 Ⅳ. ① P208

中国版本图书馆 CIP 数据核字 (2018) 第 239578 号

书　　　名	空间信息智能处理	
	KONGJIAN XINXI ZHINENG CHULI	
著作责任者	张飞舟　刘典　编著	
责 任 编 辑	王剑飞	
标 准 书 号	ISBN 978-7-301- 29984-5	
出 版 发 行	北京大学出版社	
地　　　址	北京市海淀区成府路 205 号　100871	
网　　　址	http://www. pup. cn　新浪微博 : @ 北京大学出版社	
电 子 信 箱	zpup@pup. cn	
电　　　话	邮购部 010-62752015　发行部 010-62750672　编辑部 010-62765014	
印 刷 者	河北滦县鑫华书刊印刷厂	
经 销 者	新华书店	

730 毫米×980 毫米　16 开本　21.25 印张　12 彩插　450 千字
2019 年 11 月第 1 版　2019 年 11 月第 1 次印刷

定　　　价　80. 00 元

内 容 简 介

空间信息智能处理是在信息科学和空间信息技术发展的支持下，以地球表层系统为研究对象，以地球系统科学、信息论、控制论、系统论和人工智能的基本理论为指导，运用多空间信息技术和数字信息技术，来获取、存储、处理、分析、显示、表达和传输反映空间分布特征、具有时空尺度概念和空间定位含义的空间信息，以研究和揭示地球表层系统各组成部分之间的相互作用、时空特征和变化规律，为全球变化和区域可持续发展研究服务.

本书介绍了空间认知理论以及地球空间信息科学相关背景知识；从人工智能时代空间信息智能处理的必要性、重要性和紧迫性出发，全面阐述了模式识别、专家系统、模糊理论、人工神经网络、优化算法、多源空间信息融合、大数据等多项技术理论基础，详细探讨了已有技术在空间信息智能处理中的典型应用实例.

本书可作为高等院校遥感、地理信息科学等相关专业空间信息智能处理课程的教材或教学参考书，也可供计算机、自动化、人工智能、智慧城市等专业的高校师生以及技术或管理人员参考使用，还可用于职业培训.

前　言

随着传感网、天地一体化监测网络以及遥感和对地观测技术的蓬勃发展，人类获取和处理地球空间信息的能力达到了空前水平. 随着多平台、多传感器、多分辨率、多波段和多时相的遥感数据呈指数级增长，全球导航卫星系统(global navigation satellite system，GNSS)数据获取的速度和精度迅速提高，地理信息系统(geographic information system，GIS)非结构化数据越来越多、数据更新周期越来越短，空间信息(spatial information)朝着体量大、类型杂、时效强和价值高的大数据特征发展，传统的空间信息处理方法已不再适应于大数据时代需求. 遥感图像分类、GNSS 定位结算和高程拟合，矢量数据存储、管理与分析等常规任务在准度、精度、效率上对空间信息处理提出了更高的要求，遥感图像计算机解译与自动分析、GNSS 自动定位与导航、GIS 自动建模与数据挖掘等新型工作更是对空间信息处理提出了智能化的要求. 由此，发展日益成熟的人工智能技术与空间信息科学的结合势在必行，空间信息智能处理已迫在眉睫.

空间信息智能处理涉及的学科和技术众多，既包括地球空间信息科学、遥感科学、地理信息科学、测绘科学，也包括计算机科学、人工智能、物联网，甚至还包括图像处理、控制论、大数据等内容. 空间信息基础设施已逐步完备，高分遥感卫星、小卫星、北斗系统、数字城市等的建设，产生了海量的空间信息；遗传算法、神经网络、模式识别、专家系统等智能算法的发展和改进，使得空间信息智能处理成为研究热点. 毋庸置疑，空间信息智能处理和智慧地球、智慧城市的建设分不开，也和物联网、云计算、大数据等技术紧密相连——各类卫星、传感器、监测设备形成实时监测网络，地球本身信息以及地球表面人和事物的信息千变万化，而这些信息之中 80% 都与空间位置有关，故而智慧地球依托于空间信息及其更新，从而实现更透彻的感知和更全面的互联互通；物联网将万物互联，各种设备、事物、人员之间的信息在其中穿梭不停；云计算和大数据等技术则为大体量数据的处理和分析提供了解决方案. 在空间信息获取与采集，空间信息存储与管理，空间信息处理和分析等一体化信息系统中，空间信息智能处理起着提高获取和采集效率，优化存储和管理方案，增强处理和分析能力的作用.

笔者已在 2010 年编著的《物联网技术导论》①和 2012 年编著的《物联网应

---

① 张飞舟,杨东凯,陈智. 物联网技术导论. 北京:电子工业出版社,2010.

用与解决方案》^①两书中就物联网技术基础和应用方案进行了详细阐述,并于
2015 年编著的《智慧城市及其解决方案》^②一书中详细论述了智慧城市相关技
术、解决方案和应用实例. 笔者在完成智慧城市总体框架设计、关键技术分析以
及典型应用案例等基础上,从空间信息科学如何在智慧城市建设中发挥主体作
用的视角出发,完成了对智慧城市建设从整体到局部、从主干到细节的详细阐
述. 本书以总体与分布结构的形式,首先介绍空间认知和地理信息理论的背景
知识,并详细给出地球空间信息科学的相关学科知识,论述空间信息智能处理
的必要性和研究内容;然后分章论述模式识别、专家系统、模糊理论、人工神经
网络、优化算法、空间信息智能融合和大数据的理论基础及其在空间信息智能
处理中的典型应用,力争做到理论和实践相结合,以及图文并茂. 为了更加清晰
准确反映图像内容,书中部分需要彩色呈现的图表附在书后彩插中.

　　在撰写过程中,本书参考或引用了大量文献,其中大多数已在书中注明了
出处,但难免有所疏漏. 在此,向有关作者表示感谢,并对未能注明出处的资料
原作者表示歉意.

　　本书由笔者与刘典主笔编写,参与部分编写工作的还有叶威惠和邹贵祥.
在编写过程中,北京航空航天大学杨东凯教授就本书的组织结构和技术内容提
供了许多宝贵意见,本书还得到了中国科学院遥感与数字地球研究所陈良富、
张立福两位专家的支持和帮助,在此特向他们表示诚挚的谢意.

　　由于编著者水平有限,书中难免有错误和疏漏之处,恳请读者批评指正.

张飞舟

2018 年 8 月

于燕园

---

①　张飞舟,杨东凯. 物联网应用与解决方案. 北京:电子工业出版社,2012.
②　张飞舟,杨东凯,张驰. 智慧城市及其解决方案. 北京:电子工业出版社,2015.

目　　录

第一章 绪 论

1.1 从地理空间到空间信息理论

1.1.1 地理系统

地理系统是指某一个特定时间和特定空间的,由两个或两个以上相互区别又相互联系、相互制约的地理要素或过程所组成的,具有特定功能和行为,与外界环境相互作用,并能够自动调节和具有自组织(self-organization)功能的整体. 地理系统是一种宏观范围的时空有序结构,其自组织功能表现为在地理系统形成和发展的整体过程中,经历着混沌(chaos)、平衡、演变等不同的阶段. 地理系统的自组织是指系统在无外界强迫(制)条件下,自发形成的有序调节自身功能的行为. 地理系统及其各子系统(如河流、湖泊子系统,森林、草原子系统等)都具有自组织功能,例如沙漠中的灌木和高山岩石裂缝中的树木等,都是地理系统自组织行为的结果.

地理系统形成之初呈混沌状态. 研究地理系统混沌状态的理论称为地理系统的混沌理论,这是地理系统自组织的起点. 所谓混沌,又称"混乱""紊乱""无规划"等,是研究事物在初始阶段如何进行自组织的理论. 自然和社会领域到处都存在着杂乱无章的事物、飘忽不定的状态和极不规则的行为. 但是,在这些无规则现象的深处又蕴藏着一种奇异的秩序. 混沌不是简单的无序或混乱,而是没有明显的周期性和对称性,但却有丰富的内部层次性和有序性. 研究地理系统混沌理论的目的就是从地理系统的紊乱中寻找规律,而自相似理论与分形分维原理是从紊乱中寻找规律的有效方法. 自相似理论的核心思想是指自然或社会现象在统计意义上,总体形态的每一部分可以被看作是整体标度(指级别或观测数目等)减少的映射,不论形态多么复杂,其在统计或概率上的相似性是普遍存在的. Mandelbrot 认为,自然和社会现象复杂的几何形态,可用如式(1.1)所示的指数函数方式来表达:

$$D = \frac{\ln N(r)}{\ln r}, \tag{1.1}$$

式中,D 为分形(fractal)数;r 为长度(面积或体积);$N(r)$ 是以 r 作为尺度的观测数目.

　　分形是复杂形态的一种参数量,只有具有自相似性结构的形体,才能进行分形研究. 分维(dimension)是指一个几何形体的维数等于确定其中任意一个点的位置所需要的独立坐标的数目,可分为拓扑维和分数维. 拓扑维指一个几何图形中的任意相邻点,只要它们是连续的,无论通过怎样拉伸、压缩、扭曲变成各种形态,相邻点的关系都不会改变;它是拓扑变换的不变量. 拓扑维定义为

$$d = \frac{\ln N(r)}{\ln(1/r)}, \tag{1.2}$$

而分数维则定义为

$$d_0 = \lim_{r \to 0} \frac{\ln N(r)}{\ln(1/r)}. \tag{1.3}$$

　　地理系统发展过程中,自组织功能行为的结果表现为地理系统的平衡状态. 描述这种平衡状态的有地理系统协同论、人与自然相互作用理论、人地系统理论、整体性(geospatial entirety)与分异性(geospatial differentiation)理论、地带性规律、地理空间结构与空间结构功能的区位理论等.

　　按照协同论的观点,地理系统的各要素或各子系统之间既存在着相互联系、相互依存、相互协作的一面,又存在着相互制约、相互排斥、相互竞争的一面,即既有协同性,又有制约性,这是普遍规律. 例如,如果地形发生了明显变化,则首先是气候随着变化;如果气候改变了,则植物也会随着改变. 地理系统协同论的重要思想是系统中各要素或子系统功能相加具有非线性特性,整体功能的效果可能大于各部分功能之和,也可能小于各部分功能之和,这由系统的结构或系统的有序程度来决定,其中序参量对整个系统起着控制作用. 气候与地形是农、林、牧等系统的序参量,可耕地资源与淡水资源是西北地区农业系统的序参量. 序参量和系统配合得好,效果就好;反之,亦然.

　　在人与自然相互作用理论、人地系统理论方面,历史上曾有过环境决定论、人定胜天论、人与环境协调理论等,但最完备、最科学的还是现在的可持续发展理论. 可持续发展理论的核心是资源、环境、社会和经济的协调发展,而地球的资源和环境的容量又是有限的. 人们对地球或自然界的索取,不能超过地球的承载力;人们对资源和环境的利用,必须遵循客观规律. 经济和社会的发展,既要满足当代人的需要,又不能影响后代人的需求,也就是不能以对资源和环境的破坏为代价来换取社会经济的增长.

　　地理系统的整体性与分异性理论、地带性规律是地理系统宏观的、普遍的规律. 地理系统是整体性与分异性的统一. 地理空间的整体性是指任何地理系统或区域系统都是"人类-自然环境综合体",也是资源、环境、经济和社会的综合体;地理空间的分异性或地带性是指由于地球表层物质和能量分布的不均匀性所造成的地理空间的分异特征,例如海陆分布、地形高低、岩石组成、温度和降

水的差异,矿产资源、土地资源、淡水资源、生物资源的差异,以及人口、社会和经济的差异.这种差异性表现出明显的地带性规律,如地理空间气温、降水的纬度地带性和经度地带性,植被、地貌类型的垂直地带性等等.

地理空间结构与空间结构功能具有区位特征.地理空间结构(geospatial structure)是指在一特定的空间范围或区域内,资源、环境、经济和社会等诸要素的组合关系或耦合关系,及同一空间范围内的资源、环境、经济和社会等的配套关系.地理空间结构功能(geospatial structure function)是指区域所具有的经济和社会发展潜力的大小,或可持续发展能力的大小.具有最佳地理空间结构的地区,一定具有最强的地理空间结构功能.即使某个空间范围的地理空间结构有好有坏,功能有强有弱,也不能说明局部情况存在有差别;这完全取决于局部条件,这就是区位.也就是说,在空间结构好的区域内,可能存在着局部相对较差的;在空间结构差的区域内,也可能存在着局部相对较好的.在空间结构功能强的区域内,可能存在着局部功能相对较弱的;在空间结构功能弱的区域内,也可能存在着局部功能较强的.地理空间区位理论可以用于军事地理空间结构分析与运用.

地理系统的平衡状态是相对的、变化中的平衡.地理系统变化的主要方式是渐变与突变,渐变到一定程度就会发生突变.这时,地理系统的自组织功能已不能发挥作用,因此地理系统的突变是自组织的终点.地理系统的突变理论(catastrophe theory)是研究系统状态随外界控制参数连续改变而发生的不连续变化的理论,即在条件的转折点(临界点)附近,控制参数的任何微小变化都会引起系统发生突变,且突变都发生在系统结构不稳定的地方.最典型的地理系统的突变现象是地震、火山爆发、生物种群的突变等.

1.1.2　地理空间认知

认知是一个人认识和感知世界时所经历的各个过程的总称,包括感受、发现、识别、想象、判断、记忆以及学习等.奈瑟尔(Neisser)把认知定义为"感觉输入被转换、简化、加工、存贮、发现和利用诸过程",因此认知就是"信息获取、存贮转换、分析和利用的过程",简言之就是"信息的处理过程".

空间认知是有关空间关系的视觉信息的加工过程,由一系列心理变化组成;人们通过此过程获取日常空间环境中有关位置和现象属性的信息(包括方向、距离、位置和组织等),对其进行编码、储存、记忆和解码.空间认知涉及一系列空间问题的解决,如行进中测定位置、察觉街道系统、找路、选择指路信息、定向等.

地理空间认知是研究人们怎样认识自己赖以生存的环境(主要指地球的岩石圈、水圈、大气圈、生物圈等四大圈层)及其相互关系,包括其中的诸事物、现象的相互位置、空间分布、依存关系及其变化和规律；也是指在日常生活中，人类如何逐步理解地理空间，进行地理分析和决策，包括地理信息的知觉、编码、存储、记忆和解码等一系列心理过程。地理空间认知的研究内容包括地理事物在地理空间中的位置和地理事物本身性质。作为认知科学与地理科学的交叉学科，地理空间认知需对认知科学研究成果进行基于地理空间相关问题的优化研究。与认知科学研究相对应，地理认知研究主要包括地理知觉、地理表象、地理概念化、地理知识的心理表征和地理空间推理，涉及地理知识的获取、存储和使用。

地理空间认知包括感知过程、表象过程、记忆过程和思维过程等基本过程。地理空间认知的感知过程是研究地理实体或地图图形（刺激物）作用于人的视感觉器官，产生对地理空间的感觉和知觉的过程。地理空间认知的表象过程是研究在知觉基础上产生表象的过程，通过回忆、联想，使其在知觉基础上产生的映像再现出来。地理空间认知的记忆过程是人的大脑对过去经验中发生过的地理空间环境的反映，可分为感觉记忆、短时记忆、长时记忆、动态记忆和联想记忆。其中，感觉记忆是指视觉器官感应到刺激时所引起的短暂（一般按几分之一秒计）记忆；短时记忆是指感觉记忆中经过注意而能保存到 20 s 以下的记忆；长时记忆是指保持时间在 1 min 以上的信息存储；动态记忆是指随着现实世界客观事物的不断变化人的大脑动态地组织记忆，空间信息系统中各种灵活多样的信息查询功能以及信息的增加、删除、修改功能就是计算机模拟人脑动态记忆过程的最好例证；联想记忆是指通过与其他知识的联系进行的记忆。地理空间认知的思维过程是地理空间认知的高级阶段，并提供关于现实世界客观事物的本质特性和空间关系的知识，在地理空间认知过程中实现着从现象到本质的转化，具有概括性和间接性。

20 世纪 50 年代初，信息科学的问世，给出一个很重要的启示：人脑就是一个加工系统，人们对外界的知觉、记忆、思维等一系列认知过程，可以看成是对信息的产生、接收和传递的过程。计算机和人脑两者的物质结构大不一样，但计算机所表现出的功能和人的认知过程却是如此的类同，即两者的工作原理是一致的，都是输入信息、进行编码、存储记忆以及输出结果的信息加工系统。

之所以强调"空间"这一概念，是因为可以认知的对象是多维的、多时相的，它们存在于地理空间之中。地理空间认知通常是通过描述地理环境的地图或图像来进行的，这就是所谓"地图空间认知"。地图空间认知中的两个重要概念是认知制图（cognitive mapping）和心像地图（mental map）。认知制图可以发生在地图的空间行为过程中，也可以发生在地图使用过程中。所谓空间行为，是指人们把原先已经知道的（长期记忆）和新近获取的信息结合起来后的决策过程的结果。具体的地图空间行为有利用地图进行定向（导向）、环境觉察和环境记忆等. 空间信息系统(或地理信息系统)的功能表明,人的认知制图能力是能够用计算机模拟的,当然这只是一种功能模拟,模拟结果的正确程度完全取决于模拟模型和输入数据是否客观地、正确地反映现实系统. 心像地图是不呈现在眼前的地理空间环境的一种心理表征,是在过去对同一地理空间环境多次感知的基础上形成的,是间接的和概括的,具有不完整性、变形性、差异性(当然也有相似性)和动态交互性. 心像地图可以通过实地考察、阅读文字材料、使用地图等方式来建立.

美国地理信息与分析国家中心(National Center for Geographic Information and Analysis,NCGIA)在 1995 年发表的"Advancing Geographic Information Science"(高级地理信息科学)报告中,提出地理信息科学的战略领域有三个,其中之一为地理空间的认知模型(cognitive models of geographic space). 美国地理信息科学大学研究会(University Consortium for Geographic Information Science)于1996 年发表的"Research Priorities for Geographic Information Science"(地理信息科学的优先研究领域)报告中,也把地理信息的认知(cognition of geographic information)列为第二个重点问题. 由此可见,地理空间认知理论已成为地球空间信息科学公认的基础理论,也是空间信息系统或地理信息系统公认的基础理论.

1.1.3 空间信息理论

空间信息(spatial information)是反映地理实体空间位置和空间分布特征的信息. 地理学通过空间信息的获取、感知、加工、分析和综合,揭示区域空间分布、变化的规律. 空间信息借助于空间信息载体(图像和地图)进行传递. 图形是表示空间信息的主要形式,地理实体可被描述为点、线、面等基本图形元素. 空间信息只有和属性信息、时间信息结合起来,才能完整地描述地理实体. 地理数据是指表征地理圈或地理环境固有要素或物质的数量、质量、分布特征、联系和规律的数字、文字、图形和图像等的总称. 地理信息是有关地理实体的性质、特征、运动状态的表征及其相关知识,以及对地理数据的解释,是地理数据所蕴含和表达的地理含义. 地理信息区别于常规定义的空间信息,即地理信息是空间信息和属性信息的结合. 地理信息理论(geographic information theory,GIT)是地理科学理论与信息科学理论相结合的产物,主要研究地理信息熵、地理信息流、地理空间场、地理实体电磁波以及地理信息关联等方面.

地理信息熵(geographic information entropy,GIE)是用来度量地理信息载体的信息能量,即地理信息载体的信息与噪声(noise)之比,简称信噪比,是评价地理信息载体质量的标准. 香农(C. E. Shannon)以熵作为信息载体的平均信息量的度量,而维纳(R. Winer)认为信息就是负熵.

设有 N 个概率事件发生，每个事件发生的概率为 $p_i, i=1,2,\cdots,N$，于是信息熵为

$$H = -K \sum_{i=1}^{N} p_i \ln p_i. \tag{1.4}$$

地理信息流（geographic information flow，GIF）产生的根源是物质和能量在空间分布上存在着的不均衡现象，其依附于物质流和能量流而存在，也是物质流和能量流的性质、特征和状态的表征及知识．地理信息流是地理系统的纽带，有了地理信息流，地理系统才能运转．空间信息系统（或地理信息系统）就是研究由于地理物质和能量的空间分布不均衡性所造成的物质流和能量流的性质、特征和状态的表征及知识，研究地理信息流的时空特征、地理信息传输机理及其不确定性与可预见性．

地理空间场理论（theory of geographic spatial field，TGSF），即地理能量场信息理论，是指对于不同的地理实体，其物质成分可能不同，这样就可以形成不同的地理空间或地理空间场．不同地理实体的地理空间，对人类具有不同的吸引力，也可能形成某些特殊的地理空间或地理空间场；不同的地理空间或地理空间场具有不同的物理参数量，也就具有不同的能量信息的空间分布特征．空间信息系统中经常要研究的重点地区或重点目标，就是这里所说的特殊地理空间或地理空间场．

地理实体的电磁波能量信息理论是作为空间信息系统主要信息源的遥感信息的基础理论．遥感信息是指运用传感器从空间（或一定距离），通过对目标物电磁波能量特征的探测与分析，获得目标物的性质、特征和状态的电磁波信号的表征及有关知识．大量事实证明：任何物质都具有反射外来电磁波的特征；任何物体都具有吸收外来电磁波的特征；某些物体对特定波长的电磁波具有透射特征；任何地理实体因其物质成分、物质结构、表面形状及特征的不同，都具有不同的电磁波辐射特征；任何同一属性或同一类型的地理实体因其物质成分和物质结构存在一定的变幅，其电磁波辐射数值也存在一定的变幅．由于同一类型的电磁波辐射值存在一定的变幅，因此地物波谱是一个具有一定宽度的带，部分波谱带还存在重叠，这些都是遥感信息形成的基础理论．

地理信息关联性理论是从事物间的联系、依存和制约的普遍性原则出发，研究地理信息间的内在联系和机理，把握庞杂、瞬变信息之间的相互关系，发挥地理信息综合集成的优势，更全面、客观、及时地认识世界，以此作为指导可持续发展研究中的模拟、评估和预测，以及指导高水平的地理信息共享的基础理论．地理信息关联的体系可以用"维"来描述：首先，人是自然和社会的中心，可以作为地理信息关联体系的原点；自从有了人就存在人地关系，这就可以划分出人类系统和自然环境两维，它们涵盖和贯穿着整个人地关系；人的能动性是

决定人类社会发展方向的重要因素,因此能动维作为地理信息关联体系的第三维.无论自然环境维、人类系统维和能动维都是在时间和空间中相互联系和发展变化的,因而构成了地理系统的三维模式;而人类系统的能动性作为第一维,时间和空间分别作为第二维、第三维,则构成地理信息关联的三维模式.地理信息关联性理论对于空间信息系统的信息获取、组织、分析、综合、模拟、评估、预测,以及地理信息融合、信息共享等都具有重要的指导作用.

1.2 地球空间信息获取

1.2.1 遥感技术

地球表面地物目标空间信息获取主要由遥感平台(platform for remote sensing)、遥感器(remote sensor)等协同完成.遥感平台是安放遥感仪器的载体,包括气球、飞机、人造卫星、航天飞机以及遥感铁塔等.遥感器是接收与记录地表物体辐射、反射与散射信息的仪器.目前,常用的遥感器包括遥感摄影机、光机扫描仪、推帚式扫描仪、成像光谱仪和成像雷达.按其特点,遥感器可分为摄影、扫描、雷达等几种类型.

1. 遥感平台

遥感平台是指安装放置遥感传感器的飞行器,是用于安置各种遥感仪器,使其从一定高度或距离对地面目标进行探测,并为其提供技术保障和工作条件的运载工具,是遥感中"遥"字的体现者.现代遥感平台有气球、飞机、人造地球卫星和载人航天器等.对地观测的遥感平台应能提供稳定的对地定向,并对平台飞行高度、速度等有特定的要求.此外,遥感平台还应提供遥感器合适的环境,如振动和抖动小、电磁干扰小、温度在合适的范围等.高精度、高分辨率的遥感器对平台更有严格的要求,如平台姿态控制和安装精度的要求等.对于像雷达类型的遥感器,遥感平台还需提供安装天线、较大的电源功率等条件.对于像热红外光谱段的遥感器,遥感平台还需要提供能满足遥感器所需的工作温度(致冷)条件,如在卫星上提供安装辐射致冷器或其他致冷器.

遥感平台根据遥感目的、对象、技术特点(如观测的高度或距离、范围、周期,遥感平台的寿命和运行方式等)及载体的不同大体可分为近地遥感平台、航空遥感平台、航天遥感平台三种类型.

(1)近地遥感平台,如固定的遥感塔、可移动的遥感车、舰船等,通常指遥感器搭载的遥感平台距离地面高度在 800 m 以下,包括系留气球(500~800 m)、牵引滑翔机和无线遥控飞机遥感(50~500 m)、遥感铁塔(30~400 m)、遥感吊车(5~50 m)、地面遥感测量车等遥感平台.

(2) 航空遥感平台(空中平台),如各种固定翼和旋翼式飞机、系留气球、自由气球、探空火箭等,通常指遥感器搭载的遥感平台为航空器.它包括距离地面高度小于 1 km 的航空摄影测量,2~20 km 中空飞机遥感、20 km 以上的高空飞机遥感.

(3) 航天遥感平台(空间平台),如各种不同高度的人造地球卫星、载人或不载人的宇宙飞船、空间站和航天飞机等,即其遥感器搭载的遥感平台为航天器.这些具有不同技术性能、工作方式和技术经济效益的遥感平台,组成一个多层、立体化的现代化遥感信息获取系统,为完成专题的或综合的、区域的或全球的、静态的或动态的各种遥感活动提供技术保证.其中,航天飞机和天空实验室轨道高度在 240~350 km,军事侦察卫星在 150~300 km,陆地卫星或地球观测卫星轨道高度在 700~900 km,其获取的地面图像分辨率为 1~80 m 不等,地球静止卫星的轨道高度在 36×10^3 km 左右,其获取的卫星影像的地面分辨率偏低.

选择遥感平台的主要依据是遥感图像空间分辨率.通常,近地遥感平台的地面分辨率高,而观测范围小;航空遥感平台的地面分辨率中等,其观测范围较广;航天遥感平台的地面分辨率低,但覆盖范围广.

2. 遥感平台与遥感影像关系

遥感平台与遥感影像的关系主要表现在以下几个方面:

(1) 平台的运行高度影响着遥感影像的空间分辨率;

(2) 获取同一地区影像的周期称为遥感影像的时间分辨率,平台的运行周期决定着遥感影像的时间分辨率;

(3) 平台的运行时刻(或卫星星下点的地方时)决定着探测区域的太阳高度,从而间接决定着遥感影像的色调及阴影;

(4) 平台运行稳定状况决定着所获取遥感影像的质量;

(5) 特殊的遥感任务对遥感平台有特殊的要求.

一般遥感卫星的轨道面倾角约为 90°,为近极轨卫星.轨道面倾角的大小决定了卫星可能飞越地面的覆盖范围,例如 Landsat 的轨道面倾角为 99°,地面覆盖范围为 81°S~81°N(南纬 81 到北纬 81).

遥感卫星通常都采用太阳同步轨道.所谓太阳同步轨道,是指卫星轨道面与太阳地球连线之间的夹角不随着地球绕太阳公转而改变.太阳同步轨道可以使卫星通过任意纬度时平均地方时保持不变,从而使卫星能够在太阳光照角基本相同的条件下对地观测,这样给遥感资料的处理带来很大方便,比如能够方便遥感图像的色调对比等.

3. 遥感器基本组成与特征

遥感器通常是由收集单元、探测单元、信号转换单元、记录或通信单元等四部分组成.

（1）收集单元. 遥感应用技术是建立在地物的电磁波谱特性基础之上的, 而实现把来自地面的电磁波收集起来功能的单元即为收集单元. 不同的遥感器有不同的收集单元, 如透镜、反射镜和天线等. 对于多波段遥感, 收集单元还包括按波段分波束的元件, 通常采用各种散光器件, 如滤光片、棱镜、光栅等.

（2）探测单元. 遥感器中最重要的部分就是探测单元, 是真正接收地物电磁辐射的器件, 它把探测到的混合光电磁波分解为不同波段光谱并将其转换成其他形式信号的功能单元. 常用的探测元件有感光胶片、光电敏感元件、固体敏感元件和波导等.

（3）信号转换单元. 除了摄影照相机中的感光胶片, 从光辐射输入到光信号记录, 无须信号转换之外, 其他遥感器都有信号转换问题, 光电敏感元件、固体敏感元件和波导等输出的都是电信号, 从电信号转换到光信号必须有一个信号转换系统, 该转换系统可以直接进行电光转换, 也可进行间接转换, 先记录在磁带上, 经磁带由电光转换输出光信号.

（4）记录或通信单元. 遥感器的最终目的是要把接收到的各种电磁波信息, 用适当的方式输出, 输出必须有一定的记录单元. 记录单元是将探测到的电磁波信息用适当的介质记录下来, 记录的介质包括胶片、磁带和磁盘等. 通信单元是将探测到的电磁波信息传输到异地接收装置的功能单元.

4. 遥感器特性与遥感参数

遥感器收集与记录的是地球表面观测目标的反射、辐射能量, 因此遥感器的特性决定着遥感构像的特征. 以扫描成像类型的遥感器为例, 遥感器的特性影响着遥感构像.

（1）空间分辨率

遥感器探测阵列单元的尺寸决定了遥感构像的空间分辨率. 在使用扫描仪探测地面目标时, 载着地物分布信息和属性信息的电磁波, 通过大气层进入遥感器, 借此遥感器内部的探测单元阵列对地物分布进行成像. 此时, 如果遥感器中探测阵列能把两个目标作为两个清晰的实体记录下来, 则这两目标间的最小距离就是图像空间分辨率, 它可以用图像视觉清晰度来衡量.

（2）辐射分辨率

遥感器探测元件的辐射灵敏度和有效量化级决定了遥感构像的辐射分辨率. 辐射分辨率是指遥感器探测元件在接收电磁辐射信号时能分辨的最小辐射度差. 探测分光后的电磁波并把它转换成电信号的元件称为探测元件, 其作用是实现光电变换并在这种变换的过程中完成信息的传递.

（3）波谱分辨率

波谱分辨率是指遥感器在接收目标辐射的波谱时能分辨的最小波长间隔.

间隔愈小,波谱分辨率愈高,反之愈低.在遥感器设计中,波谱分辨率设计必须考虑的因素如下:一是使用多少波谱波段;二是如何确定所用波段在总光谱范围中的位置;三是如何确定所用各个波段的波谱带宽度.

随着遥感器制造的工艺技术水平的进步,遥感器使用的波谱波段正在迅速增加.成像光谱仪在可见光-红外波段范围内,被分割成几百个窄波段,具有很高的光谱分辨率,从其近乎连续的光谱曲线上,可以分辨出不同物体光谱特征的微小差异,有利于识别更多的目标.对于高光谱遥感来说,不同波段之间的相关系数将随着波长间隔距离的增加而单调减少.要想确定一个波段在总光谱范围中的位置,需要考虑使用该波段对地观测的特点,根据地物反射或辐射特性来选择最佳.如探测地物自身热辐射,应在 $8\sim12\,\mu m$ 波长范围选择最佳位置,而探测森林火灾等则应在 $3\sim5\,\mu m$ 波长范围选择最佳位置,才能取得好效果.此外,还需要考虑波段与波段之间的平衡分布,作为一个通用遥感器,与已有遥感器的兼容问题也应纳入考虑范围.

5. 常见遥感信息获取系统

(1) 光学成像类型

光学照相机是最早的一种遥感器,也是当今常见的一种遥感器.它的工作波段在近紫外到近红外之间($0.32\sim1.3\,\mu m$),对不同波段的感应决定于相机的分光单元和胶片类型.空间分辨率决定于光学系统的空间分辨率和胶片里所含银盐颗粒的大小,光学照相机获取的遥感影像一般而言具有较高的空间分辨率.用于遥感的光学相机有分幅式摄影机、全景摄影机以及多光谱摄影机等类型.

(2) 扫描成像类型

① 光机扫描仪

光机扫描仪是对地表的辐射分光后进行观测的机械扫描型辐射计,一般在扫描仪的前方安装可转动的光学镜头,依靠机械传动装置使镜头摆动,并形成对地面目标的逐点逐行扫描.它把卫星的飞行方向与利用旋转棱镜式摆动镜对垂直飞行方向的扫描结合起来,从而收到二维信息.这种遥感器基本由采光、分光、扫描、探测元件以及参照信号等部分构成.在光机扫描所获得的影像中,每条扫描带上影像宽度与图像地面分辨率分别受到总视场和瞬时视场的影响.总视场(field of view,FOV)是遥感器能够受光的范围,决定成像宽度.瞬时视场角(instantaneous field of view,IFOV)决定了每个像元的视场.通常说来,瞬时视场角对应的地面分辨单元是一个正方形,该正方形是瞬时视场角对应的地表面积.严格说来,光机扫描中瞬时视场角对应的每个像元是个矩形.光机扫描成像时每一条扫描带都有一个投影中心,一幅图像由多条扫描带构成,因此遥感影像为多中心投影.每条扫描带上影像的几何特征服从中心投影规律,在航向上影像服从垂直投影规律.

陆地卫星 Landsat 上的多光谱扫描仪(multispectral scanner, MSS)、专题成像仪(thematic mapper, TM)及气象卫星上的甚高分辨率辐射计(advanced very high resolution radiometer, AVHRR)都属这类遥感器. 这种机械扫描型辐射计与推帚式扫描仪相比具有扫描条带较宽、采光部分的视角小、波长间的位置偏差小、分辨率高等特点,但在信噪比方面劣于推帚式扫描仪.

② 推帚式扫描仪

推帚式扫描仪也叫刷式扫描仪,采用线列(或面阵)探测器作为敏感元件. 线列探测器在光学焦面上垂直于飞行方向上做 x 轴横向排列,当飞行器向前飞行完成 y 轴纵向扫描时,排列的探测器就像扫帚扫地一样实现带状扫描,从而得到目标物的二维信息,推帚式扫描由此而得名.

光机扫描仪是利用旋转镜扫描,逐个像元地采光;而推帚式扫描仪是通过光学系统一次性获得一条线的图像,然后由多个固体光电转换元件进行电扫描,代表了更为先进的遥感器扫描方式. 人造卫星上携带的推帚式扫描仪因无光机扫描那样的机械运动部分,结构上可靠性高,因此在各种先进的遥感器中均获得应用. 但是,由于使用多个感光元件把光同时转换成电信号,当感光元件之间存在灵敏度差时,往往产生带状噪声. 实际应用中,线性阵列遥感器多使用电荷耦合器件(charge-coupled device, CCD),这项技术已用于 SPOT(法文 systeme probatoire d'observation de la Terre,地球观测系统)卫星上的高分辨率遥感器(high resolution remote sensor, HRV)和 MOS-1 卫星上的可见光-红外辐射计 MESSR. 与光机扫描仪相比,它具有感受波谱范围宽、元件接受光照时间长、无机械运动部件、系统可靠性高、噪声低、畸变小、体积小、重量轻、功耗小以及寿命长等一系列优点.

(3) 成像光谱仪

成像光谱仪是遥感领域中的新型遥感器,它把可见光、红外波谱分割成几十个到几百个波段,每个波段都可以取得目标图像,并对多个目标图像进行同名地物点取样;波段数愈多,取样点的波谱特征值就愈接近于连续波谱曲线. 这种既能成像、又能获取目标光谱曲线的"谱像合一"技术称为成像光谱技术,借此原理制成的遥感器称为成像光谱仪.

这类成像光谱仪有以下特点:探测器积分时间长,像元的凝视时间增加,可以提高系统灵敏度或空间分辨率;在可见光波段,因目前器件成熟,集成程度高,光谱维的分辨率也可以提高到 $1\sim2$ nm 的水平;成像部件无须机械运动,仪器体积比较小. 在可见光、近红外波段,此类成像光谱仪目前很多,有的已经达到商品化的水平,其主要不足之处是受器件限制且短波红外灵敏度还不理想. 具有代表性的面阵推帚型机载成像光谱仪是加拿大的 CASI(canadian aeronautics and space institute)系统,我国研制的成像光谱仪 PHI(pushbroom hyperspectral imager，推帚式超光谱成像仪）也属于这种类型．成像光谱仪影像的光谱分辨率高，每个成像波段的宽度可以精确到 0.01 mm，有的甚至到 0.001 mm．成像光谱仪获得的数据不是传统意义上某个多光谱波段内辐射量的总和，它可以看成是对地物连续光谱中抽样点的测量值．一些在宽波段遥感中不可探测的物质，在高光谱遥感中有可能被探测出来．

（4）微波成像系统

在电磁波谱中，波长在 1 mm～1 m 的波段范围称为微波，其频率范围为 300 MHz～300 GHz．微波遥感是研究微波与地物相互作用机理，以及利用微波遥感器获取来自目标地物发射或反射的微波，并进行处理分析与应用的技术．与无线电波相比，微波具有频率高、频带宽、信息容量大、波长短、能穿透电离层和方向性好等特点．微波遥感分为主动微波遥感与被动微波遥感．微波成像系统主要以成像雷达为代表，属于主动微波遥感．

微波成像是指以微波作为信息载体的一种成像手段，其原理是用微波照射被测物体，然后通过物体外部散射场的测量值来重构物体的形状或（复）介电常数分布．由于介电常数大小与生物组织含水量密切相关，故微波成像非常适合对生物组织成像．当较大不连续性限制了超声波成像的效率，生物组织的低密度限制了 X 射线的使用时，微波却可以发挥独特的作用，获得其他成像手段无法获得的信息．微波成像具有安全、成本低、理论上可对温度成像等特点．用于成像的侧视雷达有以下两种：

① 真实孔径雷达（real aperture radar，RAR）

孔径（aperture）的原意是光学相机中打开快门的直径．在成像雷达中沿用这个术语，含义为雷达天线的尺寸．RAR 是按雷达具有的特征来命名的；它表明雷达采用真实长度的天线接收地物后向散射，并通过侧视成像．在最简单的实现方法中，距离分辨率是利用发射的脉冲宽度或持续时间来测定的，最窄的脉冲能产生最优的分辨率．在典型的二维微波图像中，距离是沿雷达平台的航迹测量的，雷达通过天线发射微波波束，微波波束的方向垂直于航线方向，投在一侧形成窄长的一条辐射带．波束遇到地物后发生后向散射，接收机通过雷达天线按时间顺序先后接收到后向散射信号，并按次序记录下信号的强度，在此基础上计算机算出距离分辨率．方位与距离保持垂直，方位分辨率与波束锐度成正比关系．正如光学系统需要较大透镜或镜像来获得较优分辨率一样，工作在极低频率上的雷达也需要较大的天线或孔径来产生高分辨率的微波图像．

② 合成孔径雷达（synthetic aperture radar，SAR）

SAR 就是利用雷达与目标的相对运动，把尺寸较小的真实天线孔径用数据处理的方法合成一个较大的等效天线孔径的雷达，是对 RAR 的技术创新．合成孔径的设计思想就是通过一定的信号处理方法，使得合成孔径雷达的等效孔径相当于一个很长的真实孔径雷达的天线. 由于合成孔径等于目标处于同波束内雷达所行进的距离,是一个虚拟的天线长度,由此可大大提高方位分辨率. 但是,距离分辨率是根据区分相邻两点之间的回波延时和多普勒频移来实现的,因此 SAR 无法解决距离分辨率提高的问题. RAR 和 SAR 充分利用线性调频技术,解决时带的矛盾,进而提高距离分辨率.

每类遥感器都有各自的特点和应用范围,可以互相补充. 例如,光学照相机的特点是空间几何分辨率高,解译较易,但它只能在有光照或晴朗的天气条件下使用,而在黑夜或云雾雨天时不能使用. 多光谱扫描仪的特点是工作波段宽、光谱信息丰富、各波段图像易配准,也只能在有光照或晴朗天气条件下使用. 热红外遥感器和微波辐射计的特点是能昼夜使用、温度分辨率高,但也常受气候条件的影响,特别是微波辐射计的低空间分辨率更使其在应用上受到限制. 侧视雷达有源微波遥感器的特点是能昼夜使用,基本适应各种气候条件(特别恶劣的天气除外);在使用波长较长的微波时,能检测植被掩盖下的地理和地质特征;在干燥地区,能穿透地表层到一定深度. SAR 的空间分辨率很高,不会因遥感平台飞行高度增加而降低,在国防和国民经济中都有许多重要用途.

6. 卫星轨道

卫星飞行的水平速度叫第一宇宙速度,即环绕速度. 卫星只要获得这一水平方向的速度后,不需要再加动力即可环绕地球飞行,这时卫星的飞行轨迹称为卫星轨道. 若把地球看成一个均质的球体,它的引力场即为中心力场,其质心为引力中心,那么要使人造地球卫星(简称卫星)在这个中心力场中做圆周运动,就是要使卫星飞行的离心加速度所形成的力(离心惯性)正好抵消(平衡)地心引力,且卫星轨道平面通过地球中心. 若卫星飞行速度稍大一些,则形成椭圆形轨道;若达到逃逸速度,则为抛物线轨道,将绕太阳飞行成为人造行星;若达到第三宇宙速度,则为双曲线轨道,与太阳一样也绕银河系中心飞行.

就卫星而言,其轨道按高度分有低轨道和高轨道,按地球自转方向分为顺行轨道和逆行轨道,此外还有赤道轨道、地球同步轨道、对地静止轨道、极地轨道和太阳同步轨道等特殊轨道. 根据开普勒定律,人造地球卫星在空间的位置可以用几个特定数据来确定,这些数据称为轨道参数. 对地观测卫星轨道一般为椭圆形,轨道有六个参数:(1) 半长轴 a,即卫星离地面的最大高度,用来确定卫星轨道的大小;(2) 偏心率 e,决定卫星轨道的形状;(3) 轨道面倾角 i,即地球赤道平面与卫星轨道平面间的夹角;(4) 升交点赤经 Ω,卫星轨道与地球赤道面有两个交点,卫星由南向北飞行时与地球赤道面的交点称为升交点,由北向南飞行时与地球赤道面的交点称为降交点,而卫星轨道的升交点与春分点之间的角距即为升交点赤经;(5) 近地点角距 ω,即升交点径向与轨道近地点径向之间的夹角;(6) 卫星过近地点的时刻 T. 根据这六个参数,可以确定任何时刻卫星在空间的位置. 对于卫星的跟踪和轨道预报来说,上述参数中最重要的轨道参数是轨道面倾角 i 和升交点赤径 Ω,它们确定了卫星的轨道相对于地球的方位.

1.2.2　测绘技术

1. 空间大地测量技术

空间大地测量是实现大地测量学科各种目标最主要的技术手段,其作用体现在影响大地测量学科今后的发展方向和学科地位. 空间大地测量技术不仅包含卫星重力探测技术,而且还涵盖全球导航卫星系统(global navigation satellite system,GNSS)、激光测距以及长基线干涉测量等众多内容. 激光测距属于绝对定位技术,且具有很高的精度,其主要贡献有:

(1) 建立了全球地心参考系;

(2) 精确地测定了地球的自转参数以及潮汐与非潮汐变化;

(3) 测定了地球质心运动以及地球的平均引力场;

(4) 有效地监测了地球重力场的长波时变量以及测高卫星的轨道确定与校准.

长基线干涉测量通常用于测定长基线,而且该技术还可以有效地监测全球板块运动与测定地球自转运动的变化. 随着 GNSS 不断的发展与进步以及我国北斗导航卫星系统的全面建成,全球卫星定位系统在未来将会有更为广阔的发展空间. 其发展的方向主要包括:(1) GNSS 硬件与软件技术的更新与完善;(2) GNSS 干涉或虚拟干涉技术应用范围的扩大;(3) GNSS 气象学的深入发展;(4) 高精度静态测量与动态 GNSS 技术在各行各业的应用;(5) 空基与星基GNSS 技术应用的扩展.

选用的测绘技术不同,所获取信息的侧重点也不尽相同,通常都具有一定的片面性. 将不同类型的测绘技术相互组合,不仅能够获取更多的测绘信息,增加信息的可靠性,而且在信息相互融合的过程中可以挖掘出更加丰富的知识,进而为推进和改善各种测绘技术提供科学依据. 因此,测绘技术的集成将会成为未来测绘科学发展的一个主要方向,例如 GNSS/InSAR 组合技术.

合成孔径雷达干涉(interferometric synthetic aperture radar,InSAR)技术的应用由于受到卫星定轨精度以及大气传播延迟等因素的影响,很难获得高精度的数字高程模型(digital elevation model,DEM),而且单独的 InSAR 技术也不适用于大面积地表变化和长时间跨度的地壳慢形变监测. 尤其是 SAR 差分干涉的慢形变监测,要求 SAR 图像能够维持长时间的相关性,这就需要所监测的区域具有植被少且地表干燥的特点,一般地区很难满足,因此这项技术不能对陆地下沉、板块的缓慢变形等进行有效的监测.

采用 GNSS 技术来监测地壳的变形运动是目前的一个热门,许多国家都投入大量的资金用来布设 GNSS 监测网. GNSS 技术的特点是只能监测单点的地壳运动;为了提高地壳运动监测的空间分辨率,则需要布设更多数量的 GNSS 监测点,高昂的费用限制了 GNSS 对地壳微变形的监测能力. 将 InSAR 技术与 GNSS 技术相组合,可以充分发挥出两者优势,既可以改正 InSAR 数据本身难以消除的误差,又可以实现 GNSS 高时间分辨率和高平面位置精度与 InSAR 技术高空间分辨率和高程变形精度高的有效统一,即:(1) 利用这两项技术生成的 DEM 能够有效提高干涉区域 SAR 像点的斜距和视角估计精度;(2) 两项技术的融合可以增强干涉相位的信噪比,进而确定干涉区面积,改善地形恢复的精度以及效率;(3) 利用横跨不同干涉图之间 GNSS 基线的变形,能够建立区域性高精度的地标变化基准,从而构造出不同差分干涉区之间高精度的相对运动关系,而且允许差分干涉区之间出现空白区域;(4) 采用实时 GNSS 大气反演技术,能够在很大程度上减少大气传播延迟对 SAR 相位观测的影响.

由此可见,测绘技术的集成化有着巨大的优势,其发展将会使测绘行业更加的科学化.

2. 卫星导航定位技术

卫星测时测距导航/全球导航卫星系统(navigation satellite timing and ranging/global navigation satellite system)是以卫星为基础的无线电导航定位系统,是所有在轨工作的卫星导航系统的总称. 现阶段,世界上主要有四种卫星导航定位系统,分别为美国的全球卫星定位系统(GPS)、俄罗斯的全球导航卫星(GLONASS)系统、我国的北斗卫星定位(BD)系统以及欧洲的伽利略(GALILEO)系统.

GNSS 利用导航卫星进行测时和测距,其定位基本原理是测量出已知位置的卫星到用户接收机之间的距离,综合多颗卫星的数据交会出接收机的具体位置. GNSS 定位至少需要接收到 4 颗卫星信号才能求解出自身坐标,在空旷的室外环境中,终端可以畅通无阻地接收到足够的卫星信号实现高精度定位. 但是,在城市、峡谷区域,终端和卫星之间有建筑物、高山、隧道等物体或地面阻挡时,终端无法接收到四颗以上的卫星,就难以实现有效定位.

GNSS 具有全能性、全球性、全天候、连续性和实时性的精密三维定位功能,而且具有良好的抗干扰性和保密性,能够军民两用,战略作用与商业利益并举. 因此,GNSS 技术在大地测量、工程测量、航空摄影测量、海洋测量、城市测量等测绘领域得到了广泛的应用,在物探测量工作中广泛普及和应用. 对于物理点的放样已经不再仅仅是采用测角和量距,而是借助 GNSS 导航卫星信号来确定地面点的准确位置.

随着 GLONASS 系统、GALILEO 系统以及北斗系统逐步组网运营,综合各大导航系统的多星系统接收机逐步替代了先前 GPS 定位的单一系统,其作业效率及定位的精度、稳定性、可靠性都得到了大幅度的改善. 近年来, 随着全球卫星导航定位产业的快速发展以及我国自主北斗系统的建成, 卫星导航定位技术与产品已进入我国国民经济的多个领域并发挥了重要作用. 2014 年, 我国新一代北斗导航卫星的研制生产工作稳步推进, 北斗卫星导航系统第三步建设已全面启动. 目前, 北斗三号基本系统完成建设, 于 2018 年 12 月 27 日开始提供全球服务, 这标志着北斗系统服务范围由区域扩展为全球, 北斗系统正式迈入全球时代. 我国卫星导航产业已进入高速发展时期, 2017 年我国卫星导航与位置服务产业总体产值超过 2550 亿元, 比 2016 年增长了 20.4%, 已经成为国民经济重要增长点. 根据中国卫星导航定位协会预测, 至 2020 年卫星导航与位置服务产业则将超过 4000 亿元, 北斗相关企业将有望占据 70%~80% 的市场份额, 届时用户规模将达到世界第一, 北斗导航产业未来增长空间巨大.

3. 地球重力探测技术

地球重力场的探测一直是地球与空间科学中非常活跃的一个方面, 因此地球重力测量在未来仍将是获取高分辨率、高精度重力数据的最常用方式之一. 卫星重力场探测技术的成功应用, 使得用卫星对地球重力场的高精度探测进入了一个崭新的时代. 卫星跟踪和卫星重力梯度测量必然成为 21 世纪初物理大地测量新的研究热点. 低-低卫星跟踪技术、卫星重力梯度技术以及卫星测高技术将成为今后卫星重力探测技术的主要发展方向.

以卫星定轨的特点来说, 高-低卫星跟踪方式中低轨卫星若想要提高定轨精度, 那么环境因素的改善是必不可少的, 对于精度的提高有着一定的瓶颈. 然而, 低-低卫星跟踪方式是把几乎在同一轨道面相对静止的两颗卫星之间的基线作为直接观测量, 这样它就对卫星轨道的绝对位置不是很敏感, 对定轨精度的要求也不高. 因卫星之间基线随时间的变化量很小, 假如用 GNSS 对其进行跟踪, 采用 GNSS 干涉技术来提高基线观测的精度以及有效采样率, 则在某些方面低-低卫星跟踪方式的发展空间会非常广阔. 当然, 从成本上来看, 低-低卫星要比高-低卫星要高, 而且其设备利用率也较低, 这些也是系统开发中的制约因素.

4. 海洋测绘技术

海洋测绘技术是从事海洋活动以及海洋高新技术发展的基础, 越来越受到重视. 为了满足人类生活中对海洋空间的利用、资源的合理开发以及对海洋灾害的实时监测与预防等需要, 在未来的一段时间内海洋测绘将会是测绘事业中一个重要的发展方面. 海洋重力场精细结构探测、水下工程测量控制与放样、海底地形图测绘、海洋测绘垂直基准以及海洋空间技术等将成为现阶段测绘科技重点解决和发展的关键技术. 海洋测量方法主要包括海洋地震测量、海洋重力测量、海洋磁力测量、海底热流测量、海洋电法测量和海洋放射性测量.

由于海洋水体存在,需用海洋调查船和专门的测量仪器进行快速地连续观测,一船多用、综合考察. 在海洋调查中,广泛采用无线电定位系统和卫星导航定位系统.

与陆地测量相比,海洋测量的基本理论、技术方法和测量仪器设备等有以下特点:(1) 测量内容综合性强,需多种仪器配合施测,同时完成多种观测项目;(2) 测区条件比较复杂,海面受潮汐、气象等因素影响起伏不定;(3) 大多数为动态作业,测量人员不能用肉眼通视水域底部,精确测量难度较大. 因此,海洋测量一般采用无线电导航系统、电磁波测距仪器、水声定位系统、卫星组合导航系统、惯性导航组合系统,并利用天文方法等手段进行控制点的测定和测点的定位;采用水声仪器、激光仪器等设备,并利用水下摄影测量等方法进行水深测量和海底地形测量;采用卫星技术、航空测量技术以及海洋重力测量和磁力测量技术等方法进行海洋地球物理测量.

1.3 地球空间信息科学

地球空间信息科学相对应的法文为 géomatique,英文名称为 geomatics. 这一术语最早由法国学者伯纳德·杜比森(Bernard Dubussion)创造,是由大地测量学(法语:géodésie,英语:geodesy)和地理信息科学(法语:géoinformatique,英语:geoinformatics)两词结合而成. 这一术语最早在加拿大的大学开始使用,作为一些与测绘有关的院系名称. 与传统的测绘学相比,地球空间信息科学除了包含现代测绘学的所有内容,还增加了利用计算机技术在空间数据和信息处理过程的应用.

地球空间信息科学的核心是采用信息科学的思维方法,以现代技术手段对地球表层进行观测,并对获取的地理空间信息进行处理、分析、存贮和可视化表现. 这些特点标志着地球空间信息学是一门综合的学科,它不仅涉及地表物体的特征信息和空间定位描述,涉及地理空间信息的量化传输机理、信息表达以及信息反演等科学问题,同时还涉及测绘学、地理学、空间科学、信息科学等多个学科领域. 地球空间信息科学的成果目前已经广泛应用于环境、资源、灾害、农业和城市发展等领域,为各行各业提供准确实时的空间信息和空间数据.

1.3.1 地球空间信息科学的形成

地球作为人类赖以生存的最基本的物质基础,与社会可持续发展密切相关. 人与自然的协调发展是社会可持续发展的最基本条件,在认识自然、改造自然的过程中必须正确处理人与自然的关系,如合理利用资源,提高资源的利用效率,统筹规划国土资源的开发和整治,控制环境污染,改善生态环境等. 随着社会和技术的迅速发展,人类改造自然的能力不断增强,人类活动引起的全球变化日益成为关注的焦点.从最近几个世纪的历史看,人类活动对地球生态的影响主要是向变坏的方面发展.世界人口的急剧增加造成了资源的大量消耗,生态环境的恶化也成为有目共睹的事实.概括地讲,人口、资源、环境和灾害是当今人类社会发展所面临的重大问题.

地球及其环境是一个复杂的巨系统,为了解决上述问题,要求以整体的观点认识地球.随着人类社会步入信息时代,有关地球科学问题的研究需要以信息科学为基础,并以现代信息技术为手段,从而建立了地球信息的科学体系.地球空间信息科学作为地球信息科学的一个重要分支,将为地球科学问题的研究提供数学基础、空间信息框架和信息处理的技术方法.地球空间信息广义上指各种空载、星载、车载和地面测地遥感技术所获取的地理系统各圈层物质要素存在的空间分布和时序变化及其相互作用信息的总体.地球空间信息科学作为信息科学和地球科学的交叉学科,它与区域乃至全球变化研究紧密相连,是现代地球科学为解决社会可持续发展问题的一个基础性环节.

空间定位技术、航空与航天遥感、地理信息系统(GIS)和互联网等现代信息技术的发展及其相互渗透,逐渐形成了以地球空间信息系统为核心的集成化技术系统.近30年来,这些现代空间信息技术的综合应用有了飞速的发展,使得人们能够快速及时和连续不断地获得有关地球表层及其环境的大量几何与物理信息,形成地球空间数据流和信息流,从而促成了地球空间信息科学的产生.自1975年法国大地测量与摄影测量学家 Bernard Dubussion 首次将法文 géomatique 用于科学文献以来,各国学者对这一科学术语给出了许多定义.例如,加拿大学者 Groot 将其定义为研究空间信息的结构与性质、对信息进行获取、分类与规格化以及存贮、处理、描绘、传播和确保其优化使用的基础设施.澳大利亚学者 Trinder 的定义是:用以表示量测、分析、管理、存储和显示基于地球数据(即通常所说的空间数据)的描述和位置的集成方法;它的应用覆盖所有依赖空间数据的学科,包括环境研究、规划、工程学、导航、地质学与地球物理学、海洋学、国土开发、土地经营和旅游学.西班牙国家团体给出的定义是:包括所有用计算机处理地理信息的各种科学与技术.它覆盖了大地测量、地形学、遥感、摄影测量、地理信息系统、土地信息系统(land information system,LIS)、自动测图和市政工程管理(automated mapping/facilities management,AM/FM)、重力测量、地震学、水文学、地籍学和其他地球科学.国际标准化组织(International Organization for Standardization,ISO)于1996年给出的定义是:地球空间信息科学是一个十分活跃的学科领域,它是以系统方式集成所有获取并管理空间数据的方法,这些方法是空间信息产生和管理过程中所进行的科学的、管理的、法律的和技术的操作的一部分.这些学科包括但不限于地图制图、控制测量、数字制图、大地测量、地理信息系统、水文学、土地信息管理、土地测量、矿山测量、摄影测量与遥感. 我国学者王之卓院士、陈述彭院士也给出类似的定义.

我国学者李德仁院士综合了地球空间信息科学的含义,给出如下定义:地球空间信息科学是以全球定位系统、地理信息系统、遥感等空间信息技术为主要内容,并以计算机技术和通信技术为主要技术支撑,用于采集、量测、分析、存贮、管理、显示、传播和应用与地球和空间分布有关数据的一门综合和集成的信息科学和技术. 它是地球科学的一个前沿领域,是地球信息科学的重要组成部分.

地球空间信息科学不仅体现多学科的交叉与渗透,而且强调计算机技术的应用. 地球空间信息科学不局限于数据的采集,而是强调对地球空间数据和信息从采集、处理、量测、分析、管理、存储到显示和发布的全过程. 这些特点标志着测绘学科从单一学科走向多学科的交叉;从利用地面测量仪器进行局部地面数据的采集到利用各种星载、机载和船载传感器实现对地球表面及其环境的几何、物理等数据的采集;从单纯提供静态测量数据和资料到实时/准实时地提供随时空变化的地球空间信息;将空间数据和其他专业数据进行综合分析,其应用已扩展到与空间分布有关的诸多方面,例如,环境监测与分析、资源调查与开发、灾害监测与评估、现代化农业、城市发展以及智能交通等.

1.3.2 如何正确理解地球空间信息科学

地球空间信息科学的产生与发展是当代地球科学发展的必然产物,它从许多方面改变或提高了人们观察地球的能力,如观察方法、准确性、全面性等,为人们做出正确的判断和决策提供大量可靠的信息,必将成为信息科学的主流,并以超出人们想象的速度向前发展. 空间科学技术和信息科学技术的发展为地球科学注入了新的研究思路、途径和活力,无论从深度和广度上都极大地推动了地球科学的发展和研究的深化. 但是,地球空间信息科学的理论与方法还处于发展阶段,尚未建立完整的地球空间信息科学理论体系,一系列基于"3S"(RS,GIS,GNSS 的统称)技术及其集成的地球空间信息采集、存储、处理、表示、传播的方法也有待于发展.

地球空间信息科学作为一门新兴的交叉学科,由于人们对它的认识又各不相同,出现了许多相互类似,但又不完全一致的科学名词,如地球信息机理(geoinformatics)、图像测量学(iconicmetry)、图像信息学(iconic informatics)、地理信息科学(geographic information science)、地球信息科学(geoinformation science)等. 这些新科学名词的出现,无一不与现代信息技术,如数字通信、RS、GIS 以及互联网的发展密切相关.

　　地球空间信息科学与地理空间信息科学在学科定义和内涵上存在重叠. 有人认为它们是对同一个学科内容, 从不同角度给出的科学名词. 前者是从测绘的角度理解, 是地球科学与测绘科学、信息科学的交叉学科; 后者是从地理科学的角度理解, 是地理科学与信息科学的交叉学科. 地球空间信息科学包含了对于地球表层系统中空间信息的检测、辨识、表达、度量、综合、提取、变换、存储、检索、处理、分析、决策、显示、控制以及整个信息系统的优化等技术, 而这些技术的理论支撑分别来自于信息论、控制论、系统论以及人工智能(artificial intelligence, AI)等领域.

　　对地观测技术的发展, 特别是卫星遥感技术的发展, 使得人们具备了对整个地球表层系统进行长期、立体和实时的监测能力, 而 GIS 的发展使得通过对地球空间信息的处理、分析来发现和解决地球科学问题从而提供辅助决策方案成为可能. 随着 RS, GIS, GNSS 以及 Internet 等的发展及相互渗透, 逐步形成一个以空间对地观测和 GIS 为核心的集成化的地球空间信息技术系统, 这就为解决区域范围更广、复杂性更高的现代地球科学问题提供了新的分析方法和技术保证.

　　综上所述, 地球空间信息科学是在信息科学和空间信息技术发展的支持下, 以地球表层系统为研究对象, 以地理系统科学、信息论、控制论、系统论和人工智能的基本理论为指导, 运用多空间信息技术和数字信息技术, 来获取、存贮、处理、分析、显示、表达和传输具有空间分布特征、时空尺度概念和空间定位含义的地球空间信息, 以研究和揭示地球表层系统各组成部分之间的相互作用、时空特征和变化规律, 为全球变化和区域可持续发展研究服务. 因此, 地球空间信息科学的概念要比地理信息科学要广, 它不仅包含了现代测绘科学的全部内容, 也包含了地理空间信息科学的主要内容, 而且体现了多学科、技术和应用领域知识的交叉与渗透, 如测绘学、地图学、地理学、管理科学、系统科学、图形图像学、互联网技术、通信技术、数据库技术、计算机技术、虚拟现实与仿真技术等以及规划、土地、资源、环境、军事等领域. 研究的重点与地球信息科学接近, 但它更侧重于技术、技术集成与应用, 更强调"空间"的概念.

1.3.3　地球空间信息科学的本质

　　地球空间信息科学具有很强的综合性、系统性和复杂性, 在学科体系上由地球空间信息理论、地球空间信息技术和地球空间信息应用三大部分组成: (1)地球空间信息基础理论, 它通过对地球圈层间信息的形成、变化机制及其传输过程的研究, 来揭示地球空间信息的发生机理; (2)地球空间信息技术, 包括空间数据的获取和处理、空间信息模拟分析、空间信息辅助决策分析等; (3)地球空间信息应用, 其范畴涵盖了全球变化与区域可持续发展两大领域.

建立和发展地球空间信息科学的目的是要从空间信息流的角度来揭示、认识地球系统,特别是地球表层系统的发生、发展和演化规律,相互作用和时空特征,以服务于资源、环境和人口的和谐以及区域的可持续发展.

1. 地球空间信息科学是基于空间信息流研究

人类认识外部世界的过程,实质上是不断地获得外部世界的信息并对这些信息进行加工处理的过程;而人类改造世界的过程,则是把经过加工处理所设定的目的、计划和策略信息反作用于外部世界,即不断按照方案知识来规范自己的行为和引导外部世界的发展.图 1.1 形象地显示了空间数据流到空间信息流,再到策略信息流应用的全过程.

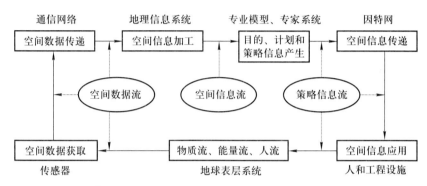

图 1.1　信息流与地球表层系统内部物质流、能量流和人流的关系

地球表层系统物质流、能量流和人流(合称"三大流")的运动规律可以通过研究地球表层系统的空间信息流来认识和理解,图 1.2 所示即为"三大流"的组

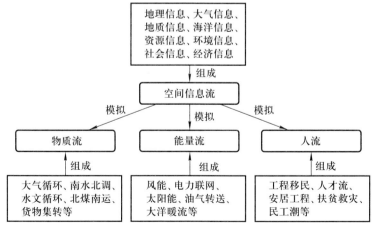

图 1.2　空间信息流与地球表层系统内部物质流、能量流和人流的关系

成内容及空间信息流的具体内容.

2. 地球空间信息科学是一门新兴交叉学科

地球空间信息科学是一门交叉学科,是地球系统科学与面向地球空间研究领域的地理学、制图学、大地测量学,面向人类心智、行为和语言的认知科学、环境心理学、语言学,面向信息计算的计算机科学、信息科学,面向信息应用的经济学、社会学、政治学等诸多领域学科的交叉融合,如图 1.3 所示.

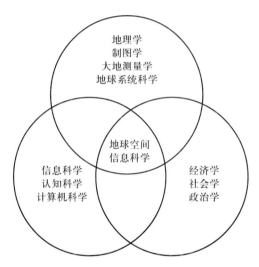

图 1.3　地球空间信息科学与相邻科学技术关系

3. 地球空间信息科学是多种空间信息技术综合集成

从信息技术角度来看,地球空间信息科学包含 RS、GIS、GNSS、电子地图、虚拟现实(virtual reality,VR)和一系列数字信息技术,如图像处理、计算机扫描、计算机绘图以及互联网等的综合与集成.

1.4　地球空间信息科学理论基础与技术体系

推动地球空间信息科学发展的动力有两个方面:一是现代航天、计算机、通信技术的飞速发展为地球空间信息科学的发展提供了强有力的技术支持;二是全球变化和社会可持续发展日益成为人们关注的焦点,而作为其主要支撑技术的地球空间信息科学必然成为优先发展的领域. 具体表现为:地球空间信息科学理论框架逐步完善、地球空间信息技术体系初步建立、应用领域进一步扩大及产业部门逐步形成. 地球空间信息科学的理论框架和技术体系如图 1.4 所示.

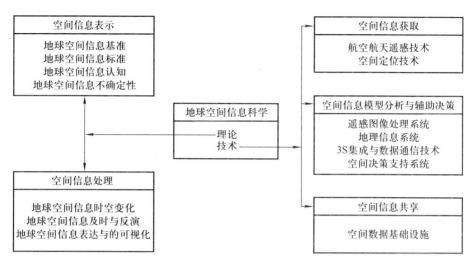

图 1.4 地球空间信息科学理论与技术体系

1.4.1 地球空间信息科学理论基础

地球空间信息科学理论框架的核心是地球空间信息机理.地球空间信息机理作为形成地球空间信息科学的重要理论支撑,通过对地球圈层间信息传输过程与物理机制的研究,揭示地球几何形态和空间分布及变化规律,其主要内容包括地球空间信息的基准、标准、时空变化、认知、不确定性、解译与反演、表达与可视化等理论基础.

1. 空间信息表示

(1) 地球空间信息基准

地球空间信息基准包括几何基准、物理基准和时间基准,是确定一切地球空间信息几何形态和时空分布的基础.地球参考坐标系对地球体的定向是基于地球自转运动定义的,地球动力过程使地球自转矢量以各种周期不断变化;另一方面,作为参考框架的地面基准站又受到全球板块和区域地壳运动的影响.因此,区域定位参考框架与全球参考框架的连接以及区域地球动力学效应问题,是地球空间信息科学和地球动力学交叉研究的基本问题.

(2) 地球空间信息标准

地球空间信息具有定位特征、定性特征、关系特征和时间特征,它的获取主要依赖于航空、航天遥感等手段.各种遥感仪器所感受的信号,取决于错综复杂的地球表面和大气层对不同电磁波段的辐射与反射率.地球空间信息产业发展的前提是信息的标准化,它作为一种把地球空间信息的最新成果迅速地、强制性地转化为生产力的重要手段,其标准化程度将决定以地球空间信息为基础的信息产业的经济效益和社会效益.地球空间信息标准化主要包括空间数据采集、存贮与交换格式标准,空间数据精度和质量标准,空间信息的分类与代码,空间信息的安全、保密及技术服务标准等.

(3) 地球空间信息认知

认知(cognition)是指对客观事物的特征及事物间联系的反映,其对象是有关问题、资料等具体的信息,其过程是对这些信息进行的编码、储存、提取、应用等具体操作.地球空间信息认知的物理过程的基本思想是:① 借鉴物理学中的场来描述数据间的相互作用;② 借鉴物理学中的原子模型来表示概念;③ 借鉴物理学中的粒度来描述知识的层次结构;④ 借鉴物理学中的状态空间转换思想形成知识的状态空间转换框架.

地球空间信息以地球空间中各个相互联系、相互制约的元素为载体,在结构上具有圈层性,各元素之间的空间位置、空间形态、空间组织、空间层次、空间排列、空间格局、空间联系以及制约关系等均具有可识别性;通过静态上的形态分析、发生上的成因分析、动态上的过程分析、演化上的力学分析以及时序上的模拟分析来阐释与推演地球形态,以达到对地球空间的客观认知.

空间认知可以分为空间特征感知、空间对象认知和空间格局认知三个层次.空间格局是基于空间对象的分类和推理,而空间特征又是空间对象识别与分类的基础,空间对象是空间格局认知的基本单位,空间特征则是空间对象认知的基本单位.在每个层次上,都需要在不同的时间获取对象的空间信息,只是认知的尺度不同而已.

时空数据的认知过程具有时空特性、尺度特性、不确定特性以及可视特性等.时空聚类是指对具有时空特性的空间对象进行聚类,挖掘出具有时空相似特性的时空模式.时空聚类的认知过程可以简单理解为:首先通过对时空数据的空间特性、时间特性以及时空关联特性的分析,形成一个多层次的聚类结构;然后结合领域知识确定一个最佳的聚类尺度;最后分析各聚类模式与相关信息的关联模式.

时空聚类的认知就是在进行聚类分析时,根据数据对象之间的联系和区别,将其归并为若干类,使得同一类中所有元素之间比较相似,而不同类中的元素之间相对来说差别较大.因此,时空聚类将海量多维数据经过聚类进行概念抽取,根据提取出的概念进行推理,由低层概念得到高层概念,逐步了解地理事物的本身性质.时空聚类的尺度特性认知就是指尽管通过遥感影像获取的原始时空数据反映了许多细节信息,但是并非是每种细节信息都是需要的.在时空聚类中,人们往往更加关注一些大尺度、较高层次的信息,这体现了时空聚类的尺度特性.

（4）地球空间信息不确定性

地球空间信息的不确定性源于空间数据的获取、存储、传输、查询、分析等空间信息的处理过程. 客观世界的复杂性、人类认知能力的局限性、数据获取方法与计算设备的水平对数据质量的限制、空间分析处理方法与模型表达的多样性等造成了不确定性的普遍存在. 地球空间信息是在对地理现象的观察、量测基础上的抽象和近似描述，且它们可能随着时间发生变化，故也带来一定的不确定性，从而使得地球空间信息的管理非常复杂、困难. 地球空间信息的不确定性包括类型的不确定性、空间位置的不确定性、空间关系的不确定性、时域的不确定性、逻辑上的不一致性和数据的不完整性.

具体来说，地球空间信息的不确定性来源于空间现象自身存在的不稳定性（即空间特征和空间过程在空间、专题和时间内容上的不确定性）、空间表达的不确定性（即空间定义的不一致性必然导致空间现象表达的不确定性，不合理的表达必然导致空间现象表达的不确定性）、空间信息获取的不确定性（即空间信息的获取可以通过各种直接和非直接途径采集，其间会受到量测设备固有的精度范围、量测技术及方案、人的分辨能力和外界的影响，即通过各种仪器观测的数据总是存在一定的误差等）、空间分析的不确定性（即借助网络分析、叠加分析以及缓冲区分析等空间分析手段，通过对原始数据模型的观察和实验，用户可以获得新的知识和发现，并以此作为空间行为的决策依据. 然而，因为空间信息总是受到不同类型的不确定性的影响，而这些不确定性又通过空间分析传播，必然导致空间分析的不精确）以及计算设备引入的不确定性、运算过程带来的不确定性、近似技术带来的不确定性以及异源数据融合的不确定性等其他相关的不确定性.

2. 空间信息处理

（1）地球空间信息时空变化

地球及其环境是一个时空变化的巨系统，其特征之一是在时间-空间尺度上演化（或变化）的不同现象，跨度可能有十几个数量级. 地球空间信息的时空变化理论，一方面从地球空间信息机理入手，揭示和掌握地球空间信息的时空变化特征和规律，并加以形式化描述，形成规范化的理论基础，使地球科学由空间特征的静态描述有效地转向对过程的多维动态描述和监测分析；另一方面，针对不同的地学问题，进行时间优化与空间尺度的组合，以解决诸如不同尺度下信息的衔接、共享、融合和变化检测等问题.

（2）地球空间信息解译与反演

地球空间信息的解译与反演涉及范围广泛的地球学科. 空间信息解译与反演就是通过对地球空间信息的定性解译和定量反演，揭示和展现地理系统现今状态和时空变化规律. 透过现象深入到本质地回答地球科学面临的资源、环境和灾害诸多重大科学问题,是地球空间信息科学的最终科学目标.随着地球空间信息技术的进步、传感器数目的增加以及空间分辨的提高,空间信息数据量猛增,人们可以从地球空间信息中获取更有用的数据和信息,包括资源调查、自然灾害观测、大气气象预报、农作物面积计算等.为了更充分有效地分析和处理这些数据,需要及时、准确、可靠的空间信息解译系统,不同的空间信息应用的场合,对空间信息解译与反演也有着不同要求.

空间信息解译与反演是统计模式识别(pattern recognition,PR)技术在地球空间信息领域中的具体应用.统计模式识别的关键是提取待识别的一组统计特征值,然后按照一定准则做出决策,从而对空间信息进行挖掘与识别.空间信息解译与反演是以计算机系统为支撑环境,利用 PR 技术与 AI 技术相结合,根据空间信息中目标地物的各种特征(如颜色、形状、纹理与空间位置等),结合专家知识库中目标地物的解译经验和成像规律等知识进行分析和推理,实现对空间信息的理解,完成对空间信息的解译.目前,交互式空间信息解译系统主要基于空间信息处理软件或信息处理软件解译,如基 ArcView,ARC/INFO,Coreldraw 以及 GISMAP 等软件平台的交互解译,也有基于自主开发平台的空间信息解译.这些解译系统难以对小型目标给出准确的表达,而且需要大量的人工干预才能得到比较精细的解译结果.由于人机交互解译充分借助解译专家的地学知识和经验知识,因此相对常规的目视解译、自动解译、基于知识的解译在效率和精度上都有极大的优越性.

(3) 地球空间信息表达与可视化

地球空间信息表达与可视化包括科学计算可视化(visualization in scientific computing)、空间数据可视化(spatial data visualization)以及国际上通用的信息可视化(information visualization)三个方面.科学计算可视化指空间数据场的可视化,人们需要首先在计算过程、数据处理流程中了解数据的变化,然后通过图形、图像、图表以及其他可视化手段来检查、分析处理结果数据.空间数据可视化技术是指运用计算机图形学和图像处理技术,将数据转换为图形或图像在屏幕上显示出来,并进行交互处理的理论、方法和技术.随着网络技术的发展,地球空间信息表达与可视化进一步提出了信息可视化的要求,同时为了使发现知识的过程和结果易于理解和在发现知识过程中进行人机交互,也要发展发现空间知识的可视化方法.由于计算机中的地球空间数据和信息均以数字形式存储,为了使人们更好地了解和利用这些信息,需要研究地球空间信息的表达与可视化技术方法,主要涉及空间数据库的多尺度(多比例尺)表示、数字地图自动综合、图形可视化、动态仿真和虚拟现实等.地球空间信息可视化技术的核心是为使用者提供空间信息直观的、可交互、可视化环境,其本质特征是空间信息可视化的位置特征、交互性、多维性和多样性.

根据地球空间的特点与实际应用的需要,地球空间信息可视化的完整过程应包括数据组织与调度、静态可视化、过程模拟、探索性分析等. 其中,数据组织与调度主要解决适合于海量空间数据的简化模式、快速调度的问题;静态可视化主要解决运用符号系统反映空间数据的数量特征、质量特征和关系特征的问题;过程模拟主要对空间数据处理、维护、分析和使用过程提供可视化引导、跟踪、监控手段;探索性分析则通过交互式建模分析可视化和多维分析可视化为空间知识提供可视化技术支撑. 随着空间技术的进步和各种应用的深入使用,多分辨率、多时态空间信息大量涌现,与之紧密相关的非空间数据也日益丰富,从而对海量空间信息的综合应用提出了挑战,对空间信息可视化技术的需求日益迫切,要求也越来越高. 通过对空间信息可视化的现状分析,不难发现时空数据组织、空间信息可视化、网上海量空间数据可视化、空间数据处理与分析过程可视化等方面仍是今后发展和应用主要目标. 同时,信息技术的发展也要求空间信息可视化的概念、本质特征、基本过程等相关理论有相应的发展. 相应地,时空数据模型研究、利用数据库管理技术实现网上海量空间信息可视化、空间信息处理与分析过程可视化、空间知识可视化分析技术、空间信息可视化平台建立与集成等技术将成为研究的重点.

1.4.2　地球空间信息科学技术体系

地球空间信息科学的技术体系是指贯穿地球空间信息采集、处理、管理、分析、表达、传播和应用的一组完整的技术方法的总和. 它是实现地球空间信息从采集到应用的技术保证,并能在自动化、时效性、详细程度、可靠性等方面满足人们的需要. 地球空间是地球空间信息科学的重要组成部分;它的建立依赖于地球空间信息科学基础理论及其相关科学技术的发展,其中包括航空航天遥感、空间定位、地理信息系统以及空间数据基础设施建设等方面.

1. 航空航天遥感技术

近年来,遥感技术有了质的飞跃,进入一个全新的阶段,突出表现在:传感器向多波段、多角度发展,时间、空间、频率分辨率不断提高;发展灵活方便、投资少收益快的小卫星群计划等方面. 同时也迫切需要发展相适应的数据处理、信息提取的理论方法和关键技术. 具体内容包括:(1) 在阐明电磁波与复杂环境相互作用机理的基础上,建立相应的数学物理模型,以突破传统的统计相关分析模式;(2) 发展遥感的数值仿真理论和方法,在更深层次的背景下,理解和诠释定量遥感信息所能表达的丰富内涵;(3) 紧密结合地学分析的需求,综合应用计算机视觉、信号处理等领域的最新成果,发展完善诸如地物目标提取识别、地形三维信息处理、信息压缩与融合等关键技术,充分发掘频率、极化、振幅、相位以及几何特性等多方面的信息. 遥感信息的应用分析已从单一遥感资料向多时相、多数据源的复合分析过渡,从静态分析向动态监测过渡,从对资源与环境的定性调查向计算机辅助的定量分析过渡,从对各种现象的表面描述向软件分析和计量探索过渡. 国外已有或正在研制地面分辨率为 $1\sim3$ m 的航天遥感系统,如俄罗斯将原保密的分辨率为 2 m 的间谍卫星影像公开出售. 在影像处理技术方面,开始尝试智能化专家系统. 卫星遥感所具有的快速机动性和高分辨率等显著特点使之成为遥感发展的重要方面,图 1.5 所示为卫星遥感技术示意图.

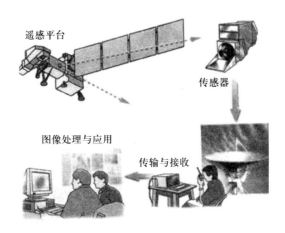

图 1.5 卫星遥感技术示意图(彩色图见插页)

当代遥感的发展主要表现在其多传感器技术、高分辨率特点和多时相特征.

(1)多传感器技术. 当代遥感技术已能全面覆盖大气窗口的所有部分. 光学遥感包含可见光、近红外和短波红外区域. 热红外遥感的波长为 $8\sim14$ mm,微波遥感观测目标物电磁波的辐射和散射,分被动微波遥感和主动微波遥感,波长范围为 1 mm$\sim$100 cm.

(2)高分辨率特点,全面体现在空间分辨率、波谱分辨率和辐射分辨率等三个方面,即:长线阵 CCD 成像扫描仪可以达到 $1\sim2$ m 的空间分辨率;成像光谱仪的光谱细分可以达到 $5\sim6$ nm 的水平;热红外辐射计的温度分辨率可以从 0.5 K 提高到 0.3 K,乃至 0.1 K.

(3)多时相特征. 随着小卫星群计划的推行,可以用多颗小卫星,实现每 $2\sim3$ d 对地表重复采样一次,从而获得高分辨率成像光谱仪数据. 多波段、多极化方式的雷达卫星,将能解决阴雨多雾情况下的全天候和全天时对地观测,卫星遥感与机载、车载遥感技术的有机结合,是实现多时相遥感数据获取的有力保证.

2. 空间定位技术

全球导航卫星系统(GNSS)作为一种全新的现代定位方法,已逐渐在越来越多的领域取代了常规光学和电子仪器.经过我国测绘等部门近 20 年的使用,GNSS 以全天候、高精度、自动化、高效益等显著特点,赢得广大测绘工作者的信赖,并成功地应用于大地测量、工程测量、航空摄影测量、运载工具导航和管制、地壳运动监测、工程变形监测、资源勘察、地球动力学等多种学科,从而给测绘领域带来一场深刻的技术革命.

GNSS 定位的基本原理是以高速运动的卫星瞬间位置作为已知的起算数据,采用空间距离后方交会的方法,确定待测点的位置.目前 GNSS 系统提供的定位精度优于 10 m,而为得到更高的定位精度,通常采用差分 GNSS 技术,也就是将一台 GNSS 接收机安置在基准站上进行观测,根据基准站已知精密坐标,计算出基准站到卫星的距离改正数,并由基准站实时将这一数据发送出去;用户接收机在进行 GNSS 观测的同时,也接收到基准站发出的改正数,对其定位结果进行改正,从而提高定位精度.

差分 GNSS 分为两大类:

(1)伪距差分.在基准站上,观测所有卫星,根据基准站已知坐标和各卫星的坐标,先求出每颗卫星每一时刻到基准站的真实距离,再与测得的伪距比较,得出伪距改正数,将其传输至用户接收机,提高定位精度.这种差分可得到米级定位精度,如沿海广泛使用的"信标差分".伪距差分是应用最广的一种差分.

(2)载波相位差分,又称实时动态(real time kinematic,RTK),是实时处理两个测站载波相位观测量的差分方法,也就是将基准站采集的载波相位发给用户接收机,进行求差,解算坐标.载波相位差分可使定位精度达到厘米级,大量应用于动态需要高精度位置的领域.

GNSS 的广泛应用迫切需要解决许多新的理论与关键技术,如天地一体 GNSS 定位服务系统理论与运行模式研究;全国范围的电离层和对流层延迟改正模型研究;超长距离广域差分实时定位系统的关键技术研究;米级精度实时 GNSS 卫星轨道定轨研究;GNSS 数据实时压缩算法及数据通信技术,特别是网络通信及调频副载波通信技术应用研究;高动态 GNSS 整周模糊度解算;高精度 GNSS 观测实时数据处理模型;GNSS 实时数据压缩与通信;GPS、GLONASS、北斗及 GALILEO 系统兼容方式研究;GNSS 与卫星通信集成技术研究等.20 世纪 90 年代以来,GNSS 卫星定位和导航技术与现代通信技术相结合,在空间定位技术方面引起了革命性的变化.用 GNSS 同时测定三维坐标的方法将测绘定位技术从陆地和近海扩展到整个海洋和外层空间,从静态扩展到动态,从单点定位扩展到局域与广域差分,从事后处理扩展到实时(准实时)定位与导航,绝对和相对精度扩展到米级、厘米级乃至毫米级,从而大大拓宽它的应用范围和在各行各业中的作用. 随着全球定位系统的不断改进, 硬、软件的不断完善, GNSS 的应用领域正在不断地拓展, 目前已遍及国民经济各种部门, 开始逐步深入人们的日常生活.

3. 遥感图像处理技术

遥感图像处理是指对遥感图像进行辐射校正、几何纠正、图像整饰、投影变换、镶嵌、特征提取、分类以及各种专题处理等一系列操作, 以求达到预期目的的技术. 遥感图像处理可分为两类: 一类是利用光学、照相和电子学的方法对遥感模拟图像(照片、底片)进行处理, 简称为光学处理(或模拟处理), 包括一般的照相处理、光学的几何纠正、分层叠加曝光、相关掩模处理、假彩色合成、电子灰度分割和物理光学处理等; 另一类是利用计算机对遥感数字图像进行一系列操作, 从而获得某种预期结果的技术, 称为遥感数字图像处理, 主要包括图像恢复、数据压缩、影像增强和信息提取等.

遥感图像处理系统是具有图像输入、输出设备和图像处理软件的计算机系统, 能够对来自遥感卫星地面站、遥感飞机等遥感平台的遥感图像资料, 结合各种地图和其他地面实况, 通过计算机进行校正、增强、分类, 提取出解译人员所需要的专题信息, 并在高分辨力彩色显示器上显示出来, 或利用各种硬拷贝输出装置制成图片, 用绘图仪绘成专题图, 供有关专业人员分析和研究. 遥感图像处理技术发展很快, 在各种新设备和新技术中效果比较显著的有:

(1) 图像显示处理器, 又称图像计算机. 它是在图像显示器中增加各种专用图像处理硬件, 把许多原来完全由主机软件处理的功能, 在显示处理器中变成由专用的硬件参与完成, 图像处理的速度可达到实时或近实时的程度, 使用户能够及时修改处理方案或参数, 直到取得满意的结果.

(2) 并行处理技术. 在遥感图像处理系统中, 采用阵列机或专用的图像高速处理加速器, 用以辅助主机并行地进行某些图像运算.

(3) 分布处理技术. 利用多台计算机联成网络, 彼此分工, 同时对图像进行处理, 在处理速度、效果和价格上往往优于用一台价格昂贵的大型计算机处理. 光学-计算机混合处理系统也是遥感图像处理系统的一个发展方向.

图像处理软件通常包括专用的图像操作系统和应用软件两大部分. 图像操作系统通常建立在主机操作系统之上, 以便应用软件的使用和对各种图像任务、文件、设备的有效管理. 应用软件包括为用户进行图像处理所用的软件, 它直接体现图像处理的功能, 在图像处理系统中占有重要地位. 常见的遥感图像处理软件有 eCongnition, ENVI, ERDAS, PCI 等, 功能组成如图 1.6 所示, 通常包括数据处理工具、信息提取工具、综合分析工具和专题制图工具. 遥感数字图像处理往往与多光谱扫描仪和专题制图仪图像数据的应用联系在一起, 处理方式灵活, 重复性好, 处理速度快, 可以得到高像质和高几何精度的图像, 容易满足特殊的应用要求,因而得到广泛的应用.

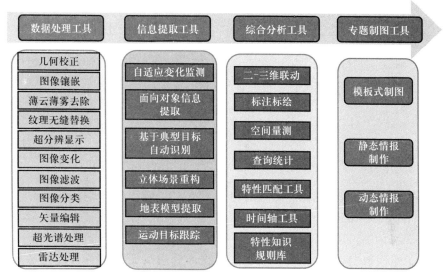

图 1.6 遥感图像处理系统功能组成(彩色图见插页)

4. 地理信息系统技术

地理信息系统有时又称为地学信息系统.它是一种特定的、十分重要的空间信息系统,是在计算机硬、软件系统支持下,对整个或部分地球表层(包括大气层)空间中的有关地理分布数据进行采集、存储、管理、运算、分析、显示和描述的技术系统.随着 GIS 的发展,也有称 GIS 为"地理信息科学"(geographic information science),还有称 GIS 为"地理信息服务"(geographic information service). GIS 是一门综合性学科,结合了地理学与地图学以及遥感和计算机科学,已经广泛地应用在不同的领域. GIS 是一种基于计算机的工具,它可以对空间信息进行分析和处理(简而言之,是对地球上存在的现象和发生的事件进行成图和分析),是把地图这种独特的视觉化效果和地理分析功能与一般的数据库操作(例如查询和统计分析等)集成在一起.

GIS 由系统硬件、系统软件、空间数据库、用户和方法等五个主要元素所构成,如图 1.7 所示.

(1)系统硬件. GIS 所操作的计算机,由主机、外设和网络组成,用于存储、处理、传输和显示空间数据. GIS 软件目前可以在很多类型的硬件上运行,从中央计算机服务器到桌面计算机,从单机到网络环境.

(2)系统软件. 由系统管理软件、数据库软件和基础 GIS 软件组成,用于执行 GIS 功能的数据采集、存储、管理、处理、分析、建模和输出等操作功能和工

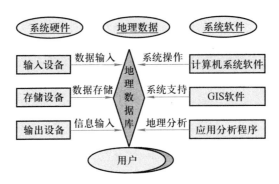

图 1.7　GIS 基本组成(彩色图见插页)

具. 主要软件部分包括输入和处理地理信息的工具、数据库管理系统(data base management system,DBMS)、支持地理查询、分析和视觉化的工具以及容易使用这些工具的图形用户界面(graphic user interface,GUI).

（3）空间数据库. 由数据库实体和数据库管理系统组成,用于空间数据的存储、管理、查询、检索和更新等. 地理数据和相关的表格数据可以自己采集或者从商业数据提供者处购买. GIS 将把空间数据和其他数据源的数据集成在一起,使用通用的或者专用的数据库管理系统,来管理空间数据.

（4）用户. GIS 的用户范围包括设计、系统开发、维护的技术专家及管理者和使用人员.

（5）方法. 成功的 GIS 系统具有好的设计计划和特定的事务规律. 而对每家公司来说具体的操作实践又是独特的.

随着"智慧地球"这一概念的提出和人们对其认识的不断加深,国内学术界目前提出了新一代 GIS 的概念,其主要特征包括:① 支持"智慧地球"和"智慧城市"概念的实现,从二维向多维发展,从静态数据处理向动态发展,具有时序数据处理能力. ② 基于网络的分布式数据管理及计算、Web-GIS 和 B/S 体系结构,用户可以实现远程空间数据调用、检索、查询、分析,具有联机事务管理(online transaction processing,OLTP)和联机分析(on-line analysis processing,OLAP)管理能力. ③ 面向空间实体及其相互关系的数据组织和融合,具有矢量和遥感影像数据互动等多源数据的装载与融合能力,多尺度比例尺数据无缝融合、互动. ④ 具有统一的海量数据存储、查询和分析处理能力,以及基于空间数据的数据挖掘和强大的模型支持能力. ⑤ 具有与其他计算机信息系统的整体集成能力. 例如与管理信息系统(management information system,MIS)、企业资源计划(enterprise resource planning,ERP)、办公自动化(office automation,OA)等各种企业信息化系统的无缝集成;又如微型、嵌入式 GIS 与各种掌上终端设备集成,像个人数字助理(personal digital assistant,PDA)、手机、GNSS 接收设备等. ⑥ 具有虚拟现实表达及自适应可视化能力,针对不同的用户出现不同的用户界面及地图和虚拟现实效果.

5. "3S"集成与数据通信技术

RS,GIS,GNSS 是目前对地观测系统中空间信息获取、存储管理、更新、分析和应用的三大支撑技术,是现代社会持续发展、资源合理规划利用、城乡规划与管理、自然灾害动态监测与防治等的重要技术手段,也是地学研究走向定量化的科学方法之一. RS,GIS,GNSS 这三种对地观测新技术的有机集成,将构成一个整体的、实时的和动态的对地观测、分析和应用的运行系统. 其中,需要重点研究"3S"集成系统的实时空间定位,多种数据源的一体化数据管理,语义、非语义信息的自动提取,"3S"集成系统中的数据通信与交换,可视化技术,基于客户服务器的分布式网络集成环境,"3S"集成系统的设计方法及计算机辅助软件工程(computer aided software engineering,CASE)工具,基于 GIS 的航空、航天遥感影像全数字化智能系统及对 GIS 空间数据库快速更新的方法,GIS 与遥感图像处理软件的一体化等.

遥感数据是 GIS 的重要信息来源,GIS 则可作为遥感图像解译的强有力的辅助工具. GIS 作为图像处理工具,可以进行几何纠正和辐射纠正,图像分类和感兴趣区域的选取."3S"集成的意义在于,"3S"结合应用,相互取长补短是自然的发展趋势,三者之间的相互作用形成了"一个大脑,两只眼睛"的框架,即 RS 和 GNSS 向 GIS 提供或更新区域信息以及空间定位,GIS 进行相应的空间分析,可以从提供的大量数据中提取有用信息,并进行综合集成,使之成为科学决策的依据. 实际应用中,较为多见的是两两之间的结合.

另一方面,数据通信是通信技术和计算机技术相结合而产生的一种新的通讯方式. 要在两地间传输信息必须有传输信道,根据传输媒体的不同,有有线数据通信与无线数据通信之分. 但它们都是通过传输信道将数据终端与计算机联结起来,而使不同地点的数据终端实现软、硬件和信息资源的共享. 传输介质是指在网络中传输信息的载体,常用的传输介质又分为有线传输介质和无线传输介质两大类. 数据通信是以"数据"为业务的通信系统,数据是预先约定好的具有某种含义的数字、字母或符号以及它们的组合. 数据通信是 20 世纪 50 年代随着计算机技术和通信技术的迅速发展,以及两者之间的相互渗透与结合而兴起的一种新的通信方式,它是计算机和通信相结合的产物. 随着计算机技术的广泛普及与计算机远程信息处理应用的发展,数据通信应运而生,它实现了计算机与计算机之间,计算机与终端之间的传递. 由于不同业务需求的变化及通信技术的发展使得数据通信经过了不同的发展历程.

数据通信技术是现代信息技术发展的重要基础. 地球空间信息技术的发展

在很大程度上依赖于数据通信技术的发展,在 GNSS,GIS 和 RS 技术发展过程中,高速度、大容量、高可靠性的数据通信是必不可少的. 在世界范围内通信技术目前正处于飞速发展阶段,特别是宽带通信、多媒体通信、卫星通信等新技术的应用以及迅速增长的需求,为数据通信技术的发展创造了良好的外部环境.

6. 空间决策支持技术

决策支持系统是综合利用各种数据、信息、知识、AI 和模型技术,辅助高级决策解决半结构化或非结构化决策问题,也是以计算机处理为基础的人机交互信息系统. 在这种系统中,管理学、数学、数据库和计算机等学科的最新成果得到了充分应用. 空间决策支持系统中最主要的行为是空间决策支持,是应用空间分析的各种手段对空间数据进行处理变换,以提取出隐含于空间数据中的某些事实与关系,并以图形和文字的形式直接地加以表达,为现实世界中的各种应用提供科学、合理的决策支持. 空间决策支持通常有确定目标、建立模型、寻求空间分析手段以及结果评价等几个过程.

(1) 确定目标,即根据用户的要求,确定用户的最终实现目标,并对目标性质进行分类,确定目标的初步认识.

(2) 建立模型,即建立分析的运作模型与定量模型. 前者是指用户实际运作过程的各种业务运作模型;后者是指参照用户的实际工作模型,结合空间数据的空间特点,形成的各种定量分析模型.

(3) 寻求空间分析手段,即结合以上分析结果,逐步分解细节,寻求空间分析手段,即对各种可能的分析手段进行分析,确定具有可行性的分析过程,尤其应注意空间数据的有效连接,最后形成分析结果,提交用户使用.

(4) 结果评价. 空间分析结果的合理性,直接影响到决策支持的效果.

由于空间分析的手段直接融合了数据的空间定位能力,并能充分利用数据的现势性特点,因此提供的决策支持将更加符合客观现实,也更具有合理性. 空间决策支持系统由空间决策支持、空间数据库等相互依存、相互作用的若干元素构成,是完成对空间数据进行处理、分析和决策的有机整体,是在常规决策支持系统和地理信息系统相结合的基础上,发展起来的新型信息系统. 空间决策支持系统在国家社会、经济生活中的应用十分广泛,如应用于城市用地选址、最佳路径选取、定位分析、资源分配和机场净空分析等经常与空间数据发生关系的领域. 以农业为例,空间决策支持系统组成如图 1.8 所示.

7. 空间数据基础设施

空间数据基础设施(spatial data infrastructure,SDI)是指对地理空间数据进行有效的采集、管理、访问、分发、利用所必需的政策、技术、标准、基础数据集和人力资源等基础环境的总称,通常主要由空间数据标准、基础空间数据框架、空间数据交换网络以及元数据等四部分组成. 地球空间信息是通过数据来体现

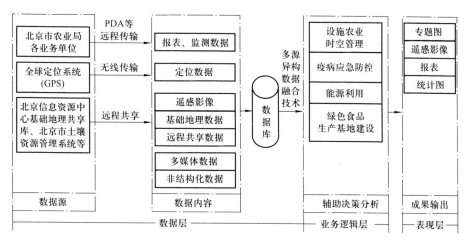

图 1.8 以农业为例的空间决策支持系统组成

的,其自适应能力来自数据. 不同来源的非均质数据既存在处理与存储问题,还存在一种交互式运作能力问题. 数据标准、数据采集与维护、多尺度与大范围数据的衔接以及数据共享,均影响到信息利用的充分性、广泛性,并能通过减少冗余数据的采集和集成来节省时间和经费;涉及数据政策与数据使用权限等问题. 多尺度空间数据基础设施作为一个提供基础信息的可靠数据框架,以统一的大地坐标,按拓扑规则来组织,对使用数据的技术要求最小且稳定,并能在费用尽可能低的前提下快速满足用户需求和实现能力的变化. 对于不同的用户,将由不同种类和不同分辨率的空间数据支持其应用开发.

随着全球化的推进,世界范围内信息和技术的交流有力推动了全球一体化的进程. 当前,政府和公众以及其他领域对地理空间信息和服务的需求越发强烈,在这种趋势下,作为信息化发展重要支撑的空间数据基础设施已成为在全球范围内组织和生产空间数据的热点. SDI 是集空间数据规范、技术、数据集于一体的有关空间数据生产、管理、处理的基础设施,最初由加拿大地球信息学界于 20 世纪 90 年代初提出,其目标是加速空间信息标准化,减少各机构地理信息采集和处理的重复劳动,方便社会公众对数据的获取和使用,促进空间信息共享. 根据美国联邦地理数据委员会的定义,SDI 主要内容包括机构体系、技术标准、基础数据及空间数据交换网等四大部分,除此之外,人员也是 SDI 的重要构成. 图 1.9 展示了包括人员在内的 SDI 基本构成之间关系.

自 20 世纪 90 年代以来,世界许多国家先后开展了国家数据基础设施的研究. 根据地理区域及组织对象的不同,SDI 可分为不同层次不同类型. 最顶层的是全球空间数据基础设施(global SDI, GSDI),其下是区域空间数据基础设施

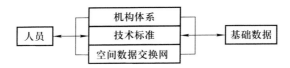

图 1.9　SDI 基本构成之间的关系

（regional SDI，RSDI）、国家空间数据基础设施（national SDI，NSDI）、州/省空间数据基础设施（state/province SDI，SSDI）直至公司/部门空间数据基础设施（corporate/department SDI，CSDI）等. 区域空间数据基础设施目前得到了迅速发展，正在形成以欧洲和亚太两大地区为主的区域空间数据基础设施（RSDI）.

　　我国信息化已经进入了全方位、高效益和深层次的发展阶段，对我国经济和社会发展的影响越来越深刻. NSDI 建设是国家信息化建设的重要组成部分，也是当今世界发展的趋势. 我国国家地理空间信息基准框架工程是在 21 世纪初建立一个高精度、三维、动态、多功能的国家空间坐标基准框架，以及由GNSS、水准、重力等综合技术确定的高精度、高分辨率似大地水准面.

1.5　地球空间信息科学存在的问题与发展趋势

1.5.1　地球空间信息科学与技术存在的问题

　　地球空间信息科学与技术在近 30 多年已经得到很大的发展，但与国民经济建设和社会可持续发展以及国防安全的需求相比，还存在以下不足：(1) 地理空间基准框架精度不高、现势性不强；(2) 卫星导航定位系统基础设施不够完善；(3) 地理空间数据现势性差，内容陈旧；(4) 高分辨率遥感卫星、地面接收系统、影像处理技术与设备等完全依赖于国外，卫星遥感数据源受制于国外，获取速度慢，成本高；(5) 航空摄影技术和能力相对落后，特别是缺乏全天候航空摄影基础平台；(6) 地理空间信息的处理技术仍然以手工干预为主，其智能识别和自动提取、自动处理技术尚未实现，导致更新速度慢、效率低；(7) 海量地理空间信息的集成管理技术还不成熟，虚拟现实、空间分析决策等关键技术还处于起步阶段；(8) 地理空间信息服务的网络基础设施比较落后，数据共享的标准化程度低，数据共享机制尚未形成，地理空间信息的社会化应用受到严重制约.

　　1. 空间数据获取的差距

　　在空间数据获取的手段方面，我国与发达国家的差距较大. 美国、加拿大、日本、俄罗斯等发达国家以及印度、巴西等发展中国家都高度重视对地观测系统的建设，正在迅猛地发展新一代全球卫星导航系统，以便能以更高的精度自动测定各类传感器的空间位置和姿态,从而实现无地面控制的实时数据获取,使地理信息获取趋于精确化、实时化和网络化. 美国与俄罗斯有自己的导航定位卫星,建立了全球空间信息的定位参考系统,而且几乎形成了美国卫星一统天下的局面. 目前,最先进的卫星导航定位系统仍然是美国的 GPS,免费提供服务的精度是 10 m,GPS 接收机基本具备了标准化、小型化、多功能、全天候、高精度、快速捕捉、稳定性高、操作方便、人机界面直观友好等特点,美国正在建设的第三代 GPS 的定位精度将提高到 0.6 m;俄罗斯为抗衡 GPS 建设的 GLONASS 系统已经覆盖全球,其定位精度为 1.5 m;日本和印度正在建设区域性的卫星定位系统. 日本计划在 2020 年前用 4 颗卫星组成准天顶卫星系统,配合 GPS 为日本本土提供精度为 1 m 的定位服务,在更长的时期内,日本准备用 7 颗准天顶卫星建立自主的卫星导航系统. 印度准备用 7 颗卫星组成的"区域导航卫星系统",为印度及周边提供导航信号. 我国的北斗三号基本系统已建成,目前已经开始提供全球服务,但有关的法律条文、标准体系还需完善.

在遥感卫星方面,航天运载平台和传感器技术发展迅速,光学卫星遥感影像的时间、空间和光谱分辨率不断提高. 美国、法国、日本、印度、巴西、以色列、意大利等国家均有自己的对地观测卫星,种类包括气象卫星、陆地卫星、海洋卫星、测地雷达卫星、对地观测小卫星等. 一个多层次、多时相、多波段、多分辨率和全天候的对地观测系统已经实用化,并逐步实现小型化、微型化. 商业卫星影像的最高分辨率已达到 1 m,并已具有以 1 m 分辨率进行全球观测、获取地理空间数据的能力. 美国拥有 1 m 以内分辨率的卫星有 IKONOS,QuickBird,WordViewl,WordView2,GeoEye-1 等,其中 2008 年发射的 GeoEye-1 卫星拥有 0.41 m 分辨率(黑白)和 1.65 m 分辨率(彩色),同时具有 3 m 的定位精度;2009 年发射的 WordView2 卫星分辨率为 0.5 m,能够更快速、更准确地按需拍摄(300 km 的距离仅需 9 s),还能进行多个目标地点的拍摄;WordView3 卫星是世界上最高分的遥感卫星,分辨率为 0.3 m,目前正处在研制调试阶段在研发之中.

高分辨遥感卫星的全球数据获取能力越来越受到重视. 以美国为首的西方航天大国通过加强卫星基础设施的持续性研发和资源整合,建立全球数据获取能力,提出了全球的空间信息基础设施建设和全球环境监测计划,高分辨率遥感卫星的行业应用已经成为国际潮流. 美国、以色列、印度、日本以及欧盟等主要航天巨头纷纷推出了自己的商业化遥感卫星系统,法国、俄罗斯、日本、印度、韩国等先后发射了 SPOT5、资源-DKI、ALOS、Cartosat-2B、阿里郎 3 号等高分辨率遥感卫星. 在使用雷达获取对地观测数据方面也取得了较大的进展,由美国航天机载的 InSAR、加拿大雷达卫星 RadarSat-2、德国发射的雷达卫星 TanDEM-X 和 TerraSAR-X、法国与意大利发射的 4 颗 Cosmo-SkyMed 组成的雷达遥感卫星群,它们的精度在 $2\sim10$ m. 在研制与发射更多更高分辨率卫星的同时,强调在轨卫星组网观测,推进全球地面接收网络建设,形成一套可全球数据快速获取和定标服务的高分卫星观测网络. 随着我国"高分辨率对地观测系统"国家科技重大专项的开展实施,在轨高分卫星在数量、载荷种类和时空分辨率等方面都将得到大幅提升,全球观测能力将显著增强. 我国的高分辨遥感卫星行业起步较晚,目前主要由政府主导完成,商业化进程目前仍处于探索阶段.

世界各国高分辨遥感卫星行业发展现状如下:

(1) 美国. 美国是最早进行遥感卫星商业化探索的国家. 早在 1984 年,美国国家宇航局(National Aeronautics and Space Administration,NASA)就被批准开展陆地卫星(Landsat)系列卫星的商业化运营,并取得了一定的经济效益. 然而,因受美国情报政策的限制,早期的 NASA 无法销售高分辨率卫星影像. 1994 年,克林顿总统签署法案,宣布解除 1 m 分辨率卫星影像的商业销售禁令. 以此为契机,美国的商业卫星遥感业迅速发展起来. 进入 21 世纪,全球安全形势发生重大变化. "9·11"之后,美国政府在重新大幅增加军费预算的同时,更加倚重高分辨率商业遥感卫星系统的全球情报搜集能力. 2003 年,小布什政府批准新法案,进一步明确了美国遥感卫星政策的目标,强调通过保持政府对商业遥感卫星活动的主导地位,维护美国国家安全利益. 在具体措施方面,小布什政府推行了 ClearView 和 NextView 两大国家观测计划. 由美国国家地理空间情报局(National Geospatial-Intelligence Agency,NGA)与当时美国三大商业卫星公司 EarthWatch,OrbImage 和 SpaceImaging 签约,耗资 10 亿美元,长期采购高分辨率商业遥感卫星影像资料. 此外,布什政府还批准了分辨率 0.25 m 的新一代商业遥感卫星研制计划. 2010 年,奥巴马政府批准了新一代 EnchancedView 国家观测计划. 由 NGA 与美国两大遥感卫星巨头 DigitalGlobe 和 GeoEye 分别签约,在未来 10 年采购总额 73 亿美元的高分辨率卫星影像. 此举大大刺激了 DigitalGlobe 和 GeoEye 的扩张,两家公司均加快了新一代高分辨遥感卫星系统的研制和部署进程.

美国商业遥感卫星产业是在政府主导下以独立上市企业为主体开展经营活动的. 这种主导作用主要体现在决策、资助、监管三方面. 首先,美国政府根据对国家安全形势的评估,做出是否发展高分辨率商业遥感卫星系统的战略决策. 其次,美国政府为本国商业遥感卫星公司提供主要的资金支持. 长期以来,NGA 的订单占 DigitalGlobe 和 GeoEye 总收入的 70% 以上. 最后,美国政府通过"快门控制"机制,掌握高分商业遥感卫星数据采集和销售的控制权,维护国家安全利益.

以独立上市企业为主体提供商业遥感卫星的运营服务模式,体现了美国经济结构和军工体制的重要特点. 美国军事工业与资本市场历来关系密切,洛克希德·马丁公司、波音公司、雷神公司、诺思罗普·格鲁曼公司和通用动力公司等五大军工巨头均为纽约证券交易所上市公司. DigitalGlobe 和 GeoEye 分别是纽交所和纳斯达克上市公司. 高效的企业组织和发达的金融市场为美国军事工业以及遥感产业的发展注入了强大的驱动力.

(2) 以色列、印度、日本等国及欧盟. 法国是最早涉足商业遥感卫星领域的国家之一. 从 1986 至 2014 年,法国航天研究中心(French Centre National d'Etudes Spatiales,CNES)先后发射了 7 颗 Spot 卫星. 目前,法国的商业遥感卫星活动是在欧盟框架下,由欧洲宇航防务集团(European Aeronautic Defense and Space Company,EADS)Astrium 公司的子公司——Spot Image 公司负责实施的. 2009 年 EADS 批准了 Astrium 公司采购 SPOT 系列后继星 SPOT-6/7 的计划,以便维持 Spot Image 公司业务的连续性. SPOT-6 和 SPOT-7 已经分别于 2012 年和 2014 年成功发射升空,分辨率均达到 1.5 m. 此外,法国还于 2011 年和 2012 年成功发射了 0.5 m 分辨率的军民两用 Pleiades 双子星.

由以色列两大国防承包商——以色列飞机工业公司和艾比特系统公司牵头组建的 ImageSat 国际公司所负责运营的 EROS-A/B 卫星分别于 2000 年和 2006 年发射升空,可分别提供 1.8 m 和 0.7 m 分辨率的全色影像. 其中,EROS-B 的投入运营打破了美国对亚米级商业卫星影像的垄断. EROS 系列卫星以高机动性著称,主要应用于测绘制图、灾害评估、环境监测以及军事侦察等领域.

印度空间研究组织(Indian Space Research Organisation,ISRO)下设 Antrix 公司所负责运营的 CartoSat-2 制图卫星于 2007 年 1 月成功发射,可提供 0.8 m 分辨率全色影像. 该卫星是继以色列 EROS-B 后,全球第二颗由非美国机构运营的亚米级商业遥感卫星. ISRO 又于 2008 年和 2010 年分别发射了 0.8 m 分辨率的 CartoSat-2A 和 CartoSat-2B 卫星,形成了全面的高分对地观测能力. 目前,ISRO 正在研制卫星 Cartosat-3,计划该卫星对地观测分辨率达到 0.25 m.

日本宇宙航空研究开发机构(Japan Aerospace Exploration Agency,JAXA)研制的先进陆地观测卫星(Advanced Land Observing Satellite,ALOS-1)于 2006 年 1 月发射升空,卫星全色分辨率 2.5 m. ALOS-1 影像主要供商业使用,可用于制图、区域观测、灾害监测和资源调查等用途. 2011 年 4 月,ALOS-1 卫星功能失效寿终正寝. 2014 年 5 月,后继 ALOS-2 卫星成功发射升空,目前投入商业运行.

以色列、印度、日本等国及欧盟商业遥感卫星产业的发展同样体现了政府主导的特点,但在具体运营模式上与美国略有差异. 在政府作用方面,这些国家与美国的差异主要在于两点:一是,这些国家商业遥感卫星的研制和部署成本一般由政府或军工部门直接承担,遥感卫星运营企业只负担运行维护和数据销售等后期运营成本;二是,政府在协调本国军、政、产、研等相关部门,推动商业遥感卫星的研制、部署和应用方面,扮演比美国政府更重要、更主动的角色. 在运行模式方面,这些国家的商业遥感卫星运营主体大多未独立上市. 法国 Spot Image 和以色列 ImageSat 附属于本国军工企业;印度 Antrix 附属于政府航天机构;日本则由政府航天机构直接负责遥感卫星的商业化运营,日本宇宙航空研究开发机构的作用类似于早期的 NASA.

(3) 中国. 自 1975 年我国发射返回式遥感卫星一号以来,已陆续发射了陆地资源、气象、海洋、环境与灾害监测四大系列遥感卫星,初步构建起多分辨率、多谱段、稳定运行的卫星对地观测体系,并在国土资源、海洋、环境、气象和减灾等领域开展了不同的应用. 2012 年 1 月资源三号测绘卫星发射升空,分辨率达到 2.1 m. 2013 年 4 月发射的高分一号卫星达到了 2 m 的全色分辨率. 2014 年 8 月发射的高分二号卫星的全色分辨率优于 1 m,这标志着我国的民用高分卫星首次达到亚米级的高分辨率. 近年来,我国多颗高分卫星的成功发射为国家开展基础测绘和地理国情监测提供了稳定可靠的卫星数据源保障. 我国民用高分辨率遥感卫星有高分系列的高分二号(0.8 m)和高分一号(2 m)、资源三号(2.1 m)、资源一号 02C(2.3 m)等. 根据我国"高分辨率对地观测系统"重大专项的规划,我国将于 2020 年前发射多颗类似的高分卫星,组网观测,实现时空分辨率的精细化.

在卫星运营方面,民间资本开始进入遥感卫星产业. 2005 年 7 月,国内运营商从英国引进的"北京一号"小卫星由俄罗斯火箭发射升空. 卫星全色分辨率 4 m,可向北京市有关部门提供遥感影像,供城市规划、环境监测、工程和土地利用监测等使用. 在国外遥感卫星数据代理方面,近年来国外商业遥感卫星纷纷抢滩中国,国外主要的商业遥感卫星运营商目前在我国都设立了代理机构,均有较为固定的客户群,业务稳步增长.

从总体上说,我国遥感卫星技术取得了很大成就,但在民用高分辨率遥感卫星技术及商业化应用方面仍处于相对落后的状态. 我国于 2014 年 8 月发射的民用遥感卫星全色分辨率只有 1 m,落后于 1999 年美国发射的商业卫星 IKONOS、2008 年印度发射的 CartoSat-2A 卫星的分辨率水平. 同时,我国现有的资源系列卫星体系也存在卫星立项与实际应用不相适应、地面系统自成体系、业务应用时断时续、产业化发展缓慢、商业化运行程度低等诸多问题. 可以说,民用高分辨率遥感卫星技术及其商业应用已成为中国航天的一大"短板". 在这一领域,我国未能展现出与自身的运载火箭和载人航天能力相一致的水准,与其他主要航天大国差距显著.

2. 空间数据处理的差距

现今,卫星成像正向着高分辨率发展. 美国民用高分卫星最高分辨率已达0.31 m,其他航天大国也都在技术研发上紧跟其后,包括法国和以色列在内的多个国家的高分卫星在近几年内也达到了 1 m 以内的分辨率. 与此同时,欧美发达国家在地理空间数据计算机处理方面已经形成了实用化的软件、功能强大的数据库系统和相应的产业,遥感数据可以快速转化为地理空间信息,这已经成为一些国家(如美国)的主要地理信息产品形式.

相比之下,我国对遥感数据的处理与利用远远落后于发达国家. 数据处理主要停留在计算机环境下的人工处理与判读,遥感数据处理软件基本上依赖进口,国产软件在国家扶持下市场占有率虽不断提高,但从总体上看,其功能、性能等方面均难以与国外软件相抗衡. 虽然数字摄影测量系统已居世界先进地位,但地物描绘仍然是手工作业. 在图纸数字化方面,目前只能实现单要素多版图纸的自动扫描矢量化,对于多要素图纸仍然是扫描后手工屏幕矢量化,工作效率低. 空间数据的自动化智能化处理技术水平较低,严重制约了数据的生产、处理和更新.

3. 空间数据管理与分发的差距

空间数据管理也主要采用国外的数据库管理系统,目前市场上占据主导地位的遥感图像处理软件主要是国外的产品. 地理空间信息产品生产和更新系统功能不够完善,实用化程度偏低,自动化、智能化水平不高,遥感影像解译,尤其是高分辨率全色(黑白)图像的解译,主要还靠目视判读,自动识别影像上的地物并将其自动矢量化的技术还不成熟,高光谱影像和微波雷达数据处理的软件还没有达到实用化水平.

在空间数据管理方面还存在一些问题,例如:(1)对分布式大容量空间数据,尤其是对遥感影像和数字高程模型数据的管理技术开发研究不够,目前尚难以表达和管理真三维数据和时态数据,从而影响了地理空间信息数据库的建设、管理和应用;(2)空间数据压缩技术不够成熟,空间数据标准化滞后,开放式、网络化分发服务体系尚未建立;(3)空间数据管理与显示技术落后,数据的开发和增值服务水平较低;(4)地理空间信息和专题统计信息的整合和一体化管理技术亟待提高;(5)基础地理空间数据的安全保密政策和信息共享机制缺乏.

国际地理信息系统已经基本实现了软件的分化,GIS 软件由功能处理模块发展为组件式 GIS,并可以使 GIS 功能嵌入其他软件,也可将其他软件的功能引入到 GIS,实现计算机辅助设计(computer aided design,CAD)、多媒体、通信技术等的融合,推出了用于国家大型工程的 GIS 和 WebGIS. GIS 与面向对象技术结合,实现了静态、固定的系统结构到动态、可重组系统结构的转移;GIS 与互联网结合,完成了以系统为中心向以数据为中心的使用方式的转变. 而我国在 GIS 方面存在重理论研究、轻产品开发的倾向,除个别小型 GIS 软件接近国际同类软件的水平外,尚未形成商品化程度高、市场竞争力强的成熟产品.

1.5.2 地球空间信息学科发展趋势

1. 空间信息获取的精确化和实时化

随着大地测量信息获取手段从静态到动态、从地基到天基、从区域到全球的迅速发展,大地测量的精度将显著提高,应用领域将更为广泛. 大地测量基准框架向全球一致的地心、三维、动态和综合多功能方向发展,空间大地测量将成为基准框架建立和维持的主要理论和技术支撑;基于导航定位卫星系统的星载、机载、船载和车载大地测量技术将成为基准框架技术服务的热点. 重力场探测将致力于发展卫星和近地探测技术,特别是卫星跟踪和卫星重力梯度测量技术;提高精度和分辨率依然是未来地球重力场探测的主要目标;GNSS 水准方法已渐成为精化区域性大地水准面和探测局部重力场精细结构的重要手段. 大地测量在地球动力学研究、灾害监测和预报等方面的应用将得到进一步发展.

航空航天影像信息获取手段朝着多平台、多时相、多传感器、高分辨率、高光谱和快速移动的方向发展,建立天基、空基、地基有机结合的空间信息快速获取体系成为热点. 航空运载平台和数码航空摄影系统的功能及性能不断增强,除了采用数字航空摄影相机,还集成了更加精确的惯性导航和定位系统,可提供无控制或少量控制点下的测图能力. 增强型数码航空摄影系统朝小型化、高分辨率和立体化发展. 航空机载干涉雷达、激光雷达等测量技术及装备发展迅速,集成化程度更高,功能和性能更加稳定.

高分辨率卫星遥感影像将成为地理空间信息获取与更新的主要数据源,小卫星群对地观测数据获取系统等将得到较快发展;遥感影像的分辨率,以及对遥感影像自动判读的精确性、可靠性和定量量测的精度都会有极大的提高,可实现无地面控制的三维信息提取和地形测图;多传感器的航空摄影数据获取系统、干涉合成孔径雷达测量(InSAR)系统、机载雷达成像测图系统和以激光测距系统(light detection and ranging,LIDAR)、微波遥感、激光成像雷达、双天线 SAR 系统、数字摄像机以及 GNSS/INS 为主体的机载三维数字摄影测量系统等多种数据获取手段将得到迅速发展,并将实现全天候、无地面控制的空间数据的快速获取.

2. 空间信息处理的定量化和智能化

空间信息的处理正在由人工干预为主、自动化为辅的方式向自动化和智能化方向发展. 航空航天遥感数据融合与处理系统以及自动化、智能化信息解译与信息提取将得以实现,并建立智能化时空数据处理和分析模型,在 AI 理论支持下对时空信息进行处理和分析,使管理水平、决策系统智能化. 例如,在智能交通系统(intelligent traffic system,ITS)中,通过采用电子技术、地理信息系统技术、通信技术等高新技术对传统的交通运输系统及管理体制进行改造,形成一种信息化、智能化、社会化的新型现代交通系统. 另外,虚拟现实、多媒体等技术将进一步融入地图制图技术方法和工艺流程中,从而构成新的地图制图技术系统;地图信息的自动综合和基于卫星遥感信息的地图更新技术将迅速发展;网络化的地理信息数据生产与管理技术也将尽快实用化.

3. 空间信息管理与分发服务的一体化和网络化

空间信息处理装备逐步实现自动化和智能化,一站式多源数据综合处理能力大幅提升. 地理空间数据管理在先进的计算机技术和网络技术支撑下,向信息共享、互操作和网格化方向发展,海量空间地理信息数据管理方式发生了重大变化,三维空间数据管理成为发展重点. 在数据管理方面,海量、多维、多源空间数据的组织、存储和管理技术以及开放地理信息系统的互操作技术等将迅速发展,空间数据和属性数据的一体化管理将得以实现;动态、多维、网络 GIS 的综合分析功能和知识挖掘技术水平将得到显著提高;GIS 与虚拟现实技术、多媒体技术、办公自动化技术、决策支持技术等进一步的结合,将大大扩展地理空间信息的应用领域. 在地理空间信息服务方面,网络环境下的地理空间信息分发服务关键技术将得到解决,多维动态、多分辨率地理空间信息数据资源的各种整合、集成和深加工技术将不断进步;基于网络互操作的地理空间信息共享技术将大大促进地理空间信息的全社会应用,实现地理空间信息服务的社会化.

1.6 地球空间信息智能处理

1.6.1 空间信息智能处理概述

随着空间信息获取技术的不断发展和各种探测卫星的成功发射,人们在能够获得极其丰富的空间数据资源的同时,也面临着如何利用有效的信息提取技术将这些空间数据转换为各个应用领域所急需的应用信息的挑战. 在遥感卫星的数据获取技术与不断扩大的应用需求共同推动下,遥感信息提取技术得到了日新月异的发展. 目前,遥感信息提取技术正在不断汲取和集成 AI 领域的优秀研究成果,智能化成为遥感数据处理的时代特征. 随着遥感信息智能提取方法研究的兴起,许多研究人员已经根据遥感数据的特点将粗糙集(rough set)、模糊理论(fuzzy theory)、人工神经网络(artificial neural network,ANN)、遗传算法(genetic algorithm,GA)、知识推理(knowledge inference,KI)等众多 AI 方法成功应用到遥感信息领域中. 遥感信息提取过程中,这些能够提供自学习、自适应及自推理的高效率处理方法的 AI 技术,在应用于目标识别、土地利用与分类、变化检测等遥感信息提取方面时,显示出了处理效率高、智能化等优点. 面对着海量的遥感数据,如何通过综合利用先进的 PR 与 AI,探索全新的遥感信息智能提取算法,从而提高遥感信息提取速度,并能够提取尽可能多的有用信息,已经成为遥感数据信息提取领域亟待解决的问题和重要的研究方向.

空间信息智能处理是指利用 AI 的理论和方法,结合智能计算方法,如神经计算、模糊计算、进化计算等方法实现空间信息的智能化处理,是地球空间信息科学与 AI 的交叉和融合,属于遥感科学、信息科学、认知科学的学科交叉,代表了地球空间信息科学的重要发展方向. 从空间信息的获取到空间信息的应用与可视化都可以借助 AI 技术来提高空间信息的获取效率和应用效果.

空间信息智能处理技术包括遥感图像内容的智能判读、空间推理以及空间数据挖掘等方面.

(1) 遥感图像内容的判读,是指对原始遥感图像进行加工处理,以便把所需要的信息从中提取出来. 它通常涉及图像的几何校正、辐射校正、波段组合、数据融合、地物分类、地物识别以及随后的决策支持等技术. 人工判读要求解译人员应具备有关专业(如地质、地理、水文、农林、气象等)的知识,并熟悉遥感图像的特点、地物波谱和地面实况. 智能判读则可实现判读过程的自动化,提高结果的准确性. 在现代条件下,遥感图像的智能判读通常综合利用模糊分类、人工神经网络、小波变换、语义模型以及决策专家系统等技术.

(2) 空间推理,是指利用空间理论和 AI 技术对空间对象进行建模描述与表示,并据此对空间对象间的空间关系进行定性或定量分析与处理的过程. 在这一领域,有关地理信息系统(GIS)的研究是最多的,它也是空间推理的最成熟也是最广泛的应用领域. 人类对于各种事物进行分析、综合并最后作决策的过程,通常是从已掌握的已知事实出发,运用事物之间的相互关系(如因果关系等),找出其中蕴涵的新的更多事实,这个过程通常被称为推理. 推理是根据一定的原则,从一些已知的判断(前提)合理地导出另一些新的论断(结论)的思维过程. 空间推理的研究主要集中在:① 根据空间目标的位置,基于给定的空间关系形式化表示模型,推断空间目标之间的空间关系;② 根据空间目标之间的已知基本空间关系,推断空间目标之间未知的空间关系,此研究涉及空间关系推理规则的表示和推理策略;③ 利用空间推理,从空间数据库中挖掘空间知识,也可以利用事件推理的方法进行空间目标的模糊查询.

(3) 空间数据挖掘,是数据挖掘的一个分支,是在空间数据库的基础上,综合利用各种技术与方法,从大量的空间数据中自动挖掘事先未知的且潜在有用的知识,提取非显式存在的空间关系或其他有意义的模式等,揭示出蕴含在数据背后的客观世界的本质规律、内在联系和发展趋势,实现知识的自动获取,从而提供技术决策与经营决策的依据. 它可以用来理解或重组空间数据、发现空间和非空间数据间的关系、构建空间知识库以及优化查询等. 近年来出现的主要空间数据挖掘方法有空间分析、统计分析、归纳学习、聚类与分类、粗糙集、空间特征与趋势探测、数字地图图像分析、模式识别以及可视化等方法.

1.6.2 空间信息智能处理主要研究内容

空间信息处理主要是指空间信息的计算机处理,是地球空间信息科学的重要内容,其核心技术是以 RS,GIS 和 GNSS 为代表的"3S"技术及其信息处理方法. 空间信息智能处理是指空间信息的智能化处理,这里从"3S"技术智能信息处理的角度阐述其主要内容,即 RS 信息的智能化处理、GIS 信息的智能化处理、GNSS 信息的智能化处理等. 本书以 RS 信息智能化处理方面为重点阐述.

1. RS 信息智能处理

遥感信息的应用水平近年来常滞后于空间遥感技术的发展,其主要原因在于遥感数据未得到充分的利用,对遥感信息认识的不足和对遥感信息分析水平的滞后,造成了遥感信息资源的巨大浪费. 利用智能化的方法挖掘遥感信息的应用潜力,提高遥感图像分析和识别的精度,提高遥感信息处理的效率成为遥感应用目前的迫切要求. 遥感信息智能化处理是指应用 AI 的理论与方法对遥感图像进行处理,提高遥感图像处理的精度,实现遥感图像处理过程的自动化. AI 的迅速发展,必将大大促进遥感信息处理的智能化和自动化,使遥感信息能更快速、更准确地为相关部门提供服务. 遥感信息的智能化处理主要研究内容包括:

(1) 遥感图像几何处理的智能化方法. 遥感图像在应用之前,须被投影到所需要的地理坐标系中. 遥感图像的几何处理包括粗加工处理和精加工处理两个层次. 粗加工处理也称为粗纠正,它仅做系统误差改正;精纠正是指消除遥感图像中的几何变形,产生一幅符合某种地图投影或图形表达要求的新图像的过程.

(2) 遥感图像辐射处理的智能化方法. 遥感图像成像过程复杂,传感器接收到的电磁波能量与目标本身辐射的能量是不一致的. 传感器输出的能量包含了太阳位置和角度条件、大气条件、地形影响和传感器本身的性能等所引起的各种失真,这些失真不是地面目标本身的辐射,因此对图像的使用和理解造成的影响,必须加以校正和消除. 辐射处理包括辐射定标、辐射校正、遥感图像增强、遥感图像平滑以及遥感图像锐化等内容.

(3) 遥感图像分类和解译的智能化方法. 判读是对遥感图像上的各种特征进行综合分析、比较、推理和判断,最后提取出感兴趣信息的过程. 传统的方法是采用目视判读,是一种人工提取信息的方法,即使用眼睛目视观察,借助一些光学仪器或在计算机显示屏幕上,凭借判读经验、专业知识和相关资料,通过人脑的分析、推理和判断,提取有用信息. 而遥感图像的计算机自动识别分类是模式识别技术在遥感技术领域的具体应用.

遥感图像的计算机分类就是利用计算机对地球表面及其环境在遥感图像上的信息进行属性的识别与分类,从而识别图像信息中相应的实际地物,提取所需地物信息. 遥感图像自动识别分类的常用方法包括最大似然法、支持向量机分类法、神经网络分类法和高斯混合模型分类法等. 目前,遥感图像自动化分类水平也在不断提高,其软件发展趋势是:① 由单一遥感资料的处理向多种遥感资料处理方向发展;② 遥感图像处理系统支持的输入输出设备越来越广泛;③ 遥感图像处理系统的结构向开放的、可扩展性强的方向发展;④ 由单一的遥感图像处理系统向遥感图像处理与 GIS,GNSS 以及通信的集成方向发展;⑤ 由传统的遥感图像处理方法向新一代的智能遥感图像处理方法发展.

(4) 基于知识的遥感图像分类方法. 基于知识的遥感图像分类就是利用多源数据,将专家目视解译时用到的知识加入到计算机自动解译过程中进行综合分类. 基于知识的专家系统方法,即模仿解译专家的解译过程,是指从遥感信息的机理出发,综合提取多种影像特征(色调、颜色、形状、大小、纹理、位置和相关布局、时间特征等),集成不同来源的非遥感辅助数据和专家的经验知识,利用各种知识的"组合优化"和相互补充来提高计算机自动解译精度,它是实现遥感影像自动解译的一个重要发展方向. 因此,在基于知识的遥感影像分类方法中,实现知识的自动提取是一个必然的发展趋势. 采用空间数据挖掘和知识发现方法(如决策树方法),快速、有效地构建分类规则,可有效促进基于知识的遥感图像分类方法的广泛应用.

2. GIS 信息智能处理

智能 GIS 是空间信息科学与技术发展的必然趋势,是 AI 技术与 GIS 技术的结合. 国内外很多学者在这方面已做了大量的研究工作,提出了许多非常实用的空间信息智能化处理方法,如栅格数据、矢量数据、三维数据、属性数据、时空数据的信息处理方法以及地理信息的可视化处理方法.

(1) 栅格数据的信息处理. 栅格数据结构采用二维数字矩阵作为数据分析的数学基础,具有自动分析处理较简单、分析处理模式化强等特征,其主要方法有:聚类聚合、多层面信息复合叠置、窗口分析及追踪分析等.

(2) 矢量数据的信息处理. 矢量数据通常不存在模式化的分析处理方法,而表现为处理方法的多样性和复杂性,其主要方法有:包含、缓冲区、叠置、网络等分析方法.

(3) 三维数据的信息处理. 随着二维 GIS 向三维和更高维方向的发展,三维 GIS 数据的信息处理越来越重要. 三维 GIS 数据处理除了对空间对象的 x,y 坐标进行分析外,更重要的是对三维坐标 z 坐标的分析和处理,其主要方法有对表面积、体积、坡度、坡向等量的计算,以及对剖面、可视性和水文等量的分析.

（4）属性数据的信息处理.属性数据是对空间对象的描述性信息,对空间对象的属性信息进行统计分析是 GIS 信息处理的重要内容.主要方法有空间数据的量算（质心量算、长度量算、面积量算、形状量算等）,空间数据内插,空间信息分类（主成分分析、层次分析、聚类分析）,空间统计分析（地统计分析）等.

（5）时空数据的信息处理.时空数据的信息处理是指在传统的静态 GIS（static GIS,SGIS）的基础上考虑时间维,同时处理空间维和时间维,构成时态 GIS（temporal GIS,TGIS）;也就是说,利用多种时空数据模型,如空间时间立方体模型、序列快照模型、基图修正模型、空间时间组合体模型等分析和处理随时间变化的空间现象,对空间对象的时变特性进行分析与处理.

（6）地理信息的可视化处理.将 GIS 产品以某种用户需要的、可理解的形式进行可视化的表达和输出,主要包括提供多种地理信息系统产品输出,如普通地图、专题地图、影像地图、统计报表、决策方案、三维数字模型、三维地图以及虚拟现实与仿真模拟演示等.

GIS 信息智能处理具体方法包括地理信息的采集与集成、智能化地图设计与综合、地理数据分类的智能化方法、空间数据挖掘与知识发现、地理信息的智能检索、地理信息的智能空间分析、地理信息的可视化以及空间决策支持等.

3. GNSS 信息智能处理

GNSS 信息处理与 AI 的结合是一种发展趋势,目前国内外也有相关研究,主要研究集中于 GNSS 基线解算、整周模糊度的固定等方面.准确和快速地解算整周模糊度,无论对于高精度动态定位或 GNSS 姿态及定向系统都是极其重要的.GNSS 信息处理主要包括数据预处理、基线向量的解算以及 GNSS 网平差.

（1）数据预处理就是对数据进行平滑滤波检验、剔除粗差;统一数据文件格式,将各类数据文件转换成标准化文件（如 GPS 卫星轨道方程的标准化、卫星时钟钟差标准化、观测值文件标准化等）;找出整周跳变点并修复观测值;对观测值进行各种模型改正.

（2）基线向量的解算一般采用差分观测值,较为常用的为双差观测值,即由两个测站的原始观测值分别在测站和卫星间求差后所得到的观测值.在进行基线解算时,双差观测值中电离层延迟和对流层延迟一般已消除.基线解算的过程实际上主要是一个平差过程.

（3）GNSS 控制网的平差.GNSS 控制网是由相对定位所求得的基线向量而构成的空间基线向量网,在 GNSS 控制网的数据处理过程中,基线解算所得到的基线向量仅能确定 GNSS 网的几何形状,但却无法提供最终确定网中点的绝对坐标所必需的绝对位置基准.在 GNSS 控制网的平差中,是以基线向量及协方差为基本观测量的,通常采用三维无约束平差、约束平差两种平差模型.各类型的平差具有各自不同的功能,必须分阶段采用不同类型的网平差方法.

1.7　空间信息智能处理方法

1.7.1　模式识别处理方法

下面从类条件概率分布的估计、线性判别法、贝叶斯分类器、误差界以及新的模式识别(PR)方法等方面概述近几年有关统计模式识别方面的研究进展.

1. 类条件概率分布的估计

考虑将待识样本 $X \in R^d$ 判别为 C 个不同类 $\omega_1, \omega_2, \cdots, \omega_c$ 中的某一类. 由贝叶斯定理,X 应判为具有最大后验概率的那一类. 由于类条件概率分布未知,故通常假定分布为某一带参数的模型如多维正态分布(当多维正态分布中均值向量和协方差矩阵已知时,由此分布得到的二次判别函数是最优的),而表示分布的参数则由训练样本进行估计. 当训练样本不充足时,分布参数包含估计误差,会影响识别精度. 为了提高分类精度,H. Ujiie 等人提出了这样一种方法:首先,将给定数据进行变换(带指数函数的变换),使得变换后的数据更近似于正态分布,而不论原数据所服从的分布如何,且在理论上找到了最优变换;然后,为了处理这些变换后的数据,对传统的二次判别函数进行了修改;最后,提出了变换的一些性质并通过实验表明了该方法的有效性. 为了避免分类精度的降低,人们通过研究特征值的估计误差,提出了各种方法,但对特征向量的估计误差却考虑得不多. M. Iwamura 等人经过研究得出:特征向量的估计误差是造成分类精度降低的另一个因素,因而在相关文献中提出了通过修改特征值以弥补特征向量的估计误差的方法.

2. 线性判别法

20 世纪 90 年代中期,统计学习理论和支持向量机算法的成功引起了广大研究人员的重视. 支持向量机算法具有较扎实的理论基础和良好的推广能力,并在手写数字识别、文本分类等领域取得了良好的效果. 它的一个引人注目的特点是利用满足 Mercer 条件的核函数实现非线性分类器的设计,而不需要知道非线性变换的具体形式. Fisher 判别法和主成分分析法是在模式分类与特征抽取中已经获得广泛应用的传统线性方法. 近年来出现的基于核函数的 Fisher 判别法与基于核函数的主成分分析法是它们的线性推广,具有性能更好、适用范围更广、灵活性更高等特点,是值得关注的应用前景看好的新方法.

考虑有两类问题且每类中的训练样本数大于样本的维数的情况时,基于训练样本来划分一个多维空间的两种方法,是对 Fisher 线性判别法的两点改进:第一种是多维参数搜索;第二种是递归 Fisher 方法。这两种方法在模式检测方面比标准的 Fisher 判别法训练效果更好. 利用 Mercer 核,可以将这两个方法推广到非线性决策面.

3. 贝叶斯分类器

PR 的目的就是要判别一个模式(由它的特征表示)属于某一类. 考虑有两类的情况. 采用贝叶斯分类器时,模式是按最大后验概率进行分类的,这由一个判别函数来完成. 多数情况下,该判别函数是线性的或二次的.

最优决策的贝叶斯分类器可以由概率神经网络来实现. Menhaj 先前提出过一个新的学习算法,来训练当所有类别完全分离时的网络,并将该方法推广到一般的有重叠类别的情况. 可以用非线性动态系统(nonlinear dynamical system,NDS)的集合来对模式进行分类,其中每个 NDS 将输入值分类为 IN 或 OUT 类型. 输入值通过每一个 NDS 进行迭代并沿着一个轨道收敛到一个全局稳定吸引子(attractor),它是该 NDS 所代表的类的原型. 与传统的神经网络方法相比,竞相吸引子神经网络(race to the attractor neural network,RTANN)模型方法受益于与人的大脑联系更广的几个有利条件.

要从杂乱的背景图像中检测出目标,诸如人脸和汽车等,是一个具有挑战性的课题. 许多应用系统需要准确而快速的检测. 换句话说,降低检测错误和减少计算复杂性是两个主要问题,而且很多目标检测的工作集中在性能改善上,而对复杂性问题注意很少. 通过在贝叶斯决策规则下的误差分析,可以靠减少检测时系数的数量来降低计算的复杂性.

4. 误差界

最小分类错误(minimum classification error,MCE)训练准则,以及其他判别训练准则,如极大交互信息(maximum mutual information,MMI)准则等,都是统计模式识别中训练模型参数的标准极大似然(maximum likelihood,ML)准则的重要选择. MCE 准则表示对给定的分类器训练数据的试验错误率的光滑模型. 由于训练准则与降低错误率的最终目标之间的直接关系,MCE 训练的分类器不会太依赖于某个模型假设的性质,正如 ML 和 MMI 训练的情况. MCE 准则给出了一个独立于相应的模型分布的贝叶斯错误率的上界.

按照训练样本的分类间隔数,设置线性分类器的一般误差的一个界. 该结论是利用概率近似校正(probably approximately correct,PAC)的贝叶斯结构得到的. 由相同的训练数据构造出来的分类器之间存在弱相关性. 试验结果表明,若弱相关低且期望的分类间隔大,那么基于这些分类器的线性组合的决策规则可以使错误率呈指数级减少.

5. 模式识别新方法

(1) 共享核函数模型

概率密度估计构成一个无监督的方法,该方法试图在所得到的没有标记的数据集中建立原始密度函数的模型,其重要应用之一就是它可以被用于解决分类问题. 广泛应用于统计模式识别中密度估计的方法之一是基于混合密度模型的. 根据期望最大(expectation-maximization,EM)算法可以得到这些模型中有效的训练过程. 按照共享核函数可以得出条件密度估计的更一般的模型,这里类条件密度可以用一些对所有类的条件密度估计产生作用的核函数表示. 与其相反的是独立混合模型的方法,其中每个类的密度采用独立混合密度进行估计.

(2) 粗糙集理论方法

在 20 世纪 70 年代,波兰学者 Z. Pawlak 和一些波兰的逻辑学家们一起从事关于信息系统逻辑特性的研究. 粗糙集理论(rough set theory,RST)就是在这些研究的基础上产生的. 1982 年 Pawlak 发表了经典论文《粗糙集》(Rough Sets),宣告了粗糙集理论(RST)的诞生. 此后,RST 引起了许多科学家、逻辑学家和计算机研究人员的兴趣,他们在粗糙集的理论和应用方面作了大量的研究工作. 1992 年,Pawlak 的专著和应用专集的出版,对这一段时期理论和实践工作的成果作了较好的总结,同时促进了粗糙集在各个领域的应用;随后召开的与粗糙集有关的国际会议进一步推动了粗糙集的发展. 越来越多的科技人员开始了解并准备从事该领域的研究. 目前,粗糙集已成为 AI 领域中一个较新的学术热点,在 PR、机器学习、知识获取、决策分析以及过程控制等许多领域得到了广泛的应用.

在经典 RST 中,集合的近似是在目标的非空有限全域下实现的. 在点的非空不可数集合下实现集合的近似,一些研究结果引入了基于 RST 的离散粗糙积分. 离散粗糙积分有助于近似推理和 PR 中连续信号的分割. 在近似推理中,离散粗糙积分为确定某特定采样期间传感器的相关性提供一个基. 在 PR 中,离散粗糙积分可用于雷达天气数据的分类、汽车模式分类及动力系统故障波形分类等方面. RST 是处理模糊和不确定性的一个新的数学工具. 用 RST 构造决策规则的算法一般都是考虑决策规则的数量而不是它们的代价. 采用多目标决策来协调规则的简明和代价之间的冲突,可提高粗糙集的效率和效力.

基于 PR 方法的动力系统瞬态稳定性估计(transient stability assessment, TSA)通常按两个模式的分类问题进行处理,即区分稳定和不稳定类,其中有选择一组有效的特征和建立一个具有高精度分类的模式分类器这两个基本问题. 可通过将粗糙集理论与反向传播神经网络(back propagation neural network, BPNN)相结合来进行瞬态稳定性估计,包括特征提取和分类器构造:首先,通过初始输入特征的离散化,利用基于 RST 的诱导学习算法来简化初始特征集;然后,利用采用半监督学习算法的 BPNN 作为一个"粗糙分类器",将系统稳定性分为稳定类、不稳定类和不确定类(边界区域)等三类. 不确定类的引入提供了减少误分类的一个切实可行的方法,且分类结果的可靠性也因此而大大提高.

（3）仿生模式识别（拓扑模式识别）

基于"认识"事物，而不是基于"区分"事物为目的的 PR 理论新模型与传统以"最佳划分"为目标的统计模式识别相比，更接近于人类"认识"事物的特性，故称为仿生模式识别；其数学方法在于研究特征空间中同类样本的连续性（不能分裂成两个彼此不邻接的部分）特性. 仿生模式识别理论及其高维空间复杂几何形体覆盖神经网络识别方法，应用于地平面刚性目标全方位识别问题取得了初步结果，且对各种形状相像的动物及车辆模型作全方位识别，结果正确识别率可达到 99.75%.

1.7.2　专家系统分类法

遥感图像解译专家系统（remote sensing processing expert system，RSPES）是 PR 与 AI 技术结合的产物，同时也是遥感数字图像计算机解译过程中的重要工具和环节. 它利用 PR 方法获取地物多种特征，为专家系统解译遥感图像提供证据，并应用 AI 技术及遥感图像解译专家的经验和方法，模拟遥感图像目视解译的具体思维过程，进行遥感图像解译，起着类似遥感图像判释专家的作用. 遥感图像解译专家系统包括遥感图像数据库、解译知识库、推理机和解译器，其中推理机是遥感图像解译专家系统的核心.

1. 遥感图像数据库

遥感图像是以数字形式表示的遥感影像，每个像元具有相应的空间特征和属性特征，代表着不同的地物类型和空间关系；而海量的数据需要数据库来存储. 遥感图像数据库包括遥感图像数据和每个地物单元的不同特征，它由数据库管理系统进行管理. 通过图像处理与特征提取子系统的图像处理功能，如滤波、增强、大气校正、几何校正、正射纠正等，从图像中抽取的光谱特征、图像形状特征和空间特征等结果，就存储在遥感图像数据库；它是专家系统进行推理、判断及分析的客观依据.

2. 解译知识库

遥感图像的目视解译是指从遥感图像中发现有什么物体以及物体在什么地方分布的过程. 它是解译专家与遥感图像相互作用的复杂过程，涉及目视解译者的知识认知、生理和心理等许多环节. 目标地物的识别特征包括色调、颜色、阴影、形状、纹理、大小、位置、图形和相关布局等，这些知识是解译者进行遥感图像解译的知识库. 遥感解译知识的获取主要通过一个具有语义和语法指导的结构编辑器实现.

3. 推理机

推理机是计算机内部对图像识别所进行的推理过程，是遥感图像解译专家系统的核心. 它是在解译知识库的基础上，对地物像元的属性特征提出假设，利用地物多种特征作为依据,进行推理验证,实现遥感图像的解译.

推理机推理的方式有正向推理和反向推理两种.正向推理是指利用事实驱动的方式进行推理,即由已知的客观事实出发,向结论方向推理.这种推理方式的过程大致为:系统根据地物的各种特征,在知识库中寻找能匹配的规则;若符合,就将规则的结论部分作为中间结果,利用这个中间结果,继续与解译知识库中的规则进行匹配,直至得到最终的结论.而反向推理是指以目标为驱动的方式进行推理.先提出一个假设,由此进一步寻找能满足假设的证据.这种推理方式的过程大致为:选定一个目标,在解译知识库中寻找满足假设的规则集;若这个规则集中的某条规则的条件与遥感数据库中的特征参数相匹配,则执行该规则,否则就将该规则条件部分作为子目标,递归执行上述过程,直至总目标被求解或不存在能到此目标的规则.

4.解译器

解译器用于用户与计算机之间的"沟通",是计算机内部对图像识别的推理过程的说明工具,其作用就是对推理的过程进行解译,以便对用户说明计算机解译的过程.

遥感图像专家系统的分析方法或经验可以用于遥感图像的智能化判读和信息获取,逐步实现遥感图像的理解.例如,通过分析三江平原湿地植被的光谱、景观季相及其生存环境等特点,可以找出不同湿地的遥感影像特征.随着人类对遥感特征认识的深入,建立遥感专家分类决策模型库,实现地物信息的自动分类提取,将是该分类方法的发展趋势.

1.7.3　模糊分类法

模糊分类是近年来在遥感影像分类中引入的一种新研究方法,是一种针对不确定性事物的分析方法.它以模糊集合理论(fuzzy sets theory,FST)作为基础,运用数学模型计算对于所有集合的隶属度,每一像元都在不同程度上隶属于不止一个类别.模糊分类的数学原理与传统的统计分类方法有很大区别,即每一像元中可以混有所有的类别,只是隶属度不同而已.

有学者提出非监督模糊分类处理,其实质在于利用遥感图像所含的信息,预先确定以语气算子表示的隶属函数,借以求取每一像元对土地覆盖不同类型的隶属值,然后根据各像元的隶属值,按一定的模糊规则实施遥感图像的分类处理.有学者提出模糊神经网络分类器,其实质是以模糊权重距离为基础,采用拓展的反向传播算法的多层感知分类器,适用于解决遥感图像分类处理中经常遇到的模糊、重叠且边界不定、关系不明的普遍性问题.有学者提出模糊分割法,其实质在于首先应用反梯度函数于遥感数字图像,以获取模糊集图像,然后根据模糊集理论(FST)定义一个凸复集,再由凸复集表达式定义一个模糊集及其隶属函数,借以实施遥感图像上的模糊分割,即提取模糊图像中的模糊区. 换而言之,将遥感图像分割成模糊区谱系树. 还有学者提出模糊分类结果的评估法,其实质在于,首先确定模糊分类结果评估用隶属函数,然后借助于准概率将其变换为分类得分形式,据此计算条件熵量化函数值,借以评估模糊分类结果. 尽管这方面的研究实例不多,还有一系列问题有待于进一步探讨,但可以肯定地说,利用模糊数学方法进行遥感图像处理是完全可能的. 模糊数学作为遥感图像分类处理的有效手段之一,具有广阔的应用前景.

1.7.4 人工神经网络方法

人工神经网络(artificial neural network,ANN)属于非参数分类器,该方法用于遥感分类,始于 1988 年 Hopfield 网络模型用于优化计算的神经网络模型. 神经元网络模型用于模拟人脑神经元活动的过程,包括对信息的加工、处理、存储和搜索过程,具有分布式存储信息,对信息并行处理及推理,以及在信息处理上自组织、自学习. 与传统统计分析方法相比,一方面,神经网络分类方法不需要任何关于统计分布的先验知识,用于遥感影像分类时不必考虑像元统计分布特征;另一方面,神经网络分类方法不需要预定义分类中各个数据源的先验权值,可以广泛地用于多源遥感数据分类. 不同学者分别提出或应用反向传播网(back propagation network,BP)、三维 Hopfield 网、径向基函数(radial basis function,RBF)神经网络和小波神经网络等对遥感图像进行监督分类. 在神经网络分类方法中,目前应用最多的是反向传播神经网络算法.

卫星遥感图像的 BP 神经网络分类方法有:(1) 将各波段数据作为神经网络的输入;(2) 将目标类型作为神经网络的输出;(3) 选择样本训练网络;(4) 用训练好的网络进行图像分类,从而获得各类目标的信息分布特征.

在神经网络应用中,模型需要反复训练、比较耗时,而且模型训练的精度会影响整个分类的准确度,一旦模型训练好之后,神经网络分类则会很快完成. 李颖等人分别用非监督分类、监督分类以及 BP 神经网络分类方法把 Landsat 5 北京某区的遥感图像,分为城市用地、水田、旱地、菜地、滩涂地等五种用地类型. 结果表明,这三种分类结果中神经网络分类与真实情况最为接近,分类效果最好. 骆成凤等人以中分辨率成像光谱仪(moderate resolution imaging spectroradiometer,MODIS)数据产品为信息源,用神经网络分类中的 BP 算法对新疆进行了土地利用分类研究. 他们先以新疆石河子为实验区进行土地利用分类,比较了 BP 算法与最大似然法的分类精度,前者的精度提高近 10%;然后,用 BP 算法对新疆维吾尔自治区进行了土地利用分类,分为林地、耕地、裸地与城镇用地、盐碱地、沙漠、湖泊以及冰雪等;最后统计分类结果中各类别的面积和百分比,所得数据与相关部门公布数据非常接近.

1.7.5　优化理论方法

正如以上所述,人工神经网络近年来已被广泛应用于遥感图像分类,其中应用最多、也是最成功的当数 BP 神经网络及其变化形式. 然而,传统的 BP 神经网络算法存在收敛速度慢、易陷入局部极小、隐层神经元数目难以确定等局限性,而且在地形条件、地物类型复杂地区应用成功的案例较少. 为了得到更好遥感图像分类效果,许多学者进行了大量研究. 例如,柯华明在基于 Matlab 神经网络和遗传算法工具箱平台下,用量化共轭梯度法改进标准 BP 算法,采用遗传算法优化 BP 网络的隐层神经元数目、初始权重,达到快速搜索网络最优解、克服 BP 网络局限性的目的,并以地形、地类复杂的香格里拉县增强型专题绘图仪(enhanced thematic mapper,ETM＋)影像分类为例,在 DEM 地形数据辅助下,将传统分类方法与 GA 优化的 BP 神经网络分类进行比较,通过精度评价分析后者的有效性和优势.

另一方面,各种聚类算法已经被广泛用于图像的自动分割,但是传统的聚类算法缺乏对图像空间特征和像素特征的综合考虑,因而对噪声十分敏感,计算效率不高,或者由于遥感图像的数据量增大,计算速度慢. 戴芹等人综合和改进了前人提出的图像分割方法,将 GA 和蚁群优化算法(ant colony optimization,ACO)组合对模糊聚类进行优化,在提取遥感图像的灰度特征和空间特征进行聚类基础上,引入图像的像元灰度、像元邻域灰度均值和像元灰度梯度三个特征,利用这些特征作为聚类依据,将图像的多个特征结合到智能计算中,充分利用 GA 和 ACO 各自的优势和特点,既提高了图像分割的准确性,又加快了分割过程的速度. 实验结果表明,GA 和 ACO 组合算法优化的模糊聚类是一种性能良好的遥感图像分割方法. 与此同时,随着空间信息融合技术应用的日益广泛,传统算法的局限性也逐渐暴露出来,因此各种改进优化算法应运而生. 多源信息融合是通过将多种信源在空间上和时间上的互补与冗余信息依据某种优化准则组合起来,产生对特定对象的一致性解释与描述.

1.7.6　多源信息融合方法

1. 多源信息融合理论方法体系

目前,多源异构是空间信息的基本特征之一,多源数据融合也成为大数据分析处理的关键环节,多源数据融合成为大数据领域重要的研究方向. 中国计算机学会(China Computer Federation,CCF)大数据专家委员会秘书长程学旗在 2014年大数据技术大会上发布了《中国大数据技术与产业发展白皮书(2014)》,对今后大数据发展趋势进行预测,其概括为融合、跨界、基础、突破,其中融合成为最为显著的发展趋势. "互联网＋"等概念的提出进一步表明了信息融合、产业融合、经济融合等多维度融合是时代发展的要求,是顺应大数据社会发展的必然.通过"互联网+"的互动融合,可实现行业的模式转变与效率提升.多源信息融合在大数据时代具有非常重要的价值与意义.通过多源信息融合,有利于进一步挖掘数据的价值,提升信息分析的作用;通过多源信息交叉印证,可以减少信息错误与疏漏,防止决策失误.可以说,在大数据时代,融合成为一个重要的理念、一个广泛渗透于各行业的现象、一种涉及多学科的新常态.本小节将简单介绍北京大学信息管理系化柏林关于大数据环境下多源信息融合的理论方法.

大数据环境下的多源信息融合问题研究需要从理论、方法以及技术等视角思考,多源信息融合理论方法体系如图1.10所示.该体系在理论层关注多元表示原理、相关性原理、意义构建等支撑理论;在方法层面涉及贝叶斯、D-S(Dempster-Shafer)证据理论、神经网络等算法;在技术层面既涉及线上线下数据融合、传感数据与社会数据融合等问题,也涉及唯一识别、异构加权等技术细节.

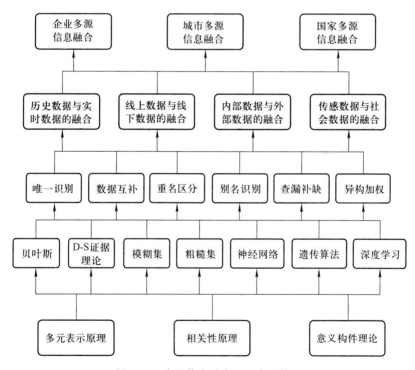

图 1.10　多源信息融合理论方法体系

2. 多源信息融合理论

新的渠道、新的载体不断产生新的数据类型;如何应对复杂多变的多源数据,成为大数据环境下一个重要的问题.想解决这个问题,就需要剖析信息融合的定义与内涵,进行多源信息融合的机制与机理的深入研究,探寻多源信息融合的本质与规律,从而解释多源信息融合的现象,指导多源信息融合的实践.

信息融合最早应用于军事领域,后来在传感器、地理空间等多个领域得到应用与发展. 关于信息融合,主要有以下几种定义:

(1) 信息融合是一种多层次、多方面的数据处理过程,对来自多个信息源的数据进行自动检测、关联、相关、估计及组合等处理.

(2) 信息融合是研究利用各种有效方法把不同来源、不同时间点的信息自动或半自动地转换成一种能为人类或自动的决策提供有效支持的表示形式.

(3) 信息融合是处理探测、互联、估计以及组合多源信息和数据的多层次多方面过程,以便获得准确的状态和身份估计,完整而及时的战场态势和威胁估计.

(4) 多源数据融合是指由不同的用户、不同的来源渠道产生的,具有多种呈现形式(如数值型、文本型、图形图像、音频视频格式)且描述同一主题的数据为了共同的任务或目标融合到一起的过程.

这些研究反映了多源信息融合的含义或理念,系统的信息融合理论还不够完善,探寻并借鉴已有的理论,对多源信息融合的现象进行解释,已成为一项有重要意义的研究. 这里从逻辑语义、语法结构以及形式表示三个方面进行阐述,在这个层面的理论基础主要包括多元表示原理、相关性原理以及意义建构理论等,图 1.11 所示为多源信息融合的支撑理论框架. 不同的理论对多源信息融合有不同的支撑,多元表示更容易揭示多源信息的外部特征,是表现形式;相关性原理可以反映事物或事物要素及属性之间的关联关系,反映结构与关系;意义建构是在认知与语义的层面,反映内在逻辑.

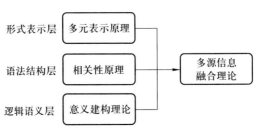

图 1.11　多源信息融合的支撑理论框架

(1) 多元表示原理

多元表示是信息活动中的一种普遍现象,存在于信息活动的各个环节和各个阶段,这在互联网环境下更加明显,最为典型的就是大众标签;同样的内容,不同的人标记的标签就不一样. 多元表示包括来自于不同认知行动者解读的在认知上不同的表示和来自于同一个认知行动者的在功能上不同的表示这两种形式. 从认知意义上来讲,即便是同一组认知行动者在面对同一信息对象或情景时,其成员之间也可能会表现出认识上的不一致性或解释上的多样性. 在众筹、众创时代,多元表示原理可以很好地揭示多源异构数据的多种表象,并寻找共同的语义内容与关联.

（2）相关性原理

大数据分析比传统的数据分析更加注重相关性. 一方面,由于大数据具有数据规模体量大、多源异构等特点,进行简单、直接的相关性分析比复杂的因果分析具有更高的计算效率;另一方面,通过对大数据的相关性分析,可以直接发现一些有用的关联,如购物篮中的同被购买商品,足以提高经济效益,没必要非得弄清楚同被购买的原因. 利用相关性,可以解决多源信息融合中的一些问题,包括主题相关、要素相关、任务相关及情境相关等. 多源信息融合需要根据相关性原理,判定数据之间的相关关系与关联程度,以及数据源与任务情境之间的相关性.

（3）意义建构理论

布伦达·德尔文（Brenda Dervin）于 1972 年提出以用户为中心的意义建构理论,认为知识是主观且由个人建构而成的,而信息寻求是一种主观建构的活动,在线检索的过程是一连串互动、解决问题的过程,是一种解释沟通信息与意义之间关系的概念性工具. 无论是认知层面的内在行为还是以过程为主体的外显行为,都允许个体在空间和时间上设计或建造自己的行为. 意义建构的行为是种沟通行为,而信息恰恰就是人与人之间的最有效沟通的载体形式. 信息的产生、组织、加工、标引、检索、传播与利用等过程都涉及用户的参与,而这些用户参与的行为与表现可以用意义建构来解释. 根据皮亚杰的理论,人在与环境相互作用的过程中,不断建构和修正原有的知识结构,不同的知识结构所决定的信息形式与内容就会不同,而意义建构理论有助于揭示不同数据源对任务目标的支撑作用.

3. 多源信息融合方法与技术

有关多源数据融合的方法与技术,学界已有一些研究. B. Khaleghia 等人对多源数据融合进行了全面的论述,包括数据融合的概念、价值、难点以及现有的方法. R. R. Yage 使用投票的方法解决数据之间的冲突,提出一种多源数据融合的框架. F. Naumann 等人认为需要通过模式匹配、重复侦测、数据融合三个步骤来解决多源数据的不一致性及其数据冲突问题. 陈科文等人则从数据处理、系统设计、融合模型、融合方法等方面梳理当前多源信息融合的关键问题与应用进展. A. Marc 等人用重组认知集成方法实现智能应用的高层次融合,通过定义一个由原语、功能和模型构建的涉及语义、时态和地理空间等多维信息的集成框架,在现有的信息融合模型之间实现桥接,提出了一套实现统一的高层次融合智能应用程序的方法,通过案例研究演示了在知识发现和预测精度改进方面的应用.

多源数据融合涉及很多具体的方法与技术,但这些技术、方法都是零散的,针对某个具体问题或应用场景的,不足以应对当前对多源、异构、跨界信息进行融合的需求. 为了满足多源信息融合的全面需求,就需要对这些方法、工具进行分析与试用,对各种技术方法的适用性、优缺点以及相互之间的关系等加以研究,从而形成多源信息融合的技术方法体系.

(1) 多源信息融合表现形式

多源信息融合有多种来源与表现形式. 在相关性、多元表示等原理的支撑下,多源信息融合有哪些形式与表征,也是重要的研究内容. 在进行融合的过程中多源信息首先要转化为机器可读的数据,从数据的角度进行大规模的融合,其表现形式包括内部数据与外部数据的融合、历史数据与实时数据的融合、线上数据与线下数据的融合、传感数据与社会数据的融合.

① 内部数据与外部数据的融合. 从数据来源方面来讲,数据分为企业内部数据与外部数据. 内部数据一般是高质量的、与业务逻辑紧密联系的;外部数据又包括可免费获取的(如互联网数据)以及购买或合作的数据. 除了自身拥有的数据以外,在大数据环境下,还需要整合一些互联网数据.

② 历史数据与实时数据融合. 从时效性来看,经过多年的信息化,组织机构或企业已积累了相当数量的数据,新运行的系统与网络又不断产生新的数据,通过新数据可以监测实时状态,纵观历史数据可以发现规律从而实现对未来的预测. 仅有实时数据无法探其规律;仅有历史数据也无法知其最新状态;要想更好地发挥数据价值,既要重视历史数据的累积与利用,又要不断获取鲜活的新数据. 数据表示的是过去,但表达的是未来,只有把历史数据与实时数据融合起来,才能通过历史展望未来.

③ 线上数据与线下数据融合. 随着越来越多的传统企业开始互联网化,在原有的线下数据基础上又产生了大量的线上数据,通过线上数据获取实时状态以及进一步完善线下数据,实现线上数据与线下数据的有效对接. 过去传统行业的领域知识是靠在行业内不断摸爬滚打积累起来的,而互联网化之后的行业领域知识将是从海量的用户行为数据中分析和挖掘出来的. 互联网产业促进线上与线下融合发展,为信息融合提供新途径和新模式.

④ 传感数据与社会数据融合. 传感器、射频、监控器以及其他通信设备每天产生大量的数据,这些"硬数据"以物理信号的形式传到云端服务器上,一般具有良好定义的特征. 社交网络、经济活动运行、政府信息管理又产生大量的社会数据,称之为"软数据",是人为生成的或知识性的数据(如语言文字或图形符号);这些数据带有很大的不确定性和模糊性. 物理信号数据反映机器设备运行的状态,社会数据很好地反映了人们在社会运行中的各项活动. 把这些信号数据与社会数据融合到一起,就可以更好地揭示自然规律与人类的各项活动.

(2) 多源信息融合流程与技术

多源信息融合的实现包括数据级(信号级、像元级)融合、特征级融合和决策级融合等三个层次,这三个层次的融合分别是对原始数据、从中提取的特征信息和经过进一步评估或推理得到的局部决策信息进行融合. 数据级和特征级融合属于低层次融合,而高层次的决策级融合涉及态势认识与评估、影响评估、融合过程优化等. H. V. Jagadish 等人认为,在数据时代,很多人只注重"分析"和"建模",而忽略了其他步骤的重要性,如数据的清洗与融合.

融合的过程中有些共性的流程,也存在一些差异化的过程. 针对每一步过程,有多种解决问题的方法,不同的方法又有着不同的技术实现. 因此,有必要通过梳理多源信息融合的流程,总结多源信息融合的方法并集成多源信息融合技术,对各种技术工具进行比对与试用,分析技术工具之间的共性与优缺点,探讨技术工具的集成与应用,形成多源信息融合的技术方法体系.

（3）多源信息融合算法

多源信息融合的算法包括简单算法、基于概率论的方法、基于模糊逻辑的方法、混合方法以及 AI 算法等. 简单算法有等值融合法、加权平均法等. 基于概率论的信息融合方法有贝叶斯方法、D-S 证据理论等,其中贝叶斯方法又包括贝叶斯估计、贝叶斯滤波和贝叶斯推理网络等,而 D-S 证据理论是对概率论的推广,既可处理数据的不确定性,也能应对数据的多义性. 基于模糊逻辑的信息融合方法,如模糊集、粗糙集等方法,这些方法在处理数据的模糊性、不完全性和不同粒度等方面具有一定的适应性和优势. 混合方法包括模糊 D-S 证据理论、模糊粗糙集理论等,可以处理具有混合特性的数据. AI 算法,如 ANN,GA,ACO,深度学习算法等,可以处理不完善的数据,在处理数据的过程中不断学习与归纳,把不完善的数据融合为统一的完善的数据.

4. 多源数据融合模型

数据融合技术就是利用计算机对获得信息在一定准则下加以自动分析和综合的信息处理技术,以完成所需决策和评估任务,主要包括对各类信息源所给出有用信息的采集、传输、综合、过滤、相关及合成,以便辅助人们进行态势/环境判定、规划、探测、验证. 信息的来源多,数据格式类别的差异较大,都给数据处理带来了不便,故数据格式统一是进行数据处理的前提.

多源信息融合能够实现多源异构数据信息整合,对于充分利用信息资源、提高数据处理系统性能具有实用价值. 作为数据级的多源数据融合模型结构如图 1.12 所示. 多源数据经过数据清理、数据集成、数据变换,形成有效数据,通过数据处

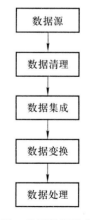

图 1.12　多源数据融合模型

理形成了数据挖掘分析等处理工作所需的有效数据.

（1）数据清理是指去除源数据集中的噪声数据和无关数据,处理遗留数据和清洗脏数据,去除数据域的知识背景上的白噪声,考虑时间顺序和数据变化等;主要内容包括处理噪声数据、处理空值以及纠正不一致数据等.

（2）数据集成是将多文件或多数据库运行环境中的异构数据进行合并处理,将多个数据源中的数据结合起来存放在一个一致的数据存储区中.

（3）数据变换是将数据变换成统一的适合处理的形式,主要包括平滑、聚集、属性构造、数据泛化和规范化等内容.

1.7.7　空间信息大数据

地球空间信息科学是测绘遥感科学与信息科学技术的交叉、渗透与融合,通过多平台、多尺度、多分辨率、多时相的空、天、地对地观测、感知和认知手段改善和提高人们观察地球的能力,为人们全面精确判断与决策提供大量可靠的时空信息.地球空间信息科学已在过去 20 多年的数字地球和数字城市建设中发挥了重要作用.当前,人类正进入建设智慧地球和智慧城市的大数据时代,这将对地球空间信息学提出新的要求,使之具有新的时代特点.这些特点可以概括为以下七个方面:

（1）无所不在.在大数据时代,地球空间信息科学的数据获取将从空、天、地专用传感器扩展到物联网中上亿个无所不在的非专用传感器.例如智能手机,它就是一个具有通信、导航、定位、摄影、摄像和传输功能的时空数据传感器;又如城市中具有空间位置的上千万个视频传感器,它能提供 PB 和 EB 级①连续图像.这些传感器将显著提高地球空间信息科学的数据获取能力.另一方面,地球空间信息科学的应用也是无所不在的,它已从专业用户扩大到全球大众用户.

（2）多维动态.大数据时代无所不在的传感器网以日、时、分、秒甚至毫秒计产生时空数据,使得人们能以前所未有的速度获得多维动态数据来描述和研究地球上的各种实体和人类活动.智慧城市需要从室外到室内、从地上到地下的真三维高精度建模,基于时空动态数据的感知、分析、认知和变化检测在人类社会可持续发展中将发挥越来越大的作用.通过这些研究,地球空间信息科学将对 PR 和 AI 做出更大的贡献.

（3）互联网＋网络化.在越来越强大的天地一体化网络通信技术和云计算技术支持下,地球空间信息科学的天、地、空专用传感器将完全融入智慧地球的物联网中,形成互联网＋空间信息系统,将地球空间信息科学从专业应用向大

---

① 1PB＝2^{50}Byte(字节),1EB＝1024PB＝2^{60}Byte.

众化应用扩展. 原先分散的、各自独立进行的数据处理、信息提取和知识发现等将在网络上由云计算为用户完成. 目前,正在研究中的遥感云和室内外一体化高精度导航定位云就是其中的例子.

(4) 全自动与实时化. 在网络化、大数据和云计算的支持下,地球空间信息科学有可能利用 PR 和 AI 的新成果来全自动和实时地满足军民应急响应和诸如飞机、汽车自动驾驶等实时的用户要求. 目前正在执行中的国家自然科学基金重大项目"空间信息网络",就是研究面向应急任务的空天信息资源自动组网、通信传输、在轨处理和实时服务的理论和关键技术. 遵照"一星多用、多星组网、多网融合"的原则,由若干颗(60～80 颗)同时具有遥感、导航、通讯功能的低轨卫星组成的天基网与现有地面互联网、移动网整体集成,与北斗系统密切协同,实现对全球表面分米级空间分辨率、小时级时间分辨率的影像和视频数据采集以及优于米级精度的实时导航定位服务. 在时空大数据、云计算和天基信息服务智能终端支持下,通过天地通信网络全球无缝的互联互通,实时地为国民经济各部门、各行业和广大手机用户提供快速、精确、智能化的定位、导航、授时、遥感及通信(positioning, navigation, timing, remote sensing, communication, PNTRC)服务,构建产业化运营的、军民深度融合的我国天基信息实时服务系统.

(5) 从感知到认知. 长期以来,地球空间信息科学具有较强的测量、定位、目标感知能力,但往往缺乏认知能力. 在大数据时代,通过对时空大数据的处理、分析、融合和挖掘,可以大大地提高空间认知能力. 例如,利用多时相夜光遥感卫星数据可以对人类社会活动如城镇化、经济发展、战争与和平的规律进行空间认知. 又如,利用智能手机中连续记录的位置数据、多媒体数据和电子地图数据,可以研究手机持有人的行为学和心理学. 地球空间信息科学的空间认知将对脑认知和 AI 科学做出应有的贡献.

(6) 众包与自发地理信息. 在大数据时代,基于无所不在的非专用时空数据传感器(如智能手机)和互联网云计算技术,通过网上众包方式,将会产生大量的自发地理信息来丰富时空信息资源,形成人人都是地球空间信息员的新局面,但因其非专业特点,使得所提供的数据具有较大的噪音、缺失、不一致、歧义等问题,造成数据有较大的不确定性,需要自动进行数据清理、归化、融合与挖掘. 当然,如能在网上提供更多的智能软件和开发工具,将会产生更好的效果.

(7) 面向服务. 地球空间信息科学是一门面向经济建设、国防建设和大众民生应用需求的服务科学. 它需要从理解用户的自然语言入手,搜索可用来回答用户需求的数据,优选提取信息和知识的工具,形成合理的数据流与服务链,通过网络通信的聚焦服务方式,将有用的信息和知识及时送达给用户. 从这重意义上看,地球空间信息服务的最高标准是在规定的时间将所需位置上的正确数据/信息/知识送到需要的人手上. 面向任务的地球空间信息聚焦服务将长期以来数据导引的产品制作和分发模式转变成需求导引的聚焦服务模式,从而解决目前对地观测数据的供需矛盾,实现服务代替产品,以适应大数据时代的需求.

空间数据具有数据体量大、多源、多时相、有价值等鲜明的大数据特征,其获取手段多种多样,如全球导航卫星、卫星重力探测、航空航天遥感等技术,这些技术手段获取的空间数据格式不一、时相不一,导致了空间数据的来源多样、结构复杂.面对大数据的到来,目前存在体量大、速度快、模态多样和真伪难辨等问题,很难有效地从大数据中挖掘出它的巨大价值,从而形成数据海量、信息缺失、知识难觅的局面.因此,需要研究时空大数据多维关联描述的形式化表达、关联关系动态建模与多尺度关联分析方法、时空大数据协同计算与重构所提供的快速准确的面向任务的关联约束和空间大数据挖掘方法.

与此同时,空间数据是智慧地球的基础信息,智慧地球功能的绝大部分将以空间数据为基础.现在空间数据已广泛应用于社会各行业、各部门,如城市规划、交通、银行、航空航天等.随着科学和社会的发展,人们已经越来越认识到空间数据对于社会经济的发展、人们生活水平提高的重要性,这也加快了人们获取和应用空间数据的步伐.因此,在大数据时代的潮流下,空间大数据、时空大数据、遥感大数据、GIS大数据、地学大数据等大数据概念和技术相继提出.如何利用大数据技术,如大数据存储与管理、大数据计算模式及大数据可视化分析,去解决多源、多分辨率、多时相、多尺度的空间大数据面临的问题和挑战,是空间信息智能处理的研究重点.

大数据分析挖掘是指对规模巨大的数据进行分析挖掘.大数据可以概括为5个"V"——数据量(volume)、速度(velocity)、类型(variety)、价值(value)、真实性(veracity).大数据作为时下信息技术行业最火热的词汇,随之而来的有数据仓库、数据安全、数据分析、数据挖掘等,这些词围绕大数据的商业价值的利用而逐渐成为行业人士争相追捧的研究热点与利润焦点.大数据挖掘分析常和云计算联系到一起,因为实时的大型数据集分析需要像Map Reduce一样的框架向数十、数百或甚至数千的电脑分配工作,大数据技术架构示意图如图1.13所示.随着智慧城市的建设和应用,无所不在的亿万个各类传感器将产生越来

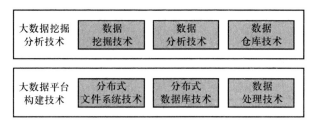

图1.13　大数据技术架构示意图(彩色图见插页)

越多的数据,数据量级将从现在的 GB 级和 TB 级逐步增长到 PB 级、EB 级甚至 ZB 级[①].如果能透彻分析这些结构复杂、数量庞大的数据,以云端运算整合分析,便能快速地将之转化成有价值的信息,从中探索和挖掘出自然和社会的变化规律,人们的生活及行为,社会的潮流、思维和舆论趋向,推断市场对产品、服务甚至政策等各方面的反应.总之,利用大规模有效数据分析预测建模、可视化和发现新规律的时代就要到来.

大数据分析挖掘工具通常包括两类:一是用于展现分析的前端开源工具,如 Jasper Soft,Pentaho,Spagobi,Openiu 以及 Birt 等;二是用于展现分析商用分析工具,如 Style Intelligence,Rapid Miner Radoop,Cognos,BO,Microsoft,Oracle,Microstrategy,Qlik View 以及 Tableau.国内也有商业数据处理(business data processing,BDP),如国云数据(大数据魔镜)、思迈特以及 FineBI 等.

大数据分析挖掘数据仓库有 Teradata Aster Data,EMC Green Plum,HP Vertica 等;大数据分析数据集市有 QlikView,Tableau,Style Intelligence 等.

大数据分析挖掘步骤通常包括以下六个基本方面:

(1)可视化分析(analytic visualization).不管是对数据分析专家,还是对普通用户,数据可视化是数据分析工具最基本的要求.可视化可以直观地展示数据,让数据自己说话,让观众听到结果.

(2)数据挖掘算法(data mining algorithm).可视化是给人看的,数据挖掘是给机器"看"的.集群、分割、孤立点分析等,还有些其他的算法,可深入数据内部,挖掘价值.这些算法不仅要处理大数据的量,也要处理大数据的速度.

(3)预测性分析能力(predictive analytic capabilitiy).数据挖掘可以让分析员更好地理解数据,而预测性分析可以让分析员根据可视化分析和数据挖掘的结果做出一些预测性的判断.

(4)语义引擎(semantic engine).由于非结构化数据的多样性带来了数据分析的新挑战,故需要一系列的工具去解析、提取及分析数据.语义引擎被设计成能够从"文档"中智能提取信息.

(5)数据质量和数据管理(data quality and master data management).数据质量和数据管理是一些管理方面的最佳实践.通过标准化的流程和工具,对数据进行处理可以保证得到高质量的分析结果.

(6)数据存储与数据仓库(data storaged and data warehouse).数据仓库是为了便于多维分析和多角度展示数据按特定模式进行存储所建立起来的关系型数据库.在商业智能系统的设计中,数据仓库的构建是关键,是商业智能系统

---

① 　1GB$=2^{30}$ Byte,1TB$=2^{40}$ Byte,1ZB$=2^{70}$ Byte.

的基础,承担对业务系统数据整合的任务,为商业智能系统提供数据抽取、转换和加载(extract-transformation-load,ETL),并按主题对数据进行查询和访问,为联机数据分析和数据挖掘提供数据平台.

大数据分析与数据挖掘的本质区别如表 1.1 所示:

表 1.1　大数据分析与数据挖掘的本质区别

对比项	大数据分析	数据挖掘
数据量	需要大量数据	与数据量大小无关
算法复杂度	随着数据量的增加,对算法要求降低	要求高,复杂度大
数据状态	多为动态,增量数据,存量数据也很重要	无要求,大多使用存量数据
概念范畴	较窄,数据需要满足特定条件标准	广,包含大数据技术
实验环境	要求较高,多为云计算、云存储环境	并无特定要求,单机也可
数据类型	要求较低	需要进行结构化处理
技术成熟度	比较稳定	不断搜索,主要是算法方面

大数据的获取、计算理论与高效算法的主要研究方向包括:大数据的复杂性与可计算性理论及简约计算理论,大数据内容共享、安全保障与隐私保护,低能耗、高效大数据获取机制与器件技术,异质跨媒体大数据编码压缩方法,大数据环境下的高效存储访问方法,大数据的关联分析与价值挖掘算法,面向大数据的深度学习理论与方法,大数据的模型表征与可视化技术,大数据分析理解的算法工具与开放软件平台,存储与计算一体化的新型系统体系结构与技术,面向大数据的未来计算机系统架构与模型等.

讨论与思考题

(1) 笛卡儿坐标系对空间的认知为什么很普遍? 古代哲学家是如何对空间进行认知的?

(2) 空间信息、地理信息、地球信息和地学信息有什么区别和联系?

(3) 空间信息的获取方式有哪些? 各有什么优缺点?

(4) 试简述地球空间信息科学的形成过程及其与"3S"之间的关系.

(5) 地球空间信息科学的研究内容是什么? 试述其应用领域.

(6) 空间信息智能处理和地球空间信息科学之间的关系是什么?

(7) 空间信息智能处理中的"智能"体现在哪些方面? 试举出空间信息智能处理的实例.

（8）如何理解空间信息大数据？空间数据的主要特征是什么？

参 考 文 献

[1] 陈俊勇. 地球空间信息的实时获取及其应用. 测绘通报,1998,09:1-2.
[2] 周成虎,鲁学军. 对地球信息科学的思考. 地理学报,1998,04:86-94.
[3] 李德仁,李清泉. 论地球空间信息科学的形成. 地球科学进展,1998,04:2-9.
[4] 李德仁,李清泉. 地球空间信息学与数字地球. 地球科学进展,1999,06:535-540.
[5] 刘纪平,常燕卿,李青元. 空间信息可视化的现状与趋势. 测绘学院学报,2002,19(3):207-210.
[6] 李德仁,李清泉. 论地球空间信息技术与通信技术的集成. 武汉大学学报（信息科学版）,2001,01:1-7.
[7] 童庆禧. 地球空间信息科学之刍议. 地理与地理信息科学,2003,04:1-3.
[8] 李德仁. 论天地一体化的大测绘——地球空间信息学. 测绘科学,2004,03:1-2+4.
[9] 李德仁. 地球空间信息学的机遇. 武汉大学学报（信息科学版）,2004,09:753-756.
[10] 陈雁,龚育昌,万寿红,等. 针对小目标的遥感图像解译识别系统. 计算机工程,2009,35(14):10-12.
[11] 秦其明. 遥感图像自动解译面临的问题与解决的途径. 测绘科学,2000,25(2):21-24.
[12] 李德仁. 地球空间信息学及在陆地科学中的应用. 自然,2005,06:316-322.
[13] 李德仁. 论广义空间信息网格和狭义空间信息网格. 中国测绘学会第八次全国会员代表大会暨2005年综合性学术年会论文集,2005:10.
[14] 童小华. 地球空间信息科学的内涵与发展. 世界科学,2006,02:20-22.
[15] 孙剑. 基于虚拟地球技术的空间信息集成. 济南:山东科技大学学位论文,2007.
[16] 李德仁,李清泉,杨必胜,等. 3S技术与智能交通. 武汉大学学报（信息科学版）,2008,04:331-336.
[17] 龚健雅,李德仁. 论地球空间信息服务技术的发展. 测绘通报,2008,05:5-10.
[18] 杨玉华. 地球空间信息. 中国测绘学会九届四次理事会暨2008年学术年会论文集,2008:6.
[19] 李德仁. 论地球空间信息的3维可视化:基于图形还是基于影像. 测绘学报,2010,02:111-114.
[20] 刘经南. GNSS连续运行参考站网的下一代发展方向——地基地球空间信息智能传感网络. 武汉大学学报（信息科学版）,2011,03:253-256+250.
[21] 唐卫平,颜冰. 多传感器信息融合技术在网络雷阵中的应用. 水雷战与舰船防护,2005,02:25-29.
[22] 毕晓佳,汪宝存,徐华全,等. 基于空间信息技术的地震灾害监测评估. 中国地质灾害与防治学报,2012,02:116-121.
[23] 柳林,李德仁,李万武,等. 从地球空间信息学的角度对智慧地球的若干思考. 武汉大学学报（信息科学版）,2012,10:1248-1251.

[24] 李明江. 基于数字地球平台的城市地下空间信息管理与可视化. 上海:华东师范大学学位论文,2013.

[25] 李元征,吴胜军,冯奇,等. 光谷地球空间信息产业发展技术路线图研究. 世界科技研究与发展,2013,02:303-309.

[26] 程承旗,付晨. 地球空间参考网格及应用前景. 地理信息世界,2014,03:1-8.

[27] 许晔,左晓利,张俊祥,等. 我国地球空间信息及服务产业现状与发展建议. 科学管理研究,2015,06:47-51.

[28] 李德仁,沈欣. 论我国空间信息网络的构建. 武汉大学学报(信息科学版),2015,06:711-715+766.

[29] 王晓明,刘瑜,张晶. 地理空间认知综述. 地理与地理信息科学,2005,2(6):1-10.

[30] 李德仁. 展望大数据时代的地球空间信息学. 测绘学报,2016,04:379-384.

[31] 中国测绘学会课题专家组:宁津生,杨凯,周德军,易杰军. 2020年中国地球空间信息科学和技术发展研究. 2020年中国科学和技术发展研究(下),2004.

[32] 张云峰,卢灿举,李超. 多源信息融合软件的设计与实现. 无线互联科技,2016,06:54-56.

[33] 陈科文,张祖平,龙军. 多源信息融合关键问题、研究进展与新动向. 计算机科学,2013,40(08):6-13.

[34] 张飞舟,杨东凯,陈智. 物联网技术导论. 北京:国防工业出版社,2010.6.

[35] 范玉茹. 浅析GIS空间信息不确定性研究的若干问题. 测绘与空间地理信息,2008,31(04):21-22,27.

[36] 王惠林. 基于知识的遥感图像分类方法研究——以腾格里沙漠南部地区为例. 兰州:兰州大学研究生学位论文,2007.

[37] 赵姗,王家耀,王冲. 基于网格虚拟组织的空间数据基础设施探讨. 测绘科学技术学报,2008,25(04):280-283.

[38] 许晔,左晓利. 中国地球空间信息及服务产业技术路线图研究. 中国科技论坛,2016,04:30-36.

[39] 张飞舟,杨东凯,张弛. 智慧城市及其解决方案. 北京:国防工业出版社,2015.

[40] 化柏林,李广建. 大数据环境下多源信息融合的理论与应用探讨. 图书情报工作,2015,59(16):5-9.

[41] 唐卫平,颜冰. 多传感器信息融合技术在网络雷阵中的应用. 水雷战与舰船防护,2005,(02):25-29.

[42] 张金槐. 多源信息的Bayer融合精度鉴定方法. 国防科技大学学报,2001,(3):93-97.

[43] 张新民. 多元表示与情报学. 情报理论与实践,2009,32(07):23-28.

[44] 张新民,罗卫东. 相关性与情报学. 情报理论与实践,2008,31(01):12-14,64.

[45] 曾丹. 基于意义建构信息利用偏差弥合的释义. 武汉理工大学学报(社会科学版),2012,25(04):636-641.

[46] 化柏林. 多源信息融合方法研究. 情报理论与实践,2013,13:16-19.

[47] 陈科文,张祖平,龙军. 多源信息融合关键问题、研究进展与新动向. 计算机科学,

2013,40(08):6-13.

[48] 李德仁. 地球空间信息学的使命. 科技导报,2011,29:3.

[49] 张飞舟,杨东凯. 物联网应用与解决方案. 北京:国防工业出版社,2012.

[50] 化柏林. 多源信息融合方法研究. 情报理论与实践,2013,(11):16-19.

[51] 郭庆胜,任晓燕. 智能化地理信息处理. 武汉:武汉大学出版社,2003.

[52] Das S, Ascano R, Macarty M. Distributed big data search for analyst queries and data fusion. 2015 18th International Conference on Information Fusion, Fusion 2015: 666-673.

[53] Alonso K, Datcu M. Image information mining: an accelerated Bayesian algorithm for data fusion of SAR big data. Proceedings of 10th European Conference on Synthetic Aperture Radar, EUSAR 2014:604-607.

[54] Zhan X L, Cai Y J, Liu D. Research on ultrasonic phased array imaging based on information fusion and GPU technologies. 2014 International Conference on Mechatronics, Electronic, Industrial and Control Engineering, MEIC 2014:573-1576.

[55] Fouad M M, Oweis N E, Gaber T, Ahmed M, Snasel V. Data mining and fusion techniques for WSNs as a source of the big data. International Conference on Communications, Management, and Information Technology, ICCMIT 2015, Procedia Computer Science,65:778-786.

[56] Wang Y H. Socializing multimodal sensors for information fusion. MM 2015 — Proceedings of the 2015 ACM Multimedia Conference, p 653-656.

[57] Zhang W,Xiao R D, Deng J. Research of traffic flow forecasting based on the information fusion of BP network sequence. Intelligence Science and Big Data Engineering: Big Data and Machine Learning Techniques-5th International Conference, IScIDE 2015, Revised Selected Papers, Lecture Notes in Computer Science, 9243:548-558.

[58] Solano M A, et al. High-level fusion for intelligence applications using recombinant cognition synthesis. Information Fusion,2012, 13 (1):79-98.

[59] Khaleghi B, Khamis A, Karray I O. Multisensor data fusion:a review of the stater of the art. Information Fusion, 2013, 14(1):28-44.

[60] Blasch E, Al-Nashif Y, Hariri S. Static versus dynamic data information fusion analysis using DDDAS for cyber security trust. Procedia Computer Science, 2014,29: 1299-1313.

[61] Jagadish H V, Gehrke J, Labrinidis A, et al. Big data and its tech nical challenges. Communications of the ACM, 2014,57 (7):86-94.

[62] Lin G P, Liang J, Qian Y H. An information fusion approach by combining multigranulation rough sets and evidence theory. Information Sciences, 2015, 314: 184-199.

[63] Safari S, Shabani F, Simon D. Multirate multisensor data fusion for linear systems

using Kalman filters and a neural network. Aero-space Science and Technology,2014, 39(12):456-471.

[64] Si L, Wang G B, Tan C, et al. A novel approach for coal seam terrain prediction through information fusion of improved Sevidence theory and neural network. Measurement, 2014, 54(8):140-151.

[65] Suk H H, Lee S W, Shen D G. Hierarchical feature representation and multimodal fusion with deep learning for AD/MCl diagnosis. Neuroimage,2014,101:569-582.

[66] Khaleghi B, Khamis A, Karray I O. Multisensor data fusion: a review of the stater of the girt. Information Fusion, 2013,14(1):28-44.

[67] Yager R R. A framework for multi-source data fusion. Information Sciences,2004,163 (1):175-200.

[68] Suk H I, Lee S W, Shen D G. Hierarchical feature representation and multimodal fusion with deep learning for AD/MCl diagnosis. Neuroimage,2014,101:569-582.

[69] Solano M A, Ekwaro-Osire S, Fanik M M. High-level fusion for intelligence applications using recombinant cognition synthesis. Information Fusion,2012,13(1): 79-98.

[70] Safari S, Shabani F, Simon D. Multirate multisensor data fusion for linear systems using Kalman filters and a neural network. Aero-space Science and Technology,2014, 39(12):465-471.

[71] Lin G P,Liang J, Qian Y H. An information fusion approach by combining multigranulation rough sets and evidence theory. Information Sciences, 2015, 314: 184-199.

[72] Garcia E,Hausotte T, Amthor A. Bayer filter for dynamic coordinate measurements-accurac improvement, data fusion and measurement uncertainty evaluation. Measurement,2013,46(9):3737-3744.

[73] Si L, Wang G B, Tan C, et al. A novel approach for coal seam terrain prediction through information fusion of improved D-S evidence theory and neural network. Measurement,2014,54 (8):140-151.

[74] Chang V, Gani A. Information fusion in social big data: foundations, state-of-the-art, applications, challenges, and future research directions. International Journal of Information Management, April 19, 2016.

[75] Jagadish H V, Gehrke J, Labrinidis A, et al. Big data and its technical challenges. Communications of the ACM,2014,57 (7):86-94.

[76] Sanchez P, Nayat M L, Molina J M, Bicharra G, Ana C. High-level information fusion for risk and accidents prevention in pervasive oil industry environments. Highlights of Practical Applications of Heterogeneous Multi-Agent Systems: The PAAMS Collection-PAAMS 2014 International Workshops Communications in Computer and Information Science, 2014,430:202-213.

[77] Naumann F, Jilke A, Bleiholder J, et al. Data fusion in three steps: resolving inconsistencies at schem tuple and value-level. Data Engineering Bulletin, 2006, 29(2): 21-31.

[78] Chenlo J M, Parapar J, Losada D E, Santos J. Finding a needle in the blogosphere: an information fusion approach for blog distillation search. Information Fusion, 2015, 23: 58-68.

[79] Meng J, Li R, Zhang J. Parallel information fusion method for microarray data analysis. Proceedings — 2015 IEEE International Conference on Big Data, IEEE Big, 2015: 1539-1544.

[80] Li G X, Kou G, Peng Y. Fuzzy information fusion approach for supplier selection. International Conference on Oriental Thinking and Fuzzy Logic-Celebration of the 50th Anniversary in the era of Complex Systems and Big Data , Advances in Intelligent Systems and Computing, 2016, 443: 51-63.

[81] Perdikaris P, Venturi D, Em K G. Multifidelity information fusion algorithms for highdimensional systems and massive data sets. SIAM Journal on Scientific Computing, 2016, 38(4): B521-B538.

[82] Xu W H, Yu J H. A novel approach to information fusion in multi-source datasets: a granular computing viewpoint. Information Sciences, 2017, 378: 410-423.

[83] Camacho D, Jung J J. Guest editorial: social big data with information fusion. Information Fusion, 2016, 28: 44.

第二章　模式识别与空间信息智能处理

在地球空间信息科学中,信息多以数值、文字、图像、图形以及声音的形式出现. 为了使计算机具有获得知识的能力,就必须使其具有识别文字、图像、图形和声音的能力. 对表征事物或现象的各种形式的信息进行处理和分析,进而对事物或现象进行描述、辨认、分类和解释的过程是人工智能(AI)的重要组成部分. 模式识别(PR)作为 AI 的一个重要分支,已经发展成为一门独立学科,成为当代高新科技研究和应用的重要领域之一. PR 就是研究使机器通过学习做以前只有人类才能做的事,具备人所具有的对各种事物与现象进行分析、描述与判断的能力的一门科学. 目前,PR 已成功应用于指纹识别、印刷体字符识别、语音识别、车牌识别等领域,在人脸识别、手写体字符识别、自动文本分类、多媒体数据挖掘等领域的应用研究也取得了长足进展. 本章主要介绍 PR 的基本概念、实现技术及其在空间信息智能处理方面的应用.

2.1　模式识别的基本概念

2.1.1　模式与模式识别

当人们看到某事物或现象时,首先会收集该事物或现象的所有信息,然后将其行为特征与头脑中已有的相关信息相比较;若找到一个相同或相似的匹配,就可以将该事物或现象识别出来. 因此,某事物或现象的相关信息,如空间信息、时间信息等,就构成了它的模式. 广义地说,存在于时间和空间中可观察的事物,若可以区别它们是否相同或相似,都可以称之为模式. S. Watanable 定义模式为"与混沌相对立,是一个可以命名的模糊定义的实体". 比如,一个模式可以是指纹图像、手写草字、人脸或语言符号等,而将观察目标与已有模式相比较、配准、判断其类属的过程就是模式识别.

模式以及模式识别是和类别(集合)的概念分不开的,只要认识某类事物或现象中的几个,人们就可以识别该类中的许多事物或现象. 英文"pattern"来源于法文"patron",中文翻译为"榜样、模式、样品",原意是指可作为大家学习的理想人物,或用来模仿复制的完美的样品. 在模式识别中,模式是事物的特征,是对事物定量的或结构的描述,例如人的高矮、胖瘦、性别、肤色、年龄、脸型等. 模式类是具有某些共同特性的模式的集合. 模式识别就是识别出特定事物所模仿的标本,例如人们常常根据高矮、胖瘦、性别、肤色、年龄、脸型等把不同的人区分开来. 从不同的角度出发,模式有不同的分类方法,如按事物的性质划分,可分为具体模式和抽象模式. 思想、观念、观点、信仰等是抽象的事物,它们属于抽象模式,但这是哲学和心理学研究的范畴. 因此,为了强调能从具体的事物或现象中推断出总体,把通过观测具体的个别事物所得到的具有时间和空间分布的信息称为模式,而把模式所属的类别或同一类模式的总体称为模式类. 也有人习惯上把模式类称为模式,把个别具体的模式称为样本. 在此意义上,人们可以认为把具体样本归类到某一个模式就叫作模式识别或模式分类. 人类具有很强的模式识别能力,这是一种基本认知能力或智能,是人类智能的重要组成部分,在各种活动中都有着重要作用,例如通过视觉信息识别文字、图片和周围的环境,通过听觉信息识别与理解语言等. 在现实生活中,几乎每个人都会在不经意间轻而易举地完成模式识别的过程.

模式识别研究具体模式的识别,如字符、图画、音乐等,它们通过对感官的刺激而被识别. 具体模式主要是视觉模式、听觉模式、触觉模式,另外还有味觉模式、嗅觉模式等. 模式识别研究主要集中在两方面,即研究生物体(包括人)如何感知对象,以及研究在给定的任务下,如何用计算机实现模式识别的理论和方法. 前者属于认知科学的范畴,是生理学家、心理学家、生物学家的研究内容;后者属于信息科学的范畴,是数学、信息学和计算机科学工作者的研究内容. 识别行为可以分为识别具体事物和识别抽象事物两大类. 具体事物的识别涉及时空信息的识别:时间信息,例如波形、信号等,空间信息,例如指纹、气象图和照片等. 抽象事物的识别涉及某一问题解决办法的识别、一个古老的话题或论点等. 换言之,是识别那些不以物质形式存在的现象,属于概念识别研究的范畴. 因此,模式识别就是通过计算机用数学方法来研究模式的自动处理和判读. 通常要识别的数据有:一维数据,如语音、心电图、地震数据等;二维数据,如文字图片、医学图像、卫星图像等;三维数据,如图像序列、结晶学或 X 图像断层摄影等.

如前所述,视觉信息和听觉信息是人类赖以实现模式识别的基础,也是模式识别的两个重要方面,代表性产品有光学字符识别、语音识别系统. 模式识别的全过程如图 2.1 所示. 模式信息采集是获取被识别对象的特征,如电压、电流等电量,或灰度、色彩、声音、压力、温度等非电量. 对于非电量还必须先转化为电量,然后再经模拟-数据(A/D)转换为计算机可以接受的信息. 对信息进行预处理是指滤掉样品采集过程中可能引入的干扰信号,人为地突出有用信号,以便获得良好的识别效果. 对经过改善的有用信号进行特征或基元抽取,才能正确地分类. 抽取准则和方法是模式识别研究的一个重点. 特征抽取或基元抽取不是一次就可以完成的,需要不断地修改和完善,图 2.1 中虚线即表达此意. 模式分类是模式识别的关键,它是在前几步准备工作的基础上,将被识别对象进行分类.

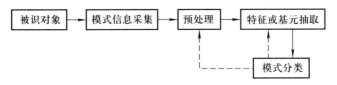

图 2.1　模式识别的全过程

随着 20 世纪 40 年代计算机的出现以及 50 年代 AI 的兴起,人们开始用计算机来代替或扩展人类的部分脑力劳动. 模式识别在 60 年代初迅速发展并成为一门新学科.

2.1.2　模式识别方法

随着计算机的飞速发展,模式识别已经成为 AI 的分支学科. 模式识别不仅指感官对事物的感觉,也是人们的一种基本思维活动. 根据被识别模式的性质,可以把识别行为分为抽象的和具体的两种形式,具体事物的识别,如对文字、照片、音乐、语言等周围事物的识别;抽象事物的识别,如对已知的一个论点或一个问题的理解,如意识、思想、议论等,属于概念识别研究的范畴.

模式识别又常被称作模式分类,从处理问题的性质和解决问题的方法等角度来看,模式识别分为有监督的分类(supervised classification)和无监督的分类(unsupervised classification)两种. 两者的主要差别在于,各实验样本所属的类别是否预先已知. 通常说来,有监督的分类往往需要提供大量已知类别的样本,但在实际问题中,这是存在一定困难的,因此研究无监督的分类就变得十分有必要了. 根据模式识别的发展和 AI 的应用,模式识别又可分为统计模式识别、结构模式识别、模糊模式识别和神经网络模式识别四大类.

1. 统计模式识别

统计模式识别是发展较早、较成熟的模式统计分类方法,是结合统计概率论的贝叶斯决策系统进行模式识别的技术,又称为决策理论识别;其特点是提取待识别模式的一组统计特征,按某种决策函数进行分类判决. 在统计模式识别中,被识别对象首先进行数字化处理,变换为适于计算机处理的数字信息. 一个模式常常要用很大的信息量来表示;许多模式识别系统在数字化环节之后还进行预处理,用于除去混入的干扰信息并减少某些变形和失真;随后进行特征抽取,即从数字化或预处理后的输入模式中抽取一组特征. 所谓特征是选定的一种度量,它对于一般的变形和失真保持不变或几乎不变,且只含有尽可能少的冗余信息. 特征抽取过程将输入模式从对象空间映射到特征空间,这时模式可用特征空间中的一个点或一个特征矢量表示. 这种映射不仅压缩了信息量,而且易于分类. 在决策理论方法中,特征抽取占有重要的地位,但尚无通用的理论指导,只能通过分析具体识别对象来决定选取何种特征. 特征抽取后可进行分类,即从特征空间再映射到决策空间;为此引入鉴别函数,即由特征矢量计算出相应于各类别的鉴别函数值,通过对鉴别函数值进行比较实行分类. 统计模式识别是比较经典的分类识别方法,在遥感图像模式识别中有着非常广泛的应用.

2. 结构模式识别

结构模式识别又称结构方法或语言学方法,其特点是把待识别模式看成由若干个较简单子模式构成的集合. 每一个子模式再分为若干个基元,基元按某种组合关系构成模式,就好像文章由字、词、短语和句子按语法规则构成一样,因此又称为句法模式识别.

在结构模式识别中选取基元相当于在统计模式识别中选取特征. 通常要求所选的基元既能对模式提供一个紧凑的反映其结构关系的描述,又要易于用非句法模式识别加以抽取. 显然,基元本身不应该含有重要的结构信息. 模式以一组基元和它们的组合关系来描述,称为模式描述语句,这相当于在语言中,句子和短语用词组合、词用字符组合一样. 基元组合成模式的规则,由所谓语法来指定. 一旦基元被鉴别,识别过程可通过句法分析进行,即分析给定的模式语句是否符合指定的语法,满足某类语法的即被分入该类. 通常,模式识别方法的选择取决于问题的性质. 若被识别的对象极为复杂,且包含丰富的结构信息,通常采用结构模式识别方法;若被识别对象不很复杂或不含明显的结构信息,就采用统计模式识别. 这两种方法不能截然分开,在结构模式识别中,基元本身就是用统计模式识别抽取的. 在应用中,将这两种方法结合起来分别施加于不同的层次,常常能收到较好的效果.

统计模式识别用数值来描述图像的特征;结构模式识别则是用符号来描述图像特征的,是对统计模式识别的补充. 它模仿了语言学中句法的层次结构,采用分层描述的方法,把复杂图像分解为单层或多层的简单子图像,主要突出了识别对象的结构信息. 图像识别是从统计方法发展起来的,而结构模式识别方法扩大了识别的能力,使其不仅限于对象物的分类,而且还用于景物的分析与物体结构的识别. 结构模式识别主要用于文字识别、遥感图形的识别与分析、纹理图像的分析中. 该方法的特点是识别方便,能够反映模式的结构特征,描述模式的性质,对图像畸变的抗干扰能力较强.

3. 模糊模式识别

模糊模式识别是模糊集理论(FST)研究中的重要方向. 模糊识别的模糊集

方法(模糊模式识别)是对传统模式识别方法的统计方法和结构模式识别的有用补充,就是能对模糊事物进行识别和判断,其理论基础是模糊数学.它根据人辨识事物的思维逻辑,吸取人脑的识别特点,将计算机中常用的二值逻辑转向连续逻辑.一般常规识别方法则要求一个对象只能属于某一类别,而模糊模式识别的结果是用被识别对象隶属于某一类别的程度(隶属度)来表示的;一个对象可以在某种程度上属于某一类别,而在另一种程度上属于另一类别.

模糊模式识别就是在模式识别中引入模糊数学方法,用模糊技术来设计机器识别系统,可简化识别系统的结构,更广泛、更深入地模拟人脑的思维过程,从而对客观事物进行更为有效的分类与识别.基于 FST 的识别方法有最大隶属原则识别法、择近原则识别法和模糊聚类法.伴随着各门学科,尤其是人文、社会学科及其他"软科学"的不断发展,数学化、定量化的趋势也开始在这些领域中显现.模糊模式识别不再简单局限于自然科学的应用,同时也被应用到社会科学,特别是经济管理学方面.

4. 神经网络模式识别

人工神经网络(ANN)的研究起源于对生物神经系统的研究.它将若干处理单元(神经元)通过一定的互联模型结成一个网络,这个网络通过一定的机制可以模仿人的神经系统的动作过程,以达到识别分类的目的. ANN 是数据挖掘中的一种常用方法,其区别于其他识别方法的最大特点是它不要求对待识别的对象有太多的分析与了解,具有一定的智能化处理的特点.神经网络侧重于模拟和实现人认知过程中的感知过程、形象思维过程、分布式记忆过程、自学习和自组织过程,与符号处理是一种互补的关系.但是,神经网络具有大规模并行、分布式存储和处理能力,以及自组织、自适应和自学习的能力,特别适用于处理需要同时考虑许多因素和条件的不精确或模糊的信息处理问题.

用 ANN 进行模式识别时,利用神经网络中神经元的记忆能力进行特征信息的存储,通过外接激励修改神经元之间的权值进行特定模式学习,就会形成一个功能强大的神经网络.一般来说,首先用一定量的训练样本对分类器进行训练,然后再利用该分类器对新的识别对象进行识别分类.

模式识别的任务是把模式正确地从特征空间映射到类空间,或者说是在特征空间中实现类的划分.模式识别的难度和模式与特征空间中的分布密切相关,若特征空间中的任意两个类可以用一个超平面去区分,那么模式是线性可分的,这时的识别较为容易.

神经网络对所要处理的对象在样本空间的分布状态无须任何假设,而是直接从数据中学习样本之间的关系,因而可以解决那些因样本分布未知而无法解决的识别问题,并可根据样本间的相似性,对那些与原始训练样本相似的数据进行正确处理. 神经网络分类器还兼有模式变换和模式特征提取的作用. 神经网络分类器一般对输入模式信息的不完备或特征的缺损不太敏感,它在背景噪声统计特性未知的情况下,性能更好且网络具有更好的推广能力. 基于以上种种优点,神经网络模式识别已发展成为模式识别领域的一个重要方法,起到了传统模式识别方法不可替代的作用.

2.2　统计模式识别

2.2.1　统计模式识别原理与工作流程

1. 统计模式识别原理

统计模式识别是最先提出的一种模式识别方法,是受数学中决策理论的启发而产生的. 它一般假定被识别的对象或经过提取的特征向量是符合一定分布规律的随机变量. 首先通过测量与计算,提取待识别模式的一组统计特征,并将其表示为一个量化的特征向量;再将特征提取阶段得到的特征向量定义在一个特征空间中,这个空间包含了所有的特征向量,不同的特征向量或者说不同类别的对象都对应于空间中的一点;在分类阶段,则利用统计决策的原理,按某种决策函数设计的分类器,对特征空间进行划分,从而达到识别不同特征的对象的目的. 若将具有 m 个特征参量的 m 维特征空间进行划分,使之形成不同区域,则每一区域均对应一类模式,根据参量所分配的具体区域可对事物的模式予以确定. 分类方法有定界分类和不定界分类两种. 定界分类是指在分类之前已知界限定义和各类别的样本,只需设计鉴别函数并用判决函数对模式特征进行判决,将其划入到所属类别中去;不定界分类是事前不知道有哪些类别,根据物以类聚的原则进行划分,如聚类分类法.

在统计模式识别中,贝叶斯决策系统从理论上解决了最优分类器的设计问题,但其实施却必须首先解决更困难的概率密度估计问题. 反向传播(BP)神经网络直接从观测数据(训练样本)学习,是更简便、有效的方法,因而获得了广泛的应用,但它是一种启发式技术,缺乏指导工程实践的坚实理论基础. 统计推断理论研究所取得的突破性成果导致现代统计学习理论——VC(Vapnik Chervonenkis)理论的建立;该理论不仅在严格的数学基础上圆满地回答了ANN 中出现的理论问题,且导出了支持向量机(support vector machine,SVM)学习方法.

2. 统计模式识别工作流程

一个完整的统计模式识别系统由数据获取,数据处理,特征提取和选择,分类决策四部分组成,如图 2.2 所示.

图 2.2　统计模式识别系统构成

（1）数据获取

数据获取就是对待识别对象的能够观测的一些特征数据进行统计，是指利用各种传感器把被研究对象的各种信息转换为计算机可以接收的数字或符号（串）集合．习惯上，称这种数字或符号（串）所组成的空间为模式空间，这一步的关键是传感器的选取．为了从这些数字或符号（串）中抽取出对识别有效的信息，必须进行数据处理，包括数字滤波和特征提取．

（2）数据处理

预处理是指消除输入数据或信息中的噪声，排除不相干的信号，只留下与被研究对象的性质和采用的识别方法密切相关的特征（如表征物体的形状、周长、面积等）．例如，在进行指纹识别时，指纹扫描设备每次输出的指纹图像会随着图像对比度、亮度或背景等不同而不同，有时可能还会产生变形，而人们感兴趣的仅仅是图像中的指纹线、指纹分叉点、端点等，不需要指纹的其他部分或背景．因此，需要采用合适的滤波算法，如基于块方图的方向滤波、二值滤波等，过滤掉指纹图像中不必要的部分．

（3）特征提取和选择

常见的特征有几何大小、灰度统计特征、边缘形状特征、纹理特征、视觉感知特征、灰度梯度特征、分形特征、颜色、对象特征、方向、梯度、密度、特征点、变换域纹理、局部特征等．对数据进行一定的预先处理后，当待识别对象原始特征的数量在预处理后有很多，或者处于一个高维空间中时，为了更好地用计算机进行分类，往往对这些高维的数据进行降维处理．通过一定变换将多个特征用少数几个特征的线性组合来进行替换，从滤波数据中衍生出有用的信息，从许多特征中寻找出最有效的特征，从而起到一定的降维作用，这个过程就是特征提取．

特征选择通常是指从待识别对象的众多特征中选择若干个能够有效反映该类对象的特征组，用来表示该类所具有的模式特征向量；该过程去除掉一些无用或冗余的特征，如在曲线识别中对曲线特征的提取就要选择有代表性的点集．对滤波后的这些特征进行必要的计算后，通过特征选择和提取形成模式的特征空间．

特征选择和提取是模式识别的一个关键问题．一般情况下，候选特征种类越多，得到的结果越难以求解．因此，数据处理阶段的关键是滤波算法和特征提取方法的选取．不同的应用场合，采用的滤波算法和特征提取方法以及提取出来的特征也会不同．

（4）分类决策

基于数据处理生成的模式特征空间，用于进行模式识别的最后一步：模式分类或模型匹配. 模式分类（即分类决策）就是运用分类器把待识别对象按照前面确定的类别特征进行分类识别的过程. 该阶段最后输出的可能是对象所属的类型，也可能是模型数据库中与对象最相似的模式编号. 模式分类或描述通常是基于已得到分类或描述的模式集合而进行的. 人们称这个模式集合为训练集，由此产生的学习策略称为监督学习. 在有监督模式识别过程中，选择好特征集和分类器之后，再用已知类别样本集对分类器进行训练，最后再用该分类器对未知类别样本进行识别. 学习也可以是非监督性学习，在此意义下产生的系统不需要提供模式类的先验知识，而是基于模式的统计规律或模式的相似性学习来判断模式的类别. 在非监督模式识别过程中，选择好特征向量后根据一定的聚类方法对待识别的样本进行分类识别，聚类的过程是一个自学习过程，不用进行样本集的训练.

2.2.2　模板匹配分类法

在模式识别中，最原始的分类方法是模板匹配分类法（template matching method）. 在这种方法中，首先对每一个模式建立一个标准模板，再把待识别的样品与模板进行匹配比较，若样品上的大多数单元与作为标准的模板上的大多数单元均相匹配，则称二者匹配得好；反之，匹配得不好，取匹配最好的样品作为识别的结果. 模板匹配分类法又分光学模板匹配、电子模板匹配等.

光学模板匹配法如图 2.3 所示，将待识别模式的正像（样品）依次与各模板（负模）相匹配，输出光通量转换为电流量作为匹配不一致性的度量. 若输出电流为零，则匹配最好. 实际应用中若检测到的电流小于某个预先设定的阈值，则表示待识别的样品为模板的识别类型，否则不被识别.

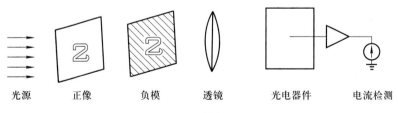

图 2.3　光学模版匹配法

模板匹配原理是选择已知对象作为模板，与图像中选择的区域进行比较，从而识别目标. 模板匹配依据模板选择的不同，可以分为两类：一是，以某一已知目标为模板，在一幅图像中进行模板匹配，找出与模板相近的区域，从而识别图像中的物体,如点、线、几何图形、文字以及其他物体;二是,以一幅图像为模板,与待处理的图像进行比较,识别物体的存在和运动情况. 模板匹配的计算量很大,相应的数据的存储量也很大,且随着图像模板的增大,运算量和存储量以几何级数增长. 若图像和模板大到一定程度,就会导致计算机无法处理,随之也就失去了图像识别的意义. 模板匹配的另一个缺点是由于匹配的点很多,理论上最终可以达到最优解,但实际却很难做到.

2.2.3 最小距离分类法

最小距离分类法是指把模式经数学变换表示成 n 维特征空间向量 $X = (x_1, x_2, \cdots, x_n)$,每一个模式对应空间一个点. 两个点的距离越小,则相应的两个模式越相似,于是距离最小的模式划为同一类,如图 2.4 所示. 矩形块表示标准样本,圆圈表示待识样品,距离标准样本最近的样品为一类,较远的样品为另一类.

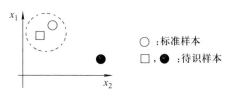

图 2.4 最小距离分类法

最小距离分类法根据样本的分散性还可以细分为平均样本法、平均距离法、最近邻法等. 在实际使用中,根据不同的应用目的可以采用不同的距离函数,如明氏(Minkowsk)、曼哈顿(Manhattan)、欧几里得(Euclid)、Camberra、切比雪夫(Chebyshev)、哈拉诺比斯(Mahalanobis)、Dice 及 Yule 等距离函数.

最小距离分类法的优点是概念直观、方法简单,有利于建立多维空间分类方法的几何概念,也为其他分类提供了理论基础,适用于低维、小样本数、样本分布小的情况.

2.2.4 几何分类法

如前所述,每一个模式对应空间一个点. 若空间不同类别的点很多,则可以用若干条直线或曲线将这些点按不同的类别区分,这就是几何分类法的基本思想. 这些直线(或曲线)称为线性的(或非线性的)分类器,也称为几何分类器. 通过几何分类方法,将特征空间分解为对应于不同类别的子空间.

二类问题是模式分类的基础,多类问题可以递归地用二类问题来解决. 假设样本 X 是二维的,设计一个判决函数 $g(X) = a_1 x_1 + a_2 x_2$,其中 x_1, x_2 为坐标变量,a_1,a_2 为系数. 将某一不知类别的模式求得 X,代入 $g(X)$,如为正值,则属于一类;如为负值,则属于另一类;如为零,则不可判别,如图 2.5 所示.

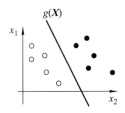

图 2.5　二类模式的线性判别

几何分类法的缺点是只能处理确定可分问题,当样本空间相互重叠时,寻找判决函数非常困难,有时甚至是不可能的.

2.2.5　概率分类法

为了克服几何分类法的缺点,可以采用概率分类法. 概率分类法在已知样本集 ω_i 的先验概率 $P(\omega_i)$ 和条件概率 $P(X|\omega_i)$ 的条件下,通过计算模式,属于 ω_i 类的后验条件概率来判断模式的类别. 这是因为后验概率是一种客观概率;它表明随机实验中事件发生的相对频率,值越大,事件发生的相对频率越高,模式属于 ω_i 类的可能性越大.

在概率分类法中,需要用到贝叶斯决策理论,通过贝叶斯公式计算后验概率,建立相应的判决函数和分类器来实现模式识别.

设有 m 个模式类,待识模式为 X,根据贝叶斯公式,后验概率为

$$P(\omega_i|X) = \frac{P(X|\omega_i)P(\omega_i)}{\sum_{i=1}^{m} P(X|\omega_i)P(\omega_i)}. \tag{2.1}$$

贝叶斯判决法则是:若存在 $i \in \{1,2,\cdots,m\}$,使得对所有的 $j(j=1,2,\cdots,i-1,i+1,\cdots,m)$ 均有 $P(\omega_i|X)>P(\omega_j|X)$,则 $X \in \omega_i$.

根据贝叶斯判决法则,可得到相应的判决函数 $G_i(X)>G_j(X)(i \neq j)$. 判决函数把特征空间划分为 m 个决策区域,凡落入该区域的 X 都判决它属于 ω_i 类. 相应的分类器如图 2.6 所示.

2.2.6　聚类分类法

聚类分析法是一种不定界分类法,其前提条件是已知所属类别的样品,用判别函数比较未知样品和已知样品,从而进行分类. 这是一种有教师分类法,已知样品起教师作用,作为训练集,对未知样品按训练集分类. 若没有训练集,即

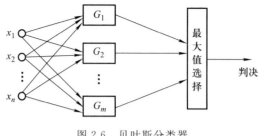

图 2.6 贝叶斯分类器

没有教师,则按物以类聚、人以群分的原则,根据样品间的相似程度自动分类;这是一种无教师分类法.

聚类是基于物以类聚的朴素思想,目的是使得同一类别个体之间的距离尽可能地小,而不同类别个体间的距离尽可能地大.聚类又被称为非监督分类.和分类学习相比,分类学习的例子或对象有一类别标记,而要聚类的例子则没有标记,需要由聚类学习算法来自动确定,即把所有一类样本作为未知样本进行聚类.随着科学技术的发展,对分类的要求越来越高,以致有时仅凭经验和专业知识难以确切分类,于是人们逐渐地把数学工具引用到分类学中,形成数值分类学;之后又将多元分析的技术引入到数值分类学,形成了聚类分析.因此,分类问题和聚类问题根本的不同点为:在分类问题中,知道训练样本例的分类属性值,而在聚类问题中,需要在训练样例中找到这个分类属性值.

聚类分析的算法主要有划分法(partitioning method)、层次法(hierarchical method)、基于密度的方法(density-based method)、基于网格的方法(grid-based method)以及基于模型的方法(model-based method)等.

1. 划分法

划分法给定一个由 N 个元素组成或者记录的数据集,构造 K 个分组,每一个分组就代表一个聚类,$K < N$,且这 K 个分组满足下列条件:(1) 每一个分组至少包含一个数据记录;(2) 每一个数据记录属于且仅属于一个分组.对于给定的 K,算法首先给出一种初始的分组方法,然后通过反复迭代的方法改变分组,使得每一次改进之后的分组方案都较前一次好.这样,所谓好的标准就是同一分组中的记录越近越好,而不同分组中的记录越远越好.使用这个基本思想的算法有 K-MEANS 算法、K-MEDOIDS 算法、基于随机搜索的聚类算法(clustering algorithm based on randomized search,CLARANS)算法等.

2. 层次法

层次法对给定的数据集进行层次上的分解,直到某种条件满足为止;具体又可分为"自下而上"和"自上而下"两种方案.例如,在"自下而上"方案中,初始时每一个数据记录都组成一个单独的组;在接下来的迭代中,把相互邻近的组合并成一个组,直到所有的记录组成一个分组或某个条件满足为止.代表算法有利用层次方法的平衡迭代规约和聚类(balanced iterative reducing and clustering using hierarchies,BIRCH)算法、利用代表点聚类(clustering using representatives,CURE)算法、CHAMELEON 算法等.

3. 基于密度的方法

基于密度的方法与其他方法的一个根本区别是:它不是基于距离的,而是基于密度的.这样,就能克服基于距离的算法只能发现"类圆形"的聚类的缺点.这个方法的指导思想是只要一个区域中点的密度大过某个阀值,就把它加到与之相近的聚类中去.代表算法有基于密度的有噪声应用的空间聚类(density-based spatial clustering of applications with noise,DBSCAN)算法、排序点以识别集群结构(ordering points to identify the clustering structure,OPTICS)算法、基于密度的聚类(density-based clustering,DENCLUE)算法等.

4. 基于网格的方法

基于网格的方法是首先将数据空间划分成为有限个单元的网格结构,所有的处理都是以单个单元为对象的.这样处理的一个突出优点就是处理速度很快,通常与目标数据库中记录的个数无关,只与把数据空间分为多少个单元有关.代表算法有统计信息网络(statistical information grid,STING)算法、聚类高维空间(clustering in QUEST,CLIQUE)算法、小波变换(WAVE -CLUSTER)算法等.

5. 基于模型的方法

基于模型的方法给每一个聚类假定一个模型,然后去寻找能够很好满足这个模型的数据集.例如,此模型可以是数据点在空间中的密度分布函数.该方法的前提是目标数据集由一系列概率分布所决定的.

在采用聚类分类法时,首先需要确定聚类准则.确定聚类准则的方法有两类:一类是凭经验;另一类是使用准则函数.一种最简单而又广泛应用的准则函数是误差平方和准则:设有 n 个样本,分属于 $\omega_1,\omega_2,\cdots,\omega_i$ 类,设有 n_i 个样品的 ω_i 类,其均值为

$$m_i=\frac{1}{n_i}\sum_{x\in\omega i}x,\qquad(2.2)$$

则误差平方和为

$$J=\sum_{i=1}^{C}\sum_{x\in\omega i}|x-m_i|^2,\qquad(2.3)$$

式中,C 为聚类数目.

由于聚类算法很多,这里只介绍最大最小距离法,其具体算法步骤如下:

(1) 任选某样品为第一个聚类中心 Z_1,如 $x_1=Z_1$;

(2) 求出离 x_1 距离最大的样品 x_2,作为第二个聚类中心 Z_2.

(3) 求出所有 n 个样品与这两个聚类中心 Z_1 和 Z_2 的欧氏距离 D_{i1} 和 D_{i2},其中 $i=1,2,\cdots,n$.

(4) 求第三个聚类中心 Z_3,若存在 $\max\{\min(D_{i1},D_{i2}),i=1,2,\cdots,n\}>\dfrac{|Z_1-Z_2|}{2}$,则 $x_i=Z_3$,转(5),否则转(6).

(5) 重复(3)和(4)的计算过程,计算 n 个样品与 Z_1,Z_2,Z_3 的距离 D_{i1},D_{i2},D_{i3},求第四个聚类中心 Z_4.

(6) 将全部样品按最近距离分到最近的聚类中心. 若第一类为 $\{x_1,x_2,x_3\}$,其聚类中心是 $Z_1=x_1$;若第二类是 $\{x_2,x_6\}$,其聚类中心是 $Z_2=x_6$;若第三类为 $\{x_3,x_7\}$,其聚类中心是 $Z_3=x_7$.

2.3　结构模式识别

在汉字、指纹、连续语音等模式分类中,它们要求的特征量十分巨大;此类问题可以考虑采用结构模式识别法. 结构模式识别法是用模式的基本组成元素(基元)及其相互间的结构关系,对模式进行描述和识别的方法. 在多数情况下,可以有效地用形式语言理论中的文法表示模式的结构信息,因此也称为句法模式识别. 结构模式识别着眼于对待识别对象的结构特征的描述,先把复杂模式分解为若干简单的子模式;再把子模式分解为若干基元,通过对基元的识别,进而识别子模式;最后识别复杂模式.

结构模式识别系统主要由预处理、模式描述和语法分析等三个部分组成,如图 2.7 所示. 预处理阶段包括模式分割和基元抽取;模式描述是把面板模式的基元串与各类模式的基元串进行比较,按照预定的匹配准则实现分类;语法分析是判断输入模式是否由学习过程中所推断出来的文法产生的,因而是一个识别过程.

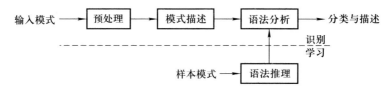

图 2.7　结构模式识别系统

例如对某个矩形,可以考虑选图 2.8(a)中所示的基元. 若选取模式关系为"链接",则可以用这四种基元表示图 2.8(b)的矩形,其基元串为:aaabbcccdd.若用"+"表示"从头到尾的链接",那么图 2.8(b)的矩形可表示为 a+a+a+b+

b+c+c+c+d+d.

(a) 基元 (b) 基元模式

图 2.8 矩形结构模式识别表示

对汉字的识别,可以首先根据汉字的结构进行分割操作,如图 2.9 所示.

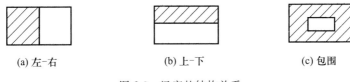

(a) 左-右 (b) 上-下 (c) 包围

图 2.9 汉字的结构关系

在解决了基元选择问题后,接下来就要建立一种或几种文法,以产生一种或几种语言描述待试模式. 到目前为止,设计者都是依据经验来设计所需的文法;常用的有串文法、扩展的串文法、阵列文法、树文法、网文法、图文法等. 对串的识别可以采用自动机技术,它对输入字符串从左向右检查,每接受一个输入状态便右移一个单元,并改变一次状态,直到一个句子的全部符号输入结束. 若所有的符号都能被接受,表明该句子是自动机能接受的语言.

结构模式识别大都被应用于遥感图像的识别、分析以及文字与纹理图像的识别领域. 此方法的优势在于,对图像的处理或识别过程较为简便、可操作性强,且能够充分反映图像模式的结构特征,从而使人们了解该方法所描述模式的性质. 同时,在图像处理过程中,对图像畸变具有较强的抗干扰能力,能确保处理精度. 但需要说明的是,结构模式识别中的一个关键问题则是基元的正确选择,特别是在有噪声的情况下,抽取基元的难度也将进一步增加. 基元抽取或选择出现偏差,则会导致文字识别、纹理图像分析等图像处理结果出现严重偏差.

2.4 模糊模式识别

美国控制论专家 L. A. Zadeh 于 1965 年提出模糊集概念,建立 FST,并创造了研究模糊性或不确定性问题的理论方法. 经过几十年的发展,模糊理论与技术得到了迅猛发展. 以 FST 为基础的应用学科,如模糊聚类分析、模糊模式识别、模糊综合评判、模糊决策与模糊预测、模糊规划、模糊控制、模糊信息处理等,已在工业、农业、医学、军事、计算机科学、信息科学、管理科学、系统科学以及工程技术等领域中发挥着越来越重要的作用.

模糊模式识别是对传统模式识别方法(如统计方法和句法方法)的有用补充,它能对模糊事物进行识别和判断.通过在模式识别中引入模糊数学方法,用模糊技术来设计机器识别系统,可简化系统结构,更广泛、更深入地模拟人脑的思维过程,从而对客观事物进行更为有效的分类与识别.相较于传统的模式识别,基于模糊逻辑思想的模式识别能够更加准确地表达出所识别的客体信息,且能够对识别过程中的各类信息予以充分利用,具有较强的推理性和识别的稳定性.若将模糊思想与其他模式识别进行结合,其所引入计算开销相较于整体算法而言计算量较小、图像处理速度较快;利用模糊逆变换还能取得良好的图像增强处理效果.

在模糊模式识别中,一个很重要的问题是如何求出模糊子集的隶属函数.例如在汉字识别中,最重要地是确定笔画类型的隶属函数.在实际运用中,汉字中横、竖、撇、捺等笔画的区分可以根据它们与水平线的交角来定.设 A 为一线段,H,S,P,N 分别为横、竖、撇、捺的模糊集,于是它们的隶属函数分别为:

$$\mu_H(A) = 1 - \min\left(\frac{|\theta|}{45^\circ}, 1\right),\tag{2.4}$$

$$\mu_S(A) = 1 - \min\left(\frac{|90^\circ - \theta|}{45^\circ}, 1\right),\tag{2.5}$$

$$\mu_P(A) = 1 - \min\left(\frac{|45^\circ - \theta|}{45^\circ}, 1\right),\tag{2.6}$$

$$\mu_N(A) = 1 - \min\left(\frac{|135^\circ - \theta|}{45^\circ}, 1\right),\tag{2.7}$$

式中 θ 为偏离垂直方向的角度.

手写体字符"U"和"V"非常相似,其他识别方法常将二者划为一类,采用三角形隶属函数可以进一步区分,如图 2.10 所示.其中,字符"V"图形包含的面积比字符"U"包含的面积更趋于三角形面积 $0.5 \times b \times h$,其中 b 为三角形的底边长,h 为高.因此,接近三角形面积者判为"V",否则判为"U".据此设计的隶属函数定义为

$$\mu_U(A) = 1 - \left|\frac{S'}{S}\right|,\tag{2.8}$$

式中 $S = 0.5 \times b_1 \times h_1$ 为字符"U"所包含的内面积,S' 为字符"V"所包含的内面积.经验表明,$\mu_U > 0.8$ 时,可以判决为"U",否则,判为"V".

在模糊模式识别中,有不同的识别方法,如基于最大隶属原则的方法、基于择近原则的模式分类法、基于模糊等价关系的模式分类法、基于模糊相似关系

图 2.10 手写体字符"U"和"V"

的方法等. 为了便于理解,这里只介绍基于模糊等价关系的模式分类法.

模糊等价关系具有自反性、对称性和传递性. 利用 α 截集概念,可以将模糊等价关系 $\boldsymbol{R}$ 细分,当 α 自 1 逐渐降为 0 时,分类逐渐变粗,逐步归并,形成一个动态的聚类图. 具体分类步骤如下:

(1) 检验论域上的模糊关系是否为等价关系;

(2) 对不满足传递性的模糊关系采用合成运算进行变换:
$$\boldsymbol{A}_0 \to \boldsymbol{A}_0 \circ \boldsymbol{A}_0 = \boldsymbol{A}_1 \to \boldsymbol{A}_1 \circ \boldsymbol{A}_1 = \boldsymbol{A}_2 \to \cdots \boldsymbol{A}_{k-1} \circ \boldsymbol{A}_{k-1} = \boldsymbol{A}_k;$$

(3) 选取 $0 < \alpha < 1$,求 α 水平截集,获得相应的分类.

例如,设论域 $U = \{x_1, x_2, x_3, x_4, x_5\}$,已知模糊关系矩阵为

$$\boldsymbol{R} = \begin{bmatrix} 1 & 0.48 & 0.62 & 0.41 & 0.47 \\ 0.48 & 1 & 0.62 & 0.41 & 0.47 \\ 0.62 & 0.62 & 1 & 0.41 & 0.47 \\ 0.41 & 0.41 & 0.41 & 1 & 0.41 \\ 0.47 & 0.47 & 0.47 & 0.41 & 1 \end{bmatrix}.$$

由 $\alpha_n = 1$ 可知其满足自反性,对称性也是一目了然. 现在根据不同的 α 水平进行分类:

(1) 设 $0.62 < \alpha \leqslant 1$,得到

$$\boldsymbol{R} = \begin{bmatrix} 1 & 0 & 0 & 0 & 0 \\ 0 & 1 & 0 & 0 & 0 \\ 0 & 0 & 1 & 0 & 0 \\ 0 & 0 & 0 & 1 & 0 \\ 0 & 0 & 0 & 0 & 1 \end{bmatrix},$$

此时共分为五类:$\{x_1\}, \{x_2\}, \{x_3\}, \{x_4\}, \{x_5\}$,每一个元素为一类,这是最细的分类.

(2) 设 $0.48 < \alpha \leqslant 0.62$,得到

$$\boldsymbol{R} = \begin{bmatrix} 1 & 0 & 1 & 0 & 0 \\ 0 & 1 & 0 & 0 & 0 \\ 1 & 0 & 1 & 0 & 0 \\ 0 & 0 & 0 & 1 & 0 \\ 0 & 0 & 0 & 0 & 1 \end{bmatrix},$$

此时共分为四类：$\{x_1,x_3\},\{x_2\},\{x_4\},\{x_5\}$.

（3）设 $0.47<\alpha\leqslant0.48$，得到

$$\boldsymbol{R}=\begin{bmatrix}1&1&1&0&0\\1&1&1&0&0\\1&1&1&0&0\\0&0&0&1&0\\0&0&0&0&1\end{bmatrix},$$

此时共分为三类：$\{x_1,x_2,x_3\},\{x_4\},\{x_5\}$.

（4）设 $0.41<\alpha\leqslant0.47$，得到

$$\boldsymbol{R}=\begin{bmatrix}1&1&1&0&1\\1&1&1&0&1\\1&1&1&0&1\\0&0&0&1&0\\1&1&1&0&1\end{bmatrix},$$

此时共分为两类：$\{x_1,x_2,x_3,x_5\},\{x_4\}$.

（5）设 $0<\alpha\leqslant0.41$，得到

$$\boldsymbol{R}=\begin{bmatrix}1&1&1&1&1\\1&1&1&1&1\\1&1&1&1&1\\1&1&1&1&1\\1&1&1&1&1\end{bmatrix},$$

此时只分为一类 $\{x_1,x_2,x_3,x_4,x_5\}$，即五个元素合为一类，这是最粗的分类.

2.5　神经网络模式识别

把神经网络应用于模式识别是 AI 的一项重要研究内容，也是 AI 发展的新方向. 到目前为止，已经发展了多种用于模式识别的神经网络，这方面的工作还在不断取得进展. 与传统的分类问题一样，两者都是假设将 n 维样品分类为 m 类模式中的某一类. 通过比较经典（或传统）的模式识别过程和神经网络计算过程，就会发现它们之间有许多类似之处，都是对训练样品集根据某种原则进行参数估计或训练，最后选出匹配度最大的类别，如图 2.11 所示.

在传统分类器中，待识别样品的输入用符号表示为 n 个输入元素的值，顺序译码为内部运算形式，计算匹配度；然后匹配度送入分类器的第二级，按最大匹配度分类并输出分类结果.

在神经网络分类器中，首先将用 n 个分量表示的样品输入第一级网络中，

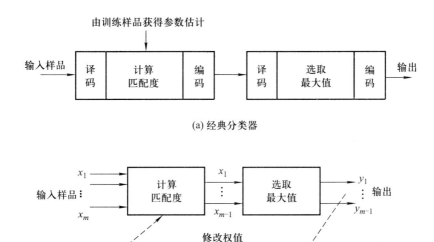

图 2.11 传统分类器和神经网络分类器比较

计算匹配度;然后平行地通过 m 条输出线送到第二级进行分类并输出. 第二级的输出反馈到第一级,利用分类结果和输出按照某种学习算法修改权重. 当后续训练集的样品与前面学习过的样品相似时,最终输出正确的分类结果.

图 2.12 给出了常用于模式识别的神经网络的树形图. CG 网是 Carpenter-Grossberg 网络的简称(关于 CG 网以及其他网络和相关算法请参阅有关书籍),这里仅介绍 BP 算法和 Hopfield 网络的应用例子. BP 算法采用梯度搜索技术,使得等于均方误差的代价函数最小化. 网络开始训练时,选取较小的随机数作为初始权值,然后不断输入所有训练数据,并把输出值和期望输出值加以比较,直到误差下降到预先设计的阈值为止.

采用 BP 算法进行遥感图像模式分类,具体过程可分为准备、学习和分类等三个阶段.

(1) 准备阶段的任务主要是确定训练样本(模式)、网络的结构及初始权值、控制参数等.

① 确定训练样本(模式). 训练样本通常是待分类遥感图像上各个类别典型区域的灰度值或其他统计特征值,其对应的属性为已知.

② 确定网络结构. 应用于遥感图像分类时,输入层节点数目通常选择为待分类图像的维数(波段数)或特征向量数,输出层节点数目则与待分的类别数目相同,隐含层数目及节点数目则通常依据经验选取.

③ 确定网络初始权值、控制参数. 网络的初始权值矩阵(包括节点阀值)通常由计算机随机函数产生,控制参数则包括最大循环次数、分类要求精度、学习

因子等,往往依据经验选取.

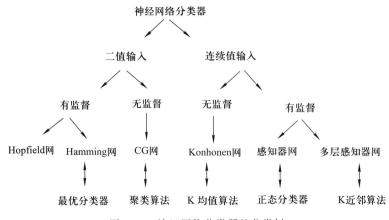

图 2.12　神经网络分类器的分类树

（2）学习阶段的任务是在以上阶段基础上,利用训练样本（模式）,按学习规则,对网络进行训练.训练过程如下:

① 输入样本（模式）,计算隐含层、输出层的输出值以及输出误差.

② 更新网络权值阀值,按新的权计算各层输出值和总误差.若满足误差要求,停止训练,转入图像分类,否则返回,直到输出满足误差要求;若循环已超过最大循环次数,表明学习没有达到预期设想,停止训练,可重新设置网络结构及控制参数等,再返回进行训练.

（3）分类阶段的任务就是利用学习结果对整幅遥感图像进行分类,根据在学习阶段中所积累的网络各层权系数矩阵,依次对图像的各个像元进行计算,根据输出结果与每类期望值的对比,将图像的各个像元归为误差最小的一类.

由于 BP 网络存在收敛速度缓慢、易陷入局部极小、网络结构难以确定等缺陷,在实际分类过程中,往往需要多次重复以上基本过程或其中部分过程,才能得到满意的模式分类结果.

Hopfield 网络常用于二值输入模式,例如用黑白二值表示像元图形,那么数字或字母的识别可以采用 Hopfield 网络来完成.在识别数字时,可以根据具体要求选取标准样本;理论上可以有 10 个标准样本 $0,1,2,\cdots,9$.每个数字的样本由若干个黑白像元构成,例如 120 个黑白像元.首先用 10 个标准样本依次训练 Hopfield 网络,使其稳定;然后输入待识别的数字,网络可以判定其所属类型.

2.6　基于模式识别的塘沽盐场遥感图像识别方法

模式识别技术在遥感图像处理领域中的具体应用称为遥感图像计算机分类,即对遥感图像上的信息进行属性的识别和分类,从而达到对图像信息所对应的实际地物分类的目的.海盐研究目前已经广泛引起沿海产盐国家的关注;利用遥感图像分析海盐的分类及管理,具有感测范围大、信息量大、获取信息快、更新周期短的特点,其主要研究工作包括盐田生产的定量管理模型、盐田土壤渗透系数、盐田生物系统与管理、盐卤中各种复盐提取、气象气候条件对盐田产量影响以及盐田综合管理等.本节主要介绍通过塘沽盐场遥感图像的模式识别,对该盐场盐田水体类别进行监督分类,并针对遥感图像的图像预处理、特征标志选择、压缩和识别算法选择等三个步骤进行分析;其研究成果为塘沽盐场的开发管理、产量估算及资源调查等提供了重要依据.

2.6.1　遥感图像模式识别的技术路线和方法

以塘沽盐场为研究区,利用典型区野外调查、RS 和 GIS 研究了盐田水体及非盐田水体的光谱特征、研究区分离方法、盐田水体的提取和分类四个方面的问题,技术路线如图 2.13 所示.

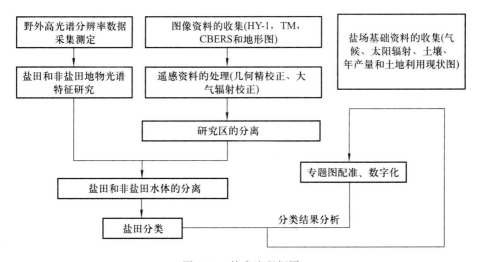

图 2.13　技术流程框图

首先,进行塘沽盐场基础资料收集,主要包括遥感数据、地形图、气象数据、太阳辐射数据、土壤渗透系数、年产量统计表、土地利用现状图,以及实地采集到的水体样本和测定的高光谱分辨率数据. 然后,进行室内资料整理,主要是分析盐田水体之间以及盐田和非盐田地物的光谱特征. 地物光谱分析一方面可以用于衡量大气校正的精度,另一方面为进行波段的组合和地物提取方法选取提供参考. 接下来,对遥感数据进行几何精度校正和大气辐射纠正,用多源数据融合技术分离研究区. 最后,根据地物光谱特征的分析来研究盐田、非盐田水体的分离方法和盐田水体的分类提取方法.

如图 2.14 所示为美国 Landsat 5 获取的原始 TM 遥感图像,以数字音频磁带(digital audio tape,DAT)的格式存储,可方便转换为栅格图像格式. 该图像共有 7 个波段,各波段图像上的像元灰度值范围为 0~255.

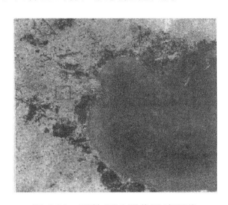

图 2.14　原始 TM 影像遥感图像

2.6.2　遥感图像处理

遥感图像处理分为遥感图像的几何校正、对校正后的遥感图像增强与特征提取两大内容.

1. 图像几何校正

遥感图像的几何变形是指图像上的像元在图像坐标系中的坐标与其在地图坐标系中的坐标之间的差异. 对遥感图像进行几何校正的目的是改正原始图像的几何变形,产生一幅符合某种地图投影或图形表达要求的新图像,它具有正确的地理坐标,且影像表现完全与实际相同. 采用多项式校正法对其进行几何校正是一种常见的方法,基本过程是在待校正的遥感图像和同地区的有地理坐标的参考图像上,选取若干个明显对应的地物点作为控制点,然后利用这些控制点的地理坐标和图像坐标,求解多项式的系数,最后将待校正影像上各像元的坐标代入多项式进行计算,便可以得到各像元的实际地理坐标. 例如,利用1∶100 000 研究区的地形图,选择 15 个地面控制点进行校正,校正后误差为

0.13 像元,即 3.71 m,完全可以满足 1：100 000 专业图平面位置的精度要求,校正后的遥感图像如图 2.15 所示.

图 2.15 校正后的 TM 影像遥感图像

2. 图像增强和特征提取

图像增强的主要目的是突出图像中的有用信息. 在实验中首先采用波段 1、波段 2 和波段 3 进行彩色合成,然后利用主成分分析方法实现多波段图像的图像增强. 主成分分析也称为 K-L 变换(Karhunen-Loeve transform),就是用假定的有限几个主成分分量,将有用的信息集中到有限的主成分图像中,使这些主成分图像之间互不相关,从而减少总数据量并使图像信息特征增强. 其具体算法步骤如下所述:

(1) 求出原始图像数据矩阵 $\boldsymbol{X}$ 的协方差矩阵 $\boldsymbol{S}$：

$$S = \frac{1}{n} \sum_{i=1}^{n} (\boldsymbol{X}_i - \overline{\boldsymbol{X}})(\boldsymbol{X}_i - \overline{\boldsymbol{X}})^{\mathrm{T}} = (s_{ij})_{p \times p}, \tag{2.9}$$

式中,$\boldsymbol{X}_i$ 为第 i 个像元的亮度值向量,$\boldsymbol{X}_i = (x_{i1}, x_{i2}, \cdots, x_{ip})$；$\overline{\boldsymbol{X}}$ 为各波段像元亮度值均值所组成的均值向量,$\overline{\boldsymbol{X}} = (\overline{x}_1, \overline{x}_2, \cdots, \overline{x}_p)$；$n$ 为像元总数；p 为波段总数.

(2) 求矩阵 $\boldsymbol{S}$ 的特征值 λ 和对应的特征向量 $\boldsymbol{U}$,组成变换矩阵 $\boldsymbol{T}$。$\lambda = (\lambda_1, \lambda_2, \cdots, \lambda_p)$,其中 $\lambda_1 \geqslant \lambda_2 \geqslant \cdots \geqslant \lambda_p$,即各组分按照信息量由多到少排列.

(3) 求出各特征值对应的单位特征向量 $\boldsymbol{u}_i = (\mu_{i1}, \mu_{i2}, \cdots, \mu_{ip})$,以特征向量值为列构成特征向量 $\boldsymbol{U}$,$\boldsymbol{U} = (u_1, u_2, \cdots, u_p) = (\mu_{ij})_{p \times p}$,若矩阵 $\boldsymbol{U}$ 满足 $\boldsymbol{U}^{\mathrm{T}}\boldsymbol{U} = \boldsymbol{U}\boldsymbol{U}^{\mathrm{T}} = 1$,即 $\boldsymbol{U}$ 为唯一确定的正交矩阵,此时 $\boldsymbol{U}$ 的转置矩阵就是所求的 K-L 变换的系数矩阵 $\boldsymbol{T}$,将 $\boldsymbol{T}$ 代入 $\boldsymbol{Y} = \boldsymbol{TX}$,则 K-L 变换的具体表达式为

$$Y = \begin{pmatrix} \mu_{11} & \mu_{21} & \cdots & \mu_{p1} \\ \mu_{12} & \mu_{22} & \cdots & \mu_{p2} \\ \vdots & \vdots & & \vdots \\ \mu_{1p} & \mu_{2p} & \cdots & \mu_{pp} \end{pmatrix} = U^{\mathrm{T}} X, \qquad (2.10)$$

式中 X 为原图像的 p 个波段的像元值向量; Y 为变换后各个主组分的像元值向量. 影像特征分析得到的数据如图 2.16 所示.

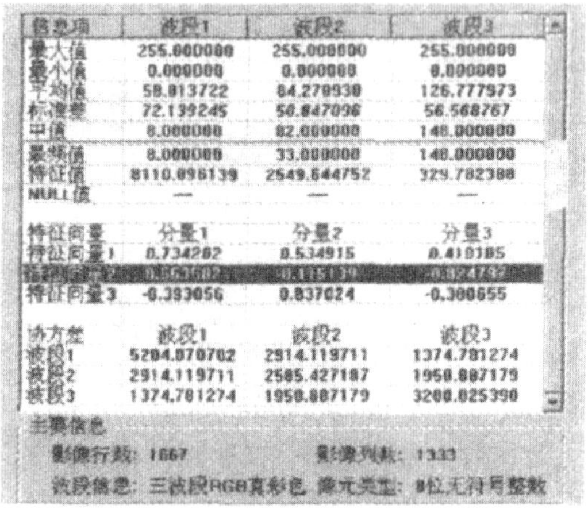

图 2.16　影像特征分析数据

2.6.3　卤水样本采集

采集卤水浓度为 $3°\mathrm{Be}'$, $7°\mathrm{Be}'$, $17°\mathrm{Be}'$, $25°\mathrm{Be}'$ 以及 $28°\mathrm{Be}'$ 五个样品, 利用分光光度计进行吸光度定量研究, 仪器测量的波段范围为 $450 \sim 850$ nm, 测量时光谱间隔设定为 20 nm, 得出所采样品的吸光度谱线, 如图 2.17 所示.

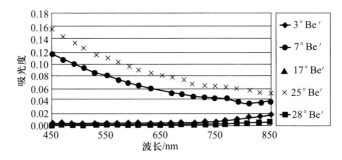

图 2.17　样品水体的吸光度测定统计图

分析发现纳潮海水（$3°\text{Be}'$）与蒸发区卤水（$7°\text{Be}'\sim17°\text{Be}'$）的吸光度在可见光范围（$400\sim760$ nm）内，小于 0.01，它们和纯净水体的吸光度差别较小. 制卤区卤水（$25°\text{Be}'$）、结晶区卤水（$28°\text{Be}'$）的吸光度随着波长的增加而逐渐降低，两者的吸光度明显高于纳潮海水（$3°\text{Be}'$）与蒸发区卤水（$7°\text{Be}'$，$17°\text{Be}'$）.

2.6.4　模式识别

1. 监督分类

对于遥感图像来说，其识别特征主要表现为波谱特征和纹理特征两种. 对研究区遥感影像上各地物类所具有的光谱特征和纹理特征进行监督分类，具体分类步骤如下：

（1）选择有代表性的训练区，其数目就是要分的类别数目；

（2）计算机对训练区进行"学习"，得到每个类别的均值向量和标准差向量；

（3）根据所选定的判别规则对像元进行分类.

在这里，采用平行多面体方法对遥感影像进行监督分类. 这种方法相当于在像元的特征空间中以训练组数据的均值向量为中心，划分出若干个平行多面体，每一个平行多面体是一个类.

由训练区学习产生每个类别的均值向量和标准差向量. 若有 N 个波段，M 个类别，用 $m_{ij}(i=1,2,\cdots,M;j=1,2,\cdots,N)$ 代表第 i 类第 j 波段的均值，S_{ij} 为对应的标准差，X_j 为像元 X 在 j 波段的像元值.

规定标准差阈值 t，对于某一个类别 $i(i=1,2,\cdots,M)$，当 $|X_j-m_{ij}|<t\times S_{ij}(j=1,2,\cdots,N)$，即该像元在所有波段的亮度值都符合上述条件，就把 X 归入第 i 类；若满足条件的类有多个，则归入选择训练区的第一类. 盐场遥感图像进行配准、数字化和模式识别后得到如图 2.18 所示.

2. 分类精度评价

国内外学者目前普遍采用混淆矩阵法作为遥感图像模式识别结果精度评价的方法；也就是在整个研究区遥感图像范围内选取 N 个采样点，将其实际所属类别与模式识别分类结果进行比较，得出它们的混淆矩阵

$$\boldsymbol{M}=\begin{bmatrix} m_{11} & m_{12} & \cdots & m_{1c} \\ m_{21} & m_{22} & \cdots & m_{2c} \\ \vdots & \vdots & & \vdots \\ m_{c1} & m_{c2} & \cdots & m_{cc} \end{bmatrix},\quad \sum_{i=1}^{c}\sum_{j=1}^{c}m_{ij}=N, \tag{2.11}$$

式中，m_{ij} 表示研究区中应属于 i 类的像元被分到 j 类的总数，c 为类别数. 混淆矩阵中对角线上的元素值越大，表示分类结果的可靠性越高；与之相反的是混淆矩阵中非对角线上的元素值越大，则表示错误分类的现象越严重.

定义如下几个精度指标，对混淆矩阵进行精度评价：

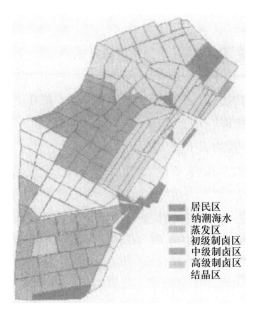

居民区
纳潮海水
蒸发区
初级制卤区
中级制卤区
高级制卤区
结晶区

图 2.18　塘沽盐场的遥感识别图

（1）总体分类精度，即被正确分类的像元总和除以总像元数. 被正确分类的像元沿着混淆矩阵的对角线分布，显示出被分类到正确表征真实分类中的像元数.

（2）制图精度. 相对于参考数据中的任意一个随机样本，定义分类图上同一类型的分类结果与其相一致的条件概率，即混淆矩阵中某一类型的对角线数值与该类型列之和（分类总和）的比值为制图精度.

（3）用户精度. 从分类结果中任取一个随机样本，定义其所具有的类型与地面实际类型相同的条件概率，即混淆矩阵中某一类型的对角线数值与该类型行之和（实测总和）的比值为用户精度.

对塘沽盐场的遥感影像分为六类：居民区、纳潮海水、蒸发区、初级制卤区、中级制卤区、高级制卤区和结晶区. 在盐场研究区内取 200 个采样点，得到的一个混淆矩阵如表 2.1 所示.

（1）从各个类型的实测总和与分类总和来看，若某一类型的分类总和大于实测总和，则表明有其他类型被错分为该类型；若某一类型的分类总和小于实测总和，则表明有该类型被错分为其他类型；若某一类型的分类总和等于实测总和，则表明该类型在分类过程中完全被分类成本类型. 因此，某一类型分类总和与实测总和的差值可以表示该类型的总体错分度，其值越大，表明错分现象越严重. 从表 2.1 可以看出，总体错分度最大的为中级制卤区，最小的为居民区.

表 2.1　塘沽盐场评价分类精度的混淆矩阵

实测数据类型	分类数据类型						实测总和
	居民区	纳潮海水	蒸发区	初级制卤区	中级制卤区	高级制卤区和结晶区	
居民区	5	0	0	0	0	0	5
纳潮海水	0	15	11	3	0	0	29
蒸发区	0	5	23	10	3	2	43
初级制卤区	0	7	17	18	5	2	49
中级制卤区	0	5	6	12	20	11	54
高级制卤区和结晶区	0	2	3	2	5	8	20
分类总和	5	34	60	45	33	23	200

（2）从表 2.1 的对角线元素来看,除了高级制卤区和结晶区外,其他类型在混淆矩阵对角线上的数值均大于其非对角线上的数值,表明这些类型的正确分类数比错分数大,即分类的正确度大于错分度,这些类型的分类结果更可靠.

（3）从混淆矩阵的行和列方向上来看,居民区的制图精度最高（达 100%）,高级制卤区和结晶区最低（为 35%）.这表明,居民区无一个像元被漏分,而高级制卤区和结晶区漏分现象最严重,即一些本属于高级制卤区和结晶区的像元,却没有被分类器分为高级制卤区和结晶区.居民区的用户精度也最高（达100%）,中级制卤区最低（为 37%）.这表明,居民区无一个像元被错分,而中级制卤区错分现象最严重,即一些不是中级制卤区的像元却被分为中级制卤区.

使用上述方法,可以在较高的精度下提取出盐场遥感图像上各种地物水体的分布范围,这些成果可以为塘沽盐场的开发管理、产量估算及资源调查等提供重要依据.

讨论与思考题

（1）什么叫模式？它与计算机中的"类"的联系和区别是什么？

（2）简述模式识别的概念和一般过程.

（3）模式识别包括哪些方法？各有哪些优缺点？

（4）模式识别的"智能"体现在什么地方？

（5）统计模式识别和结构模式识别分别对哪些应用领域更有效？

（6）在遥感图像解译中,何为模式识别的前提条件、识别过程、效果评价？

（7）请结合本章模式识别的内容，利用流程图详细阐述车牌识别系统的工作原理.

（8）简述模式识别的未来发展趋势.

参 考 文 献

[1]　谭建荣,岳小莉,陆国栋.图形相似的基本原理、方法及其在结构模式识别中的应用.计算机学报,2002,09:959-967.

[2]　张新峰,沈兰荪.模式识别及其在图像处理中的应用.测控技术,2004,05:28-32.

[3]　王光磊.汽车车牌模糊模式识别系统.南京:东南大学,2006.

[4]　熊超.模式识别理论及其应用综述.中国科技信息,2006,06:171-172.

[5]　任春涛,李畅游,等.基于GIS的乌梁素海水体富营养化状况的模糊模式识别.环境科学研究,2007,03:68-74.

[6]　陈振华,余永权,张瑞.模糊模式识别的几种基本模型研究.计算机技术与发展,2010,09:32-35.

[7]　王晓明.基于统计学习的模式识别几个问题及其应用研究.无锡:江南大学,2010.

[8]　丁世飞,齐丙娟,谭红艳.支持向量机理论与算法研究综述.电子科技大学学报,2011,40(1):1-7.

[9]　杨威.基于模式识别方法的多光谱遥感图像分类研究.长春:东北师范大学,2011.

[10]　刘迪,李耀峰.模式识别综述.黑龙江科技信息,2012,28:120.

[11]　范会敏,王浩.模式识别方法概述.电子设计工程,2012,19:48-51.

[12]　王松静.基于光谱分析与图像处理的模式识别研究.杭州:浙江大学,2012.

[13]　蒋强荣.图核及其在模式识别中应用的研究.北京:北京工业大学,2012.

[14]　孙登第.基于随机点积图理论的模式识别方法研究.合肥:安徽大学,2012.

[15]　刘炜.土地利用/覆被变化信息遥感图像自动分类识别与提取方法研究.西安:西北农林科技大学,2012.

[16]　刘润宗.模式识别领域中形变不变量的若干关键问题研究.重庆:重庆大学,2012.

[17]　舒松.基于稳定夜间灯光遥感数据的城市群空间模式识别方法研究.上海:华东师范大学,2013.

[18]　罗博.高分辨率遥感图像分割方法研究.成都:电子科技大学,2013.

[19]　张钰.城市景观格局合理性模式识别.南京:南京信息工程大学,2013.

[20]　王浩.模式识别方法研究及应用.西安:西安工业大学,2013.

[21]　曹照清.遥感图像处理的若干关键技术研究.南京:南京航空航天大学,2013.

[22]　张乐飞.第一篇SCI背后的故事——遥感影像模式识别研究.测绘地理信息,2013,01:76-78.

[23]　万爽.统计模式识别概论及应用.科技视界,2014:120-120.

[24]　黄为.基于序关系特征描述的高分辨率遥感影像识别研究.长沙:国防科学技术大学,2014.

［25］ 袁悦.高温目标短波红外遥感识别方法改进研究.长春:吉林大学,2015.

［26］ 刘扬,付征叶,郑逢斌.高分辨率遥感影像目标分类与识别研究进展.地球信息科学学报,2015,09:1080-1091.

［27］ 徐建闽,刘树青.基于模式识别的路段交通状态动态观测方法研究.中国智能交通协会.第十届中国智能交通年会优秀论文集,2015:8.

［28］ 赫华颖,王海燕,等.商业遥感卫星应用现状及发展趋势探讨.卫星应用,2016,01:68-71.

［29］ 蒋树强,闵巍庆,等.面向智能交互的图像识别技术综述与展望.计算机研究与发展,2016,01:113-122.

［30］ 杜培军,夏俊士,等.高光谱遥感影像分类研究进展.遥感学报,2016,02:236-256.

［31］ 姜雅慧.基于模式识别的图像处理方法.通讯世界,2016,04:262.

［32］ 李广东,方创琳,等.城乡用地遥感识别与时空变化研究进展.自然资源学报,2016,04:703-718.

［33］ 王晓红,赵红英,张海涛.模式识别课程学习的教学思考.教育现代化,2016,04:124-126+134.

［34］ 焦李成,赵进,等.稀疏认知学习、计算与识别的研究进展.计算机学报,2016,04:835-852.

［35］ 刘雪鸥.医学图像模式识别技术的研究及应用.太原:太原理工大学,2016.

［36］ 郑小慎.塘沽盐场遥感图像模式识别方法的研究.海洋技术,2006,25(3):66-69.

［37］ 范会敏,王浩.模式识别方法概述,电子设计工程,2012,20(19):48-51.

［38］ 石丽.基于 BP 神经网络改进算法的遥感图像分类试验.科技信息,2014,(13):74-75.

［39］ 耿冠宏,孙伟,罗培.神经网络模式识别.软件导刊,2008,7(10):81-83.

第三章 专家系统与空间信息智能处理

专家系统(expert system,ES)是人工智能(AI)中最重要的、也是最活跃的一个应用领域,它实现了 AI 从理论研究走向实际应用、从一般推理策略探讨转向运用专门知识的重大突破. ES 是早期 AI 的一个重要分支,它可以看作是一类在特定领域内具有专门知识、经验及解决问题能力达专家水平的计算机程序系统,其智能化主要表现为一般采用 AI 中的知识表示和知识推理技术,在特定的领域内模拟人类专家思维解决复杂的问题. 目前,ES 已成为 AI 领域中最活跃、最受重视的分支,在各个领域中已经得到广泛应用,并取得了可喜的成果,例如遥感图像解译 ES、寻找油田的 ES、各类教学 ES 等. 本章主要介绍 ES 的基本概念、结构类型及其在空间信息智能处理方面的应用.

3.1 专家系统定义与类型

3.1.1 专家系统定义

ES 是 AI 应用研究最活跃和最广泛的领域之一. 自从 1965 年第一个帮助化学家判断某待定物质的分子结构的专家系统 DENDRAL 在美国斯坦福大学问世以来,经过 20 年的研究开发,到 20 世纪 80 年代中期,ES 已遍布各个专业领域,取得了很大的成功.

ES 是在产生式系统的基础上发展起来的,是一个智能计算机程序系统,其内部含有大量的某个领域专家水平的知识与经验,能够利用人类专家的知识和解决问题的方法来处理该领域问题,以人类专家的水平完成特别困难的某一专业领域的任务. 也就是说,ES 是一个具有大量的专门知识与经验的程序系统,它应用 AI 技术和计算机技术,根据某领域一个或多个专家提供的知识和经验,进行推理和判断,模拟人类专家的决策过程,以便解决那些需要人类专家处理的复杂问题. 正如 ES 的先驱费根鲍姆(Feigenbaum)所说:"ES 的力量是从它处理的知识中产生的,而不是从某种形式主义及其使用的参考模式中产生." 在设计 ES 时,知识工程师的任务就是使计算机尽可能模拟人类专家解决某些实际问题的决策和工作过程,即模仿人类专家如何运用他们的知识和经验来解决所面临问题的方法、技巧和步骤.

3.1.2　专家系统类型

ES 通常是按照任务类型和知识表示来分类. 若按知识表示, 可分为基于逻辑的 ES、基于规则的 ES、基于语义网络的 ES 和基于框架的 ES; 若按照任务类型, 可分为解释型、预测型、诊断型、设计型、规划型、监视型、控制型、调试型、教育型以及维修型等.

1. 解释型专家系统

解释型专家系统 (expert system for interpretation) 就是用于分析符号数据并进行阐述这些数据的实际意义; 其任务是通过对已知信息和数据的分析与解释, 确定其含义, 具有如下特点:

(1) 系统处理的数据量很大, 而且往往是不准确的、有错误的或不完全的;

(2) 系统能够从不完全的信息中得出解释, 并能对数据做出某些假设;

(3) 系统推理过程可能很复杂、很长, 因而要求系统具有对自身的推理过程做出解释的能力.

作为解释 ES 的例子有语音理解、图像分析、系统监视、化学结构分析和信号解释等. 例如, 卫星图像 (如云图等) 分析、集成电路分析、DENDRAL 化学结构分析 (判断某待定物质的分子结构)、ELAS 石油测井数据分析、染色体分类、PROSPECTOR 地质勘探数据解释和丘陵找水等实用解释型专家系统.

2. 预测型专家系统

预测型专家系统 (expert system for prediction) 就是根据对象的过去和现在情况来推断对象的未来演变结果; 其任务是通过对过去和现在已知状况的分析, 推断未来可能发生的情况, 其特点如下:

(1) 系统处理的数据随时间变化, 而且可能是不准确或不完全的;

(2) 系统需要有适应时间变化的动态模型, 能够从不完全和不准确的信息中得出预报, 并达到快速响应的要求.

预测 ES 的例子有气象预报、军事预测、人口预测、交通预测、经济预测和谷物产量预测, 以及恶劣气候 (包括暴雨、飓风、冰雹等) 预报、战场前景预测和农作物病虫害预报等.

3. 诊断型专家系统

诊断型专家系统 (expert system for diagnosis) 就是根据输入信息找出对象的故障和缺陷; 其任务是根据观察到的情况 (数据) 来推断出某个对象机能失常 (即故障) 的原因, 具有如下特点:

(1) 能够了解被诊断对象或客体各组成部分的特性以及它们之间的联系;

(2) 能够区分一种现象及其所掩盖的另一种现象;

(3) 能够向用户提出测量的数据, 并从不确切信息中得出尽可能正确的诊断.

诊断 ES 的例子特别多,如医疗诊断、电子机械和软件故障诊断以及材料失效诊断等.用于抗生素治疗的 MYCIN、肝功能检验的 PUFF、青光眼治疗的 CASKET、内科疾病诊断的 INTERNIS"I"－I 和血清蛋白诊断等医疗诊断 ES,IBM 公司的计算机故障诊断系统 DART/DASD,火电厂锅炉给水系统故障检测与诊断系统,雷达故障诊断系统,太空站热力控制系统的故障检测与诊断系统等都是国内外典型的诊断型专家系统应用实例.

4. 设计型专家系统

设计型专家系统(expert system for design)就是根据给定要求形成所需方案和图样;其任务是根据设计要求,求出满足设计问题约束的目标配置,其特点如下:

(1) 善于从多方面的约束中得到符合要求的设计结果;

(2) 系统需要检索较大的可能解空间;

(3) 善于分析各种子问题,并处理好子问题间的相互作用;

(4) 能够试验性地构造出可能设计,并易于对所得设计方案进行修改;

(5) 能够使用已被证明是正确的设计来解释当前的(新的)设计.

设计型 ES 包括电路(如数字电路和集成电路)设计、土木建筑工程设计、计算机结构设计、机械产品设计和生产工艺设计等,比较有影响的有 VAX 计算机结构设计 ES 的 R1(XCOM)、花布立体感图案设计和花布印染 ES、大规模集成电路设计 ES 以及齿轮加工工艺设计 ES 等.

5. 规划型专家系统

规划型专家系统(expert system for planning)就是根据给定目标拟定行动计划,其任务在于寻找出某个能够达到给定目标的动作序列或步骤,具有如下特点:

(1) 所要规划的目标可能是动态的或静态的,因而需要对未来动作做出预测;

(2) 所涉及的问题可能很复杂,要求系统能抓住重点,处理好各子目标间的关系和不确定的数据信息,并通过试验性动作得出可行规划.

规划型 ES 可用于机器人规划、交通运输调度、工程项目论证、通信与军事指挥以及农作物施肥方案规划等,典型例子有 ROPES 机器人规划 ES、汽车和火车运行调度 ES 以及小麦和水稻施肥 ES 等.

6. 监视型专家系统

监视型专家系统(expert system for monitoring)就是完成实时监测任务,在于对系统、对象或过程的行为进行不断观察,并把观察到的行为与其应当具有的行为进行比较,以发现异常情况,发出警报,其特点如下:

（1）系统具有快速反应能力，在造成事故之前及时发出警报；

（2）系统发出的警报有很高的准确性，在需要发出警报时发警报，在不需要发出警报时不得轻易发警报（假警报）；

（3）系统能够随时间和条件的变化来动态地处理其输入信息.

监视型 ES 可用于核电站的安全监视、防空监视与警报、国家财政的监控、传染病疫情监视、农作物病虫害监视与警报等，典型实例有枯虫测报 ES.

7. 控制型专家系统

控制型专家系统（expert system for control）就是完成实时控制；其任务是自适应地管理某个受控对象或客体的全面行为，使之满足预期要求.

控制型 ES 的特点为：能够解释当前情况，预测未来可能发生的情况，诊断可能发生的问题及其原因，不断修正计划，并控制计划的执行. 也就是说，控制型 ES 具有解释、预报、诊断、规划和执行等多种功能.

空中交通管制、商业管理、自主机器人控制、作战管理、生产过程控制和生产质量控制等都是控制型 ES 的潜在应用领域.

8. 调试型专家系统

调试型专家系统（expert system for debugging）就是给出自己确定的故障排除方案；其任务是对失灵的对象给出处理意见和方法，同时又具有规划、设计、预报和诊断等 ES 的功能.

调试型 ES 可用于新产品或新系统的调试，也可用于维修站对被修设备的调整、测量与试验.

9. 教学型专家系统

教学型专家系统（expert system for instruction）就是诊断型和调试型的组合并用于教学和培训；其任务是根据学生的特点、弱点和基础知识，以最适当的教案和教学方法对学生进行教学辅导，其特点是同时具有诊断和调试等功能、具有良好的人机界面.

已经开发和应用的教学型 ES 有美国麻省理工学院的 MACSYMA 符号积分与定理证明系统，我国一些大学开发的计算机程序设计语言、物理智能计算机辅助教学系统以及聋哑人语言训练 ES 等.

10. 维修型专家系统

维修型专家系统（expert system for repair）就是指定并实施纠正某类故障的规划；其任务是对发生故障的对象（系统或设备）进行处理，使其恢复正常工作，具有诊断、调试、计划和执行等功能. 美国贝尔实验室的 ACI 电话和有线电视维护修理系统是维修型 ES 的一个应用实例.

3.2　专家系统的特点与结构

3.2.1　专家系统的特点

1. 启发性

ES能运用专家的知识与经验进行推理、判断和决策. 世界上大部分工作和知识都是非数学性的,只有一小部分人类活动以数学公式或数字计算为核心(约占8%). 即使是化学和物理学科,大部分也是靠推理进行思考的;对于生物学、大部分医学和全部法律,情况也是这样. 企业管理的思考几乎全靠符号推理,而不是数值计算.

2. 透明性

ES能够解释本身的推理过程和回答用户提出的问题,以便让用户能够了解推理过程,提高对ES的信赖程度. 例如,一个医疗诊断ES诊断某个病人患有肺炎,必须用某种抗生素治疗,那么这一ES将会向病人解释为什么他患有肺炎,而且必须用某种抗生素治疗,就像一位医疗专家对病人详细解释病情和治疗方案一样.

3. 灵活性

ES能不断地增长知识,修改原有知识并不断更新,促进各领域的发展. 它使各领域专家的专业知识和经验得到总结和精炼,能够广泛而有力地传播专家的知识、经验和能力,汇集和集成多领域专家的知识、经验以及他们协作解决重大问题的能力,拥有更渊博的知识、更丰富的经验和更强的工作能力. 这一特点使得ES具有十分广泛的应用领域.

4. 环境适应性

(1) ES能够高效率、准确、周到、迅速和不知疲倦地进行工作;

(2) ES解决实际问题时不受周围环境的影响,也不可能忘记或遗漏;

(3) ES可以使专家的专长不受时间和空间的限制,以便推广珍贵和稀缺的专家知识与经验.

3.2.2　ES的结构

1. ES的简化结构

ES的结构是指ES各组成部分的构造方法和组织形式. 系统结构选择恰当与否,直接影响ES的适用性和有效性,这与系统的应用环境和所执行任务的特点密切相关. 图3.1为ES的简化结构图. 例如,诊断系统的任务是疾病诊断与解释,其问题的特点是需要较小的可能空间、可靠的数据及知识,这就决定其可采用穷尽检索解空间和单链推理等较简单的控制方法和系统结构.

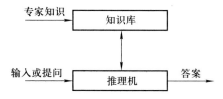

图 3.1　ES 的简化结构图(彩色图见插页)

2. 理想 ES 的结构

图 3.2 为理想 ES 的结构图. 由于每个 ES 所需要完成的任务和特点不相同,其系统结构也不尽相同,具体应用系统一般只具有图中部分模块.

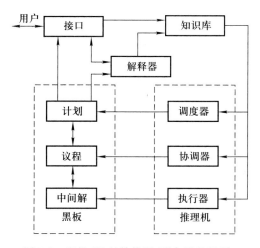

图 3.2　理想 ES 的结构图(彩色图见插页)

（1）接口是人与系统进行信息交流的媒介. 一方面,它为用户提供了直观、方便的交互作用手段,其功能是识别与解释用户向系统提供的命令、问题和数据等信息,并把这些信息转化为系统的内部表示形式. 另一方面,接口也将系统向用户提出的问题、得出的结果和做出的解释以用户易于理解的形式提供给用户.

（2）黑板是用来记录系统推理过程中用到的控制信息、中间假设和中间结果的数据库,包括计划、议程和中间解三部分. 计划记录了当前问题总的处理计划、目标、问题的当前状态和问题背景;议程记录了一些待执行的动作,这些动作大多是由黑板中已有结果与知识库中的规则作用而得到的;中间解区域中存放当前系统已产生的结果和候选假设.

（3）知识库包括两部分内容：一部分是已知的同当前问题有关的数据信息；另一部分是进行推理时要用到的一般知识和领域知识，大多以规则、网络和过程等形式表示．

（4）推理机包括调度器、执行器和协调器，这三部分构成完整的推理机．调度器按照系统建造者所给的控制知识，从议程中选择一个项作为系统下一步要执行的动作；执行器的主要作用是应用知识库及黑板中记录的信息，执行调度器所选定的动作；协调器的主要作用就是当得到新数据或新假设时，对已得到的结果进行修正，以保持结果前后的一致性．

（5）解释器的功能是向用户解释系统的行为，包括解释结论的正确性及系统输出其他候选解的原因．为完成这一功能，通常需要利用黑板中记录的中间结果、中间假设和知识库中的知识．

3. ES 与一般应用程序的区别

前已定义，ES 是一种智能计算机程序系统．那么，它与常规的应用程序之间有何不同呢？一般来说，应用程序与 ES 的区别在于：前者把问题求解的知识隐含地编入程序；而后者则把其应用领域的问题求解知识单独组成一个实体，即为知识库．知识库的处理是通过与知识库分开的控制策略进行的．更明确地说，一般应用程序把知识组织分为数据和程序两级；而大多数 ES 则将知识组织分成数据、知识库和控制三级．

数据级是已经解决了的特定问题的说明性知识以及需要求解问题的有关事件的当前状态，知识库级是 ES 的专门知识与经验．是否拥有大量知识是 ES 成功与否的关键，因此知识表示就成为设计 ES 的关键．在控制级，根据既定的控制策略和所求解问题的性质来决定应用知识库中的哪些知识；这里的控制策略是指推理方式，即按照是否需要概率信息来决定采用精确推理或非精确推理，应用中也要考虑所需搜索的程度．

3.3　专家系统的构建与评价

3.3.1　ES 的构建

成功建立 ES 的关键在于尽可能早地着手建立系统，从一个较小的系统开始，逐步扩充为一个具有相当规模和日臻完善的实际系统．构建 ES 的一般步骤如图 3.3 所示，具体步骤包含如下内容．

1. 初始知识库的设计

设计知识库是建立 ES 最重要和最艰巨的任务，其主要内容包括：

（1）问题知识化，即辨别所研究问题的实质，如要解决的任务是什么、它是

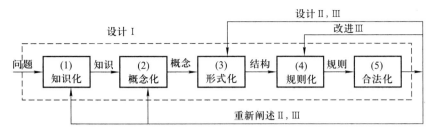

图 3.3　建立 ES 的一般步骤(彩色图见插页)

如何定义的、可否把它分解为子问题或子任务、它包含哪些典型数据等;

(2) 知识概念化,即概括知识表示所需要的关键概念及其关系,如数据类型、已知条件(状态)、目标(状态)、提出的假设以及控制策略等;

(3) 概念形式化,即确定用来组织知识的数据结构形式,应用 AI 中各种知识表示方法把与概念化过程有关的关键概念、子问题及信息流特性等变换为比较正式的表达,它包括假设空间、过程模型和数据特性等;

(4) 形式规则化,即编制规则、把形式化了的知识变换为由编程语言表示的可供计算机执行的语句和程序;

(5) 规则合法化,即确认规则化了的知识合理性,检验规则的有效性.

2. 原型机的开发与试验

在选定知识表达方法之后,着手建立整个系统所需要的实验子集;它包括整个模型的典型知识,而且只涉及与试验有关的足够简单的任务和推理过程.

3. 知识库的改进与归纳

反复对知识库及推理规则进行改进试验,归纳出更完善的结果,如此这般经过相当长时间(例如数月至两三年)的努力,可使系统在一定范围内达到人类专家的水平.

3.3.2　ES 的评价内容

当 ES 完成时,应对系统的各个方面都做出正式的评价,评价内容主要包括:(1) 系统所做的决定和建议的质量;(2) 所用推理技术的正确性;(3) 人和计算机之间对话的质量(包括对话的内容和机器的输出结果,以及涉及的工程上的问题);(4) 系统效率与成本效果.

1. 系统所做的决定和建议的质量

在对 ES 作评价研究时,有两项内容值得关注:一是系统完成决策任务时的程序性能;二是可靠而准确的建议,但 ES 所作出的决定往往是起裁判作用和非标准化的. 要论证一个系统的建议是否合适或充分,有时是困难的. 若 ES 不能说服用户相信系统所做的决定和所给的建议是恰当、可靠的,用户就难以接受这样的系统.

2. 所用推理技术的正确性

从应用角度看,只要 ES 能提供适当的建议,用户和 ES 设计者并不关心程序是否以类似人类思维的方法运行. 但是,现在人们逐渐认识到,要达到专家水平的性能,系统所用推理技术是否和专家使用的推理机理相一致,是至关重要的.

3. 人和计算机之间对话的质量

除了推理过程的可靠性以外,ES 和使用者之间对话的质量也十分重要,包括:

(1) 提问和解答时的用词选择能力;

(2) ES 解释如何做出决策的基本能力,以及使系统的解释适合于使用者专门知识水平的能力;

(3) 当使用者对系统要求他们做的事情疑惑不解,或在使用程序时由于某种原因需要帮助时,ES 对使用者提供帮助的能力;

(4) ES 以容易理解的方式或以使用者熟悉的术语向使用者提出建议或进行解释的能力.

4. 系统效率与成本效果

ES 在实际使用环境下对决策过程的影响也是评价系统必须考虑的重要内容. 如果一个系统要求使用者花费很多时间,那么即使它完成所有上面提到的任务很出色,也难以被接受. 类似地,系统运行过程中的技术分析一般也是必要的,例如 CPU 的能力利用率、磁盘查找效率等,都可能限制系统的反应时间和用户体验效果.

最后,若一个 ES 要成为市场上的流行产品,成本也是其中的重要因素之一,有时还是首要考虑的因素.

3.3.3　ES 的评价方法

上一小节介绍了 ES 评价的主要内容,尽管如此,高效地评价一个 ES 并不容易. 通常可采取如下两种方法:

第一种是简单、启发式地利用一组例子说明系统的性能,从而说明在哪些情况下系统工作良好. 这和人们常常靠医生成功治愈疑难病症来说明他的医术非常相像;有时被称为"轶事"方法.

第二种方法是试验,它强调用试验来评价系统在处理各种储存在数据库中的问题事例时的性能. 为此,必须规定某种严格的试验过程,以便对系统产生的解释与独立得到的对相同问题事例已确认的解释进行比较. 虽然试验的方法显然要比轶事方法优越,但在具体实现和得到有代表性的事例方面,有时会遇到较大的困难. 在某些领域,例如医学,对一些常见病可能收集到比较多的事例;但对一些罕见疾病,为进行有充分根据的评价,就要收集足够多的和有代表性的事例,而这很困难. 在地质勘探领域,得到样本事例的成本很高,而且仅有很少几种矿物形态容易得到. 为使分析准确和有用,必须有肯定的结束点;也就是说,对每个存放在数据库中的事例,必须首先知道正确的结论,然后才能在绝对的尺度上判断系统的性能,即正确决定与错误决定的比例. 在医学中,每种疾病正确诊断的病例比例,以及因为各种可能的错误所造成的误诊的病例比例,对评价 ES 的性能来说就是至关重要的.

一般情况下,所有这些评价都可划分为两种结果——正确或不正确. 但是,并不是所有问题都可如此简单地采用二分法确定其解. 比如说,有的系统利用很多的串联事例说明某件事情,用户对其解释感到满意,而专家却会产生不同的看法,要求他做出准确的匹配则是十分困难的. 此时,往往采取多位专家独立评价,再进行综合的方法加以处理.

3.4　现代专家系统

近年来,在讨论 ES 的利弊时,有些 AI 学者认为:ES 发展出的知识库思想是很重要的,它不仅促进了 AI 的发展,而且对整个计算机科学的发展影响也很大. 不过,基于规则的知识库思想却限制了 ES 的进一步发展,单一的规则表达是不够的. 对 ES 的研究内容,人们有着各种不同的看法. 有一种观点认为:AI 是研究各种定性模型(如物理的、感知的、认识的和社会的系统模型等)的获得、表达及使用的计算方法的学问. 根据这一观点,一个知识系统中的知识库是由各种模型综合而成的,而这些模型又往往是定性的模型. 由于模型的建立与知识密切相关,因此有关模型的获得、表达及使用自然而然地包括了知识获取、知识表达和知识使用,所说的模型概括了定性的物理模型和心理模型等. 以这样的观点来看待 ES 的设计,可以认为一个 ES 是由一些原理与运行方式不同的模型综合而成的. 另一种观点认为:发展 ES 不仅要采用各种定性模型,而且要运用 AI 和计算机技术的一些新思想、新技术,如分布式、协同式和学习机制等.

3.4.1　ES 起源与发展

20 世纪 60 年代初,出现了运用逻辑学和模拟心理活动的一些通用问题求解程序,它们可以证明定理和进行逻辑推理. 但是,这些通用方法无法解决大量的实际问题,很难把实际问题改造成适合于计算机解决的形式,也难于处理解题所需的巨大搜索空间. 1965 年,费根鲍姆(E. A. Feigenbaum)等人在总结通用问题求解系统的成功与失败经验基础上,结合化学领域的专门知识,研制了世界上第一个专家系统——DENDRAL,用于推断化学分子结构. 近 50 年来,随着知识工程的研究及 ES 理论、技术的不断发展,ES 的应用渗透到几乎各个领域,包括化学、数学、物理、生物、医学、农业、气象、地质勘探、军事、工程技术、法律、商业、空间技术、自动控制、计算机设计和制造等. 目前人们已开发几千个ES,其中不少在功能上已达到,甚至超过同领域中人类专家的水平,并在实际应用中产生了巨大的经济效益.

　　ES 的发展已经历了三代,正向第四代过渡和发展. 第一代专家系统(DENDRAL,MACSYMA 等)以高度专业化、求解专门问题的能力强为特点,但在体系结构的完整性、可移植性、系统的透明性和灵活性等方面存在缺陷,求解通用问题的能力弱. 第二代专家系统(MYCIN,CASNET,PROSPECTOR,HEARSAY 等)属单学科专业型、应用型系统,其体系结构较完整,移植性方面也有所改善,而且在系统的人机接口、解释机制、知识获取技术、不确定推理技术、增强 ES 的知识表示和推理方法的启发性及通用性等方面都有所改进. 第三代专家系统属多学科综合型系统,采用多种 AI 语言,综合采用各种知识表示方法和多种推理机制及控制策略,并开始运用各种知识工程语言、骨架系统及 ES 开发工具和环境来研制大型综合 ES. 在总结前三代 ES 的设计方法和实现技术的基础上,现已开始采用大型多专家协作系统、多种知识表示、综合知识库、自组织解题机制、多学科协同解题与并行推理、ES 工具与环境、人工神经网络知识获取及学习机制等最新 AI 技术,来实现具有多知识库、多主体(多智能体)的第四代专家系统.

3.4.2　现代 ES 的特征

　　什么是新一代专家系统? 至今尚无明确定义. 有些专家甚至不主张或不同意采用这个名字来代表具有新概念和新技术的 ES. 在此,避开定义问题,而把注意力集中到这种新型 ES 的特征及其所用的新技术方面. 新一代专家系统具有以下的基本特征.

　　1. 并行与分布处理

　　基于各种并行算法,采用各种并行推理和执行技术,适合在多处理器的硬件环境中工作,即具有分布处理的功能,是新一代 ES 的一个特征. 系统中的多处理器能同步地并行工作,也能做异步并行处理,分布在各处理器上的 ES 之间的通信和同步由数据驱动或要求驱动的方式实现.

　　2. 多 ES 协同工作

　　为了拓广 ES 解决问题的领域或使一些互相关联的领域能用一个系统来解题,提出了所谓协同式(synergetic)ES 的概念,即系统中有多个子 ES 协同合作.

各子 ES 间可以互相通信,一个(或多个)子 ES 的输出可能就是另一子 ES 的输入,有些子 ES 的输出还可作为反馈信息输入到自身或其他系统中去,经过迭代求得某种"稳定"状态. 多 ES 的协同合作也可在分布的环境中实现,但其着眼点主要在于通过多个子 ES 协同工作扩大整体 ES 的解题能力,而不像分布处理特征那样主要是为了提高系统的处理效率.

3. 高级语言和知识语言描述

为了建立 ES,知识工程师需用一种高级描述语言对系统进行功能、性能以及接口描述,用知识表示语言描述领域知识,并可以通过某类工具自动或半自动地生成所要的 ES;具体包括自动或半自动地选择出合适的知识表示模式,把描述的知识形成知识库,以及相应的推理执行机构、辩解机构、用户接口以及学习模块等.

4. 自学习功能

新一代 ES 具有更为高级的知识获取与学习功能以及更加适用的知识抽取工具,对知识获取这个"瓶颈"问题有很好的突破. 根据知识库中已有的知识,用户对系统的提问能做出动态应答,并进行推理,以获得新知识,总结新经验,从而不断扩充知识库,即所谓的自学习机制.

5. 引入新的推理机制

新一代 ES 除了演绎推理之外,也有归纳推理(包括联想、类比等推理)和各种非标准逻辑推理(例如非单调逻辑推理、加权逻辑推理等),以及各种基于不完全知识与模糊知识的推理等等,在推理机制上更加灵活多样.

6. 自纠错和自完善功能

自纠错和自完善功能是新一代 ES 设计与实现的另一个突出特征. 为了排错,必须有识别错误的能力;为了完善,必须有鉴别优劣的标准. 故 ES 就会随着时间的推移,通过反复的运行不断地修正错误,不断完善自身,知识库越来越丰富.

7. 智能人机接口

理解自然语言,实现语声、文字、图形和图像的直接输入/输出,是如今人们对智能计算机提出的要求,也是对新一代 ES 的重要期望. 这一方面需要硬件的有力支持;另一方面,先进的软件技术也是实现智能接口的重要支撑.

3.4.3 分布式 ES

把一个 ES 的功能分解后,分布到多个处理器上并行地完成,从而在总体上提高系统的处理效率,这样就构成了分布式 ES. 此类 ES 可以工作在紧耦合的多处理器系统环境中,也可工作在松耦合的计算机网络环境中;其总体结构在很大程度上依赖于其所在的硬件架构.

1. 功能分布

把分解得到的系统各部分功能或任务合理、均衡地分配到各处理节点上，每个节点上实现一个或两个功能，各节点合在一起完成总体任务. 功能分解"粒度"的粗细要视具体情况而定，节点的数量以及各节点上处理与存储的能力均是必须考虑的重要因素.

2. 知识分布

知识分布就是要根据功能分布情况，把有关知识合理划分并分配到各处理节点上，使知识利用效率得以提高. 一方面要尽量减少知识的冗余，避免可能引起的不一致性；另一方面，一定的冗余可带来处理方便和系统可靠性.

3. 接口设计

ES各部分间的接口设计，要使其相互通信和同步工作良好，在保证完成总任务的前提下，尽可能使各部分之间互相独立，交互影响做到最低.

4. 系统结构

分布式系统的结构，要综合考虑其硬件实现环境及应用环境. 一般情况下，若应用领域的问题本身具有层次性，可采用树形结构. 如企业的分层决策问题，同级模块间出现分歧时，由上一级模块判断解决. 若系统的节点分布在一个距离较近的区域内，且节点用户独立性很强，则可采用环形结构或总线结构. 各节点之间以互传消息的方式讨论问题，但就某一节点而言，可独立地进行裁决并给出求解问题的方案. 当然，某一节点也可采用广播式的方法，向所有其他节点发送消息，征求建议和意见. 还有另外一种系统结构在分布式 ES 中也较为常见，即星形结构. 此时，中心节点与外围节点不是上下级关系，而是一个公用的知识库，各外围节点可以向中心节点输入消息或意见，也可从中心节点读取知识. 各外围节点之间的交互通常情况下也由中心节点来协助完成. 在某些特定的应用领域，外围节点若要对中心节点做出修改，则要有认证和许可才行.

5. 驱动方式

ES各模块的工作需要各种不同的驱动方式，目前在 ES 中多采用控制驱动、数据驱动、需求驱动及事件驱动等四种方式.

(1) 控制驱动是最常用的一种驱动方式. 当需要某模块工作时，就直接将控制转到该模块，或将它作为一个过程直接调用，使之立即工作. 该方式实现便捷，但并行性往往受到影响. 由于被驱动模块被动地等待驱动命令，有时即使运行条件已经具备，若无驱动命令，此模块自身也不开始工作.

(2) 数据驱动是分布式 ES 中常采用的一种驱动方式，以克服并行性处理不足的缺点，即某一模块所需的所有输入（数据）具备后可启动工作，而不需要单独的启动命令. 该方式可实现并行处理，提高工作效率. 但是，可能会产生许多不符合要求的无用数据，导致"数据积压"问题.

（3）需求驱动亦称"目的驱动"，是一种自顶向下的驱动方式. 最顶层的目标驱动可能需要若干子目标驱动，各个子目标驱动又需要一些子目标，如此层层驱动下去. 与数据驱动相结合，按其原则，使数据（或其他条件）具备的模块进行工作，输出相应的结果. 这既可实现系统处理的并行性，又可避免数据驱动时由于盲目产生数据而造成"数据积压".

（4）事件驱动是比数据驱动更为广义的一个概念. 一个模块输入数据的齐备可认为仅仅是事件的一种. 此外，还可以有其他各种事件，例如某些条件得到满足或某个物理事件发生等等. 采用该方式时，各个模块都要规定使它开始工作所必需的一个事件集合. 当且仅当模块的相应事件集合中所有事件都已发生，该模块才能驱动开始工作. 只要其中有一个事件尚未发生，模块就要等待. 一般认为，事件驱动包含数据驱动与需求驱动等方式.

3.4.4　协同式 ES

当前存在的大部分 ES，在规定的专业领域内是一个"专家"，但一旦越出特定的领域，系统就可能无法工作，其应用局限性很大. 协同式 ES 是克服一般 ES 局限性的重要途径，亦称"群 ES"，能综合若干个相近领域的或一个领域的多个方面的分 ES 互相协作，共同解决某一个跨领域的问题. 例如一种疑难病症需要多个专科的医生会诊，一个复杂系统的设计需要多个行当的专家和工程师合作等等. 在现实世界中，对这种协同式 ES 的需求是很多的. 与分布式 ES 类似，它们都可能涉及多个分 ES，但是协同式 ES 更强调分系统之间的协同合作，而不是处理的分布和知识的分布，它也不一定要求有多个处理机的硬件环境.

1. 任务分解

根据领域知识，将确定的总任务合理地分解成几个分任务（各分任务之间允许有一定的重叠），分别由这几个分 ES 来完成. 如何实施任务分解与应用领域密切相关，通常由领域专家来讨论决定.

2. 公共知识导出

把解决各分任务所需知识的公共部分分离出来，形成一个公共知识库，供各分 ES 共享；而解决各分任务专用的知识则分别存放在相应分 ES 的专用知识库中. 这种对知识有分有合的存放方式，既避免了知识冗余，也便于维护和修改.

3. 讨论方式

采用"黑板"作为各分系统进行讨论的"园地"，是一种比较常见的做法. 这里所谓的"黑板"其实就是一个在内存内可供各分系统随机存取的存储区. 为了保证在多用户环境下"黑板"中数据或信息的一致性，需要采用管理数据库的一些手段，黑板有时也称作"中间数据库". 有了"黑板"以后，一方面各分系统可以随时从"黑板"上了解其他分系统对某问题的意见，取走它所需要的各种信息；

另一方面,各分系统也可以随时将自己的"意见"发表在黑板上,供其他 ES 参考,从而达到互相交流和讨论的目的.

4. 裁决问题

裁决同样依赖于问题本身的性质.

(1) 若问题是一道是非选择题,则可采用表决法或少数服从多数法,即以多数分 ES 的意见作为最终的裁决;或者采用加权平均法,即不同的分系统根据其对解决该问题的权威程度给予不同的权值.

(2) 若问题是一个评分问题,则可采用加权平均法、取中数法以及最大密度法(或称二分法)进行.

① 加权平均法,与前述相似;

② 取中数法,即先把各分系统的评分按大小排序,然后取位于正中间的一个数(当参加评分者为奇数个时)或中间两数的平均数(当参加评分者为偶数个时)作为整个系统的评分;

③ 最大密度法,即把评分数想象为在纵坐标上的许多点. 首先,用直线

$$y = \frac{1}{2}(\max A_i - \min A_i)$$

把这些点分为两部分. 然后,取其中点多的那部分来重复上述的划分过程,如此细分下去,直到两部分中的点数相等为止. 最终取这时的 y 值作为系统的评分.

(3) 若各分 ES 的解决任务是互补的,则正好可以互相补充各自的不足,互相配合起来解决问题. 每个子问题的解决主要听从"主管分系统"的意见,因此基本上不存在仲裁的问题.

5. 驱动方式

这个问题与分布式数据库中要考虑的问题基本一致. 尽管协同式 ES 中各分系统可能工作在一台处理机上,但仍然有以什么方式将各分系统激活执行的问题,即所谓驱动方式问题. 通常,在分布式 ES 中介绍的几种驱动方式对协同式 ES 仍是可用的.

3.5 专家系统在空间信息智能处理中的应用

3.5.1 遥感卫星接收系统中的故障诊断专家系统

随着越来越多的遥感卫星发射上天,遥感卫星地面站承担着越来越多的数据接收任务,这对接收站的无故障、稳定运行提出了更高的要求. 由于遥感卫星接收系统结构复杂,运行的自动化程度很高,系统中设备间紧密耦合,因此某处故障可能引起一系列连锁反应,进而导致系统不能正常工作,影响卫星数据资

源的接收.另一方面,发达国家的卫星接收站目前很多已经实现无人值守运行,以降低运行成本.我国的卫星接收站也需要向这一方向发展,采用先进的智能故障诊断技术来改善遥感卫星接收系统的性能,这就对接收系统的自动故障发现、故障诊断和故障处理能力提出了更高的要求.

1. 系统特点

遥感卫星接收系统是一类复杂系统,主要由天伺馈系统、跟踪接收系统、测试系统和站监控管理系统组成,既包含天线、座架、伺服等机械设备,也包含大量各类电子设备,如变频器、解调器、调制器、功率计和频谱仪等设备.站监控管理系统监测和控制各系统设备的状态以及各设备对遥感卫星数据的跟踪接收任务.一个典型遥感卫星接收系统如图 3.4 所示.

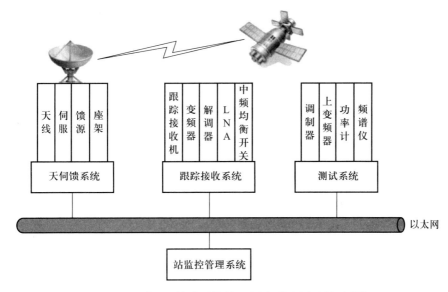

图 3.4　遥感卫星接收系统的组成图(彩色图见插页)[26]

站监控管理系统监测系统中各设备的状态信息、任务执行参数和系统测试结果,这些可用作故障诊断的输入,主要包括:(1) 各设备设置的故障监测点(如天伺馈子系统故障监测点、跟踪设备故障监测点、数据接收设备故障监测点和遥测接收设备故障监测点)的状态;(2) 接收任务过程中的各类测量数据,如天线指向的角度数据,跟踪接收机的电压、中频信号电平、误码率,接收卫星的频谱数据等;(3) 任务参数配置信息,如变频器的标定值、解调器的解调方式及标定值等;(4) 各种闭环测试的结果信息;(5) 系统设备连接的拓扑结构等各类配置信息.

总体来说,遥感卫星接收系统具有以下特点:

（1）系统结构复杂,包含大量各类设备,既有机械设备,也有电子设备,由各类设备级联组合构成;

（2）系统知识构成复杂,包含有跟踪接收知识、数据链路知识、接收信道知识等;

（3）系统交替运行于数据接收的工作状态与等待数据接收的闲置状态,而非处于稳定、连续的运行状态之中,这种运行模式本身就容易导致系统故障;

（4）专家经验和故障案例,是构成故障诊断知识的重要组成.

2. 故障诊断

根据遥感卫星接收系统组成的特点,其故障诊断整体上可以采用两级故障诊断结构:首先由设备级的故障诊断对各级设备进行故障诊断,然后由汇总的设备故障诊断信息进行系统级别的故障诊断.

（1）设备级的故障诊断

对于设备级的故障诊断,根据设备类型的不同,主要是机械设备和电子设备,可以采用不同的故障诊断方法,下面分别进行描述.

① 机械设备故障诊断方法. 如对于天线、伺服和座架等机械设备,可以采用基于信号处理的方法,将由站监控管理系统采集到的设备状态信息和监测点信息,如天线指向角度信息,伺服单元的电压、电流、功率信号,座架单元的转向角度,天线的视频监视图像和声音信号采用小波变换故障诊断方法进行处理,利用小波变换在时、频域良好的分辨率,获取系统状态发生奇变的时间点,以进行故障检测.

② 电子设备故障诊断方法. 对于变频器、解调器、调制器、误码仪、功率计和频谱仪等电子设备,将根据站监控管理系统采集到的设备状态设置信息,如解调方式、编码方式和下变频设置频率等,并结合任务设置信息,由专家知识和规则进行故障检测和判定.

（2）系统级故障诊断

设备故障诊断完成以后,各类故障信息汇总,以便进行系统级的故障诊断.同时,遥感卫星接收系统还可以利用系统测试信息进行故障诊断,如发现系统中设备存在异常时,可以在无数据接收任务时执行自动测试. 另外,在系统的配置文件中还有整个系统的拓扑信息,可以用于系统故障诊断. 综合以上信息,作为输入即可完成系统级故障诊断. 系统级的故障诊断可以根据领域专家在遥感卫星接收系统运行过程中积累的经验,建立基于规则或者案例的 ES 知识库,或者利用领域专家的知识构建基于神经网络的知识库,并以此为基础构建 ES. 因此,系统级别的故障诊断可以利用 ES 来完成,ES 的构建可以是基于案例、基于故障树或是基于神经网络的.

在遥感卫星接收系统故障诊断系统稳定运行以后,结合系统运行的知识,可以构建基于神经网络的 ES. 构建过程中,也可以考虑先构建设备级的神经网络子网络,再将各设备级的子网络整合成系统级的神经网络. 神经网络的训练样本则可以利用已有系统的知识库.

3. 系统体系架构与工作流程

故障诊断 ES 主要包括知识库、综合数据库、推理机、解释机、知识获取及人机接口等六个部分,其体系架构如图 3.5 所示.

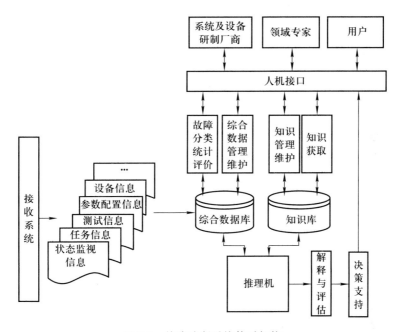

图 3.5　故障诊断系统体系架构

(1) 知识库包含领域中的大量事实和规则,是领域知识和相关常识性知识的集合. 这些知识可以用一种或多种知识表示方法来表示,知识表示方法决定了知识库的组织结构,并直接影响整个 ES 的工作效率.

(2) 综合数据库存储所有原始特征数据的信息、推理过程中得到的中间信息和解决问题后输出的结果信息等.

(3) 推理机是 ES 的组织控制机构,它根据输入信息,运用知识库中的知识,按一定的策略进行推理,完成故障诊断.

(4) 解释与评估机能够解释推理过程,并能够询问需要的补充特征信息;此外,还可以解释推理得到的确定性结论,并对诊断结论做出评估.

(5) 知识获取是 ES 与领域专家、知识工程师的接口,通过它 ES 与领域专家、知识工程师交互,使知识库不仅可以获得知识,且知识还能不断更新,从而使 ES 的性能得到不断改善. 人机接口是 ES 和用户之间进行信息交互的媒介,它可以以文字、图形、表格等多种方式与用户交互.

(6) 基于检测点状态的设备故障诊断流程如图 3.6 所示,根据各设备的故障模型,并结合各种闭环测试结果进行故障分析及诊断,确定故障设备.

从图 3.6 可以看出,故障诊断系统主要包括故障查找、故障分类以及故障诊断等工作流程:

① 故障查找. 循环检测设备状态,一旦发现存在设备异常,即通知任务管理台将疑似故障设备离线,使之处于不工作状态.

② 故障分类,即启动基于监测点状态的设备故障诊断流程,对疑似故障设备进行分类.

③ 故障诊断,即根据疑似故障设备的分类结果,分别利用天伺馈子系统故障模型、跟踪设备故障模型和数据接收设备故障模型对故障设备进行诊断.

若利用天伺馈子系统故障模型能检测出故障,则将故障判定为天伺馈子系统分类故障,并生成故障诊断结果报告,上报诊断结果;若不能检测出故障,则申请远程故障诊断或会商.

在利用跟踪设备故障模型时,需要先向任务管理台申请测试用的设备资源,在设备资源可用的前提下,检测跟踪链路;若跟踪链路存在故障,则表明该故障为跟踪链路设备故障,并生成故障诊断结果报告,上报诊断结果;若跟踪链路无故障,则进一步检测跟踪接收机,检测结果的处理方法同检测跟踪链路.

数据接收设备故障模型能提供各种闭环测试,如基带闭环测试、中频闭环测试、射频短环闭环测试和射频长环闭环测试等,设备根据异常自动选择了闭环测试方式后,需向任务管理台申请测试用的设备资源,在资源可用的前提下,方可进行闭环测试;若闭环测试能够定位到故障,则形成与闭环测试相对应的诊断结果并生成故障诊断结果报告;若闭环测试定位不到故障,则需申请远程故障诊断或会商.

4. 故障诊断系统运行

遥感卫星接收系统的故障诊断系统的运行,需要考虑实时性、远程故障诊断、故障知识共享以及运行软件等方面.

(1) 实时性

由于遥感卫星过境时相对于地面的快速运动,遥感卫星接收系统的伺服、天线和跟踪设备相应地也需要快速运转以跟踪卫星. 另一方面,遥感卫星下行数据高速传播,信道设备需要传输处理大量的卫星下行数据. 一旦系统发生故障,需要故障诊断系统能够快速响应,定位系统故障并进行处理,因此对故障诊断的实时性提出了较高的要求. 在故障诊断系统建立的初始阶段,为降低系统建立的难度,可以先在非实时模式下运行,即只在进行卫星数据接收之前与之

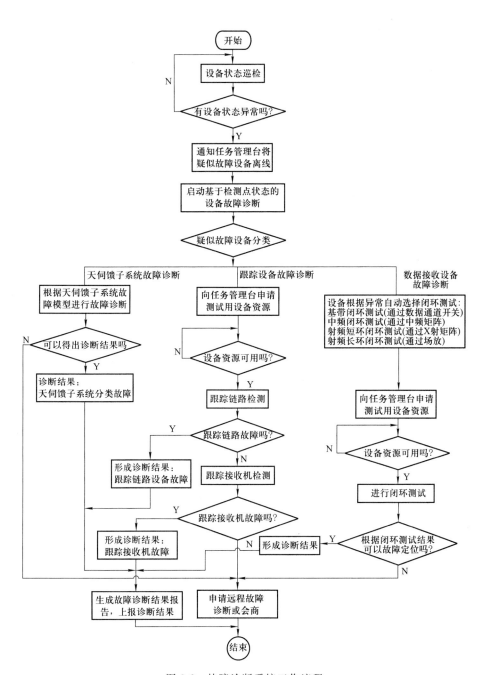

图 3.6 故障诊断系统工作流程

后,对遥感卫星接收系统进行故障诊断.

（2）远程故障诊断

接收站无人值守的情况对遥感卫星接收系统的远程故障诊断提出了要求,而这则需要与站监控管理系统进行配合,实时获取系统状态信息才可实现.

（3）故障知识共享

同一系统内的多个接收站之间,由于系统故障规则和知识基本相同,需要考虑各接收站之间的故障规则和知识共享.

（4）运行软件

图 3.7 所示为故障诊断系统运行软件体系架构.从图可以看出,故障诊断软件采用三层 C/S/S 体系结构,由服务端部件、客户端部件和数据库应用服务部件构成.其中,服务端部件部署在故障诊断服务器上完成业务处理和数据处理,负责故障的实时诊断、专家系统引擎知识库的管理、故障诊断任务的管理等;客户端部件可多重部署,主要负责人机会话,执行用户命令和操作,提供用户关注信息和数据显示;数据库应用服务部件提供数据库数据访问服务,简化故障诊断软件访问数据库操作,保障数据安全,为故障诊断软件运行提供了可

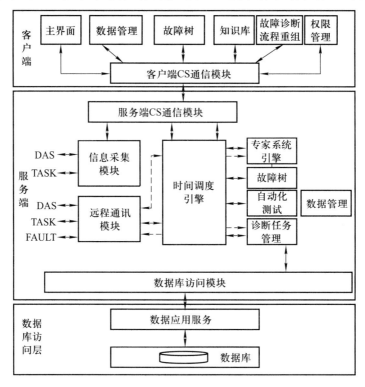

图 3.7　故障诊断软件体系架构

靠保证. 正常运行时,故障诊断客户进程连接在故障诊断服务主进程上,故障诊断服务进程同时连接在两个数据库应用进程,由故障诊断客户进程、故障诊断服务主进程、数据库应用进程、数据库进程等共同组成一个完整的运行体系,实现故障诊断软件完整的功能.

综上所述,遥感卫星接收系统的故障诊断专家系统将系统的故障诊断分解为故障检测、故障识别和定位、故障处理决策三部分,建立了故障诊断专家系统的架构、故障诊断专家系统的知识库,采用启发式的正向推理模式实现了故障的定位. 该故障诊断专家系统已应用于实际工程项目,测试及实际使用结果表明,该系统提高了遥感卫星接收系统故障诊断的效率,具有较高的实用价值. 另一方面,遥感卫星接收系统组成复杂,结构层次多,系统故障点多、故障类型多、故障状态多、故障因素多,因果关系复杂. 因此,如何将故障诊断方法尤其是智能故障诊断技术应用到遥感卫星接收系统中还需做更深入的研究.

3.5.2　遥感图像解译 ES

遥感图像解译 ES 通过模拟人类专家的目视判读经验,认真科学地归纳、总结,建立知识库,然后引用这些知识库对遥感数据进行分类,并利用模式识别方法获取地物多种特征,为解释遥感图像提供证据. 与此同时,应用 AI 技术,运用遥感图像解释专家的经验和方法,模拟遥感图像目视解释的具体思维过程,进行遥感图像解译. 可以认为,遥感图像解译 ES 将遥感领域专家的特殊知识赋予计算机,使用这些知识来对实际问题进行推理、分析,使计算机的解译水平达到专家级水平.

1. 系统特点

遥感图像可以客观、真实和快速地实时获取地球表层信息,这些数据在自然资源调查与评价、环境监测、自然灾害评估与军事侦察等方面具有广泛的应用前景. 当前,在空间遥感信息获取技术方面正日臻完善,一个多层、立体、多角度、多传感器、多分辨率、多时相、全方位和全天候的对地观测网正在形成. 但是,面对如此巨大的数据量和快速的数据更新以及 GIS 实时、动态分析的需求,目前的瓶颈问题仍然是遥感影像信息提取的自动化和智能化问题,因此实现遥感图像的计算机自动化、智能化解译具有重要的理论意义和应用前景. 随着遥感技术自身的发展以及 GIS 实时及动态分析的需要,迫切需要发展与遥感及相关领域发展的时代特点相适应的遥感图像解译 ES,以保障遥感数据处理及分析技术与其数据获取的多重特点相适应,使它与 GIS,GNSS 相结合并服务于社会发展实践真正成为现实. 遥感图像解译 ES 具有如下特点:

(1) 与"3S"集成系统紧密结合

"3S"集成系统中,GNSS 主要用于实时、快速地提供目标的空间位置;RS

通过遥感图像解译 ES 对遥感影像及其他辅助数据的分析,实时地提供目标及其环境的语义或非语义信息,发现地球表面上的各种变化,及时地对 GIS 进行数据更新;GIS 则是对多种来源的空间数据进行综合处理、集成管理、动态存取,作为新的基础平台,为智能化数据采集提供地学知识.

（2）数据融合

要使遥感图像解译 ES 判据具有多样性,应对不同特性遥感图像数据以及其他辅助数据进行融合,以少量、优质的判据用于影像理解,以提高系统效率.

（3）形成知识库体系

针对研究区域建立有区域特点和专题特点的知识库,随着这种研究和应用的继续与发展,探索与总结不同区域（包括位置不同、范围不同）、不同主题的知识库之间的关系,逐步形成知识库体系.

（4）应用模型研究

针对特定主题建立遥感应用模型,并逐步深化和推广.

2. 系统构成

通常情况下,遥感图像解译 ES 包括遥感图像数据库、解译知识库、推理机和解译器等四个部分.

（1）遥感图像数据库

遥感图像是以数字形式表示的遥感影像,每个像元具有相应的空间特征和属性特征,代表着不同的地物类型和空间关系. 遥感图像数据库包括遥感图像数据和每个地物单元的不同特征,如经滤波、增强、大气校正、几何精校正、正射纠正等从图像中抽取的光谱特征、图像形状特征和空间特征等内容,是 ES 进行推理、判断及分析的客观依据.

（2）解译知识库

遥感图像的目视解译是从遥感图像中发现有什么物体和物体在什么地方分布的过程. 它是解译专家与遥感图像相互作用的复杂过程,涉及目视解译者的知识认知和生理心理等许多环节. 目标地物的识别特征包括色调、颜色、阴影、形状、纹理、大小、位置、图形、相关布局等,这些知识是解译者进行遥感图像解译的知识库. 遥感解译知识的获取主要通过一个具有语义和语法指导的结构编辑器实现.

（3）推理机

推理机是计算机内部对图像识别所进行的推理过程,是遥感图像解译 ES 的核心. 在解译知识库的基础上,对地物像元的属性特征提出假设,利用地物多种特征作为依据,进行推理验证,实现遥感图像的解译. 推理机推理的方式有正向推理和反向推理两种. 正向推理是利用事实驱动的方式进行推理,即由已知的客观事实出发向结论方向推理. 系统根据地物的各种特征,在知识库中寻找能匹配的规则,若符合就将规则结论部分作为中间结果,利用这个中间结果继续与解译知识库中的规则进行匹配,直到得到了最终的结论.反向推理是以目标为驱动的方式进行推理,即由假设出发,进一步寻找能满足假设的证据.其推理过程为:选定一个目标,在解译知识库中寻找满足假设的规则集.若这个规则集中的某条规则的条件与遥感数据库中的特征参数相匹配,则执行该规则;否则,就将该规则条件部分作为子目标,递归执行上述过程,直到总目标被求解或不存在能到此目标的规则为止.

（4）解译器

解译器用于用户与计算机之间的沟通,是说明计算机内部对图像识别推理过程的工具;其作用就是对推理的过程进行解释,以便用户掌握计算机解译的过程.

遥感图像数据库和解译知识库能为推理机所调用,为图像的识别提供原始数据和知识经验数据.推理机贯穿 ES 的各个部分,完成待识别图像特征与知识库中的经验数据特征的匹配,从而实现图像的自动化识别.而解译器是实现用户与计算机信息交流的工具,使计算机"读懂"并回答用户问题.

3.5.3　基于 GIS 的农业专家系统

农业生产布局中的土地利用规划评价是一个全方位的、跨学科的活动.它不仅仅包括农业生产技术和相关的自然条件,还涉及经济、社会和政策等方面的问题.如何合理地配置农业生产资源,充分利用土地资源,常常涉及具体的定性和定量分析,而且在很多情况下,有赖于规划评价人员的直觉判断与专家经验.在 GIS 的应用推广过程中,常面对许多结构化程度较差的空间决策问题.而这些问题的解决有赖于难以量化和不能量化的专家知识与经验.在计算机中,这些专家知识与经验,可通过一定的规则,采用一定的符号(字符串或类似自然语言的字符串)加以表示.从 20 世纪 80 年代开始,美国等发达国家的 GIS 专业人士和有关空间规划领域的专家,开始探索利用 ES 技术扩展 GIS 的系统功能,解决复杂的空间规划决策问题,以期把空间规划决策过程和 GIS 的辅助决策统一起来,弥补 GIS 系统处理符号信息能力不足的问题.

GIS 作为存储、分析、处理、表达地理空间信息的计算机软件平台,其空间决策分析一般包括网络分析、叠加分析、缓冲区分析等.GIS 提供田间任一小区、不同生长时期的时空数据,使管理者能综合所有的信息图件,并根据需要形成新的图件,显示产量和其他环境要素间的相互作用,以便了解不同区域产量差异的原因.决策者将依据 GIS 提供的这些信息,并结合一系列经济、农学和环境的软件模型的专家知识、模型计算及其他的农业生产记载,综合到管理信息系统中,使决策者更好地理解田间产量变化的原因.图 3.8 所示为基于 GIS 的农业 ES.

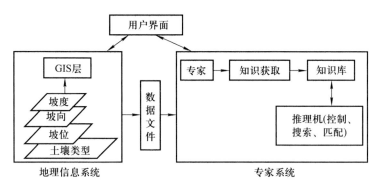

图 3.8　基于 GIS 的农业专家系统

　　影响土地利用的因素不仅包括气候、土壤、水资源、光热条件、土地利用类型、作物生长条件、坡度、作物类型等自然环境因素,而且包括人口变化、经济增长、经济结构、技术进步、政治因素、价值、观念、思维和土地管理政策、法律等社会经济因素.各种因素相互作用、相互影响共同构成农业用地评价系统的各组成部分.农业用地规划评价系统就是分析影响土地利用的各种因素,从中筛选主要影响因素,深入研究这些影响因素与土地利用之间内在定性、定量关系,建立相关数学模型,模拟各种因素对土地利用的影响,预测今后土地利用变化的各种可能性,并为决策者提供决策依据.

讨论与思考题

　　(1) 什么叫"专家"? 如何才能成为一个"专家"?

　　(2) 试阐述专家系统的概念和组成.

　　(3) 如何构建一个专家系统? 又如何评价?

　　(4) 专家系统中,构成专家的知识有哪些? 如何表达和更新这些知识?

　　(5) 现代专家系统和一般专家系统最大的区别在哪里?

　　(6) 除了本章所列出的应用实例,专家系统在空间信息智能处理中还能用在哪些方面?

　　(7) 你打算如何构建一个环境污染评价的专家系统?

参 考 文 献

[1]　李德仁. 论全球定位系统(GPS)、数字摄影测量系统(DPS)、遥感(RS)、地理信息系统

(GIS)和专家系统(ES)的结合——纪念夏坚白教授诞辰 90 周年瞻望测绘科学的发展前景. 测绘通报,1994,01:3-8.

[2] 舒宁. 通用型遥感图像理解专家系统的研究. 武汉测绘科技大学学报,1996,02:145-149+182.

[3] 夏敏. 农地适宜性评价专家系统研究. 南京:南京农业大学,2000.

[4] 马吉平,关泽群. 3S 与遥感影像理解专家系统设计. 遥感技术与应用,2000,01:51-54.

[5] 张洪亮. 一种基于 GIS 的森林分类专家系统(FCGES)理论与方法. 云南地理环境研究,2000,01:54-58.

[6] 刘明微. GIS 和专家系统集成技术的研究. 重庆:西南农业大学,2002.

[7] 刘蕾. 地理信息系统和棉花专家系统的结合和应用. 乌鲁木齐:新疆农业大学,2002.

[8] 聂艳,周勇,等. 基于 3S 的土壤肥料专家系统研究. 土壤,2003,04:339-343.

[9] 甘淑,袁希平,何大明. 遥感专家分类系统在滇西北植被信息提取中的应用试验研究. 云南大学学报(自然科学版),2003,06:553-557.

[10] 王英,王云中,等. 基于 GIS 技术与不确定性推理的农业专家系统. 太原理工大学学报,2004,05:526-529.

[11] 汪善勤,周勇,张甘霖. 基于 GIS 的中国土壤分类专家系统设计. 土壤学报,2005,05:3-9.

[12] 李百寿. 遥感图像线性影纹理解专家系统研究. 长春:吉林大学,2006.

[13] 杨松林,谭衢霖,等. 遥感图像自动判释与专家系统. 铁道工程学报,2006,S1:252-257.

[14] 毕学工,杭迎秋,等. 专家系统综述. 软件导刊,2008,12:7-9.

[15] 贺亚明. 基于专家系统的警用车辆调度系统设计与实现. 上海:上海交通大学,2008.

[16] 张煜东,吴乐南,王水花. 专家系统发展综述. 计算机工程与应用,2010,19:43-47.

[17] 王飞. 基于 GIS 的宁波水稻施肥专家系统的开发与应用. 上海:上海交通大学,2011.

[18] 范俊川,刘亚岚. 基于 ASP.NET 的遥感影像震害识别专家系统的构建. 微计算机信息,2011,01:230-232.

[19] 郝鹏宇,王秀兰,等. 专家系统与地理信息系统一体化发展的现状和展望. 林业调查规划,2011,01:51-54.

[20] 刘菲. 基于 GIS 的吉林省玉米病虫草害专家系统的研究与实现. 长春:吉林农业大学,2011.

[21] 房超. GIS 技术在玉米精准施肥专家系统研制中的应用研究. 长春:吉林农业大学,2011.

[22] 张敏. 解析遥感图像解译专家系统运行机理. 家教世界,2012,14:94-95.

[23] 王建明,张雁,等. 基于 GIS 的专家系统和决策支持系统在林业中的应用研究综述. 中南林业调查规划,2012,03:34-38+44.

[24] 冯旭祥,王万玉,张宝全. 遥感卫星接收系统的故障诊断技术综述. 中国空间科学学会空间探测专业委员会,第二十六届全国空间探测学术研讨会会议论文集,2013:9.

[25] 韩岳松. 专家系统在遥感图像处理中的应用探讨. 西部探矿工程,2014,07:107-111.

[26] 王万玉,陶孙杰,等. 遥感卫星接收系统故障诊断专家系统设计. 电讯技术,2015,05:

491-496.

[27]　姚世雄.基于组件 GIS 的马尾松收获预估专家系统构建.贵阳:贵州大学,2015.

[28]　郭芝瑞.基于专家系统理论的城市供水管网安全预警系统构建.太原:太原理工大学,2016.

[29]　扈猛,王万玉,等.遥感卫星接收系统故障诊断专家系统知识库设计.现代电子技术,2016,03:104-108.

[30]　郑玮,杨学猛,等.基于专家系统和神经网络的卫星故障诊断系统设计与实现.燕山大学学报,2016,01:74-80.

第四章　模糊理论与空间信息智能处理

模糊理论(FST)是指用到模糊集合的基本概念或连续隶属度函数的理论，可分为模糊数学、模糊系统、不确定性信息以及模糊决策等几个分支，相互之间并不完全独立且有紧密的联系. 例如，模糊控制会用到模糊数学和模糊逻辑中的概念. 从实际应用的观点来看，模糊理论的应用大部分集中在模糊系统，尤其是在模糊控制上. 由于模糊集理论(FST)从理论和实践的角度看仍有待完善，因此人们期望随着模糊领域的成熟，将会出现更多可靠的实际应用. 本章主要介绍模糊数学基础、模糊关系与模糊逻辑推理及其在空间信息智能处理方面的应用.

4.1　模糊数学基础

4.1.1　模糊定量化

人的语言具有多义和不确定的特点. 特别是形容词，形容的对象往往不确定，描述的程度也模糊. 例如"体重重"，多大分量算"重"，不能做出判断；对"老人"而言，形容词"老"具有模糊性，多大年龄算"老"的定义不明确. 语言的描述一般是定性的，但"重""老"一般让人联想到定量的概念，如体重和年龄. 除了一些抽象的形容词外，在工程上用来描述事物状况、状态的形容词大部分与定量的概念有关.

假设体重的范围为 $40\sim80$ kg，则可用 $0\sim1$ 之间的数 μ 来表示某人体重"重"的程度. 图 4.1 给出了体重为 x 公斤(kg)的人"重"的程度曲线. 形容词"重"在横坐标上被体重定量地表示出来，而纵坐标则表示体重"重"的模糊程度. 例如体重 60 kg 的人"重"的程度为 0.5，体重 80 kg 的人"重"的程度为 1.0. 同样可以用图 4.2 来表示人"老"的程度，年龄的范围被限制在 $20\sim100$ 岁之间. 一般而言，将形容词描述的模糊程度定量化时，必须在指定的定义域内进行.

4.1.2　模糊集及其运算

1. 模糊集

为了和模糊集区分，常规的集合称为分明集(crisp set)或非模糊集，域 X 上的分明子集 E 由如下的特征函数定义：

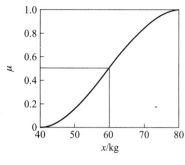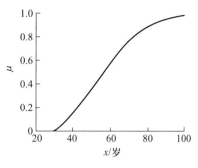

图 4.1 　"重"的程度　　　　　　　　图 4.2 　"老"的程度

$$\chi_E(x) = \begin{cases} 1, & \text{当 } x \in E, \\ 0, & \text{其他}. \end{cases} \tag{4.1}$$

显然,分明子集是模糊子集的特例,即当模糊集的隶属函数只取$\{0,1\}$时,它就成为以上的特征函数. 模糊集是基于隶属度函数的概念,隶属度函数是表示一个对象 u 隶属于一个集合 A 程度的函数,模糊集的定义如下.

[定义 4.1]　设 U 是一个论域. 若从 U 到闭区间$[0,1]$上有一个映射,或有一个定义在 U 上,取值在闭区间$[0,1]$上的函数,则称在 U 上定义了一个 U 的模糊子集,记作 $\widetilde{A}$,即

$$\widetilde{A}: U \to [0,1], \quad u \mapsto \mu_{\widetilde{A}}(u) \in [0,1]. \tag{4.2}$$

从数学的角度看,U 的模糊子集 $\widetilde{A}$ 实际上就是它的隶属度函数 $\mu_{\widetilde{A}}$,两者不加区别,在 U 上定义了一个模糊子集 $\widetilde{A}$,实际上是对 U 中的元素进行了划分等级的处理,隶属度大的属于高等级元素;反之,则为低等级元素. 隶属度函数的值域也可为一般的格式,只是由于习惯,人们用$[0,1]$这个具体的格式代替一般的格式,并不失一般性. 若 $\mu_{\widetilde{A}}(u)=1$,则称 u 属于 $\widetilde{A}$,若 $\mu_{\widetilde{A}}(u)=0$,则称 u 不属于 $\widetilde{A}$,这时等同于经典集合论中的 $u \in A$ 或 $u \notin A$,因此经典集是一种特殊的模糊集. 若将 U 的全体模糊集记为 $\Psi(U)$,而 U 的幂集记为 $T(U)$,则 $T(U) \subset \Psi(U)$.

图 4.3 给出了模糊集的抽象表示. 矩形内表示域 X,虚线表示模糊集 $\widetilde{A}$ 的模糊边界. X 的元素 x_i 属于模糊集 $\widetilde{A}$ 的隶属程度可以表示为 $\mu_{\widetilde{A}}(x_1)=0$,$\mu_{\widetilde{A}}(x_2)=0.6$,$\mu_{\widetilde{A}}(x_3)=1$. 从定义可见,隶属函数 μ 给出了模糊集 $\widetilde{A}$ 的模糊程度的定量表示. 实际上图 4.1 和 4.2 也具有相同的性质. 例如,图 4.1 表示了体重在 40 公斤和 80 公斤的集合中"重"的隶属函数. 另外,隶属函数可由各种形状的函数来定义,因此模糊集的数量可无限多,但并不是所有的模糊集都有适当的形容词来描述.

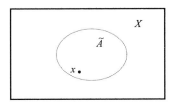

图 4.3　模糊集 $\widetilde{A}$

对模糊集有两点需注意:一是横坐标所对应的域 X;二是隶属函数的形状.
域 X 是模糊集的合集(*universe of discourse*).在合集上可定义不同的模糊集,
如体重"重"的、体重"轻"的等.隶属函数的具体形状,因人的主观而异.对于图
4.1 所示的体重"重"的隶属函数,虽然一般人都认为是左低右高的形状,但对于
具体体重"重"的隶属度,会有所不同,因此模糊集有时也被称为主观的集合.

为定义模糊集,采用如下的记号:

X:	域,全集,
E:	X 的子集,
ϕ:	空集,
χ_E:	集合 E 的定义函数,
$a \wedge b$:	取 a 和 b 中的最小值,
$a \vee b$:	取 a 和 b 中的最大值,
$\{0,1\}$:	只含 0 和 1 的集合,
$[0,1]$:	从 0 到 1 的闭区间.

2. 模糊集关系表示及运算

如果 $U=\{u_1,u_2,\cdots,u_n\}$ 为有限论域,则模糊集 $\widetilde{A}\in\Psi(U)$ 可表示为

$$\widetilde{A}=\{(\mu_{\widetilde{A}}(u_1),u_1),(\mu_{\widetilde{A}}(u_2),u_2),\cdots,(\mu_{\widetilde{A}}(u_n),u_n)\} \tag{4.3}$$

或

$$\widetilde{A}=\{\mu_{\widetilde{A}}(u_1)/u_1,\mu_{\widetilde{A}}(u_2)/u_2,\cdots,\mu_{\widetilde{A}}(u_n)/u_n\}. \tag{4.4}$$

如果固定了 U 中元素的排序,则 $\widetilde{A}$ 也可用一个一维向量表示

$$\widetilde{\boldsymbol{A}}=(\mu_{\widetilde{A}}(u_1),\mu_{\widetilde{A}}(u_2),\cdots,\mu_{\widetilde{A}}(u_n)). \tag{4.5}$$

分明子集有三种最基本的运算:并集、交集和补集.例如子集 E 和 F 的
并集

$$E\cup F=\{x\,|\,x\in E \text{ 或 } x\in F\}. \tag{4.6}$$

模糊集由隶属函数定义而成,其运算也可由隶属函数来定义.模糊集中的
关系包括元素与集合、集合与集合之间的关系.元素与集合之间通过隶属度表

示元素属于集合的程度,集合与集合之间有如下定义的包含关系:

［定义 4.2］ 若 $\widetilde{A},\widetilde{B}\in\Psi(U)$,则 $\widetilde{A}\subseteq\widetilde{B}\Leftrightarrow\forall u\in U:\mu_{\widetilde{A}}(u)\leqslant\mu_{\widetilde{B}}(u)$;若 $\widetilde{A}\subseteq\widetilde{B}$,且 $\exists u\in U:\mu_{\widetilde{A}}(u)<\mu_{\widetilde{B}}(u)$,则称 $\widetilde{A}$ 真包含于 $\widetilde{B}$,记为 $\widetilde{A}\subset\widetilde{B}$.

模糊集之间的运算与经典集类似,如下定义:

［定义 4.3］ 若 $\widetilde{A},\widetilde{B}\in\Psi(U)$,则

(1) 交集 $\qquad\qquad \mu_{\widetilde{A}\cap\widetilde{B}}(u)=\mu_{\widetilde{A}}(u)\wedge\mu_{\widetilde{B}}(u),$ （4.7）

(2) 并集 $\qquad\qquad \mu_{\widetilde{A}\cup\widetilde{B}}(u)=\mu_{\widetilde{A}}(u)\vee\mu_{\widetilde{B}}(u).$ （4.8）

(3) 补集 $\qquad\qquad \mu_{\neg\widetilde{A}}(u)=\neg\mu_{\widetilde{A}}(u),$

通常取 $\qquad\qquad\qquad \neg\mu_{\widetilde{A}}(u)=1-\mu_{\widetilde{A}}(u).$ （4.9）

(4) 差集 $\qquad\qquad \widetilde{A}-\widetilde{B}=\widetilde{A}\cap(\neg\widetilde{B}).$ （4.10）

通常意义下,上述的 $\wedge$,$\vee$,$\neg$ 取为 $\min\{\cdot\}$,$\max\{\cdot\}$,$1-$,但考虑到模糊集中隶属度为格中的元,故采取格中的运算比较合适,当然 $\min\{\cdot\}$,$\max\{\cdot\}$,$1-$ 是其特例.

经典集合论中的很多运算与性质可照搬到模糊集中,但由于模糊集边界的非空性,导致互补律在模糊集中不成立,这是由于经典集合论中"非此即彼"这一元素与集合之间的关系在模糊集中被打破所致,即 $\widetilde{A}\cap(\neg\widetilde{A})\neq\varnothing$,$\widetilde{A}\cup(\neg\widetilde{A})\neq U$. 模糊集的运算种类很多,以下只列举一些主要的运算种类.

(1) 代数和

$$\widetilde{A}+\widetilde{B}\leftrightarrow\mu_{\widetilde{A}+\widetilde{B}}(x)=\mu_{\widetilde{A}}(x)+\mu_{\widetilde{B}}(x)-\mu_{\widetilde{A}}(x)\mu_{\widetilde{B}}(x).$$ （4.11）

(2) 代数积

$$\widetilde{A}\cdot\widetilde{B}\leftrightarrow\mu_{\widetilde{A}\cdot\widetilde{B}}(x)=\mu_{\widetilde{A}}(x)\mu_{\widetilde{B}}(x).$$ （4.12）

(3) 边界和

$$\widetilde{A}\oplus\widetilde{B}\leftrightarrow\mu_{\widetilde{A}\oplus\widetilde{B}}(x)=(\mu_{\widetilde{A}}(x)+\mu_{\widetilde{B}}(x))\wedge 1.$$ （4.13）

(4) 边界差

$$\widetilde{A}-\widetilde{B}\leftrightarrow\mu_{\widetilde{A}-\widetilde{B}}(x)=(\mu_{\widetilde{A}}(x)-\mu_{\widetilde{B}}(x))\vee 0.$$

$$\widetilde{A}\odot\widetilde{B}\leftrightarrow\mu_{\widetilde{A}\odot\widetilde{B}}(x)=(\mu_{\widetilde{A}}(x)-\mu_{\widetilde{B}}(x))\vee 0.$$ （4.14）

(5) λ 补集

$$\overline{\widetilde{A}^{\lambda}}\leftrightarrow\mu_{\widetilde{A}^{\lambda}}(x)=\frac{1-\mu_{\widetilde{A}}(x)}{1+\mu_{\widetilde{A}}(x)}\quad(-1<\lambda<\infty).$$ （4.15）

对 λ 补集,对偶律和复原律可分别写成

$$\overline{(\widetilde{A}\cup\widetilde{B})^{\lambda}}=\overline{\widetilde{A}^{\lambda}}\cap\overline{\widetilde{B}^{\lambda}},\quad\overline{(\widetilde{A}\cap\widetilde{B})^{\lambda}}=\overline{\widetilde{A}^{\lambda}}\cup\overline{\widetilde{B}^{\lambda}}\quad(\text{对偶律});$$ （4.16）

$$\overline{\overline{(\widetilde{A}^{\lambda})^{\lambda}}}=\widetilde{A}\quad(\text{复原律}).$$ （4.17）

这里 λ 是代表补集程度的一个参数. $\lambda = 0$ 时, $\overline{\widetilde{A}}$ 就是通常的补集. 当 $\lambda \to -1$ 时, 补集就接近于域 X; 相反, 当 $\lambda \to \infty$ 时, 补集就渐近变为空集. 显然 $\lambda = -1$ 时, 复原律不成立.

模糊集虽然可用隶属函数来表示, 但当合集为有限集时, 通常用以下的表示法: 设 $X = \{x_1, x_2, \cdots, x_n\}$, 则 X 的模糊集 $\widetilde{A}$ 可表示成

$$\widetilde{A} = \sum_{i=1}^{n} \frac{\mu_{\widetilde{A}}(x_i)}{x_i} = \frac{\mu_{\widetilde{A}}(x_1)}{x_1} + \frac{\mu_{\widetilde{A}}(x_2)}{x_2} + \cdots + \frac{\mu_{\widetilde{A}}(x_n)}{x_n}, \tag{4.18}$$

式中, x_i 代表 X 的元素, $\mu_{\widetilde{A}}(x_i)$ 代表 x_i 属于 $\widetilde{A}$ 的隶属度. 隶属度为零的项可省略. 记号"$+$"代表"或"的意思. 在求并集时, 元素相同的隶属度进行 $\max\{\cdot\}$ 的运算.

当合集为无限集时, 上述的表示法有如下形式的推广:

$$\widetilde{A} = \int_x \frac{\mu_{\widetilde{A}}(x)}{x}. \tag{4.19}$$

此时并集、交集和补集分别记为

$$\widetilde{A} \cup \widetilde{B} = \int_x \frac{\mu_{\widetilde{A}}(x) \vee \mu_{\widetilde{B}}(x)}{x}, \tag{4.20}$$

$$\widetilde{A} \cap \widetilde{B} = \int_x \frac{\mu_{\widetilde{A}}(x) \wedge \mu_{\widetilde{B}}(x)}{x}, \tag{4.21}$$

$$\overline{\widetilde{A}} = \int_x \frac{(1 - \mu_{\widetilde{A}}(x))}{x}. \tag{4.22}$$

4.1.3 模糊数及其运算

在讲解模糊数之前, 首先介绍几个定义以及三个重要原理.

[定义 4.4] 所谓正规(normal)模糊集是指具有隶属度为 1 的隶属函数所定义的模糊集, 即

$$\widetilde{A} \text{ 是正规模糊集} \leftrightarrow \max_{x \in X} \mu_{\widetilde{A}}(x) = 1. \tag{4.23}$$

[定义 4.5] 当 X 为实数集时, 满足下列条件的模糊集 $\widetilde{A}$ 称为凸模糊集. 对于任意的 $a, b (a < b)$, 有

$$h_{\widetilde{A}}(X) \geqslant h_{\widetilde{A}}(a) \cap h_{\widetilde{A}}(b), \forall x \in [a, b]. \tag{4.24}$$

[定义 4.6] 模糊数(fuzzy number)是指由分段连续的隶属函数所定义的正规凸模糊集.

为了方便, 以下用 $\widetilde{2}$ 和 $\widetilde{5}$ 来分别表示"大约 2"和"大约 5"的模糊数. 它们的隶属函数如图 4.4 所示, $\widetilde{2}$ 的隶属函数为钟形, $\widetilde{5}$ 的隶属函数为三角形. 当然隶属函数的形状可任意定义.

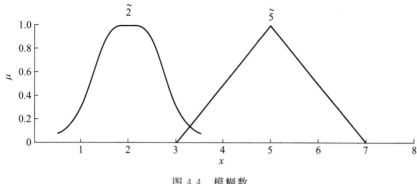

图 4.4　模糊数

所谓的分解原理,即

$$\mu_{\widetilde{A}}(x) = \sup_{\alpha \in [0,1]} \left[\alpha \wedge \chi_{\widetilde{A}_{\alpha}}(x)\right]$$
$$= \sup_{\alpha \in [0,1]} \left[\alpha \wedge \chi_{\widetilde{A}_{\alpha}}(x)\right], \tag{4.25}$$

或者

$$\widetilde{A} = \bigcup_{0 < \alpha \leqslant 1} \alpha \widetilde{A}_{\alpha}. \tag{4.26}$$

这里模糊集 α 由下面的隶属函数定义而得

$$\mu_{\alpha \widetilde{A}_{\alpha}}(x) = \alpha \wedge \chi_{\widetilde{A}_{\alpha}}(x). \tag{4.27}$$

从上述关系可见,利用 X 上的子集族 $(\widetilde{A}_{\alpha}:0 < \alpha \leqslant 1)$ 代替隶属函数仍可从数学上表示模糊集,这种关系称为表现定理.

根据分解原理,模糊集的运算不用隶属函数而用 α 截集直接进行. 例如,$\widetilde{A}$ 和 $\widetilde{B}$ 的并集可由下式定义:

$$\widetilde{A} \bigcup \widetilde{B} = \bigcup_{0 < \alpha \leqslant 1} \alpha (\widetilde{A} \bigcup \widetilde{B})_{\alpha} = \bigcup_{0 < \alpha \leqslant 1} \alpha (\widetilde{A}_{\alpha} \bigcup \widetilde{B}_{\alpha}). \tag{4.28}$$

对于一般的函数 $y = f(x)$,x 在区间 $[x_1, x_2]$ 取值时,y 的值为

$$f([x_1, x_2]) = \{y \mid y = f(x), x \in [x_1, x_2]\}.$$

若 x 是模糊数时,上述的情形会如何呢? 扩张原理就是用来定义模糊数的. 对函数 $y = f(x)$,x 取模糊数 $\widetilde{A}$ 时,y 也是一模糊数,记为 $f(\widetilde{A})$,并由下式决定:

$$f(\widetilde{A})_{\alpha} = f(\widetilde{A}_{\alpha}). \tag{4.29}$$

由于 $\widetilde{A}_{\alpha}$ 是分明子集,因此上式右边是式(4.27)的扩张结果,即代表 $x \in \widetilde{A}_{\alpha}$ 时 $f(x)$ 的值域.

关于对函数 $f(x)$ 的扩张也可不用 α 截集来定义. 当模糊集 $\widetilde{A}$ 为

$$\widetilde{A} = \int_x \frac{\mu_{\widetilde{A}}(x)}{x}, \tag{4.30}$$

$f(\widetilde{A})$ 可直接表示成

$$\widetilde{A} = \int_y \frac{\mu_{\widetilde{A}}(x)}{f(x)} \tag{4.31}$$

或

$$\mu_{f(\widetilde{A})}(y) = \max_{y=f(x)} \mu_{\widetilde{A}}(x). \tag{4.32}$$

一般情况下, f 不是一一对应的函数, 同样的 y 有数个 x 相对应, 故取对应 $\widetilde{A}$ 最大的隶属度作为相对应 $f(\widetilde{A})$ 的隶属度. 式(4.31)和式(4.32)等价, 其证明省略.

以上仅讨论了单变量函数的扩张问题. 当 $z = g(x,y)$ 时, 将模糊数 $\widetilde{A}$ 代入 x, 模糊数 $\widetilde{B}$ 代入 y, 则 z 取模糊数 $\widetilde{C}$, 且

$$\widetilde{C}_{\bar{a}} = g(\widetilde{A}_{\bar{a}}, \widetilde{B}_{\bar{a}}). \tag{4.33}$$

上式右边是将式(4.33)一般扩张的结果, 即

$$g(\widetilde{A}_{\bar{a}}, \widetilde{B}_{\bar{a}}) = \{z \mid z = g(x,y), x \in \widetilde{A}_{\bar{a}}, y \in \widetilde{B}_{\bar{a}}\}. \tag{4.34}$$

模糊数 $\widetilde{C}$ 的隶属函数可表示为

$$\mu_{\widetilde{C}}(z) = \max_{z=g(x,y)} \left[\mu_{\widetilde{A}}(x) \wedge \mu_{\widetilde{B}}(y) \right] \tag{4.35}$$

或

$$\widetilde{C} = \int_z \frac{\left[\mu_{\widetilde{A}}(x) \wedge \mu_{\widetilde{B}}(y) \right]}{g(x,y)}. \tag{4.36}$$

向两变量函数的扩张, 对定义模糊数的四则运算起重要的作用. 用记号"∘"来表示四则运算符. 模糊数之间的四则运算可用区间之间的四则运算来进行. 区间 $[a,b]$ 和区间 $[c,d]$ 之间的四则运算由下式确定:

$$[a,b] \circ [c,d] = \{x \circ y \mid x \in [a,b], y \in [c,d]\}. \tag{4.37}$$

其中加法

$$[a,b] + [c,d] = [a+c, b+d], \tag{4.38}$$

减法

$$[a,b] - [c,d] = [a-d, b-c], \tag{4.39}$$

乘法

$$[a,b] \cdot [c,d] = [ab, cd] \quad (a > 0, c > 0), \tag{4.40}$$

除法

$$\frac{[a,b]}{[c,d]} = \left[\frac{a}{d}, \frac{b}{c} \right] \quad (a > 0, c > 0). \tag{4.41}$$

上述的乘除法只定义在正的定义域上. 区间的负数和倒数分别定义为

$$-[c,d] = [-d, -c],$$

$$[c,d]^{-1} = \left[\frac{1}{d}, \frac{1}{c}\right],$$

则减法和除法的运算变成

$$[a,b] - [c,d] = [a,b] + (-[c,d]), \tag{4.42}$$

$$\frac{[a,b]}{[c,d]} = [a,b] \cdot [c,d]^{-1}. \tag{4.43}$$

对于模糊数的四则运算,如 $\widetilde{C} = \widetilde{A} \circ \widetilde{B}$,可先根据式(4.27)进行 α 截集的区间运算,再根据分解原理,构成 $\widetilde{C}$ 的隶属函数.

4.2　模糊关系与模糊逻辑推理

事物之间的关系通常是通过分明子集来表示的,如"x 和 y 相等"或"x 比 y 大". 但日常生活中还会常常遇到另外一种不完全特定的关系,如"x 和 y 大致相等"或"x 比 y 大得多". 利用模糊集的概念来表达这种不完全特定关系的就是模糊关系. 模糊关系广泛应用于模式识别、分类、推论和系统控制等领域.

4.2.1　模糊关系及其运算

1. 模糊关系定义

[**定义 4.7**]　集合 X 和 Y 之间的模糊关系(fuzzy relation)$\widetilde{R}$ 是指定义在直积 $X \times Y$ 上的模糊子集,其隶属度函数如下

$$\mu_{\widetilde{R}} : X \times Y \to [0,1].$$

上述定义的模糊关系,又称二元模糊关系,当 $X = Y$ 时,$\widetilde{R}$ 称为 X 上的模糊关系.

模糊关系 $\widetilde{R}$ 可用模糊集的表示法来描述,其表示法如下:

$$\widetilde{R} = \int_{X \times Y} \mu_{\widetilde{R}}(x,y) | (x,y), \quad x \in X, y \in Y.$$

这种表示法可推广到直积 $X_1 \times X_2 \times \cdots \times X_n$ 上的 n 项模糊关系 $\widetilde{R}$:

$$\widetilde{R} = \int_{X_1 \times X_2 \times \cdots X_m} \mu_{\widetilde{R}}(x_1, x_2, \cdots, x_n) | (x_1, x_2, \cdots, x_n), \quad x_i \in X_i,$$

其中,隶属函数为下列的映射

$$\mu_{\widetilde{R}} : X_1 \times X_2 \times \cdots \times X_n \to [0,1].$$

当 X 和 Y 均为有限子集,即 $X = \{x_1, x_2, \cdots, x_n\}, Y = \{y_1, y_2, \cdots, y_m\}$. $X \times Y$ 上的模糊关系还可由下列矩阵来表示:

$$R = \begin{pmatrix} \mu_{\tilde{R}}(x_1,y_1) & \mu_{\tilde{R}}(x_1,y_2) & \cdots & \mu_{\tilde{R}}(x_1,y_m) \\ \mu_{\tilde{R}}(x_2,y_1) & \mu_{\tilde{R}}(x_2,y_2) & \cdots & \mu_{\tilde{R}}(x_2,y_m) \\ \vdots & \vdots & & \vdots \\ \mu_{\tilde{R}}(x_n,y_1) & \mu_{\tilde{R}}(x_n,y_2) & \cdots & \mu_{\tilde{R}}(x_n,y_m) \end{pmatrix}$$

称为模糊矩阵(fuzzy matrix),其元素 $\mu_{\tilde{R}}(x_i,y_i)$ 取值范围在 0 和 1 之间. 当模糊关系比较简单时,还可用图来描述. 对于 $\mu_{\tilde{R}}(x_i,y_i)$,可用节点表示 (x_i,y_i),用带箭头方向的枝连接 (x_i,y_i),并在枝上注明 $\mu_{\tilde{R}}(x_i,y_i)$.

2. 模糊关系运算

由于 X 和 Y 之间的模糊关系是定义在 $X \times Y$ 上的模糊子集,因此模糊集之间的运算能够直接应用到模糊关系的运算. 例如,设 $\tilde{R},\tilde{S}$ 是 $X \times Y$ 上的模糊关系,则有

(1) 并集

$$\tilde{R} \bigcup \tilde{S} \leftrightarrow \mu_{\tilde{R} \cup \tilde{S}}(x,y) = \mu_{\tilde{R}}(x,y) \bigvee \mu_{\tilde{S}}(x,y); \tag{4.44}$$

(2) 交集

$$\tilde{R} \bigcap \tilde{S} \leftrightarrow \mu_{\tilde{R} \cap \tilde{S}}(x,y) = \mu_{\tilde{R}}(x,y) \bigwedge \mu_{\tilde{S}}(x,y); \tag{4.45}$$

(3) 补集

$$\overline{\tilde{R}} \leftrightarrow \mu_{\tilde{R}}(x,y) = 1 - \mu_{\tilde{R}}(x,y); \tag{4.46}$$

(4) 等价关系

$$\tilde{R} = \tilde{S} \leftrightarrow \mu_{\tilde{R}}(x,y) = \mu_{\tilde{S}}(x,y), \quad \forall x \in X, y \in Y; \tag{4.47}$$

(5) 包含关系

$$\tilde{R} \subseteq \tilde{S} \leftrightarrow \mu_{\tilde{R}}(x,y) \leqslant \mu_{\tilde{S}}(x,y), \quad \forall x \in X, y \in Y; \tag{4.48}$$

(6) 恒等关系

$$I \leftrightarrow \mu_I(x,y) = \begin{cases} 1, & x = y, \\ 0, & x \neq y; \end{cases} \tag{4.49}$$

(7) 零关系

$$0 \leftrightarrow \mu_0(x,y) = 0, \quad \forall x,y; \tag{4.50}$$

(8) 普遍关系

$$E \leftrightarrow \mu_E(x,y) = 1, \quad \forall x,y. \tag{4.51}$$

模糊关系的一些基本性质如下:

(1) $\tilde{R} \circ I = I \circ \tilde{R} = \tilde{R}$,

(2) $\tilde{R} \circ 0 = 0 \circ \tilde{R} = 0$,

(3) $(\tilde{R} \circ \tilde{S}) \circ \tilde{T} = \tilde{R} \circ (\tilde{S} \circ \tilde{T})$,

(4) $\tilde{R}^{m+1} = \tilde{R}^m \circ \tilde{R}, \quad \tilde{R}^0 = \tilde{I}$,

(5) $\tilde{R} \circ (\tilde{S} \bigcup \tilde{T}) = (\tilde{R} \circ \tilde{S}) \bigcup (\tilde{R} \circ \tilde{T})$,

(6) $\tilde{R} \circ (\tilde{S} \cap \tilde{T}) \leqslant (\tilde{R} \circ \tilde{S}) \cap (\tilde{R} \circ \tilde{T})$,

(7) $\tilde{S} \subseteq \tilde{T} \leftrightarrow \tilde{R} \circ \tilde{S} \subseteq \tilde{R} \circ \tilde{T}$,

但一般情况下

$$\tilde{R} \circ \tilde{S} \neq \tilde{S} \circ \tilde{R}.$$

3. 模糊关系合成

模糊关系的合成,因使用的运算不同而有各种定义. 下面给出常见的 max-min 合成法.

[**定义 4.8**] 令 $\tilde{R}, \tilde{S}$ 分别为 $X \times Y$ 和 $Y \times Z$ 上的模糊关系,所谓 $\tilde{R}$ 和 $\tilde{S}$ 的合成(composition)是指下列定义在 $X \times Z$ 上的模糊关系,记作 $\tilde{R} \circ \tilde{S}$:

$$\tilde{R} \circ \tilde{S} \leftrightarrow \mu_{\tilde{R} \circ \tilde{S}}(x, z) = \vee \{ \mu_{\tilde{R}}(x, y) \wedge \mu_{\tilde{S}}(y, z) \}.$$

这里 $\wedge$ 代表取小(min), $\vee$ 代表取大(max), 故上式定义的合成为 max-min 合成.

模糊关系的合成是普通关系合成的推广,下边给出其定义:

设 U, V, W 是论域, $\tilde{Q}$ 是 U 到 V 的一个模糊关系, $\tilde{R}$ 是 V 到 W 的一个普通关系, $\tilde{Q}$ 对 $\tilde{R}$ 的合成 $\tilde{Q} \circ \tilde{R}$ 指的是 U 到 W 的一个模糊关系,它具有隶属函数

$$\mu_{\tilde{Q} \circ \tilde{R}}(u, w) = \bigvee_{v \in V} (\mu_{\tilde{Q}}(u, v), \mu_{\tilde{R}}(v, w)).$$

当论域 U, V, W 为有限时,模糊关系的合成可用模糊矩阵的合成表示. 设 Q, R, S 三个模糊关系对应的模糊矩阵分别为

$$Q = (q_{ij})_{n \times m}, \quad R = (r_{jk})_{m \times l}, \quad S = (s_{ik})_{n \times l},$$

则有

$$s_{ik} = \bigvee_{j=1}^{m} (q_{ij} \wedge r_{jk}),$$

即用模糊矩阵的合成 $Q \circ R = S$ 来表示模糊关系的合成 $\tilde{Q} \circ \tilde{R} = \tilde{S}$. 当然还有其他形式的合成法,这里不一一列举.

4.2.2 模糊逻辑推理

人类自然语言具有模糊性,但人类自己能正确地识别和判断. 计算机对模糊性却缺乏识别和判断能力,为了实现用自然语言跟计算机进行直接对话,就必须把人类的语言和思维过程提炼成数学模型,才能给计算机输入指令,建立合适的模糊数学模型,这是运用数学方法的关键. 模糊逻辑推理是模糊关系合成的运用之一.

1. 模糊语言

众所周知,任何一种语言都是以一定的符号来代表一定的意思,这种符号被称为文字,简称为"字",语言中"字"和"义"的对应关系称为语义. 当以颜色为语言主题时,即论域 U 为颜色,而表示颜色这一类单词就构成一个集合 T.

语义通过从 T 到 U 的对应关系 N 来表达,通常 $\tilde{N}$ 是一个模糊关系,对任意固定的 $a \in T$,记

$$\tilde{N}(a, u) = \mu_{\tilde{A}}(u).$$

它是一个模糊子集,也可记为 $\tilde{A}(u)$. 单词 a 对应于 U 的这个模糊子集,用与 a 相对应的大字母 A 表示这个集合. 当 $\tilde{A} = A$ 时,则集合为普通集合,单词 a 的意义是明确的,否则称为模糊的.

$\tilde{N}$ 是集合 T 对论域 U 的模糊关系,设 $\mu_{\tilde{N}} : T \times U \to [0,1]$ 为 $\tilde{N}(a, u)$ 的隶属函数,它具有两个变量,其中 $a \in T, u \in U.$ $\mu_{\tilde{N}}(a, u)$ 表示属于 T 的单词 a 与属于 U 的对象 u 之间关系的程度.

在自然语言中,有一些词可以表达语气的肯定程度,如"非常""很""极"等;也有一类词,如"大概""近似于"等,置于某个词前面,使该词意义变为模糊;还有些词,如"偏向""倾向于"等可使词义由模糊变为肯定. 语气算子在模糊逻辑中用于表达此类词语的,其定义如下:

$$(H_\lambda \tilde{A})(u) \overset{\Delta}{=} [\tilde{A}(u)]^\lambda$$

其中,$\tilde{A}(u)$ 为论域 U 的一个模糊子集,H_λ 称为语气算子,λ 为一正实数.

如论域 U 为年龄,而 $\tilde{A}(u)$ 表示单词[老],那么随着 λ 取不同值,就可以表示出"年老"的程度. 当 $\lambda > 1$ 时,H_λ 称为集中化算子,它能加强语气的肯定程度. 不妨称 $H_{\frac{5}{4}}$ 为"相当",H_2 为"很",H_4 为"极",则

$$[相当老](u) = (H_{\frac{5}{4}} \tilde{A})(u) = [\tilde{A}(u)]^{5/4}$$
$$= \begin{cases} 0, & 0 \leqslant u \leqslant 50, \\ \left[1 + \left(\dfrac{u-50}{5}\right)^{-2}\right]^{-2}, & 50 < u \leqslant 200. \end{cases}$$

当 $\lambda < 1$ 时,H_λ 称为散漫化算子,它可以适当地减弱语气的肯定程度. 如可称 $H_{1/4}$ 为"微",$H_{1/2}$ 为"略",$H_{3/4}$ 为"比较".

自然语言中的一些词可以数量化,如"大""小""长""短""高""矮"等以及加上语言算子派生出来的词汇,如"很大""略小""极长""倾向短""不高也不矮"等都称为语言值,它们都是以实数域或其子集为论域的词汇. 此外,如"可能""很可能""不大可能"等也都是语言值.

2. 模糊命题与模糊逻辑

(1) 模糊命题

在讨论模糊逻辑推理前,先看看模糊命题和一般命题的差别之处.

对于下列命题:

①"x 是奇数";

②"x 是大的整数".

命题①是一般的命题,当给定一整数 x 后,"x 是奇数"的真假就可确定.若用 0 和 1 表示命题的真假,这就是常规的二值逻辑判断.命题②是一模糊命题,当给定一整数 x 后,命题的真假就不能简单用 0 和 1 二值表示."大的整数"是一模糊集,因此命题②的真假程度(真理值)可用$[0,1]$之间的数表示.

模糊命题可描述成"x 是 A"的形式,或简记为命题 P. 命题之间常见的运算有非(→)、与(and)、或(or)、意指(→)、等价(↔). 若用 P_1,P_2 代表两个模糊命题,$v(P)$表示命题 P 的真理值,则模糊逻辑推理所得的真理值由下列等式决定:

① 非:$v(\to P)=1-v(P)$,

② 与:$v(P_1 \text{ and } P_2)=v(P_1) \wedge v(P_2)$,

③ 或:$v(P_1 \text{ or } P_2)=v(P_1) \vee v(P_2)$,

④ 等价:$v(P_1 \leftrightarrow P_2)=v(P_1 \to P_2) \wedge v(P_2 \to P_1)$.

对于意指(implication),有各种不同的定义.若把意指

$$\text{"}x \text{ 为 } A\text{"} \to \text{"}y \text{ 为 } B\text{"}$$

看成是一种模糊关系 R,即

$$\text{"}(x,y) \text{ 为 } R\text{"},$$

则 R 的构成法最常见的有以下两种:

① $R_1=A \times B$;

② $R_2=\to A \oplus B$.

虽然 R_1 很难直接说成是一种意指(→),但在模糊逻辑控制中是最常用的一种.R_2 是根据多值逻辑的一种意指法.

人们把具有模糊概念的陈述句称为模糊命题,一个模糊命题用英文字母上面加波浪线"～"表示.模糊命题比二值逻辑中的命题更能符合人脑的思维,它是普通命题的推广,反映了真或假的程度.因此,仿照模糊集合中的隶属函数的形式,将模糊命题的真值推广到$[0,1]$区间上的连续值.

模糊命题 $\widetilde{P}$ 的真值记作

$$V(\widetilde{P})=x, \quad 0 \leqslant x \leqslant 1.$$

显然,当 $x=1$ 时表示 $\widetilde{P}$ 完全真;$x=0$ 时,表示 $\widetilde{P}$ 完全假;x 介于 0,1 之间时,表征 $\widetilde{P}$ 真的程度.x 越接近于 1,表明真的程度越大;x 越接近于 0,表明真的程度越小,即假的程度越大.

(2) 模糊逻辑

通常将研究模糊命题的逻辑称为连续值逻辑,也称模糊逻辑,是二值逻辑

的推广,也是对经典的二值逻辑的模糊化.一个公式的真值,模糊逻辑中可取 $[0,1]$ 区间中的任何值,其数值表示这个模糊命题真的程度.一般情况下,对于一个合适的给定模糊逻辑函数式,可以通过等价变换使其成为析取范式(又称逻辑并标准形)或合取范式(又称逻辑交标准形),或是析取范式和合取范式的组合.

通常析取范式可简记为

$$F = \sum_{i=1}^{p} \prod_{j=1}^{n_i} x_{ij}, \tag{4.52}$$

合取范式可简记为

$$F = \prod_{i=1}^{p} \sum_{j=1}^{n_i} x_{ij}, \tag{4.53}$$

其中, x_{ij} 为模糊变量,称其为"字","字"的析取式 $x_1 + x_2 + \cdots + x_p$ 称为子句;"字"的合取式 $x_1 \cdot x_2 \cdot \cdots \cdot x_p$ 称为字组.

由此不难看出,析取范式为"积之和"型,而合取范式为"和之积"型.对于同一模糊逻辑函数,两种范式之间是对偶的.

3. 模糊推理

模糊逻辑推理一般采用下列的形式:

$$
\left.
\begin{array}{ll}
\text{前提 1} & \text{如果 } x \text{ 为 } \widetilde{A}, \text{则 } y \text{ 为 } \widetilde{B}, \\
\text{前提 2} & x \text{ 为 } \widetilde{A}', \\
\text{结论} & y \text{ 为 } \widetilde{B}',
\end{array}
\right\} \tag{4.54}
$$

式中, $\widetilde{A}, \widetilde{A}', \widetilde{B}, \widetilde{B}'$ 分别是定义在 U, U', V, V' 上的模糊子集.例如:

(1) 若一个番茄是红的,则这番茄是成熟的;

(2) 这个番茄非常红;

(3) 这个番茄熟透了.

式(4.54)的模糊逻辑推理可根据模糊关系的合成法,求出结论部分,即

$$\widetilde{B}' = (\widetilde{A} \to \widetilde{B}) \circ \widetilde{A}'.$$

对于上式的推理,一般有"若 $\widetilde{A}' \approx \widetilde{A}$,则 $\widetilde{B}' \approx \widetilde{B}$ "的性质.

当然,式(4.54)中的 $\widetilde{A}$ 和 $\widetilde{A}'$, $\widetilde{B}$ 和 $\widetilde{B}'$ 没有一致的必要.若 $\widetilde{A}$ 和 $\widetilde{A}'$ 相同, $\widetilde{B}$ 和 $\widetilde{B}'$ 相同,则上式的逻辑推理就变成常见的三段推理的肯定法(modus ponens).事实上,当 $\widetilde{A}' = \widetilde{A}$ 时,对于 $\widetilde{R}_1$,有 $\widetilde{B}' = \widetilde{B}$;而对 $\widetilde{R}_2$, $\widetilde{B}' = \widetilde{B}$ 则不成立.

当 $\widetilde{R}_1 = \widetilde{A} \times \widetilde{B}$ 时

$$
\begin{aligned}
\mu_{\widetilde{R}_1 \circ \widetilde{A}}(y) &= \max_x [\mu_{\widetilde{R}_1}(x, y) \wedge \mu_{\widetilde{A}}(x)] \\
&= \max_x [\mu_{\widetilde{A}}(x) \wedge \mu_{\widetilde{B}}(y) \wedge \mu_{\widetilde{A}}(x)]
\end{aligned}
$$

$$=\left[\max_{x}\mu_{\tilde{A}}(x)\right] \wedge \mu_{\tilde{B}}(y)$$

$$=1 \wedge \mu_{\tilde{B}}(y)$$

$$=\mu_{\tilde{B}}(y),$$

因此,当 $\tilde{A}$ 是一正规模糊集,即 $\max_{x}[\mu_{\tilde{A}}(x)=1]$ 时,"若 $\tilde{A}'=\tilde{A}$ 则 $\tilde{B}'=\tilde{B}$"成立.

当 $\tilde{R}_2=\rightarrow\tilde{A} \oplus \tilde{B}$ 时

$$\mu_{\tilde{R}_2\circ\tilde{A}}(y) = \max_{x}[\mu_{\tilde{R}_2}(x,y) \wedge \mu_{\tilde{A}}(x)]$$

$$= \max_{x}[(1-\mu_{\tilde{A}}(x)+\mu_{\tilde{B}}(y)) \wedge \mu_{\tilde{A}}(x)]$$

$$= \frac{1}{2}(1+\mu_{\tilde{B}}(y)),$$

于是,"当 $\tilde{A}'=\tilde{A}$ 时,$\tilde{B}'=\tilde{B}$"一般不成立.

现在,考虑一般情况下的模糊逻辑推理,即有 n 个前提

$$\tilde{R}_i=(\tilde{A}_i \rightarrow \tilde{B}_i), i=1,2,\cdots,n,$$

在"或"的连接下

$$R^*=R_1 \bigcup R_2 \bigcup \cdots \bigcup R_n,$$

对前提 A^* 的推理结果 B^* 可由

$$B^*=R^* \circ A^*$$

求得.

(1) 判断与推理

判断和推理是思维形式的一种,判断是概念与概念的联合,而推理则是判断与判断的联合.

直言判断句的句型为"u 是 a",它表示论域中的任何一个特定对象,称 u 为语言变元;a 为表示概念的一个词或词组. 这种判断句记作 (a). 若 a 的外延是清晰的,则 a 所对应的集合为普通集合,a 称 (a) 是普通的判断句.

若 $u\in A$,称"u 是 a"的判断为真,把 A 称为 (a) 的真域;若 $u\notin A$,称"u 是 a"的判断为假. 不难看出 (a) 对 u 真 $\Leftrightarrow u\in A$,当"u 是 a"的判断没有绝对的真假时,将 u 对 $\tilde{A}$ 的隶属度定义为 (a) 对 u 的真值."若 u 是 a,则 u 是 b"型的判断句称为推理句,简记为"$(a)\rightarrow(b)$".

(2) 模糊推理句

模糊推理句同模糊判断句一样,不能给出绝对的真与不真,只能给出真的程度. 类似于普通推理句,模糊推理句真值定义如下:

"$(a)\rightarrow(b)$"对 u 的真值 $\overset{\Delta}{=}((a)\rightarrow(b))(u)$

$$\overset{\Delta}{=}(A-B)^c(u)=(1-\tilde{A}(u)) \wedge (1-\tilde{B}(u)).$$

由于有 $\tilde{A} - \tilde{B} = \tilde{A} \cap \tilde{B}^c$，故可得

$$(\tilde{A} - \tilde{B})^c = (\tilde{A} \cap \tilde{B}^c) = \tilde{A}^c \cup \tilde{B}, \tag{4.55}$$

于是有

$$((a) \rightarrow (b))(u) = (1 - \tilde{A}(u)) \vee \tilde{B}(u). \tag{4.56}$$

（3）模糊推理

在应用模糊集合论对模糊命题进行模糊推理时，用模糊关系表示模糊条件句，将推理的判断过程转化为对隶属度的合成及演算过程.

设 $\tilde{A}$ 和 $\tilde{B}$ 分别为 X 和 Y 上的模糊集，它们的隶属函数分别为 $\mu_{\tilde{A}}(x)$ 和 $\mu_{\tilde{B}}(x)$，词 a 和 b 分别用 X 和 Y 上的子集 $\tilde{A}$，$\tilde{B}$ 描述，模糊推理句"$(a) \rightarrow (b)$"可表示为从 X 到 Y 的一个模糊关系，它是 $X \times Y$ 的一个模糊子集，记为 $\tilde{A} \rightarrow \tilde{B}$，它的隶属函数定义为

$$\mu_{\tilde{A} \rightarrow \tilde{B}}(x, y) \stackrel{\Delta}{=\!=} [\mu_{\tilde{A}}(x) \wedge \mu_{\tilde{B}}(y)] \vee [1 - \mu_{\tilde{A}}(x)]. \tag{4.57}$$

（4）模糊条件语句及其推理规则

模糊条件语句是一种模糊推理，它的一般句型为"若……则……，否则……"模糊条件语句在模糊自动控制中占有重要地位.

"若 a 则 b，否则 c"这样的模糊条件语句，可以表示为

$$(a \rightarrow b) \vee (a^c \rightarrow c). \tag{4.58}$$

$(\tilde{A} \rightarrow \tilde{B}) \vee (\tilde{A}^c \rightarrow \tilde{C})$ 实际上也是 $X \times Y$ 的一个模糊子集 $\tilde{R}$，因此它也是一种模糊关系，模糊关系 $\tilde{R}$ 中的各元素根据下式计算

$$\mu_{(\tilde{A} \rightarrow \tilde{B}) \vee (\tilde{A}^c \rightarrow \tilde{C})}(x, y) = [\mu_{\tilde{A}}(x) \wedge \mu_{\tilde{B}}(y)]$$
$$\vee [(1 - \mu_{\tilde{A}}(x)) \wedge \mu_{\tilde{C}}(y)]. \tag{4.59}$$

若隶属度 $\mu_{(\tilde{A} \rightarrow \tilde{B}) \vee (\tilde{A}^c \rightarrow \tilde{C})}(x, y)$，$\mu_{\tilde{A}}(x)$ 及 $\mu_{\tilde{B}}$ 分别用 $\tilde{R}(x, y)$，$\tilde{A}(x)$ 及 $\tilde{B}(y)$ 表示，则公式变为

$$\tilde{R}(x, y) = [\tilde{A}(x) \wedge \tilde{B}(y)] \vee [1 - \tilde{A}(x) \wedge \tilde{C}(y)]. \tag{4.60}$$

采用模糊向量的笛卡儿乘积的形式，上式可表示为

$$\tilde{R} = (\tilde{A} \times \tilde{B}) + (\tilde{A}^c \times \tilde{C}). \tag{4.61}$$

推理规则的合成规则可以叙述如下：

若 $\tilde{R}$ 是 X 到 Y 的一个模糊子集，且 $\tilde{A}$ 是 X 上的一个模糊子集，则由 $\tilde{A}$ 和 $\tilde{R}$ 所推得的模糊子集为

$$Y = \tilde{A} \circ \tilde{R}. \tag{4.62}$$

4.3　模糊理论在遥感图像分类中的应用

4.3.1　概述

由于影像信息提取过程蕴含的诸多不确定性以及土地类别描述语境信息的含糊性,遥感数据的常规土地利用分类面临诸多困难与挑战. 大多数遥感影像信号处理模型和算法目前均基于像元进行,基本不考虑空间概念与语境信息,从而导致影像处理结果蕴涵极大的不确定性. 遥感影像理论上蕴涵的信息与实际提取并应用于决策支持的有效数据之间存在较大差距,尤其对基于遥感数据的土地利用分类而言,语境信息的缺失对分类结果的精度与可信性具有重要影响. 分类过程中从遥感数据库中获取的信息很大程度上基于含糊的知识背景. 例如,在城市与农村之间并不存在一个客观上的准确地理边界,无论阈值的设定、不同土地利用形式的划分如何,都只能是真实世界的理想化结果. 因此,改进常规的遥感影像处理技术,建立更符合客观事实的分类逻辑与分类准则,完善遥感分类输出结果不确定性分析与质量评价体系,是土地利用分类研究领域中的一项重要内容.

模糊分类系统作为一种最为强大的软分类器,能处理、分析和表征遥感信息中传感器测量数据的不精确性、土地类别描述中的含糊性以及模型模拟中的不严密性,从而输出更能表达人类知识缺陷,更符合真实世界客观事实的分类结果,因此被认为是一种较好的土地利用遥感分类手段. 建立一个完整的模糊分类系统是实施模糊分类的前提,主要包括输入变量模糊化、创建模糊逻辑规则库以及分类输出结果去模糊化等三个基本环节.

4.3.2　输入变量模糊化

模糊化是指从清晰系统向模糊系统的转化,此过程通过特定的隶属度函数为分类对象定义属性的模糊子集,以表达分类对象的属性类别,如"低""中""高". 各分类对象的属性值由隶属度函数在[0,1]范围内确定. "完全隶属"与"完全不隶属"之间的过渡带是清晰的(如矩形函数)或者模糊的,所有隶属度高于 0 的属性值均属于相关模糊子集,如图 4.5 所示. 一般情况下,模糊隶属度函数形态越宽,所表征的概念就越模糊;隶属度值越低,表明一个属性值被分派到相关子集中时蕴涵的不确定性越大.

对于一个属性,不同模糊子集的隶属度函数重叠越严重,表明分类对象出现于这些模糊子集中的现象越普遍,最终的分类结果就越含糊. 对于一个成功的分类系统,隶属度函数的选择和参数化至关重要. 对拟利用的隶属度函数所

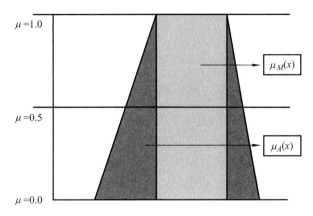

图 4.5 在属性值范围 X 由矩形及梯形函数分别定义的常规子集与模糊子集

（常规子集：$M(X)$，$\mu_M(x)\in\{0,1\}$；模糊子集：$A(X)$，$\mu_A(x)\in[0,1]$）

模拟的真实系统了解越深入，分类的最终效果就越好. 因此，将专家知识引入系统是选择模糊隶属度函数最为重要的步骤之一.

4.3.3 创建模糊规则库

模糊分类系统中的每一个类别或子集均具有相应的描述，由一组用于属性赋值与逻辑运算的模糊表达式组成. 模糊规则可以只有一个条件，也可以有一组条件，对于一个影像地物而言，满足模糊规则中的条件则被分派到相应的类别. 通常的模糊规则均为"若-则"(if-then)形式，即若某一个条件满足，则行为发生. 以图 4.6 中属性 x 为例："若"属性 x 是低的，"则"影像地物应该被分派到土地利用类型 w 中. 用模糊术语可以表达为：若属性 x 是模糊子集"低"的成员，则地物就是土地利用 w 的成员. 这个例子还可以引述为：若属性值 $x=70$，则地物对于土地利用类型 w 的隶属度就为 0.4；若 $x=200$，则对于 w 的隶属度

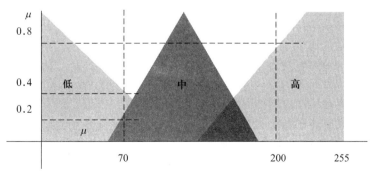

图 4.6 隶属度函数对属性 x 定义的"高""中""低"三个模糊子集

就是 0.

　　而模糊规则库由一系列模糊规则组成,它连接不同的模糊子集. 最简单的模糊规则只依赖于一个模糊子集,高级模糊规则可以连接多个模糊子集. 模糊函数对一个特定属性值在模糊子集之间的分派结果与模糊规则库中的逻辑合并顺序无关,即 A"和"B 与 B"和"A 不会导致属性值对于模糊子集隶属度的变化. 另外,模糊规则库的层级结构遵循共同逻辑法则,即"或"(B"或"C)等于(A"或"B)"和"(A"或"C). 对于特定分类对象,模糊分类通过模糊逻辑规则库输出一组返回值,即隶属度值,表征对象对于每一个类别的隶属程度.

　　一个特定地物对于一个类别的隶属度越高,在实际分类中,若将它分派到这一类别,则这种分派的可靠性就越高. 在图 4.7 的例子中,影像地物对于水体的隶属度 $\mu_{\text{water}}(\text{obj})$ 高达 0.8,因此在绝大多数实际应用中,这个对象将被指派在"水体"类别中. 一个分类对象对于所有类别的隶属度值中,最大隶属度值与次大隶属度值之间的差距越大,则分类结果越稳定. 若一个对象对于几个类别具有相同的隶属度,则表示分类非常不稳定;若此情况出现在遥感影像分辨单元内,则依据给定的类别定义无法对不同类别实施有效区分.

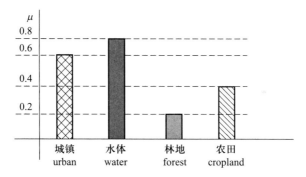

图 4.7　影像地物对于城镇、水体、林地、农田四个土地利用类别同时具有隶属关系
($\mu_{\text{urban}}(\text{obj})=0.6, \mu_{\text{water}}(\text{obj})=0.8, \mu_{\text{cropland}}(\text{obj})=0.4$)

4.3.4　分类输出结果去模糊化

　　土地利用模糊分类系统后,输出结果的空间表达形式为多重隶属度图,尽管比常规的多边形图斑的图蕴涵更多可用于空间现象深入分析与模拟的信息,但由于多重隶属度图无法在空间上表达不同土地利用类型的地理位置与延伸范围,故无法直接用于生产与管理实践. 当然,模糊分类结果必须转换到具有清晰边界的土地利用图,这就意味着一个对象只能属于或不属于一个类别. 在实际操作中,具有最大隶属度的类别通常被作为对象的指派类别. 这一过程就是

典型的去模糊化过程,是模糊化的逆过程. 模糊分类结果经过去模糊化处理后,其蕴涵的不确定评价功能也随之消失. 在去模糊化过程中,若一个类别中所有对象的最大隶属度值低于某个设定的数值(隶属度阈值),则最起码的可靠性也难以保证,因此隶属度阈值的设定是分类结果去模糊化的关键因素.

图 4.8 显示被分派到水体类别的四个影像地物对于不同类别的隶属度值,其中阈值设定为 $\mu=0.5$. 四个影像地物对于水体类别的隶属度统计值为 $\mu=0.8\pm0.2$,其中一个地物完全满足,两个地物基本满足,一个地物勉强满足水体类别的描述标准. 因此,分类结果可以评价为水体类别内的大多数地物满足类别描述标准. 然而,仅用类别内对象的隶属度统计数据评价阈值设置与分类结果可靠性显然是不够的. 在模糊分类实际应用中,一个对象的最大隶属度与次大隶属度之间的差异常被用做评价类别分派明确性的重要指标. 该值越大,对象的类别分派就越明确. 在图 4.15 中,水体类别中四个影像地物的最大隶属度值与次大隶属度值之差分别为 0.25,0.05,0.0 和 0.8. 统计结果表明,四个地物中至少一个地物以同样的隶属度值属于其他类别(最小的 $\Delta\mu$ 为 0);上述四个地物中没有一个只与水体类别具有隶属关系,若出现这种情况,则最大的 $\Delta\mu=$ 1. 总体而言,水体类别中的四个地物只能勉强从其他类别中区分出来(μ 差值

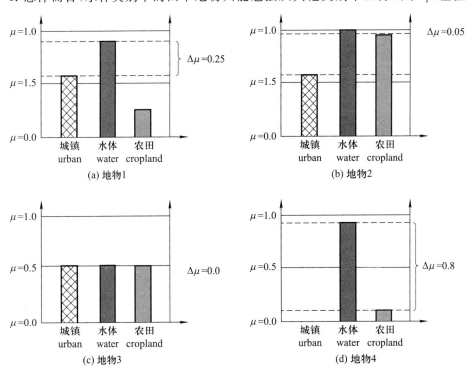

图 4.8　隶属度阈值 $\mu=0.5$ 时四个被分派于水体类别的影像地物隶属度

为 0.27±0.37).

4.3.5　实际应用

南京市为江苏省会城市,地处长江下游的宁镇丘陵山区,截至目前,南京市下辖 11 区 2 县. 随着经济的发展和城市化步伐的加快,城市边缘带的土地利用类型也迅速地发生着变化. 2005 年 6 月覆盖南京市区的分辨率为 10 m 的 SPOT-5 卫星影像整幅图像大小为 6243×5757 像元,这里选取位于南京城市东部边缘带大小为 400×400 像元、面积为 16 km² 的区域作为研究区,借助土地利用分类专业软件 eCognition4.0 trial 验证模糊逻辑方法在土地利用遥感分类中的应用.

1. 影像的前期处理

对原始遥感影像进行光谱和几何校正,才能有效地减少遥感数据内在的不确定性. 考虑到用于研究的数据购买时已经光谱校正,因此只需进行几何校正. 首先在野外采用插分 GPS 对一些典型的地物进行定位,记录其坐标;然后采用投影坐标系 WGS1984 中的 UTMZone50N 对 SPOT-5 卫星影像进行投影配准. 为更好地表现研究区内不同地类之间的差异,选取了绿、红、近红外三个波段对影像进行融合,融合后的影像见图 4.9(b).

2. 影像分割及类别层级结构建立

影像分割是由图像处理到影像分析的关键步骤,一方面可以通过分割产生作为地物遥感影像分类信息承载体的影像地物元,另一方面可将原始图像转化为更为抽象更为紧凑的形式,使得更高层的图像分析成为可能. 以往的方法是先单纯利用像元的光谱特征值组合(即灰度)的运算来识别和判定均质区域,再以合并或细分的方式达到最终分割影像的目的,与之不同的是,这里采用了一种基于地物导向的影像分割技术. 此方法从人们希望获得影像处理结果是固有形状、固有分类位置的真实世界地物(而不仅仅抽象的光谱组合特征)有效提取这一基本事实出发,通过设置合适的尺度、色彩和形状参数对影像进行分割,产生由一系列像元连接成的区域即影像地物(imageobject)或称分割片断(segment). 这些影像地物不仅包含光谱信息,也融入了有价值的统计与结构计算,增加了空间形状(如长度、边缘数量等)、拓扑特征(topological feature)(如毗邻关系、地物层次关系等)信息与语境关系,强化了真实地物与影像地物之间的联系,从而提高了高分辨率影像的分类精度及输出结果的可解释性. 具体分割参数设置如下:分割尺度为 20,根据不同波段对信息提取贡献程度的差异确定各波段的权重除短波红外为 0,其他均为 1;色彩、形状、光滑度和紧密度的权重则依次为 0.7,0.3,0.5,0.5. 在此条件下分割产生分割影像如图 4.9(c)所示.

一个合理的类别层级结构(classhierarchy)决定着分类结果是否满足分类

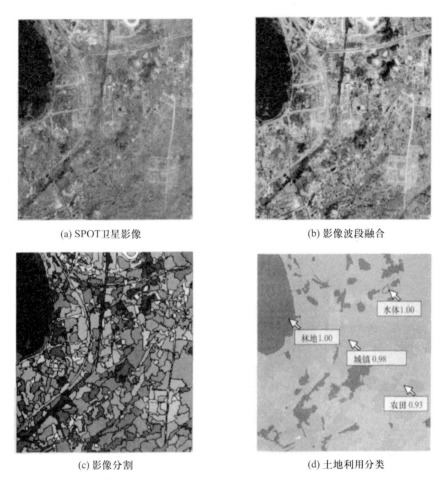

(a) SPOT卫星影像　　　　　　　　　　(b) 影像波段融合

(c) 影像分割　　　　　　　　　　(d) 土地利用分类

图 4.9　南京城区边缘带样区 SPOT 影像处理与土地利用模糊分类系统后的输出结果

目的需求,根据研究区遥感影像所体现出来的土地利用类别信息,将土地利用类别分为城镇、农田、林地、水体等四个类别,并根据土地利用类别的特征描述运用继承机制、模糊逻辑概念和方法以及语义模型建立类别层级结构.

　3. 自动分类及结果

　　根据已经建立的类别层级结构,选择最大邻近分类器用于分类;然后根据野外调查结果进行不同土地利用类型的样本训练,获取不同土地利用类型的隶属度函数用于信息的自动提取. 对于初次分类结果所存在的错分或漏分,则可以通过增加训练样本数,扩大样本容量,也可以重新分类等方法,直到结果达到满意程度. 通过样本训练及对分类结果的逐步调整,在该研究中产生如图 4.9(d)所示的分类结果.

在整个研究区中,城镇占据了主要地位,其面积为 10.12 km²,占整个区域面积的百分比为 63.26%;农田和林地的面积分别为 3.03 km² 和 2.81 km²,所占区域总面积的比例分别为 18.92%,17.56%;水体面积最少,仅为 0.04 km²,占总面积的 0.26%. 另一方面,图 4.9(d)表明,箭头指向的影像地物对于林地以及水体类别的隶属度值 $\mu=1$,就本例而言,出现这种情况的原因可能是箭头所指向位置正好是样本或其光谱特征与样本完全一致;图 4.9(d)下部提示框表明,其箭头指向的影像地物对于城镇类别的隶属度值 $\mu=0.98$;相似地,中间箭头指向的地物对于农田类别的隶属度值 $\mu=0.93$. 因此,上述两处影像地物可以分别明确地分派于城镇与农田类别. 对比该样区不同土地利用分类实践,基于遥感影像的模糊分类方法的输出结果明显优于其他分类方法.

4. 分类结果与可靠性评估

在绝大多数情况下,模糊分类结果必须被转换回具有清晰边界的土地利用图. 这就意味着一个对象只能属于或不属于一个类别. 在实际操作中,具有最大隶属度的类别通常被作为对象的指派类别. 最大隶属度和次大隶属度之间的差异表明了一个对象作为某一类别的可靠性程度,其值越大,可靠性越高. 这里就将采取这一指标对研究区分类结果进行评估,评估所产生的结果如表 4.1 所示. 在进行分类的四个类别中,除农田平均值在 0.853 以外,其他三类均在 0.90 以上,其标准差也均不超过 0.3,这表明其分类结果可靠,精度较高,土地利用类型得到了很好的划分.

表 4.1　研究区分类结果可靠性评估的统计特征

类别	地物数	平均值	标准差	最小值	最大值
城镇(urban)	435	0.918	0.268 3	0.000 4	1.00
林地(forest)	82	0.936	0.110 6	0.007 0	1.00
农田(cropland)	86	0.853	0.260 8	0.000 2	1.00
水体(water)	5	0.938	0.080 4	0.022 8	1.00

在基于遥感数据源的土地利用分类中,地物导向影像分割技术以影像地物为基本处理单元,这一载体在保留单个像素光谱特征的基础上,融入了空间形状、拓扑特征以及相关语境信息,为模糊分类系统知识基础与逻辑规则的建立奠定了良好的数据环境,从而为获取精度更高、可靠性更大的土地利用分类结果奠定了基础. 建立在模糊逻辑规则基础之上的模糊监督分类通过输入变量模糊化、模糊逻辑规则基础创建以及输出结果去模糊化三个基本环节能将传感器数据测量误差、不严密的类型描述以及不精确的模型模拟考虑在影像分析与分类逻辑之中,其最终的分类输出结果蕴涵对于地物归属关系的不确定程度描述.

而本节介绍的验证也证明了模糊分类具有处理、表征及定量评估传感器测量数据获取、遥感影像生成、遥感信息提取过程中蕴涵的内在不确定性以及土地类型描述中的语义不确定性的强大功能,是一种可应用于土地利用遥感分类的功能强大的软分类器,具有更高的可信性和更广阔的实际应用前景.

4.4　模糊理论在遥感图像分割中的应用

4.4.1　基于模糊理论的图像分割方法

图像分割是图像分析和计算机视觉中非常重要的研究内容,它根据图像中一个或多个特征将图像分成某些感兴趣的区域,是图像分析、理解的关键;其研究对象是各种利用计算机和其他电子设备产生的数字图像,分割结果的最后信宿则是人的视觉.因此,在研究图像分割算法过程中,应该充分考虑图像自身的特点和人的视觉特性.通常,图像在由三维目标映射为二维图像的过程中,不可避免地会有信息丢失.另外,成像设备受很多因素干扰,图像中不可避免地存在噪声.而人的视觉对于图像从黑到白的灰度级别不是严格确定的,这就导致了图像边缘、区域、纹理等的定义以及对图像底层处理结果的解释存在不确定性.图像分割问题是典型的结构不良问题,而模糊集理论具有描述不良问题的能力,将模糊理论引入图像处理与分析领域,基于模糊集理论实现图像分割可取得更好的效果.基于模糊理论的图像分割方法包括模糊阈值分割、模糊聚类分析、模糊神经网络分割和模糊连接度分割方法等.

1. 模糊阈值分割方法

阈值法是最为常用的一种图像分割方法,它通常是利用图像灰度特征来选择一个(或多个)最佳灰度阈值,并将图像中每个像素的灰度值与阈值相比较,根据比较结果将对应的像元分到合适的类别中,具有简捷实用、计算量少等特点.该方法缺陷在于其仅考虑图像的灰度信息,而忽略图像中的空间信息,对于不存在明显灰度差异或各物体的灰度值范围有较大重叠的图像难以得到准确的分割结果;同时,还可能将存在一定灰度差异的某一有意义的区域分割为不同的区域.

(1)模糊熵阈值分割

熵是信息论中平均信息量的表征,熵越大表示不确定性就越小.在阈值分割方法中,通过求熵的极值来确定最佳分割阈值的方法很多.而模糊熵阈值法则是通过计算图像的模糊熵来选取分割阈值的方法.模糊熵的概念由 Pal 等人于 1983 年提出,引入灰度图像的模糊数学描述,用不同的 S 型隶属函数定义模糊目标,通过优化选择具有最小不确定性的 S 函数,设定各目标 S 函数的交叉点为阈值分割的阈值. 该方法的困难在于隶属函数的选择以及隶属函数窗宽对阈值选取有很大的影响. 窗宽取值过小或过大会导致假阈值或阈值丢失. Murthy 等人对此作了进一步的研究,指出阈值不仅与隶属函数有关,还与隶属函数的分布特性有关. 针对隶属函数窗宽自动选取困难问题,陈果等人提出了图像模糊阈值分割法的自适应窗宽选取方法;Cheng 等人根据像元的灰度和空间位置提出了一种基于像素的灰度模糊相同性矢量,以此计算模糊域的窗宽和模糊熵,其模糊域的窗宽是自动调整的. 由 Cheng 等人提出的基于模糊划分的模糊熵和根据图像的二维直方图定义的二维模糊熵,其给出各类的隶属函数为升半梯形、降半梯形及梯形函数,通过在解空间上搜索模糊划分熵最大时的参数来确定隶属函数的各个参数,进而确定分割阈值;陶文兵等人从概率划分的角度定义一种模糊熵准则,并根据最大熵准则采用 GA 寻求各模糊参数的优化组合,进而确定分割阈值;王保平等人提出根据像元与区域特征的差别定义隶属度,再基于此隶属度函数定义一种具有对称性的模糊熵和模糊熵测度,最后基于该模糊熵确定像素的归类.

　　基于模糊熵的阈值分割方法独立于图像直方图,也不需要图像的先验知识,自适应性强;但是,模糊隶属度的选择对于阈值的选取有直接的影响,分割效果与选择不同隶属度函数有很大关系;对于噪声污染严重以及灰度偏移的图像,分割效果都很不理想;模糊熵阈值分割方法用于图像的多阈值分割,计算量的突增也是要考虑的主要问题.

　　(2) 模糊测度阈值分割

　　模糊测度可用来表示一个模糊集合的模糊程度,模糊程度越小,分割就越精确. 对于模糊测度的定义有很多,可以根据像元隶属于目标和背景的程度最小来定义模糊度,也可根据各个像元对于背景的隶属度函数来定义一种模糊度测度函数;另外,根据直方图信息引用香农熵也可定义模糊测度,最后通过极小化模糊测度来实现多阈值的分割. 当然,也可不依赖于直方图,而引入模糊集合理论中的模糊度概念,在图像的模糊特征平面上定义模糊度,并采用最大模糊度原则确定分割阈值;也可以灰度直方图的熵定义目标和背景的模糊子集以及每个模糊区域的模糊性指标,通过确认两个模糊区域的模糊性指标相等来确定阈值.

　　2. 模糊聚类分析

　　模糊分类是神经网络和概率论之外,另一个功能强大、在土地利用遥感分类领域应用广泛的软分类器. 模糊逻辑是模糊分类的理论基础,它是一个对不确定性进行定量陈述的多值逻辑体系,其基本思想是用连续的数值范围 $[0,1]$ 取代非"是"(1)即"否"(0)的布尔逻辑陈述,0 与 1 之间任何数值均可用以表示是与否之间的过渡状态. 由于避免了武断地人为设定阈值或硬性边界,模糊逻辑比二元语义的布尔逻辑能更好地对真实世界进行描述. 人眼视觉的主观性使得图像的处理比较适合用模糊的方法,并且因缺乏训练样本,在进行图像分类时需要用无监督分类的方法,而模糊聚类的分类方法正好满足这两个方面的要求,因此模糊聚类已经成为图像处理中的一个有效分类算法.

地球表面信息的开放性和复杂性决定了地表信息的无限性、多维性,由于遥感信息之间内在的复杂相关性以及遥感信息在传递过程中的自身局限性,遥感信息的分析具有多解性、不确定性以及模糊性. 在实际应用中,遥感图像中的地物信息并不一定是界限分明的,特别是在地表比较复杂或者是分辨率比较低的遥感图像中,通常是多种地物之间的综合反映,即遥感图像具有模糊性. 这一特点使得基于模糊理论的模糊 C-均值聚类算法成为遥感图像分类研究中的方法之一.

模糊 C-均值聚类算法(fuzzy C-means algorithm,FCMA 或 FCM)是由 Bezdek 提出的一种模糊聚类法,它以最小类内平方误差和为聚类准则,计算每个样本属于各模糊子集(聚类)的隶属度,通过迭代来优化各个样本与 C 类中心相似性的目标函数,获取局部极小值,从而得到最优聚类. 此算法具有较好的收敛性,结果不受初值的影响. 在图像的分割、压缩、识别等领域也得到了广泛的应用. FCM 算法所提供的隶属度信息通常会出现与图像本身特征分布不符的现象,其主要问题是隶属度曲线存在旁瓣现象及隶属度曲线形状与图像本身的特征分布不符. 引起这种现象的原因在于:一是非相邻的两模式子集的隶属度相互干扰;二是 FCM 算法对隶属度的计算由模式到模式原型的距离决定,而与模式在特征空间的分布特性无关. 针对这两个问题,引入了约束函数及模式相似度的概念,对算法进行改进,得到具有良好的隶属信息分布特性并可提高图像处理的精度.

FCM 算法在图像处理的应用中因聚类样本数目大,存在算法的计算量大、运行时间长的问题;针对于此,可利用收敛速度快的 K 均值聚类法得到聚类中心作为 FCM 算法的初始聚类中心,以减少 FCM 的迭代次数. 传统的 FCM 算法进行图像分割仅利用了灰度信息,没有考虑像元的空间位置信息,因而分割模型是不完整的. 基于二维直方图的 FCM 分割算法,将空间信息考虑到直方图中,可以有效地抑制噪声的干扰. FCM 算法应用于二维直方图分割存在着时间长和对目标-背景分布差别较大的图像分割不理想等不足,刘健庄提出了一种适用于灰度图像分割的抑制式 FCM 算法.

通过调节抑制因子,根据聚类分割的要求不同,对目标函数进行改进也可以得到好的分割效果. 如考虑图像的强度不均匀和空间连贯性,将空间连贯性通过一个相异指标结合到聚类算法中,代替常规的距离矩阵的目标函数. 如 Mohamed 改进了传统 FCM 的目标函数,以补偿磁共振成像(magnetic resonance imaging,MRI)图像的不均匀性,允许像元的标记可以被周围邻域的像元标记影响,通过调整使其接近分段均匀标记,这对于被椒盐噪声污染的图像是很有效的. 如根据椭圆形函数结合颜色和空间信息以相异性测度定义目标函数,用改进的 FCM 迭代算法推导可求出各个类的隶属度函数和聚类中心. 又如利用吉布斯随机场所描述的邻域关系属性,引入先验空间约束信息,提出拒纳度的概念,建立包含灰度信息与空间信息的新聚类目标函数.

另外,基于 K-近邻(K-nearestneighbor,KNN)规则提出的模糊 K-近邻算法(fuzzy KNN,FKNN),其基本思想就是利用 FCM 对样本像元进行模糊分类标记,从而降低硬标记产生的分类标记误差,实现 KNN 的模糊算法. 高新波等人提出一种基于直方图的多阈值灰度图像自动分割方法,该方法利用加权 FCM 快速实现分割过程,由直方图确定权值,同时通过单峰统计检验指导来自动确定多阈值的合适数目.

3. 模糊神经网络分割方法

神经网络方法具有快速的并行处理能力和较强的学习能力,模糊神经网络方法吸收神经网络和模糊逻辑两方面优点,是从不同的角度对智能系统的模拟. 神经网络提供解决问题的算法,如优化、分类和聚类等;而模糊逻辑是表示和处理不确定数据、信息的工具. 模糊逻辑和神经网络结合方法大致有三种:① 神经网络的输入数据和神经元之间的连接权重都是模糊数据,神经元也是建立在模糊集合上;② 对神经网络的处理前和处理后的数据分别进行模糊化和去模糊化,这类方法的应用主要是由模糊神经网络完成聚类,如以图像的灰度统计信息构成模糊特征作为神经网络的输入,通过对图像灰度的分类来实现对图像的分割,或者将输入灰度数据模糊化,输出节点就是对应输入数据的分割结果,或者将模糊竞争学习引入竞争 Hopfield 网络中,通过将图像空间映射到灰度特征空间,实现灰度特征集的模糊聚类;③ 模糊联想记忆方法(fuzzy associative memories,FAM),就是将带联想权重的模糊推理规则映射成神经网络,然后按神经网络的学习规则进行训练,实现原来的模糊推理功能. A. D. Kulkarni 提出了两种基于模糊神经网络的多谱图像分割算法:一种是有监督的模糊神经网络,共有六层神经元,前三层把输入变量映射到模糊集合的隶属函数,后三层网络完成分类工作;另一种是无监督的模糊神经网络,由两层神经元组成,采用类似于竞争规则的学习方法,使用每个输入样本对应的输出类的隶属函数修改网络权重.

模糊神经网络具有自适应能力和模糊推理能力,且算法有很强的鲁棒性,可有效降低图像噪声和不确定性的影响. 不过,由于神经网络的模糊化是非线性的映射过程,因此数据的特征空间维数相应增加了,算法的复杂性也增大了. 如何建立一类更简单实用快速的模糊神经网络,使基于这类分割的方法更具有实时性和实用性是研究的重点内容.

4. 其他方法

Udupa 提出基于模糊连接度的分割算法, 即根据模糊连接原理, 计算图像中任意两个像元之间的模糊连接度, 再根据模糊连接度提取目标分割出感兴趣的区域. 模糊连接度也可作为图像的特征与其他特征结合完成分割. 吉伯斯分布作为一种引入图像空间信息的先验模型已被广泛运用于贝叶斯图像分割中, 在传统的吉伯斯随机场模型中引入模糊概念, 针对实际的多值分割特点, 亦可实现对多值图像的精确分割.

专家系统是由知识所构建的知识库, 由计算机模仿专家在解决问题时的推理方式. 可根据大脑解剖学知识构造灰度信息、相对距离信息和相对方向信息等模型, 组合成一个模糊专家系统, 各模型信息被模糊化并经过数据融合, 结合三个模糊隶属度, 得到总的隶属度从而完成分割. 模糊推理是模糊集合论运用比较成熟的方面, 如果以直方 (一维、二维) 作为全局统计信息, 灰度级模糊集作为局部信息, 建立模糊推理机制, 以模糊推理结合全局和局部信息, 可以将散布的灰度级聚拢在其归属的类别中, 完成图像的分割.

边缘提取是图像分割的主要方法之一. 根据原始图像的梯度图像, 在条件概率与模糊划分熵的基础上, 对梯度图像采用最大模糊熵可以实现边缘提取. 此外, 基于知识的边缘检测也是一种较为新颖的图像分割途径. 另基于图像像元的一阶微分, 定义一个三角形模糊隶属度函数, 根据该模糊隶属度函数来确定边缘检测的推理规则, 近年来也得到了广泛关注.

4.4.2　模糊聚类分割实例分析

影像分割是遥感影像处理中最为基本和关键的任务. 高分辨率使遥感影像中地物目标的细节信息更加丰富, 在精准地物目标分割方面具有更大的潜力与优势. 虽然高分辨率极大地消除了遥感影像中混合像元所带来的类属不确定性, 但是在更加精细的空间尺度下, 丰富的细节信息使遥感影像中同一地物目标内像元光谱测度变异性增大, 这种特征又从另一方面增加了像元类属性的不确定性; 另外, 因遥感影像地表覆盖范围广、地物类型复杂, 且缺乏真实准确的地表覆盖信息, 这种特征导致了分割决策的不确定性. 上述两种不确定性给高分辨率遥感影像分割带来新的问题与困难. 相比于一般的分割方法, 模糊聚类分析能够获得更为准确的结果, 减少其中的不确定性. 图 4.10(a)~(d) 为真实的高分辨率遥感影像, 其中 (a)~(c) 为 0.5 m 分辨率 WorldView-Ⅱ 全色影像: (a) 包含道路、水域和草地等三种地物, (b) 包含水域、农田、草地等三种地物, (c) 包含冰、草地和水域等三种地物; (d) 为 1 m 分辨率的 IKONOS 全色影像, 由亮到暗依次为礁石、海水和浅滩等三种地物, 影像尺度均为 256×256 像元.

（a₁）～（d₃）是对上述三幅影像进行分割得到的结果，其中（a₁）～（d₁）是使用一维模糊模型的分割结果；（a₂）～（d₂）为最大似然分割结果；（a₃）～（d₃）为模糊聚类方法的分割结果.

   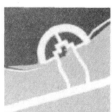

(a) World View-II全色影像　(a₁) 一维模糊模型分割结果　(a₂) 最大似然分割结果　(a₃) 模糊聚类分割结果

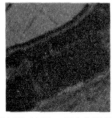  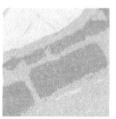 

(b) World View-II全色影像　(b₁) 一维模糊模型分割结果　(b₂) 最大似然分割结果　(b₃) 模糊聚类分割结果

 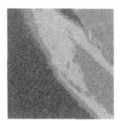  

(c) World View-II全色影像　(c₁) 一维模糊模型分割结果　(c₂) 最大似然分割结果　(c₃) 模糊聚类分割结果

   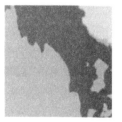

(d) IKONOS全色影像　(d₁) 一维模糊模型分割结果　(d₂) 最大似然分割结果　(d₃) 模糊聚类分割结果

图 4.10　实验数据与不同方法分割结果

　　图 4.10（a₁）和（a₂）中三种地物的交界处存在大量水域像元被误分为草地，其中道路包围的水域被误分割的状况明显，尤其凸字形道路下方的水域被完全

误分割为草地. 主要原因在于草地内像元光谱测度的差异性较大, 部分光谱测度与水域的光谱测度十分接近, 使像元类属的不确定性增大, 一维模糊模型及最大似然方法通过建模对称分布单峰曲线来拟合同质区域, 无法处理这种不确定性; 图 4.10(a_3) 中由于模糊聚类算法建立图像模型为一不确定区间模型, 该区间将同质区域灰度特征的不确定性考虑其中, 增强了像元类属的不确定性表达及分割决策的精确表达, 使得边界地区分割效果理想, 保证了分割结果的准确性. 图 4.10(b_1) 中水域附近草地的灰度特征发生了改变(趋向于水域的灰度特征), 由于一维模糊模型用模糊隶属函数来表达同质区域特征分布, 其处理像元类属性的能力有限, 故水域附近的草地区域大量像元被误分割为水域; 图 4.10(b_2) 中由于草地灰度变化差异性较大, 草地与农田的光谱测度接近, 使用最大似然分割时影像右下角草地部分有很多像元被误分为农田; 图 4.10(b_3) 中的分割模型, 可以不规则曲线更加精确地拟合训练数据直方图, 与前两种算法比较分割效果最优. 对于图 4.10(c) 的分割, 由于高斯函数模型对 3 种地物直方图特征拟合的不精确性, 导致水域的分割结果中包含大量的噪声点, 冰面的分割结果中存在大量被误分为草地的像元; 图 4.10(c_2) 采用的最大似然分割方法由于判别规则优于高斯函数模型法, 故相对于图 4.10(c_1) 其分割结果得到了一定程度的改善; 而图 4.10(c_3) 通过精确拟合各地物直方图的分布特征提高了模型的抗噪性, 从而使水域及冰面的分割结果中噪声大量减少, 相对于前两种方法分割精度进一步得到提高. 对于图 4.10(d) 的分割, 由于浅滩、礁石及海水相邻部分, 灰度测度分布发生了改变, 故使用一维模糊分割方法时, 浅滩中大量像元被误分为礁石且边界模糊, 图 4.10(d_3) 对于浅滩的分割边界清晰且区域内实现正确划分分割结果最优; 对于海水和礁石的划分, 三种方法分割效果接近, 其主要原因在于海水和礁石的训练数据直方图服从高斯分布特征, 在该种情况下一维模糊模型能够实现对训练数据直方图的高精度拟合, 模糊聚类分析相对于一维模糊模型基本不变, 故分割效果接近一致.

4.4.3 FCM 实例分析

选取大理洱海西南区域的一块 TM 影像作为对象进行模糊分类验证. 影像由美国 Lansat 7 卫星获取, 共七个波段, 其空间分辨率为 30 m×30 m, 试验选用的是第 1~5 和第 7 波段, 共六个波段. 该试验区域的假彩色合成图(4, 5, 3 波段)如图 4.11 所示. TM 遥感影像的分类方法基本上都是基于像元分类的, 因此每个像元是一个六维的特征向量.

通过参照对应的 1∶50 000 的土地利用图, 将试验区地物类别分为水体、林地、耕地、建筑(包括道路)和草地五类. 通过 FCM 算法对试验区影像进行

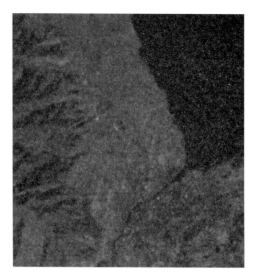

图 4.11　大理洱海西南区域(4,5,3 波段)假彩色合成图[47]（彩色图见插页）

聚类,其结果如图 4.12 所示,并得到聚类后所有像元的隶属度矩阵如表 4.2 所示.

图 4.12　FCM 聚类结果[47]（彩色图见插页）

表 4.2 FCM 聚类后像元隶属度矩阵

分类方法		水体	林地	耕地	建筑	草地	用户精度
FCM	水体	91	5	1	3	0	0.910
	林地	14	81	5	0	0	0.810
	耕地	0	0	92	0	8	0.920
	建筑	0	4	0	94	2	0.940
	草地	0	4	2	3	87	0.906
生产者精度		0.867	0.862	0.92	0.94	0.897	

4.5 模糊理论在遥感图像增强中的应用

4.5.1 概述

图像增强是图像处理中的一个重要部分,其目的是减少或消除图像中不重要的信息,增强图像中的有用信息,通过有目的的采用各种算法,使得处理后的图像比原图像更适合于特定的应用要求. 比如图像增强可以改善原始图像的视觉效果,将原来质量差的图像变清晰,方便人工目视分辨图像中的信息,便于后续分析. 遥感图像中目标较多,背景噪声较大,有时候还会因各种干扰使得传感器采集到的信息受到较大程度的污染. 图像增强就是通过抑制或消除干扰及噪声,使图像中不同对象的差别变得明显,提高对比度和清晰度,改善视觉效果,增强目测识别能力和可读性,从而可获得更多更真实的信息. 从技术上说,图像增强技术分为空域法、频域法和模糊处理三大类. 其中,空域法是在空域中直接对图像的灰度实施某种变换而进行的处理方法,如经典的直方图均衡化技术;频域法是把待处理图像先进行某种空频转换(如同态滤波和小波变换),然后在频率域中进行处理以达到增强的目的;而模糊增强方法则是针对影像在成像过程中所带有的模糊性和不确定性,先将待处理图像从空间域映射到模糊特征域,然后在模糊特征域内实施增强后再将图像从模糊性质域逆映射到空间域,从而完成对图像的增强处理. 虽然目前有许多图像增强方法,但大多数都是启发式的和面向具体问题的,每一种增强技术都只针对特定图像和应用目的.

4.5.2 基于模糊理论的图像增强方法

将一幅大小为 $M \times N$ 的二维遥感影像 X 看成是一个模糊单数阵列,并将其每一个元素的隶属函数表示成亮度级,记为

$$\boldsymbol{X} = \begin{bmatrix} p_{11}/x_{11} & \cdots & p_{1N}/x_{1N} \\ \vdots & & \vdots \\ p_{M1}/x_{M1} & \cdots & p_{MN}/x_{MN} \end{bmatrix}$$

或

$$\boldsymbol{X} = \bigcup_i \bigcup_j p_{ij}/x_{ij}, \quad i=1,2,\cdots,M, \quad j=1,2,\cdots,N, \tag{4.63}$$

式中，p_{ij}/x_{ij} 表示影像阵中第 (i,j) 个模糊单敫集的隶属函数为 p_{ij}，或第 (i,j) 个影像像素 x_{ij} 具有某种特征的程度为 p_{ij}（$0 \leqslant p_{ij} \leqslant 1$），称 p_{ij} 为模糊特征.

将图像空间性质域内的灰度值 x_{ij} 映射成相应的模糊特征平面内的特征值 p_{ij} 的方式有很多，但不管怎样，它们都必须满足性质 1.

[**性质 4.1**]　若变换 F 是图像空间性质域内的灰度值 x_{ij} 到模糊特征平面内的特征值 p_{ij} 之间的一个映射，即有 $p_{ij} = F(x_{ij})$，则

（1）若 $F: x \rightarrow p$，则 $p_{ij} \in [0,1]$，$p_{ij}/x_{ij} \in p$，其中 $i=1,2,\cdots,M$；$j=1,2,\cdots,N$.

（2）若 x_{ij} 是单调变化的，则 p_{ij} 也是单调的.

（3）若 F 是可逆的，即有 F 的逆算子，使得 $x_{ij} = F^{-1}(p_{ij})$.

影像的模糊增强是在模糊特征平面内完成的，即通过某种模糊增强算子的运算使得影像的模糊性逐渐消失. 为了达到这一目的，模糊增强算子必须满足性质 2.

[**性质 4.2**]　设作用在模糊 $\widetilde{A}$ 上的模糊增强算子 INT 可以产生一个新的模糊集 $\widetilde{A}'$，即有 $\widetilde{A}' = \text{INT}(\widetilde{A})$，$p_{\widetilde{A}}(x)$ 和 $p_{\widetilde{A}'}(x)$ 分别是 $\widetilde{A}$ 和 $\widetilde{A}'$ 的隶属函数，p_c 是影像像元 x_{ij} 的分界点 x_c 对应的隶属度，则有：

（1）当 $p_{\widetilde{A}}(x) \in [0, p_c]$，$p_{\widetilde{A}}(x)$ 递减，$p_{\widetilde{A}'}(x)$ 也递减，且 $p_{\widetilde{A}'}(x) \leqslant p_{\widetilde{A}}(x)$；

（2）当 $p_{\widetilde{A}}(x) \in [p_c, 1]$，$p_{\widetilde{A}}(x)$ 递增，$p_{\widetilde{A}'}(x)$ 也递增，且 $p_{\widetilde{A}'}(x) \geqslant p_{\widetilde{A}}(x)$.

该性质说明：模糊增强的结果应使得小于 p_c 的隶属度进一步减小，而大于 p_c 的隶属度进一步增大. 这样，模糊集经多次增强后就可逐步消除其模糊性. 在极限情况下，模糊集（$u_{\widetilde{A}'}(x) \in [0,1]$）将变为普通集（$u_{\widetilde{A}'}(x) \in \{0,1\}$）. 对于遥感影像而言，影像由多灰度变为二值，相应的各像素的隶属度 p_{ij} 由 $[0,1]$ 变为 $\{0,1\}$.

图像在模糊特征域中经上述增强变换后再按映射 F 的逆变换将图像从模糊特征域变换到空间域，从而完成对图像的模糊增强过程. 根据上述对影像模糊增强的一般描述，基于模糊集理论的影像增强技术需要执行三个步骤：（1）利用映射变换 F 将待处理图像从空间域映射到模糊性质域；（2）在模糊性质域内利用模糊增强算子完成增强任务；（3）利用映射变换 F 的逆变换将增强后的影像变换回空间域.

4.5.3　实例分析

选取一幅模拟影像和一幅实际遥感影像进行试验,图像幅面均为 250×250 像元,模拟影像的灰度分别为 $0,40,80,90,120,150,160,200$ 和 240. 针对模拟影像,选择 x_a 和 x_b 分别为 90 和 150,取 p_c 等于 0.8,区间 $[90,150]$ 内的灰度值增强前后保持不变. 图 4.13 显示了该模拟影像在不同增强迭代次数下的结果及其直方图随增强次数增加时的变化情况,其中图 $4.13(a)$ 是原始模拟影像及其灰度直方图 $4.13(b)\sim(e)$ 分别是增强 $1,2,4,6$ 次的结果. 从图 4.13 可以看出,随着增强次数的增加,在低灰度区,原始影像中位于区间 $[0,72]$ 内的灰度值 40 逐步减小并最终为 0,直方图向左移动;位于区间 $[72,90]$ 内的灰度值 80 逐步夸大并最终为 90,直方图向右移动. 在高灰度区,原始影像中位于区间 $[150,168]$ 内的灰度值 160 逐步减小并最终为 150,直方图向左移动;位于区间 $[168,240]$ 内的灰度值 200 逐步夸大并最终为 240,直方图向右移动.

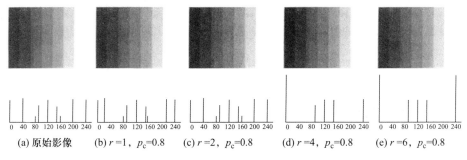

(a) 原始影像　　(b) $r=1$, $p_c=0.8$　　(c) $r=2$, $p_c=0.8$　　(d) $r=4$, $p_c=0.8$　　(e) $r=6$, $p_c=0.8$

图 4.13　模拟影像增强结果

图 4.14 以一幅实际遥感影像为例,显示了不同 p_c 值对增强结果的影响,其中 x_a 和 x_b 分别为 216 和 252,它们是用鼠标在机场跑道影像上获取的近似最小和最大值,增强迭代次数为 6 次. 图 $4.21(a)$ 是原始影像,图 $4.21(b)\sim(h)$ 分别是 p_c 取 $0.5,0.65,0.75,0.8,0.85,0.9$ 和 0.95 时的模糊增强结果. 从图 4.14 可以看出,按常规方法,$p_c=0.5$ 不但不能突出机场影像,反而使机场与背景影像的反差减小并最终不能分清;当 p_c 提高到 0.8 时已基本使机场与背景分离,但在跑道右侧上半部分与背景的反差还较小;当 p_c 增大到 0.85 时,效果达到最佳,整个机场的影像可以明显从背景中突出出来;而当 $p_c>0.9$ 后,虽然明显突出了机场整体影像,但机场本身的个别影像已被误归为背景,如机场影像左下角出现的滑行道影像断裂.

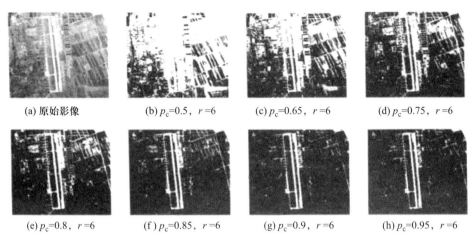

(a) 原始影像　　　(b) $p_c=0.5$，$r=6$　　　(c) $p_c=0.65$，$r=6$　　　(d) $p_c=0.75$，$r=6$

(e) $p_c=0.8$，$r=6$　　　(f) $p_c=0.85$，$r=6$　　　(g) $p_c=0.9$，$r=6$　　　(h) $p_c=0.95$，$r=6$

图 4.14　不同 p_c 值时的增强结果

4.6　模糊理论在遥感图像变化检测中的应用

4.6.1　概述

由于地表景观受到环境的变化以及人类活动的影响一直在不断变化着, 高效地监测这些变化信息, 分析这些动态变化的特点和原因成为环境保护和资源管理部门迫切需要解决的问题, 而遥感图像变化检测就是监测与获取这些动态变化信息的一种有效方法. 它能够利用计算机对同一地区不同时间的遥感图像进行比较和分析, 得到地物变化的信息, 使人们能够很快把注意力集中在感兴趣的区域, 从而提高遥感图像判读解释的效率. 遥感图像变化检测在国土资源调查、城市规划、森林资源检测、环境监测、灾害预报与评估等方面发挥着重要作用, 通常包括四个方面的内容: (1) 判断前后时相图是否有差异, 确定研究区域内是否有变化地物; (2) 标示发生变化的区域, 将变化区域和未变化区域区分开; (3) 鉴别变化类型, 确定变化前后每个像元处的地物类型; (4) 评估变化时间和空间分布模式, 即从总体上对变化信息在时间和空间中的分布模式和规律进行描述和解释. 其中, 前两个方面是变化检测的基本问题, 后两个方面根据实际情况而定.

在遥感图像变化检测中, 地物的各种特征以灰度、形状、纹理等形式表示. 地物的出现、消失、空间属性等特征的改变都会引起遥感图像发生变化. 另外, 照射角、大气条件、气候等条件也都可能引起遥感图像的变化, 把后者引起的变化称为图像中的干扰因素,对于遥感图像变化检测来说,地物特征引起的变化必须大于干扰因素引起的变化,否则无法得到高精度的检测结果.

4.6.2　基于模糊理论的图像变化检测方法

1. 差值法

差值法就是用一个时相的图像减去另一个时相的图像,得到一幅差值图像,它代表了两时相图像间发生的变化. 由于两时相遥感数据经过归一化处理后有相同的辐射特性,相减后没有发生变化的区域为零,而辐射变化的区域为正或为负. 其表达式为

$$\Delta x_{ijk} = x_{ijk}(t_2) - x_{ijk}(t_1) + C, \tag{4.64}$$

式中 i, j 为像素的坐标值,k 为波段,t_1, t_2 分别代表第一时相和第二时相,x_{ijk} 为图像亮度值,C 为常数. 上式表达出了变化信息的两个方向,Δx_{ijk} 的值越大表明图像从 t_1 到 t_2 发生了正变化,反之发生了负变化. 因此,变化结果图像中包含正变化、未变化、负变化等 3 类. 但是,一般情况下,并不关心变化的方向,只需要知道是否变化及变化的区域,其表达式可以改为

$$\Delta x_{ijk} = |x_{ijk}(t_1) - x_{ijk}(t_2)|. \tag{4.65}$$

此时,差值法得到的差异图像就只包含变化类和未变化类. Δx_{ijk} 越大代表发生变化的可能性越大,反之越小. 差异图像大多符合高斯分布,未发生变化的像素基本在平均值附近,而变化的像素分布在远离均值的两边. 差值法得到的差异图像直方图呈对称分布,大部分像素的亮度值都在 0 附近.

2. 对数比值法

比值法主要是将两时相图像对应像素的灰度值相除,从而获得比值变化图像. 除法运算可以消除太阳高度角、阴影和地形等导致的误差,如果比值结果接近 1,则说明两时相图像对应的像元没有发生变化,反之则说明对应像元发生变化. 两时相的比值算子如下:

$$\Delta x_{ijk} = \frac{x_{ijk}(t_2)}{x_{ijk}(t_1)}, \tag{4.66}$$

式中,各变量同式(4.60)中所定义,Δx_{ijk} 代表比值变化图像.

通常情况下,都是利用对数比值法将比值差异图转换到对数尺度,以便有效地去除乘性噪声. 尤其是针对 SAR 图像,应用对数比值法则乘性斑点噪声即转换成加性噪声. 另外,对数比值法既能抑制背景信息,也能够减少大气条件对图像的影响. 两时相图像的对数比值表达式如下:

$$\Delta x_{ijk} = |\lg(x_{ijk}(t_2) + c)/\lg(x_{ijk}(t_1) + c)|, \tag{4.67}$$

式中,c 为常数.

分析对数比值差异图像的直方图分布,可以发现比值法获取的差异图像不

服从正态分布,这样变化和非变化类的分离就不明显,在利用阈值提取变化信息时略为复杂.

3. 小波图像融合方法

为了减少后续差异图像分类的影响,获取的差异图像应当既能有效抑制背景信息即非变化区域,又可以最大限度地增强变化区域信息. 差值法有利于保留小面积的变化区域,但对不同时段的后向散射能量误差很敏感,很容易受噪声影响,检测结果会出现伪变化点. 此外,差值图像得到的非变化区域比较粗糙,图像的对比度不够明显. 相比之下,对数比值差异图像不仅有助于抑制噪声(尤其针对 SAR 图像中的相干斑噪声),而且通过对数尺度的非线性拉伸增强了图像的对比度. 但是,对数转换的方式使得比值图像的变化幅度减小,过于夸大部分变化,虽然一定程度上增强了亮度比较暗的像元,不过同时也减弱了高亮度值范围的像元. 如灰度值从 150 到 15(150/15＝10) 和 50 到 5(50/5＝10) 的变化,对数比值法就不能区分出来. 针对变化类和非变化类像元中灰度值比较接近的一些区域,利用对数转换就很难对这些区域进行划分,比如一些小面积范围的变化区域.

从上述分析可以看出,两种获取差异图像的方法都有各自的特点,因此要得到最优的差异图像,就要充分结合两种图像提取技术的优点,可利用小波变换的原理,对这两种差异图像进行小波融合,其小波融合方法如图 4.15 所示. 从图中可知,小波融合基本步骤是:先对各个原始图像分别进行离散小波分解,得到一系列子频带图像,使用事先约定的融合规则;再在不同尺度上对各分解层的小波系数进行融合,得到融合后图像的小波系数;然后通过小波逆变换重构出融合图像.

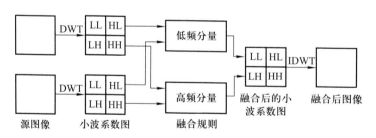

图 4.15　小波融合方法示意图

基于小波融合获取差异图像后,则可利用 FCM 方法实现遥感图像的变化检测. 该算法的工作流程图如 4.16 所示. 具体步骤如下:

(1) 分别利用差值法和对数比值法获取两时相遥感图像的差异图像;

(2) 将差值法差异图像和对数比值法差异图像分别进行 S 层二维离散小

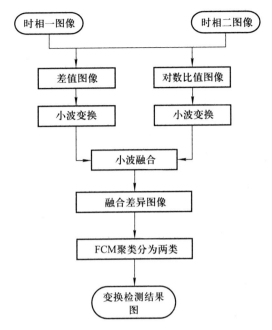

图 4.16　基于小波融合和 FCM 聚类的图像变化检测流程

波分解（S 层数），可以得到各层的低频分量，及水平方向的高频分量、垂直方向的高频分量和对角方向的高频分量；

（3）将每层对数比值差异图像分解的小波系数与差值差异图像的小波系数分别进行融合；

（4）将融合后的小波系数进行二维离散小波逆变换，得到重构后的差异图像；

（5）利用模糊 C 均值聚类算法对重构差异图像进行聚类分析，最终得到二值化的变化检测结果图.

4.6.3　实例分析

利用四组典型的含有变化参考图的遥感图像对非监督遥感图像变化检测方法进行分析评价，选用我国湖北宜昌某地区的一组遥感数据集来验证和比较这些检测方法，四组遥感图像如图 4.17 所示. 由于宜昌地区的遥感图像没有地物变化区域参考图，仅从视觉目判分析来比较各种方法的性能. 在变化检测之前需要先对图像进行预处理，使两幅图像相互匹配，减少发生错误的可能性，包括图像几何配准、辐射校正、图像增强、图像裁剪和图像镶嵌等. 设每组数据进行小波变换的最理想分解层数为 S，经过多次试验比较结果，得到每组数据的

分解层数分别为 $S=3,2,3,2$；每组数据利用模糊 C 均值聚类分类时模糊加权值为 2；停止阈值为 0.000 001. 四种不同的变化检测方法分别为 EM 阈值方法、差值法、对数比值法、小波融合法，它们的对比结果如图 4.18 所示.

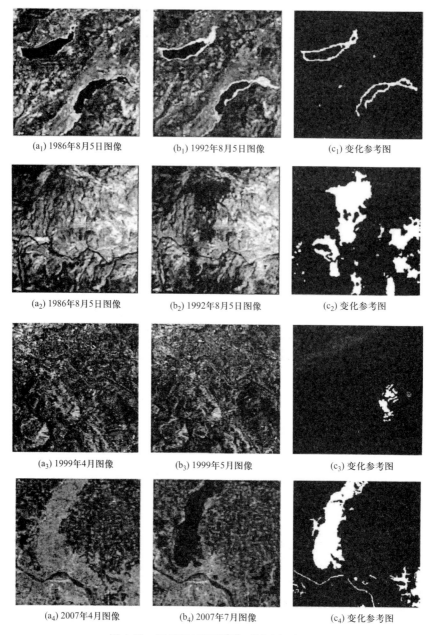

(a₁) 1986年8月5日图像　　(b₁) 1992年8月5日图像　　(c₁) 变化参考图

(a₂) 1986年8月5日图像　　(b₂) 1992年8月5日图像　　(c₂) 变化参考图

(a₃) 1999年4月图像　　(b₃) 1999年5月图像　　(c₃) 变化参考图

(a₄) 2007年4月图像　　(b₄) 2007年7月图像　　(c₄) 变化参考图

图 4.17　四组遥感图像[45]（彩色图见插页）

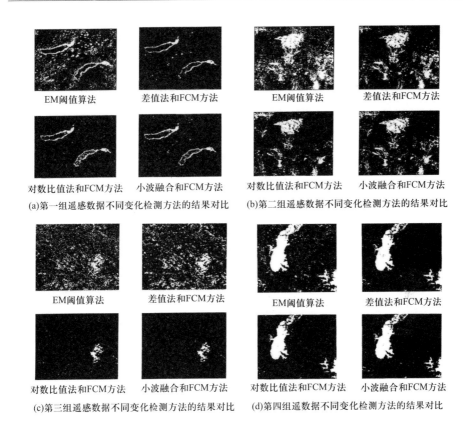

EM阈值算法　　　　差值法和FCM方法　　　　EM阈值算法　　　　差值法和FCM方法

对数比值法和FCM方法　　　小波融合和FCM方法　　　对数比值法和FCM方法　　　小波融合和FCM方法

(a)第一组遥感数据不同变化检测方法的结果对比　　　(b)第二组遥感数据不同变化检测方法的结果对比

EM阈值算法　　　　差值法和FCM方法　　　　EM阈值算法　　　　差值法和FCM方法

对数比值法和FCM方法　　　小波融合和FCM方法　　　对数比值法和FCM方法　　　小波融合和FCM方法

(c)第三组遥感数据不同变化检测方法的结果对比　　　(d)第四组遥感数据不同变化检测方法的结果对比

图 4.18　不同变化检测方法的对比结果

对图 4.18 所示的不同检测方法的结果进行观察发现,基于 EM 阈值分割的方法能够检测到很多变化像元,但是变化结果图中孤立点和离散不连通区域较多. 相比较而言,利用 FCM 分割的三种方法中孤立点减少了很多,其中差值法比对数比值法得到了更好的图像轮廓. 第三组和第四组图像的结果中对数比值法过分夸大了变化区域的范围. 而第一组和第二组 SAR 数据的差值法变化结果图中含有较多的孤立点,这是由于获得的 SAR 图像中含有相干斑噪声,对数比值法获取的 SAR 差异图像受斑点噪声影响小. 另外,观察第三组数据可以发现,利用这几种方法得到结果图中仍然存在较多杂乱和不连通区域. 总体而言,通过观察所有变化结果图的目视效果可以看出,基于小波融合的方法比其他三种方法效果好.

讨论与思考题

（1）在数学中，"模糊"是如何表述的？它与"确定""不确定"有什么联系和区别？

（2）试简述模糊理论的运算.

（3）模糊化和去模糊化的方法是什么？它们是否是完全可逆的？

（4）模糊理论适合用在哪些领域？它为什么能更好地解决这类问题？

（5）在遥感图像增强、图像分割、图像分类和变化检测中，模糊理论具体如何使用？

（6）模糊理论如何解决遥感图像中混合像元的问题，试谈谈你的思路？

（7）模糊理论对于空间信息来源的不确定性、空间信息表达的不确定性、空间信息处理的不确定性是如何解决的？

参 考 文 献

［1］ Otsu N. A threshold selection method from graylevel histograms. IEEE Trans. Systems Manand Cybernetics,1979,9(1):62-66.

［2］ Pal S K,King R A. Image enhancement using smoothing with fuzzy sets. IEEE Trans. on SMC,1981,11(7):494-501.

［3］ 陈柯. 知觉组织、图像理解及其用于图像处理的模糊技术的研究. 哈尔滨:哈尔滨工业大学,1990.

［4］ 郭桂蓉. 模糊模式识别. 长沙:国防科技大学出版社,1992.

［5］ 郭桂蓉,庄钊文. 信息处理中的模糊技术. 长沙:国防科技大学出版社,1993.

［6］ 吴国雄. 图像的模糊增强与聚类分割. 小型微型计算机系统,1994,15(11):21-26.

［7］ Yasumasa I,Yutaka T. Image enhancement based on estimation of high resolution component using wavelet transform. IEEE International Conference on Image Processing,Paris,1994.

［8］ 沈邦乐. 计算机图像处理. 北京:解放军出版社,1995.

［9］ Mauro B,Andrea G. Robust fuzzy clustering algorithm for the classification of remote sensing images. Geosciences and Remote Sensing,2000,5(3):2143-2145.

［10］ 熊兴华,李新涛. 面向对象的遥感影像模糊增强. 武汉大学学报(信息科学版),2002,05:516-521+542.

［11］ Bruzzonel C. Multilevel context-based system for classification of very high spatial resolution images. IEEE Transactions on Geoscience and Remote Sensing,2006,44(9):2587-2600.

［12］ 林剑. 基于模糊理论的遥感图像分割方法研究. 长沙:中南大学,2003.

[13] 王占宏,杜道生.模糊综合评价法在数字遥感影像产品质量评价中的应用.测绘科学,2004,S1:53-56.

[14] 张宝光.论遥感数字图像的模糊分类处理.天津师范大学学报(自然科学版),2005,02:69-72.

[15] 别怀江.基于模糊集的遥感图像分类研究.哈尔滨:哈尔滨工程大学,2005.

[16] 王占宏,杜道生.模糊综合评价法在数字遥感影像产品质量评价中的应用.武汉大学学报(信息科学版),2005,05:412-416.

[17] 许磊.支持向量机和模糊理论在遥感图像分类中的应用.无锡:江南大学,2006.

[18] 翟亮,唐新明,等.基于模糊综合评判方法的遥感影像压缩主观质量评价.地理与地理信息科学,2007,03:24-27+32.

[19] 陈杰,孙志英,檀满枝.模糊逻辑在土地利用遥感分类中的应用.土壤学报,2007,05:769-775.

[20] 王荣华,干嘉元,等.模糊理论在遥感图像分类中的应用.上海地质,2007,04:52-55.

[21] 闫春雨.基于模糊理论的遥感影像混合像元分类方法研究.阜新:辽宁工程技术大学,2008.

[22] 贺少帅,杨敏华,等.遥感数据模糊不确定性来源及其处理方法的探讨.测绘科学,2008,06:107-109+25.

[23] 胡圣武,侯红松,等.模糊技术在遥感图像处理中的应用以及存在问题分析.中国科技信息,2008,06:254-255+257.

[24] 冯恒栋.基于人工神经网络和模糊分类的森林植被遥感图像分类研究.长春:东北师范大学,2009.

[25] 李敏.基于模糊C均值算法的遥感图像变化检测的研究.长沙:湖南大学,2009.

[26] 钟燕飞,张良培,等.遥感影像分类中的模糊聚类有效性研究.武汉大学学报(信息科学版),2009,04:391-394.

[27] 史云松,史玉峰.基于核模糊聚类的遥感影像分类.南京林业大学学报(自然科学版),2010,06:164-166.

[28] 路彬彬.基于模糊C-均值聚类的遥感图像分割算法研究.乌鲁木齐:新疆大学,2011.

[29] 黄宁宁.基于模糊理论的遥感图像分割算法研究.乌鲁木齐:新疆大学,2011.

[30] 顾英杰.基于改进模糊C-均值的遥感图像聚类分割算法.乌鲁木齐:新疆大学,2011.

[31] 刘一超,全吉成,等.基于模糊C均值聚类的遥感图像分割方法.微型机与应用,2011,01:34-37.

[32] 田晓娜,董静.模糊C均值聚类遥感影像分类.矿山测量,2011,03:32-34+36.

[33] 冯恒栋,何振仲,等.基于模糊C均值聚类的林地遥感图像分类研究.延边大学农学报,2011,03:163-167.

[34] 董杰,沈国杰.一种基于模糊关联分类的遥感图像分类方法.计算机研究与发展,2012,07:1500-1506.

[35] 刘琰洁,何政伟,等.二型模糊集合在遥感影像土地利用分类中的应用.地理空间信息,2012,06:65-68+3.

[36] 李传龙. 基于水平集和模糊聚类方法的图像分割技术研究. 大连:大连海事大学,2012.

[37] Mohamed L T. 基于马尔可夫随机场和模糊聚类的图像分割算法研究. 长沙:中南大学,2012.

[38] 武斌. 模糊聚类在遥感图像分割中的应用研究. 合肥:安徽农业大学,2012.

[39] 沈忠阳. 基于空间信息核模糊 C 均值聚类算法的遥感图像分类. 杭州:浙江工业大学,2013.

[40] 彭立军. 基于模糊聚类的遥感图像分割方法的研究. 杭州:中国计量学院,2013.

[41] 全吉成,刘一超,薛峰. 基于模糊综合评判的遥感图像变化检测方法. 现代电子技术,2013,08:112-116+120.

[42] 贾彩杰. 基于模糊聚类算法的遥感图像变化检测的研究. 西安:西安电子科技大学,2013.

[43] 王桥. 基于多目标模糊聚类的 SAR 图像变化检测. 西安:西安电子科技大学,2014.

[44] 杨波. 基于模糊算法的遥感图像增强. 乌鲁木齐:新疆大学,2014.

[45] 刘小艳. 基于小波变换和模糊 C 均值聚类的遥感图像变换检测. 杭州:浙江工业大学,2014.

[46] 余先川,贺辉,等. 基于区间值模糊 C-均值算法的土地覆盖分类. 中国科学:地球科学,2014,09:2022-2029.

[47] 黄奇瑞. 基于 FCM 和 SVM 的 TM 遥感影像自动分类算法. 华北水利水电大学学报(自然科学版),2015,04:84-88.

[48] 姜玮. 张量空间 FCM 算法研究及其在高光谱遥感图像分类中的应用. 成都:西南交通大学,2015.

[49] 张春桂,曾银东,等. 基于模糊评价的福建沿海水质卫星遥感监测模型. 应用气象学报,2016,01:112-122.

[50] 王春艳,徐爱功,等. 基于区间二型模糊模型的高分辨率遥感影像分割方法. 仪器仪表学报,2016,03:658-666.

[51] 贺辉,胡丹,等. 基于自适应区间二型模糊聚类的遥感土地覆盖自动分类. 地球物理学报,2016,06:1983-1993.

第五章　神经网络与空间信息智能处理

人工神经网络（ANN）是模仿生物神经网络功能的一种经验模型. 生物神经元受到传入的刺激,其反应又从输出端传到相连的其他神经元;输入和输出之间的变换关系一般是非线性的. 神经网络是由若干简单(通常是自适应的)元件及其层次组织,以大规模并行连接方式构造而成的网络,按照生物神经网络类似的方式处理输入的信息. 模仿生物神经网络而建立的 ANN 对输入信号有功能强大的反应和处理能力. 若神经元连接成网络,其中的一个神经元可以接受多个输入信号,按照一定的规则转换为输出信号. 由于神经网络中神经元间复杂的连接关系和各神经元传递信号的非线性方式,输入和输出信号间可以构建出各种各样的关系,因此可以用作黑箱模型,表达那些用机理模型还无法精确描述,但输入和输出之间确实有客观的、确定性的或模糊性的规律. 本章主要介绍 ANN 的基本概念、网络模型及其在空间信息智能处理中的应用.

5.1　生物模型与人工模型

5.1.1　生物神经元模型

ANN 是一种基于生物原理的数学模型,主要通过模拟大脑神经系统结构及其对于反射的处理过程,进行实际的信息处理. ANN 是一种数学结构模型,由系统节点(神经元)与节点之间的连接(神经纤维)组成. 每个节点模拟神经元,代表对于输入信息和输出结果的处理函数,称为激励函数(activation function);每两个神经元间的连接模拟神经纤维,代表对输入信息的加权;对信息的全部处理过程就模拟了人体大脑的记忆过程. 网络本身是把自然界的生物规律模拟为某种算法或函数,从而实现生物规律的逻辑化表达.

神经元是脑组织的基本单元,其结构如图 5.1 所示. 神经元由细胞体、树突和轴突等几部分构成. 每一部分虽具有各自的功能,但相互之间是互补的. 树突是细胞的输入端,通过细胞体间联结的节点"突触"接受四周细胞传出的神经冲动;轴突相当于细胞的输出端,其端部的众多神经末梢为信号的输出端子,用于传出神经冲动. 神经元具有兴奋和抑制两种工作状态. 当传入的神经冲动使细胞膜电位升高到阈值(约为 40 mV)时,细胞进入兴奋状态,产生神经冲动,由轴突输出;相反,若传入的神经冲动使细胞膜电位下降到低于阈值时,细胞进入抑制状态,就没有神经冲动输出.

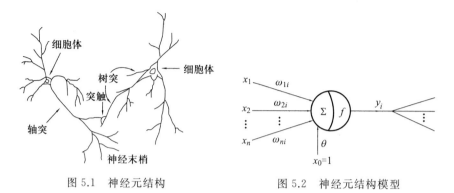

图 5.1　神经元结构　　　　　　图 5.2　神经元结构模型

5.1.2　人工神经元模型

　　人工神经元是对生物神经元的简化和模拟,是神经网络的基本处理单元,其简化人工神经元结构模型如图 5.2 所示. 它是一个多输入、单输出的非线性元件,其输入-输出关系可描述为

$$I_i = \sum_{j=1}^{n} \omega_{ji} x_j - \theta_i, \tag{5.1}$$

$$y_i = f(I_i), \tag{5.2}$$

式中,$x_j (j=1,2,\cdots,n)$ 是从其他细胞传来的输入信号,θ_i 为阈值,ω_{ji} 表示从细胞 j 到细胞 i 的连接权值,$f(x)$ 为激活函数(activation function)或称为转移函数(transition function)有时为方便起见,常把 θ_i 也看成是对应恒等于 1 的输入量 x_0 的权值,这时式(5.1)中的和式记为

$$I_i = \sum_{j=0}^{n} \omega_{ji} x_j, \tag{5.3}$$

式中,$\omega_{0i} = -\theta_i, x_0 = 1$.

　　激活函数 $f(x)$ 可为线性函数,但通常为像阶跃函数或 S 形曲线的非线性函数. 常用的神经元非线性函数列举如下.

　　1. 阈值型函数

　　当 y_i 取 0 或 1 时,$f(x)$ 为图 5.3(a)所示的阶跃函数

$$f(x) = \begin{cases} 1 & x \geqslant 0, \\ 0 & x < 0. \end{cases} \tag{5.4}$$

　　当 y_i 取 -1 或 1 时,$f(x)$ 为图 5.3(b)所示的 sgn 函数

$$\text{sgn}(x) = \begin{cases} 1 & x \geqslant 0, \\ -1 & x < 0. \end{cases} \tag{5.5}$$

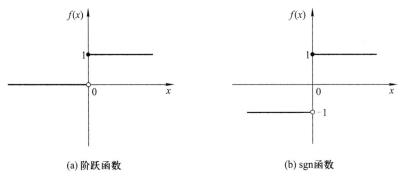

(a) 阶跃函数　　　　　　　　　　(b) sgn 函数

图 5.3　阈值模型函数

2. S 形曲线

通常是在 $(0,1)$ 或 $(-1,1)$ 内连续取值的单调可微分的函数,常用指数或正切等一类 S 形曲线(sigmoid)来表示,如

$$f(x) = \frac{1}{1 + \exp(-\beta x)} \quad (\beta > 0) \tag{5.6}$$

或

$$f(x) = \tanh(x). \tag{5.7}$$

图 5.4 所示的是 $f(x)$ 在 β 取不同值时的曲线. 显然当 $\beta \to \infty$ 时,S 形曲线趋近于阶跃函数. 通常情况下,β 取值为 1. 有时在网络中还采用下列计算简单的非线性函数:

$$f(x) = \frac{x}{1 + |x|}.$$

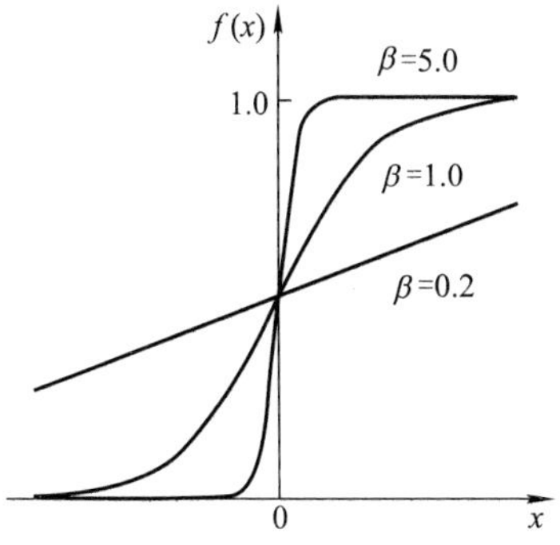

图 5.4　S 状曲线

除了式(5.1)描述的神经元结构外,用径向基(radial basis function,RBF)

构成的神经网络也受到了引人注目的研究. 在 RBF 网络中,神经元的结构可用如下高斯函数描述:

$$y_i = \exp\left[-\frac{1}{2\sigma_i^2}\sum_j (x_j - \omega_{ji})^2\right],\qquad(5.8)$$

这里 σ_i^2 为标准化参数.

5.2　神经网络模型

5.2.1　概述

神经网络是由大量的神经元广泛互连而成的网络. 根据连接方式不同,神经网络可分成两大类:没有反馈的前向网络(feedforward NN)和相互连接型网络,如图 5.5 所示. 前向网络由输入层、中间层(或叫隐层)和输出层组成,中间层可有若干层,每一层的神经元只接受前一层神经元的输出. 而相互连接型网络中任意两个神经元间都可能有连接,因此输入信号要在神经元之间反复往返传递,从某一初态开始,经过若干次的变化,渐渐趋于某一稳定状态或进入周期振荡等其他状态.

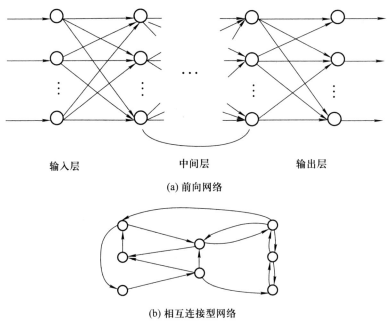

(a) 前向网络

(b) 相互连接型网络

图 5.5　两种不同连接方式的网络

目前有数十种神经网络模型,除前向网络外,相互连接型网络又分为反馈网络(feedback NN)和自组织网络(self-organizing NN).下面各节将分别介绍这三类网络中的代表性网络.

5.2.2　前向网络

在这一小节里,首先介绍最简单的只具有单层计算单元的神经网络:感知器(perceptron)以及反向传播(BP)网络的基本特性与功能,然后介绍径向基(RBF)网络.

1. 感知器

感知器是美国心理学家 Rosenblatt 早在 1958 年提出的,它是最基本的但具有学习功能的层状网络(layed network). 最初的感知器是由 S(sensory)层、A(association)层和 R(response)层等三层组成,如图 5.6 所示. S 层和 A 层之间的耦合是固定的,只有 A 层和 R 层之间的耦合程度(即权值)可通过学习改变.

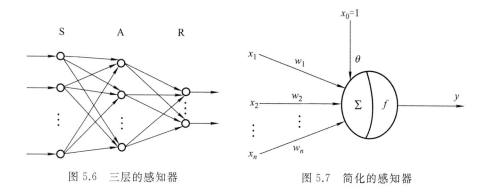

图 5.6　三层的感知器　　　　　　　图 5.7　简化的感知器

本小节只讨论 R 层只有一个输出节点的感知器,它相当于单个神经元,简化结构如图 5.7 所示. 当输入的加权和大于或等于阈值时,感知器的输出为 1;否则为 0 或 −1,因此可用于两类模式的分类. 当两类模式可用一个超平面分开,即线性可分时,权值在学习中一定收敛;反之则不收敛.

若找不到合理的权值 ω_1、阈值 θ 满足下列不等式,则证明

$$\left.\begin{array}{l} \omega_1 + \omega_2 < \theta \\ \omega_1 - \omega_2 \geqslant \theta \end{array}\right\} \Rightarrow \theta > 0, \qquad \left.\begin{array}{l} -\omega_1 - \omega_2 < \theta \\ -\omega_1 + \omega_2 \geqslant \theta \end{array}\right\} \Rightarrow \theta \leqslant 0,$$

显然,不存在一组 $(\omega_1, \omega_2, \theta)$ 满足上面的不等式.

感知器权值的学习是通过给定的导师信号,希望输出按下式进行:

$$\omega_i(k+1) = \omega_i(k) + \eta [y_d(k) - y(k)] x_i, \quad i = 0, 1, \cdots, n, \qquad (5.9)$$

式中，$\omega_i(k)$ 为当前权值；$y_d(k)$ 为导师信号；$y(k)$ 为感知器的输出值，即 $y(k) = f\left(\sum\limits_{i=0}^{n}\omega_i(k)x_i\right)$；$\eta$ 为控制权值修正速度的常数（$0 < \eta \leqslant 1$），权值的初始值一般取较小的随机非零值.

值得注意的是，感知器学习方法在函数不是线性可分时，得不出任何结果，也不能推广到一般的前向网络中去，其主要原因是激活函数为阈值函数. 为此，人们先用可微函数（如 Sigmoid 曲线）来代替阈值函数，然后采用梯度算法来修正权值. BP 网络就是实现这类算法的典型网络.

2. BP 网络

BP 网络是一个单向传播的多层前向网络，其结构如图 5.8 所示. 网络除输入、输出节点外，有一层或多层的隐层节点，同层节点中没有任何耦合. 输入信号从输入层节点依次传过各隐层节点，然后传到输出节点，每一层节点的输出只影响下一层节点的输入. 每个节点都具有图 5.2 所示的单个神经元结构，其单元特性（激活函数）通常为图 5.4 所示的 Sigmoid 型，但在输出层中，节点的单元特性有时为线性.

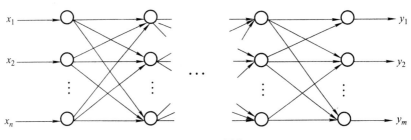

图 5.8　BP 网络

BP 网络可看成是一个从输入到输出的高度非线性映射，即 $F: \mathbf{R}^n \to \mathbf{R}^m$，$f(X) = Y$. 对于样本集合：输入 $x_i(\in \mathbf{R}^n)$ 和输出 $y_i(\in \mathbf{R}^m)$，可认为存在某一映射 g，使得

$$g(x_i) = y_i, \quad i = 1, 2, \cdots, n.$$

现要求求出一映射 f，使得在通常是最小二乘意义下，f 是 g 的最佳逼近. 神经网络通过对简单的非线性函数进行数次拟合，可近似复杂的函数.

BP 网络为误差逆传播网络. 设输入模式向量为 $\mathbf{A}_k = (a_1, a_2, \cdots, a_n)$，则

希望输出向量为　　　　　　　　　　$\mathbf{Y}_k = (y_1, y_2, \cdots, y_q)$；

隐含层各单元的输入向量为　　　　　$\mathbf{S}_k = (s_1, s_2, \cdots, s_p)$；

隐含层各单元的输出向量为　　　　　$\mathbf{B}_k = (b_1, b_2, \cdots, b_p)$；

输出层各单元的输入向量为　　　　　$\mathbf{L}_k = (l_1, l_2, \cdots, l_q)$；

输出层各单元的输出向量为 $\quad C_k = (c_1, c_2, \cdots, c_q);$

输入层至中间层连接权为 $\quad \{\omega_{ij}\}, \quad i=1,2,\cdots,n, \quad j=1,2,\cdots,p;$

中间层至输出层连接权为 $\quad \{v_{jt}\}, \quad j=1,2,\cdots,p, \quad t=1,2,\cdots,q;$

中间层各单元输出阈值为 $\quad \{\theta_j\}, \quad j=1,2,\cdots,p;$

输出层各单元输出阈值为 $\quad \{\gamma_j\}, \quad t=1,2,\cdots,q.$

网络响应函数——S 函数具有一个重要性质,即该函数的导数可用其自身来表示,其表达式为

$$f(x) = \frac{1}{1+e^{-x}}, \tag{5.10}$$

其一阶导数为

$$f'(x) = \left(\frac{1}{1+e^{-x}}\right)' = \frac{e^{-x}}{(1+e^{-x})^2} = \frac{1+e^{-x}-1}{(1+e^{-x})^2}$$
$$= \frac{1}{1+e^{-x}} - \frac{1}{(1+e^{-x})^2} = f(x)[1-f(x)].$$

对于第 k 个学习模式,网络希望输出与实际输出的差定义为

$$\delta_t^k = y_t^k - C_t^k, \quad t=1,2,\cdots,q; \tag{5.11}$$

则 δ_t^k 的均方值为

$$E_k = \sum_{t=1}^{q} \frac{(y_t^k - C_t^k)^2}{2} = \sum_{t=1}^{q} \frac{(\delta_t^k)^2}{2}. \tag{5.12}$$

为使 E_k 随连接权的修正按梯度下降,则需求出 E_k 对网络实际输出 $\{C_t\}$ 的偏导数,即

$$\frac{\partial E_k}{\partial C_t} = -(y_t^k - C_t^k) = -\delta_t^k. \tag{5.13}$$

推导可得,连接权 ω_{ij} 的调整量应为

$$\Delta\omega_{ij} = -\beta \frac{\partial E_k}{\partial \omega_{ij}} = -\beta e_j^k a_i, \quad i=1,2,\cdots,n, \quad j=1,2,\cdots,p.$$

阈值 $\{\gamma_t\}$ 的调整量为

$$\Delta\gamma_t = \alpha \cdot d_t^k, \quad t=1,2,\cdots,q,$$
$$\Delta\theta_j = \beta \cdot e_j^k, \quad j=1,2,\cdots,p.$$

设网络的全局误差为 E,则

$$E = \sum_{k=1}^{m} E_k = \sum_{k=1}^{m} \sum_{t=1}^{q} \frac{(y_t^k - C_t^k)^2}{2}. \tag{5.14}$$

基于上述的 BP 网络参数定义,其工作流程具体步骤如下:

(1) 初始化,给各连接权 $\{\omega_{ij}\}, \{\nu_{jt}\}$ 及阈值 $\{\theta_j\}, \{\gamma_t\}$ 赋予 $(-1,+1)$ 区间的随机值;

(2) 随机选取一模式对 $\boldsymbol{A}_k = (a_1^k, a_2^k, \cdots, a_n^k), \boldsymbol{Y}_k = (y_1^k, y_2^k, \cdots, y_q^k)$ 提供给

网络；

（3）用输入模式 $\boldsymbol{A}_k = (a_1^k, a_2^k, \cdots, a_n^k)$、连接权 $\{\omega_{ij}\}$ 和阈值 $\{\theta_j\}$ 计算中间各单元的输入 $\{b_j\}$，然后用 s_j 通过 S 函数计算中间层各单元的输出 $\{s_j\}$：

$$\left.\begin{aligned} s_j &= \sum_{i=1}^{n} \omega_{ij} a_i - \theta_j, \quad j = 1, 2, \cdots, p; \\ b_j &= f(s_j), \quad j = 1, 2, \cdots, p. \end{aligned}\right\} \tag{5.15}$$

（4）用中间层的输出 $\{b_j\}$，$\{v_{jt}\}$ 连接权 $\{\gamma_t\}$ 和阈值 $\{L_t\}$ 计算输出层各单元的输入，然后用 $\{L_t\}$ 通过 S 函数计算输出层各单元的响应 $\{C_t\}$：

$$\left.\begin{aligned} L_t &= \sum_{j=1}^{p} v_{jt} b_j - \gamma_t, \quad t = 1, 2, \cdots, q; \\ C_t &= f(L_t), \quad t = 1, 2, \cdots, q. \end{aligned}\right\} \tag{5.16}$$

（5）用希望输出模式 $\boldsymbol{Y}_k = (y_1^k, y_2^k, \cdots, y_q^k)$，网络实际 $\{C_t\}$，计算输出层的各单元的一般化误差 $\{d_t^k\}$：

$$d_t^k = (y_t^k - C_t) \cdot C_t (1 - C_t), \quad t = 1, 2, \cdots, q, \tag{5.17}$$

（6）用连接权 $\{v_{jt}\}$、输出层的一般化误差 $\{d_t\}$、中间层的输出 $\{b_j\}$ 计算中间层各单元的一般化误差 $\{e_j^k\}$：

$$e_j^k = \left[\sum_{t=1}^{q} d_t v_{jt}\right] b_j (1 - b_j), \quad j = 1, 2, \cdots, p, \tag{5.18}$$

（7）用输出层各单元的一般化误差 $\{d_t^k\}$，$\{b_j\}$ 中间层各单元的输出 $\{v_{jt}\}$ 修正连接权 $\{\gamma_t\}$ 和阈值：

$$\left.\begin{aligned} v_{jt}(N+1) &= v_{jt}(N) + \alpha d_t^k b_j, \quad j = 1, 2, \cdots, p, \quad t = 1, 2, \cdots, p; \\ \gamma_t(N+1) &= \gamma_t(N) + \alpha d_t^k, \quad t = 1, 2, \cdots, p, \end{aligned}\right\} \tag{5.19}$$

其中 $0 < \beta < 1$.

（8）用中间层各单元的一般化误差 $\{e_j^k\}$、输入层各单元的输入 $\{\omega_{ij}\}$ 修正连接权 $\{\theta_j\}$ 和阈值：

$$\left.\begin{aligned} \omega_{ij}(N+1) &= \omega_{if}(N) + \beta e_j^k a_i^k, \quad i = 1, 2, \cdots, n, \quad j = 1, 2, \cdots, p; \\ \theta_j(N+1) &= \theta_j(N) + \beta e_j^k, \quad j = 1, 2, \cdots, p. \end{aligned}\right\} \tag{5.20}$$

（9）随机选取下一个学习模式对提供给网络，返回到步骤（3），直至全部 m 个模式对训练完毕；

（10）重新从 m 个学习模式对中随机选取一个模式对，返回步骤（3），直至网络全局误差函数 E 小于预先设定的一个极小值，即网络收敛，或学习回数大于预先设定的值，即网络无法收敛；

(11) 结束学习.

在上述的学习步骤中,式(5.10)~(5.13)为模式顺传播过程;式(5.14)~(5.15)为网络误差的逆传播过程;式(5.16),(5.17)完成训练和收敛过程.这些均需大量的计算.

3. RBF 网络

径向基(RBF)网络由三层组成,其结构如图 5.9 所示.输入层节点只是传递输入信号到隐层,隐层节点(亦称 RBF 节点)由像高斯核函数(Gaussian kernel function)那样的辐射状作用函数构成,而输出层节点通常是简单的线性函数.隐层节点中的作用函数(核函数)对输入信号在局部产生响应,也就是说,当输入信号靠近核函数的中央范围时,隐层节点将产生较大的输出,为此 RBF 网络有时也称为局部感知场网络.

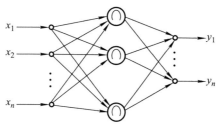

图 5.9　RBF 网络

虽然有各种各样的核函数,但最常用的是高斯核函数,如式(5.21)所示:

$$\mu_j = \exp\left[-\frac{(\boldsymbol{X}-\boldsymbol{C}_j)^{\mathrm{T}}(\boldsymbol{X}-\boldsymbol{C}_j)}{2\sigma_j^2}\right], \quad j=1,2,\cdots,N_{\mathrm{h}}, \qquad (5.21)$$

式中,μ_j 是第 j 个隐层节点的输出,$\boldsymbol{X}=(x_1,x_2,\cdots,x_n)^{\mathrm{T}}$ 是输入样本,$\boldsymbol{C}_j$ 是高斯函数的中心值,σ_j 是标准化常数,N_{h} 是隐层节点数.

节点的输出范围在 0 和 1 之间,且输入样本愈靠近节点的中心,输出值愈大,符合 RBF 网络的应用要求. RBF 网络的输出为各个隐层节点输出的线性组合,即

$$y_j = \sum_{j=1}^{N_{\mathrm{h}}} \omega_{ij}\mu_i - \theta = \boldsymbol{W}_i^{\mathrm{T}}\boldsymbol{U}, \quad i=1,2,\cdots,m, \qquad (5.22)$$

式中,$\boldsymbol{W}_i=(\omega_{i1}\omega_{i2},\cdots,\omega_{iN_{\mathrm{h}}},-\theta)^{\mathrm{T}}$,$\boldsymbol{U}=(u_1,u_2,\cdots,u_{N_{\mathrm{h}}},1)^{\mathrm{T}}$.

RBF 网络的学习过程可分为两个阶段:一是,根据所有的输入样本决定隐层各节点的高斯核函数的中心值 $\boldsymbol{C}_j$ 和标准化常数 σ_j;二是,在决定好隐层的参数后,根据样本,利用最小二乘原则,求出输出层的权值 $\boldsymbol{W}_i$.有时在完成第二阶段的学习后,再根据样本信号,同时校正隐层和输出层的参数,以便进一步提高

网络精度.

高斯核函数的参数求解有很多方法,其中最简单而很有效的方法是 K-means 法. 用 K-means 法可将输入样本聚类,θ_j 代表是第 j 组的所有样本,则

$$\left.\begin{aligned} C_j &= \frac{1}{M_j}\sum_{x\in\theta_j}\boldsymbol{X}, \\ \sigma_j^2 &= \frac{1}{M_j}\sum_{x\in\theta_j}(\boldsymbol{X}-\boldsymbol{C}_j)^{\mathrm{T}}(\boldsymbol{X}-\boldsymbol{C}_j), \end{aligned}\right\} \tag{5.23}$$

式中,M_j 为第 j 组的样本数.

为减少隐层的节点数,有时用马氏(Mahalanobis)距离代替式(5.21),即

$$\mu_j = \exp\left[-(\boldsymbol{X}-\boldsymbol{C}_j)^{\mathrm{T}}\sum_j^{-1}(\boldsymbol{X}-\boldsymbol{C}_j)\right],\quad j=1,2,\cdots,N_\mathrm{h}, \tag{5.24}$$

式中,$\sum_j$ 为第 j 组样本的协方差矩阵.

从理论上讲,RBF 网络和 BP 网络一样可近似任何的连续非线性函数,其主要差别在于使用不同的作用函数. BP 网络中的隐层节点使用的是 Sigmoid 函数,其函数值在输入空间中无限大的范围内为非零值,而 RBF 网络中的作用函数则是局部的.

5.2.3　反馈网络

在反馈网络中,输入信号决定系统初始状态,经过一系列状态转移后收敛于平衡状态,即稳定状态. 本小节主要介绍几种典型的反馈网络模型,其中 Hopfield 神经网络是最简单且应用最广的模型,它具有联想记忆的功能. 若将其李雅普诺夫(Lyapunorv)函数定义为寻优函数,Hopfield 网络可用来解决快速寻优的问题.

1. CG 网络模型

Cohen 和 Grossberg 于 1983 年提出的反馈网络模型可用下述一组非线性微分方程描述:

$$\frac{\mathrm{d}x_i}{\mathrm{d}t} = a_i(x_i)\left[b_i(x_i)-\sum_{j=1}^m c_{ij}d_j(x_j)\right],\quad i=1,2,\cdots,n, \tag{5.25}$$

式中,由 c_{ij} 构成的连接矩阵 $\boldsymbol{C}$ 是对称矩阵,即 $c_{ij}=c_{ji}$;$a_i(x)$ 为正定函数,即 $a_i(x_i)\geqslant 0$;$d_j(x)$ 为单调增函数,即 $d'_j(x_j)\geqslant 0$.

在式(5.25)描述的 CG 网络模型中,x_i 代表第 i 个神经元的内部状态,$d_j(x_j)$ 是第 j 个神经元的输出,c_{ij} 是代表神经元 i 和 j 间耦合程度的权值,和项 $\sum_{j=1}^n c_{ij}d_j(x_j)$ 代表神经元 i 的输入.

2. 盒中脑(BSB)模型

盒中脑(brain-state-in-a-box,BSB)模型首先由 Anderson 等人于 1977 年提

出，Golden 等人对该模型进行了深入的研究．该模型可用作自联想最邻分类器，并可存储任何模拟向量模式．BSB 模型由下列离散方程描述：

$$x_i(k+1) = S(x_i(k)) + a\sum_{j=1}^{n} t_{ij}x_i(k), \quad i=1,2,\cdots,n, \qquad (5.26)$$

式中，$t_{ij} = t_{ji}$．非线性函数 $S(x)$ 定义如下（图 5.10）：

$$S(x) = \begin{cases} -F, & x \leqslant -F, \\ x, & -F < x \leqslant F, \\ F, & x > F. \end{cases}$$

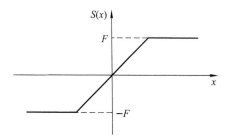

图 5.10　非线性函数 $S(x)$

当系统随时间发生变化时，每个状态 x_i 逐渐趋近于 $\pm F$．事实上，当系统达到一平衡状态时，$(x_1, x_2, \cdots, x_n)$ 进入由 $(\pm F, \pm F, \cdots, \pm F)$ 构成的箱子某一角．

对应式（5.26）的连续时间模型为

$$\frac{\mathrm{d}x_i}{\mathrm{d}t} = -x_i + S\left(\sum_{j=1}^{n} \omega_{ij}x_j\right), \qquad (5.27)$$

式中，$\omega_{ij} = \delta_{ij} + \alpha t_{ij}$，$\delta_{ij}$ 为克罗内克（Kronecker）函数，即

$$\delta_{ij} = \begin{cases} 1, & i=j, \\ 0, & i \neq j. \end{cases}$$

若定义

$$y_i = \sum_{j=1}^{n} \omega_{ij}x_j$$

并将其代入式（5.27），可得

$$\frac{\mathrm{d}y_i}{\mathrm{d}t} = -y_i + \sum_{j=1}^{n} \omega_{ij}S(y_j). \qquad (5.28)$$

由此可见，BSB 模型可看成是模型（5.25）的一个特例，唯一不同之处是 $S(x)$ 不是处处可微的函数．BSB 模型的动态特性不能用式（5.26）的 Lyapunov 函数来分析，因为 Lyapunov 函数的分析需要 $S(x)$ 的导数．

3. Hopfield 网络模型

Hopfield 神经网络模型是神经网络发展历史上的一个重要里程碑，由美国

加州理工学院物理学家 J. J. Hopfield 教授于 1982 年提出的,可用作联想存储器的互联网络,称为 Hopfield 网络模型,简称 Hopfield 模型. Hopfield 神经网络模型是一个单层循环反馈神经网络,从输出到输入有反馈连接. Hopfield 网络有离散型和连续型两种.

Hopfield 提出的网络模型可用非线性微分方程描述如下:

$$
\begin{cases}
C_i \dfrac{\mathrm{d}x_i}{\mathrm{d}t} = -\dfrac{x_i}{R} + I_i + \displaystyle\sum_{j=1}^{n} t_{ij} y_j, \\
y_i = g_i(x_j).
\end{cases}
\tag{5.29}
$$

Hopfield 模型可以从 CG 网络模型导出,在式(5.25)中,设 $a_i(x)$ 为一常数,即 $a_i(x_i) = 1/C_i$,$b_i(x)$ 为一线性函数 $b_i(x_i) = -x_i/R_i + I_i$,且 $c_{ij} = -t_{ij}$,$d_j(x_j) = g_j(x_j)$,则 CG 网络模型就变成式(5.29)所示的 Hopfield 模型.

定义 Hopfield 网络的能量函数为

$$
E = \sum_{i=1}^{n} \frac{1}{R_i} \int_{y_i} g_i^{-1}(y)\mathrm{d}y - \sum_{i=1}^{n} I_i y_i - \frac{1}{2} \sum_{j=1}^{n} \sum_{k=1}^{n} t_{jk} y_j y_k,
\tag{5.30}
$$

式中,$g_i(x)$ 是 Sigmoid 数. 不难证明,式(5.30)的能量函数在简单的假设下是一个 Lyapunov 函数,因此有如下定理.

[定理 5.1]　对于系统(5.29),若 $c_i > 0$,$t_{ij} = t_{ji}$,则网络的解在状态空间中总是朝着能量减小的方向运动,且网络的稳定平衡点就是 E 的极小点.

由定理 5.1 得知,对于给定的一组权值 t_{ij},式(5.29)的系统从某一初始状态收敛于稳定点. 若把系统的每个稳定点看成是一个记忆的话,那么从初态朝对应稳定点流动的过程就是寻找记忆的过程. 初态是给定该记忆的部分信息或带有噪声的信息,寻找记忆的过程就是从部分信息找出全部信息或从噪声中恢复原来信息的过程,联想存储器就是基于这个原理.

当 Hopfield 网络用于联想记忆时,存储的信息就分布在网络的权值上. 式(5.29)在 $I_i = 0$ 时,权值由记忆状态 $Y_k(k=1,2,\cdots,m)$ 构成,即

$$
t_{ij} = \sum_{k=1}^{m} Y_{ik} Y_{jk} \quad \text{或} \quad T = \sum_{k=1}^{m} Y_k Y_k^{\mathrm{T}}.
\tag{5.31}
$$

Hopfield 证明,由式(5.31)构成的权矩阵保证存储的记忆状态对应于式(5.29)的最小点.

对应式(5.29)的连续时间的 Hopfield 网络模型,离散的 Hopfield 网络模型描述如下:

对于网络的每个节点,

$$
x_i(k+1) = \mathrm{sgn}\Big(\sum_{j=1}^{n} t_{ij} x_j(k) - \theta_i\Big), \quad j = 1, 2, \cdots, n,
\tag{5.32}
$$

其中
$$
\mathrm{sgn}(u) = \begin{cases} +1, & u \geqslant 0, \\ -1, & \text{其他}. \end{cases}
$$

式(5.32)的基本形式和感知器的输入/输出关系相同,这里不予以讨论.

4. 双向联想记忆(BAM)网络

1987 年,美国南加州大学的 B. Koska 教授提出了一种双向联想记忆(bidirectional associative memory,BAM)网络,BAM 网络有连续时间和离散时间两种模型.

连续时间的 BAM 网络可由下述微分方程描述:

$$\left.\begin{aligned}\dot{x}_i &= -a_i x_i + \sum_{j=1}^m t_{ij} f(y_i) + I_i, \quad i = 1, 2, \cdots, n, \\ \dot{y}_i &= -c_i y_i + \sum_{j=1}^m t_{ij} f(x_i) + J_j, \quad j = 1, 2, \cdots, n,\end{aligned}\right\} \quad (5.33)$$

式中,a_i, c_i, I_i, J_i 为正的常数,$f(x)$ 为 Sigmoid 函数,$\boldsymbol{T} = [t_{ij}]_{n \times m}$ 为实数矩阵.

定义式(5.33)的网络能量函数为

$$\begin{aligned}E(X, Y) = &-\sum_{i=1}^n \sum_{j=1}^m t_{ij} f(x_i) f(y_i) + \sum_{i=1}^n a_i \int_0^{x_i} f(u_i) \mathrm{d} u_i \\ &+ \sum_{j=1}^m c_j \int_0^{y_j} f(v_i) v_j \mathrm{d} v_i - \sum_{i=1}^n f(x_i) I_i - \sum_{j=1}^m f(y_j) J_j,\end{aligned}$$

$$(5.34)$$

不难证明

$$\dot{E}(X, Y) = -\sum_{i=1}^n f(x_i)(\dot{x}_i)^2 - \sum_{j=1}^m f(y_j)(\dot{y}_j)^2 \leqslant 0.$$

由于 E 有界,因此对于任意初始状态$(X(0), Y(0))$,网络将趋于一稳定状态$(X(\infty), Y(\infty))$,且仅当 $\dot{x}_i = \dot{y}_i = 0 (\forall i, \forall j)$ 时,$E(X, Y)$ 到达最小点.

离散的 BAM 网络模型类似于 Hopfield 网络,由下列激活函数方程来定义:

$$x_i(k+1) = \begin{cases} 1, & \sum_{j=1}^m t_{ij} y_j(k) > \theta_i, \\ x_i(k), & \sum_{j=1}^m t_{ij} y_j(k) = \theta_i, \\ 1, & \text{其他}; \end{cases} \quad (5.35)$$

$$y_j(k+1) = \begin{cases} 1, & \sum_{i=1}^m t_{ij} x_i(k) > \eta_j, \\ y_j(k), & \sum_{i=1}^m t_{ij} x_i(k) = \eta_j, \\ 1, & \text{其他}. \end{cases} \quad (5.36)$$

对应上式的非齐次 BAM 神经网络,其能量函数可由下式定义:

$$E(\boldsymbol{X},\boldsymbol{Y}) = -\boldsymbol{X}^{\mathrm{T}}\boldsymbol{T}\boldsymbol{Y} + \boldsymbol{X}^{\mathrm{T}}\boldsymbol{\theta} + \boldsymbol{Y}^{\mathrm{T}}\boldsymbol{\eta}, \tag{5.37}$$

这里

$$\boldsymbol{X} = (x_1, x_2, \cdots, x_n)^{\mathrm{T}},$$
$$\boldsymbol{Y} = (y_1, y_2, \cdots, y_m)^{\mathrm{T}},$$
$$\boldsymbol{\theta} = (\theta_1, \theta_2, \cdots, \theta_n)^{\mathrm{T}},$$
$$\boldsymbol{\eta} = (\eta_1, \eta_2, \cdots, \eta_m)^{\mathrm{T}},$$
$$\boldsymbol{T} = [t_{ij}]_{n \times m}.$$

可以证明,当状态发生变化时,E 将减小,最终达到最小点,而网络进入某一稳定状态. 因此可用一输入对 $(\boldsymbol{X},\boldsymbol{Y})$ 回忆一相关的双极性向量对 $(\boldsymbol{X}_k,\boldsymbol{Y}_k)$. 这里的双极性是指 $\boldsymbol{X} \in \{-1,1\}^n$, $\boldsymbol{Y} \in \{-1,1\}^m$.

5.2.4　自组织神经网络

自组织神经网络是无教师学习网络,它模拟人类根据过去经验自动适应无法预侧的环境变化. 因为没有教师信号,这类网络通常利用竞争的原则进行网络学习. 本小节将介绍最常见的自适应共振理论(adaptive resonance theory, ART)、自组织特征映射(self-organizing feature map, SFM)和对偶传播网络(counter propagation network, CPN)等三种网络模型.

1. 自适应共振理论(ART)

对于 BP 网络,若学习所用的模式是已知,且是固定的,那么网络经过反复学习可以记住这些固定模式,但是若出现新的模式,网络的学习往往会修改甚至删已学习的结果,故网络只记得最新的模式. 另外,在 1958 年波士顿大学的 S. Grossberg 等人发现,当用一组只有四个模式对一网络进行周期训练时,网络的学习会不收敛. 为解决此问题,Grossberg 等人提出了自适应共振理论(ART). ART 网络的最初模型为 ART1,只用于二进制输入,后来有 ART2,可适用于连续信号输入,然后又发展 ART3. 这里以 ART1 模型来阐述其基本原理和功能.

ART 网络是一向量模式的识别器,它根据存储的模式对输入向量进行分类,其简化结构如图 5.11 所示. 当存储的模式中有和输入模式相匹配的时,表示该存储模式的参数已被调整到更接近输入模式;反之,若在存储模式中,没有发现和输入模式相匹配的,则输入模式将作为新的模式被存储到网络中,而其他的存储模式保持不变.

ART 网络是由比较层和识别层组成的两层神经元,增益控制 1,2 和复置(reset)用来控制网络的学习和分类.

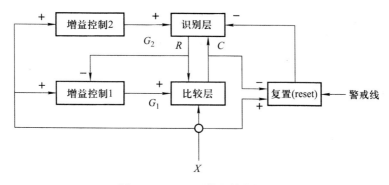

图 5.11　ART 网络的简化结构

（1）比较层

该层接受一个二进制（0 或 1）的输入向量 X，并在起始时产生一相同的向量 C，然后由识别层产生二进制的向量 R 来修正 C，如图 5.12 所示. 比较层中的每个神经元拥有三个输入：① 输入向量 X 的一个成分 x_i；② 由识别层输出的加权和构成的反馈信号 p_j；③ 增益控制 1 的信号（此信号对所有神经元都相同）. 神经元的输出由 2/3 规则决定，即三个输入信号中至少有两个为 1 时，神经元的输出才为 1，否则输出为 0. 增益控制 1 的信号初值设置为 1，且 R 的所有元素设为 0，因此 C 最初和 X 完全相同.

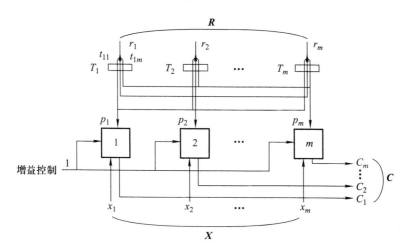

图 5.12　ART 比较层结构

（2）识别层

识别层对输入模式 X 进行归类，即判别 X 属于哪一个存储模式. 存储的模式对应于识别层的每一个神经元的权向量 B_j（B_j 为实数向量），只有和输入模式最匹配的神经元才被激活. 由于输入向量 X 是二进制,因此神经元输出值最大的被认为和输入模式最匹配. 对应同一存储模式的二进制向量 T_j 存储在比较层内. 对输入向量 C,每个神经元先计算匹配程度 f_i,然后具有最大匹配度的神经元 k 输出为 1,即 $r_k=1$,而其他神经元的输出均为零. 识别层的结构如图 5.13 所示.

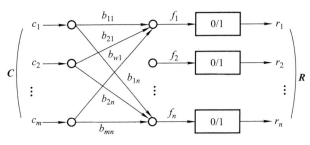

图 5.13　ART 识别层结构

（3）增益控制

若输入向量 X 中有任一成分为 1 时,增益控制 2 的信号为 1;否则为零. 和增益控制 2 一样,当 X 中的任一成分为 1 时,增益控制 1 的信号取 1. 但当 R 中的任一成分为 1 时,增益控制 1 的信号被强制置为 0.

（4）复置

若 X 和 C 不相近时,即 X 设置的警戒线不和 C 匹配时,将产生复置信号,使识别层被激活的神经元恢复原状.

ART 网络的工作过程如下:

（1）当没有输入时,X 的所有成分为 0,使得增益矩阵 2 的信号为 0,因此也使得识别层的输出全为 0.

（2）当加入输入向量 X 时,因 X 必含有不为 0 的元素,这样增益控制 1 和 2 的信号均为 1,从而使比较层的输出向量 C 和输入向量 X 完全相同.

（3）识别层寻找和 C 最匹配的神经元,并使其输出为 1,即 $r_j=1$,其他神经元输出均为 0.

（4）由 $r_j=1$ 决定比较层中对应的存储模式 $T_j=\{t_{j1},t_{j2},\cdots,t_{jm}\}$ 作为向量 P. 由于 $r_j=1$,增益控制 1 的信号被强制置为零,这时比较层的输出就是比较 X 和 P 产生的结果.

（5）若由上而下的反馈信号和输入模式不匹配（X 和 P 的对应成分不同）时,C 的相应成分就变为 0,若 C 的成分中 0 多,而 X 的成分中 1 多时,表明由上而下的反馈模式 P 不是所寻找的模式,此时产生复置信号,使识别层被激活的神经元复原,使其输出为零.

（6）若没有产生复置信号,则表明由上而下的反馈模式和输入模式相匹配.

反之,则必须搜索其他存储模式,看是否和输入模式相匹配.这一过程反复进行,直到找到一个相匹配的存储模式.

(7) 若在所有的存储模式中都没有找到相匹配的模式时,输入模式作为新的模式存储到网络中.

上述学习过程可用如下数学方程描述.设从下至上的连接权值为 b_{ij},从上至下的为 t_{ij}.

(1) 初期化

$$t_{ij}(0)=1, b_{ij}(0)=\frac{1}{m+1}, 1 \leqslant i \leqslant m, 1 \leqslant j \leqslant n;$$

(2) 给定一新的模式 $\boldsymbol{X}$;

(3) 计算匹配度,

$$f_j=\sum_i b_{ij}x_i, 1 \leqslant j \leqslant n;$$

(4) 选择一最佳模式,取对应 $\max\{f_i\}$ 的模式 j;

(5) 与输入模式相比较,

$$s_{N/D}=\sum_i t_{ij}x_i \Big/ \sum_i x_i,$$

若 $s_{N/D}>\rho$,转向(7),否则转向(6);其中,$\rho(0<\rho<1)$ 为预先设置的警戒线;

(6) 重新匹配,把最佳配置的输出置为零,不参加比较,转向(3);

(7) 调整和输入模式相匹配的存储模式:

$$t_{ij}^*(k+1)=t_{ij}^*(k)x_i,$$

$$b_{ij}^*(k+1)=\frac{t_{ij}^*(k)x_i}{0.5+\sum_i t_{ij}^*(k)x_i}, \quad 1 \leqslant i \leqslant m;$$

(8) 去掉(6)中神经元输出为零的限制,转向(2).

由上可见,调节警戒线的大小可控制存储模式的类数. ρ 小则存储的类别少,反之则存储模式的类别多.

2. 自组织特征映射(SFM)

自组织特征映射是一种无教师学习的神经网络.对于输入模式,神经网络的不同区域具有不同的响应特征.通常只有一个神经元或局部区域的神经元对输入模式有积极响应.图 5.14 显示了二维阵列分布的自组织特征映射网络,输入模式 $\boldsymbol{X}=(x_1,x_2,\cdots,x_n)^{\mathrm{T}}$ 并行连接到网络的每一个神经元,而每个神经元对应一个权向量 $\boldsymbol{M}$(网络的可调整参数).对于输入模式 $\boldsymbol{X}$,每个神经元的权向量都与其进行比较,距离最近的权向量会自动调节,直到与输入模式 $\boldsymbol{X}$ 的某一最大主分量相重合为止.

对于输入模式 $\boldsymbol{X}$,首先确定中心神经元 $\boldsymbol{M}_c$,使之满足 $\|\boldsymbol{X}-\boldsymbol{M}_c\|=$

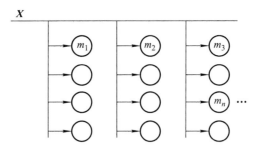

图 5.14 二维矩阵的自组织特征映射网络

$\min\{\|\boldsymbol{X}-\boldsymbol{M}_i\|\}$,这里$\|\cdot\|$为欧几里得距离. 对以 $\boldsymbol{M}_c$ 为中心的周围神经元的权向量按下式进行调整:

$$\boldsymbol{M}_i(k+1)=\begin{cases}\boldsymbol{M}_i(k)+\alpha(k)\left[\boldsymbol{X}-\boldsymbol{M}_i(k)\right], & i\in N_c(k),\\ \boldsymbol{M}_i(k), & i\notin N_c(k),\end{cases} \quad (5.38)$$

式中,N_c 表示由 $\boldsymbol{M}_c$ 为中心的周围神经元组成. 在学习中,$N_c(k)$的初始值可选大些,然后逐步收缩;通常,学习系数 $\alpha(k)$ 在初始时可取接近于 1.0 的常数,然后逐渐变小,例如可取为 $0.9(1-k/1000)$.

3. 对偶传播网络(CPN)

美国圣地亚哥加州大学 R. Hecht-Ntelsen 教授于 1986 年提出了利用自组织映射近似函数的一种映射神经网络,结构的主要特点是组合 Kohonen 的自组织映射和 Grossberg 的外星(outstar)结构. 本小节将只讨论仅有前向传递的 CPN 模型,其结构如图 5.15 所示.

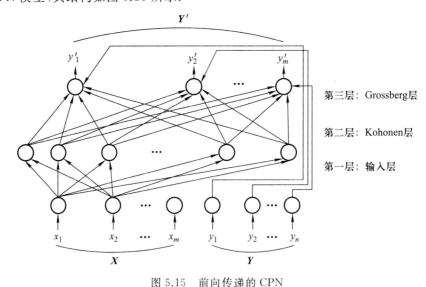

图 5.15 前向传递的 CPN

前向传递的 CPN 由输入层、Kohonen 层和 Grossberg 层共三层构成,各层的基本特性和作用可描述如下:

(1) 输入层,提供网络学习用的向量对 $(\boldsymbol{X},\boldsymbol{Y})$ 且 $\boldsymbol{Y}=f(\boldsymbol{X})$.

(2) Kohonen 层,由 N 个神经元组成,其输出分别为 $z_1,z_2,\cdots,z_N$;且

$$z_j=\begin{cases}1,&\forall j,\|\boldsymbol{W}_i-\boldsymbol{X}\|\leqslant\|\boldsymbol{W}_j-\boldsymbol{X}\|,\\0,&\text{其他}.\end{cases}$$

对于输入向量 $\boldsymbol{X}$,Kohonen 层只有与其最近的神经元被激活,输出为 1,其他神经元输出都为 0. 此时被激活的神经元的权向量按下式调节:

$$\boldsymbol{W}_i^{\text{new}}=\boldsymbol{W}_i^{\text{old}}+\alpha(k)(\boldsymbol{X}-\boldsymbol{W}_i^{\text{old}}),$$

式中,$0\leqslant a(k)\leqslant1$,起始时取较大的数,如 0.8,然后随着训练逐渐减小. 当训练结束后,权向量保持不变.

(3) Grossberg 层,由 m 个神经元组成,其输出分别为 $y'_1,y'_2,\cdots,y'_m$,且

$$y'_j=\sum_{i=1}^{N}t_{ji}^{\text{old}}z_i,$$

$$t_{ji}^{\text{new}}=t_{ji}^{\text{old}}+\beta(y_j-y'_j)z_i,$$

这里 $\boldsymbol{T}_j=(t_{j1},t_{j2},\cdots,t_{jN})^{\text{T}}$ 是连接神经元 j 的权向量,$\beta(0<\beta<1)$ 是 Grossberg 学习规则中的常数. 由于中间层的输出中只有一个为 1,即 $z_i=1$,因此神经元 j 的输出 y'_j 就取 t_{ji},这里 t_{ji} 是 Kohonen 层神经元 i 和该层神经元相连的权值,且只有权向量 $\boldsymbol{T}_j$ 根据 Grossberg 学习规则调节. 当训练完成后,网络将输出对应激活 Kohonen 层同一神经元的向量对 $(\boldsymbol{X},\boldsymbol{Y})$ 中所有 $\boldsymbol{Y}$ 的平均值.

原则上讲,增加 Kohonen 层神经元的数目,可以提高函数近似的精度. 因此,和 BP 网络一样,CPN 可用来近似一般的连续函数,但所需的神经元数目比 BP 网络要大得多. 尽管如此,CPN 具有潜在的应用前景,可用于图像处理和统计分析.

5.2.5　卷积神经网络

1. 卷积神经网络的基本结构

近年来,卷积神经网络(convolutional neural network,CNN)在图像分类、目标检测、图像语义分割等领域取得了一系列突破性的研究成果,其强大的特征学习与分类能力引起了广泛的关注. CNN 提供了一种端到端的学习模型,模型中的参数可以通过传统的梯度下降方法进行训练,经过训练的 CNN 能够学习到图像中的特征,并完成对图像特征的提取和分类. CNN 沿用了普通的神经元网络即多层感知器的结构,是一个前馈网络. 作为神经网络领域的一个重要研究分支,CNN 的特点在于其每一层的特征都由上一层的局部区域通过共享权值的卷积核激励得到. 这一特点使得 CNN 相比于其他神经网络方法更适合

应用于图像特征的学习与表达.

图 5.16 所示为典型的 CNN 结构,其主要由输入层、卷积层、下采样层(池化层)、全连接层和输出层组成.

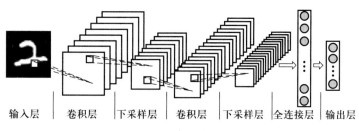

输入层 | 卷积层 | 下采样层 | 卷积层 | 下采样层 | 全连接层 | 输出层

图 5.16　CNN 的典型结构

CNN 的输入通常为原始图像 $\boldsymbol{X}$. 这里用 $\boldsymbol{H}_i$ 表示 CNN 第 i 层的特征图 ($\boldsymbol{H}_0 = \boldsymbol{X}$). 假设 $\boldsymbol{H}_i$ 是卷积层, $\boldsymbol{H}_i$ 的产生过程可以描述为

$$\boldsymbol{H}_i = f(\boldsymbol{H}_{i-1} \otimes \boldsymbol{W}_i + \boldsymbol{b}_i),\tag{5.39}$$

其中 $\boldsymbol{W}_i$ 表示第 i 层卷积核的权值向量;运算符号"$\otimes$"代表卷积核与第 $i-1$ 层图像或者特征图进行卷积操作,卷积的输出与第 i 层的偏移向量 $\boldsymbol{b}_i$ 相加,最终通过非线性的激励函数 $f(x)$ 得到第 i 层的特征图 $\boldsymbol{H}_i$.

下采样层通常跟随在卷积层之后,依据一定的下采样规则对特征图进行下采样. 下采样层的功能主要有两点:① 对特征图进行降维;② 在一定程度上保持特征的尺度不变特性.

假设 $\boldsymbol{H}_i$ 是下采样层(subsampling),则

$$\boldsymbol{H}_i = \text{subsampling}(\boldsymbol{H}_{i-1}).\tag{5.40}$$

经过多个卷积层和下采样层的交替传递,卷积神经网络依靠全连接网络针对提取的特征进行分类,得到基于输入的概率分布为

$$Y(i) = P(L = l_i \mid \boldsymbol{H}_0; (\boldsymbol{W}, \boldsymbol{b})),\tag{5.41}$$

其中 l_i 表示第 i 个标签类别. 如上式所示,卷积神经网络本质上是使原始矩阵 ($\boldsymbol{H}_0$) 经过多个层次的数据变换或降维,映射到一个新的特征表达 (Y) 的数学模型.

卷积神经网络的训练目标是最小化网络的损失函数 $L(\boldsymbol{W}, \boldsymbol{b})$. 输入 $\boldsymbol{H}_0$ 经过前向传导后通过损失函数计算出与期望值之间的差异,称为"残差". 常见损失函数有均方误差(mean squared error, MSE)函数、负对数似然(negative log likelihood, NLL)函数等,即

$$\text{MSE}(\boldsymbol{W}, \boldsymbol{b}) = \frac{1}{|Y|} \sum_{i=1}^{|Y|} (Y(i) - \hat{Y}(i))^2,\tag{5.42}$$

$$\mathrm{NLL}(\boldsymbol{W}, \boldsymbol{b}) = -\sum_{i=1}^{|Y|} \log_2 Y(i). \tag{5.43}$$

为了减轻过拟合的问题,最终的损失函数通常会通过增加 L_2 范数以控制权值的过拟合,并且通过权重衰减(weight decay)参数 λ 控制过拟合作用的强度:

$$E(\boldsymbol{W}, \boldsymbol{b}) = L(\boldsymbol{W}, \boldsymbol{b}) + \frac{\lambda}{2} \boldsymbol{W}^{\mathrm{T}} \boldsymbol{W}. \tag{5.44}$$

训练过程中,卷积神经网络常用的优化方法是梯度下降方法.残差通过梯度下降进行反向传播,逐层更新卷积神经网络的各个层的可训练参数($\boldsymbol{W}$ 和 $\boldsymbol{b}$).学习速率参数(η)用于控制残差反向传播的强度:

$$\boldsymbol{W}_i = \boldsymbol{W}_i - \eta \frac{\partial E(\boldsymbol{W}, \boldsymbol{b})}{\partial \boldsymbol{W}_i}, \tag{5.45}$$

$$\boldsymbol{b}_i = \boldsymbol{b}_i - \eta \frac{\partial E(\boldsymbol{W}, \boldsymbol{b})}{\partial \boldsymbol{b}_i}. \tag{5.46}$$

2.卷积神经网络的工作原理

基于上节的定义,CNN 的工作原理可以分为网络模型定义、网络训练以及网络预测三个部分.

(1)网络模型定义.网络模型的定义需要根据具体应用的数据量以及数据本身的特点,设计网络深度、网络每一层的功能,以及设定网络中的超参数(如 λ,η 等).针对卷积神经网络的模型设计有不少的研究,如在模型深度、卷积的步长、激励函数等方面.此外,针对网络中的超参数选择,也存在一些有效的经验总结.但是,目前针对网络模型的理论分析和量化研究相对还比较匮乏.

(2)网络训练.CNN 可以通过残差的反向传播对网络中的参数进行训练.但是,网络训练中的过拟合以及梯度的消逝与爆炸等问题极大影响了训练的收敛性能.针对网络训练的问题,有学者提出一些有效的改善方法,如基于高斯分布的随机初始化网络参数、利用经过预训练的网络参数进行初始化、对卷积神经网络不同层的参数进行相互独立同分布的初始化等.根据近期的研究趋势,卷积神经网络的模型规模正在迅速增大,而更加复杂的网络模型也对相应的训练策略提出了更高的要求.

(3)网络预测.CNN 的预测过程就是通过对输入数据进行前向传导,在各个层次上输出特征图,最后利用全连接网络输出基于输入数据的条件概率分布的过程.近期研究表明,经过前向传导的 CNN 高层特征具有很强的判别能力和泛化性能;而且通过迁移学习,这些特征可以被应用到更加广泛的领域.

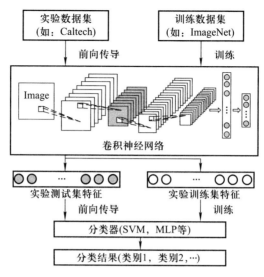

图 5.17　CNN 的迁移学习流程

3. 卷积神经网络的迁移学习

迁移学习的定义是运用已存有的知识对不同但相关领域问题进行求解的一种机器学习方法,其目标是完成知识在相关领域之间的迁移. 对于卷积神经网络而言,迁移学习就是要把在特定数据集上训练得到的"知识"成功运用到新的领域之中. 图 5.17 所示为 CNN 的迁移学习流程,其一般流程是:(1) 在特定应用之前,先利用相关领域大型数据集(如 ImageNet)对网络中的随机初始化参数进行训练;(2) 利用训练好的 CNN,针对特定应用领域的数据(如 Caltech)进行特征提取;(3) 利用提取后的特征,针对特定应用领域的数据训练 CNN 或者分类器.

与直接在目标数据集上训练网络的传统方法相比,Zeiler 等人让 CNN 在 ImageNet 数据集上进行预训练,然后再将网络分别在图像分类数据集 Caltech-101 和 Caltech-256 上进行迁移训练和测试,其图像分类准确度提高了约 40％. 但是,ImageNet 和 Caltech 都属于物体识别数据库,其迁移学习的领域相对比较接近,对于跨度更大领域的研究还存在不足. 于是,Donahue 等人采用了与 Zeiler 类似的策略,通过基于 ImageNet 的 CNN 预训练,成功地将 CNN 的迁移学习应用到了与物体识别差异更大的领域,例如 domain adaption,subcategory recognition 以及 scene recognition 等. 除了 CNN 在各个领域的迁移学习研究,Razavian 等人还对 CNN 不同层次特征的迁移学习效果进行了探索,发现 CNN 的高层特征相对于低层特征具有更好的迁移学习能力. Zhou 等人利用了大型的图像分类数据库(ImageNet)和场景识别数据库(Places)分别对两个相同结构的卷积神经网络进行了预训练,并在一系列的图像分类和场景识别数据库上进行了迁移学习效果的验证. 实验结果显示,经过 ImageNet 和 Places 预训练的网络分别在各自领域的数据库上取得的迁移学习效果更好,这一事实说明了领域的相关性对于 CNN 的迁移学习具有一定的影响.

关于 CNN 迁移学习的研究,其意义在于:(1) 解决 CNN 在小样本条件下的训练样本不足问题;(2) 对于 CNN 的迁移利用,能大幅度减少网络的训练开销;(3) 利用迁移学习能进一步扩大 CNN 的应用领域.

5.2.6　学习规则与算法

1. Hebb 学习规则

基于对生理学和心理学的长期研究,D. O. Hebb 提出了生物神经元学习的假设,即当两个神经元同时处于兴奋状态时,它们之间的连接应当加强. 这一假设可用下式来描述:

$$w_{ij}(k+1) = w_{ij}(k) + I_i I_j, \tag{5.47}$$

式中,$w_{ij}(k)$ 为连接从神经元 i 到神经元 j 的当前权值;I_i, I_j 分别为神经元 i, j 的激活水平.

Hebb 学习规则是一种无教师学习的方法,它只根据神经元连接间的激活水平改变权值,因此这种方法亦称相关规则. 当神经元由式(5.47)描述时,即

$$\left. \begin{aligned} I_i &= \sum_j w_{ji} x_j - \theta_i, \\ y_i &= f(I_i) = 1/(1 + \exp(-I_i)), \end{aligned} \right\} \tag{5.48}$$

式中 θ 为常数. Hebb 学习规则由式(5.48)改写成

$$w_{ij}(k+1) = w_{ij}(k) + y_i y_j. \tag{5.49}$$

另外,根据神经元状态变化来调整权值的 Hebb 学习,称为微分 Hebb 学习,可描述如下:

$$w_{ij}(k+1) = w_{ij}(k) + [y_i(k) - y_i(k-1)][y_j(k) - y_j(k-1)]. \tag{5.50}$$

2. 梯度下降法

假设下列准则函数

$$J(\boldsymbol{W}) = \frac{1}{2}\varepsilon(\boldsymbol{W}, k)^2 = \frac{1}{2}(Y(k) - \hat{Y}(\boldsymbol{W}, k))^2, \tag{5.51}$$

式中,$Y(k)$ 代表希望的输出,$\hat{Y}(\boldsymbol{W}, k)$ 为网络的实际输出. $\boldsymbol{W}$ 是网络的所有权值组成的向量,$\varepsilon(\boldsymbol{W}, k)$ 为 $\hat{Y}(\boldsymbol{W}, k)$ 对 $y(k)$ 的偏差. 现在的问题是如何调整 $\boldsymbol{W}$ 使准则函数最小.

梯度下降法(gradient decent method)可用来解决此问题,其基本思想是沿

着 $J(\boldsymbol{W})$ 的负梯度方向不断修正 $\boldsymbol{W}(k)$ 值,直到 $J(\boldsymbol{W})$ 达到最小值. 这种方法的数学表达式为

$$\boldsymbol{W}(k+1)=\boldsymbol{W}(k)+\mu(k)\left(-\frac{\partial J(\boldsymbol{W})}{\partial \boldsymbol{W}}\right)\bigg|_{\boldsymbol{w}=\boldsymbol{w}(k)},\qquad(5.52)$$

式中,μ 是控制权值修正速度的变量,$J(\boldsymbol{W})$ 的梯度为

$$\left(-\frac{\partial J(\boldsymbol{W})}{\partial \boldsymbol{W}}\right)\bigg|_{\boldsymbol{w}=\boldsymbol{w}(k)}=-\varepsilon(\boldsymbol{W},k)\frac{\partial \hat{y}(\boldsymbol{W},k)}{\partial \boldsymbol{W}}\bigg|_{\boldsymbol{w}=\boldsymbol{w}(k)}.\qquad(5.53)$$

在上述问题中,把网络的输出看成是网络权值向量 $\boldsymbol{W}$ 的函数,因此网络的学习就是根据希望的输出和实际的网络输出之间的误差平方最小原则来修正网络的权向量. 根据不同形式的 $\hat{\boldsymbol{Y}}(\boldsymbol{W},k)$,可推导出相应的算法,下面将介绍 Widrow-Hoff 的 δ 规则和 BP 算法.

(1) δ 规则

在 B. Widrow 的自适应线性元件中,自适应线性神经元的输出可表示成

$$\hat{\boldsymbol{Y}}(\boldsymbol{W},k)=\boldsymbol{W}^{\mathrm{T}}\boldsymbol{X}(k),\qquad(5.54)$$

式中,$\boldsymbol{W}=(\omega_0,\omega_1,\cdots,\omega_n)^{\mathrm{T}}$ 为权向量,$\boldsymbol{X}(k)=(x_1,x_2,\cdots,x_n)^{\mathrm{T}}$ 为 k 时刻的输入模式. 因此准则函数 $J(\boldsymbol{W})$ 的梯度为

$$\frac{\partial J(\boldsymbol{W})}{\partial \boldsymbol{W}}=-\varepsilon(\boldsymbol{W},k)\frac{\partial \hat{y}(\boldsymbol{W},k)}{\partial \boldsymbol{W}}\bigg|_{\boldsymbol{w}=\boldsymbol{w}(k)}=-\varepsilon(\boldsymbol{W},k)\boldsymbol{X}(k)|_{\boldsymbol{w}=\boldsymbol{w}(k)}.$$

当 $\mu(k)=\xi/\|\boldsymbol{X}(k)\|^2$ 时,有如下 Widrow δ 规则

$$\boldsymbol{W}(k+1)=\boldsymbol{W}(k)+\frac{\xi}{\|\boldsymbol{X}(k)\|^2}\varepsilon(\boldsymbol{W}(k),k)\boldsymbol{X}(k),\qquad(5.55)$$

这里,ξ 是控制算法稳定性和收敛性的常数. 当 $0<\xi<2$ 时,上述算法保证稳定收敛,但实际上常取 $0.1<\xi<1.0$.

δ 规则还有其他形式,如

$$\boldsymbol{W}(k+1)=\boldsymbol{W}(k)+\eta\varepsilon(\boldsymbol{W}(k),k)\boldsymbol{X}(k)\qquad(5.56)$$

或

$$\begin{aligned}\boldsymbol{W}(k+1)=&\boldsymbol{W}(k)+\eta(1-\alpha)\varepsilon(\boldsymbol{W}(k),k)\boldsymbol{X}(k)\\&+\alpha(\boldsymbol{W}(k)-\boldsymbol{W}(k-1)),\end{aligned}\qquad(5.57)$$

式中,η 常取 $0.01\leqslant\eta\leqslant10.0$,$\xi$ 取 0.9.

(2) BP 算法

假设 BP 网络结构如图 5.2 所示,共有二层(不包括输入层),第 l 层的节点数为 n_l,$y_k^{(l)}$ 代表第 l 层节点 k 的输出,且由下式表示:

$$\begin{aligned}\overline{y}_k^{(l)}&=\boldsymbol{W}_k^{(l)}y^{(l-1)}=\sum_{j=1}^{n_{l-1}}w_{kj}^{(l)}y_j^{(l-1)},\\y_k^{(l)}&=f(\overline{y}_k^{(l)}),\quad k=1,2,\cdots,n_l,\end{aligned}\qquad(5.58)$$

这里 $\boldsymbol{W}_k^{(l)}$ 为连接第 $l-1$ 层节点到第 l 层节点 k 的权向量,$\boldsymbol{Y}^{(0)}=\boldsymbol{X}$.

给定教师信号 $(\boldsymbol{X},\boldsymbol{Y})$ 后,网络的权值将被调整,使下列准则函数最小:

$$E(\boldsymbol{W}) = \frac{1}{2}\|\boldsymbol{Y}-\hat{\boldsymbol{Y}}\|^2 = \frac{1}{2}\sum_{k=1}^{n_m}(\boldsymbol{Y}_k-\hat{\boldsymbol{Y}}_k),\qquad(5.59)$$

式中,$\hat{\boldsymbol{Y}}(k)$ 为网络输出,且 $\hat{\boldsymbol{Y}}(k)=y_k^{(m)}$.

由梯度下降法,可以求得 $E(\boldsymbol{W})$ 的梯度来修正权值,即权向量 $\boldsymbol{W}_i^{(l)}$ 的修正量可由下式求得:

$$\Delta\boldsymbol{W}_i^{(l)} = -\xi\,\frac{\partial E}{\partial \boldsymbol{W}_i^{(l)}} = \xi\delta_i^{(l)}y^{(l-1)}.\qquad(5.60)$$

这里,对于输出层

$$\delta_i^{(l)} = (\boldsymbol{Y}_i-\boldsymbol{Y}_i^{(m)})f'(\bar{\boldsymbol{y}}_i^{(m)}),\qquad(5.61)$$

对其他层

$$\delta_i^{(l)} = \sum_{j=1}^{n_{l+1}}\boldsymbol{W}_{ij}^{(l+1)}\delta_j^{(l+1)}f'(\bar{\boldsymbol{y}}_i^{(l)}),\quad l=1,2,\cdots,m-1.\qquad(5.62)$$

因此,误差的计算是从输出层向输入层的方向进行,这就是误差反向传播算法(BP 算法)名字的由来. 通常,函数 $f(u)$ 常取 Sigmoid 函数,即

$$f(u) = \frac{1}{1+\exp(-u)}.$$

这时 $f(u)$ 的导数可用乘积来表示,使计算简单化,即

$$f'(u) = f(u)(1-f(u)).$$

对于给定的不同的教师信号,按照上述的方法,不断反复地修正权值,使网络的输出接近所有的希望输出. BP 算法流程如图 5.18 所示. 初始化选择 $\boldsymbol{W}$ 的初权值,一般取零左右很小随机数.

(3) 回归 BP 算法

回归 BP 算法(recurrent back propagation algorithm)是 BP 算法在回归网络中的应用. 由于 BP 算法在前向网络学习中非常有效,许多研究者将 BP 算法中使用的梯度下降法应用到回归网络中,因此产生了回归 BP 算法.

回归 BP 网络可由下述非线性动态方程描述:

$$\tau\frac{\mathrm{d}z_i}{\mathrm{d}t} = -z_i + S\Big(\sum_j w_{ij}z_j\Big) + I_i,\qquad(5.63)$$

式中,z_i 为神经元 i 的内部状态,$S(x)$ 为 Sigmoid 函数,I_i 的定义如下:

$$I_i = \begin{cases} x_i, & \text{神经元 } i\in A,\\ 0, & \text{其他}, \end{cases}$$

这里 A 为输入节点的集合,x_i 为外加输入. 若用 Ω 代表输出节点的集合,则隐节点是既不属于 A 也不属于 Ω 的节点,但一个节点可以同时是一输入节点(即 $I_i=x_i$),也可以是一输出节点.

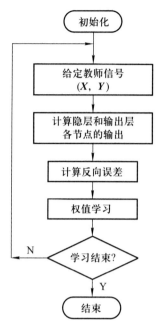

图 5.18　BP 算法流程

当系统(5.63)到达平衡点时,即 $\mathrm{d}z_i/\mathrm{d}t = 0$ 时,则

$$z_i^* = S\Big(\sum_j w_{ij} z_j^*\Big) + I_i. \tag{5.64}$$

网络的权矩阵 $\boldsymbol{W} = [w_{ij}]$ 通过使下列误差平方和最小来求得:

$$E = \frac{1}{2}\sum_k E_k^2, \tag{5.65}$$

其中

$$E_k = \begin{cases} y_k - z_k^*, & \text{神经元 } k \in \Omega, \\ 0, & \text{其他.} \end{cases}$$

回归 BP 算法网络的权矩阵可通过一辅助网络来修正,即

$$\Delta w_{pq} = \xi S^f\Big(\sum_j w_{pj} z_j^*\Big)\nu_p^* z_q^*, \tag{5.66}$$

式中,ν_p^* 是下列辅助网络的稳定吸引子:

$$\frac{\mathrm{d}\nu_i}{\mathrm{d}t} = -\nu_i + \sum_p \nu_p S^f\Big(\sum_j w_{pj} z_j^*\Big) w_{pj} + E_i, \tag{5.67}$$

因此在权值的修正中,不必求解矩阵的逆.

$$\nu_i^* - \sum_p \nu_p^* S^f\Big(\sum_j w_{pj} z_j^*\Big) w_{pi} = E_i \tag{5.68}$$

的解将是式(5.64)的稳定吸引子.

根据梯度下降法,为使式(5.65)定义的准则函数最小,网络权值的修正量为

$$\Delta w_{pq} = -\xi \frac{\partial E}{\partial w_{pq}} = \xi \sum_k E_k \frac{\partial z_k^*}{\partial w_{pq}}. \tag{5.69}$$

由式(5.66)可得

$$\frac{\partial z_k^*}{\partial w_{pq}} = \frac{\partial S(u_i^*)}{\partial u_i^*} \frac{\partial u_i^*}{\partial w_{pq}} = S'(u_i^*) \frac{\partial u_i^*}{\partial w_{pq}}, \tag{5.70}$$

$$u_i^* = \sum_j w_{ij} z_j^*.$$

另外

$$\frac{\partial u_k^*}{\partial w_{pq}} = \sum_j \left(\frac{\partial w_{ij}}{\partial w_{pq}} z_j^* + w_{ij} \frac{\partial z_j^*}{\partial w_p} \right) = \delta_{ip} z_q^* + \sum_j w_{ij} \frac{\partial z_j^*}{\partial w_{pq}}, \tag{5.71}$$

于是

$$\frac{\partial z_j^*}{\partial w_p} = S'(u_i^*) \left(\delta_{ip} z_q^* + \sum_j w_{ij} \frac{\partial z_j^*}{\partial w_{pq}} \right). \tag{5.72}$$

定义矩阵 $\boldsymbol{L}$，其元素为

$$(\boldsymbol{L})_{ij} = \delta_{ij} - S'(u_i^*) w_{ij}, \tag{5.73}$$

则有

$$\frac{\partial z_k^*}{\partial w_{pq}} = (\boldsymbol{L}^{-1})_{kp} S'(u_p^*) z_q^*, \tag{5.74}$$

将上式代入式(5.69)得

$$\Delta w_{pq} = \alpha S'(u_p^*) \nu_p^* z_q^*, \tag{5.75}$$

其中

$$\nu_p^* = \sum_k E_k (\boldsymbol{L}^{-1})_{kp}. \tag{5.76}$$

为避免矩阵求逆，不难发现

$$\begin{aligned} \sum_p \nu_p^* (\boldsymbol{L})_{pi} &= \sum_p \sum_k E_k (\boldsymbol{L}^{-1})_{kp} (\boldsymbol{L})_{pi} \\ &= \sum_k E_k \sum_p (\boldsymbol{L}^{-1})_{kp} (\boldsymbol{L})_{pi} = E_i. \end{aligned} \tag{5.77}$$

将式(5.73)代入上式得

$$\sum_p \nu_p^* [\delta_{pi} - S'(u_p^*) w_{pi}] = E_i, \tag{5.78}$$

即

$$\nu_i^* - \sum_p \nu_p^* S'(u_p^*) w_{pi} = E_i. \tag{5.79}$$

因此，对应上式稳态解(平衡点)的动态方程为

$$\frac{\mathrm{d}\nu_i}{\mathrm{d}t} = -\nu_i + \sum_p \nu_p S'(u_p^*) w_{pi} + E_i, \tag{5.80}$$

将式(5.79)代入上式，即求得式(5.64)。

5.3 神经网络在遥感中的应用

5.3.1 神经网络在遥感影像分类中的应用

1. BP 神经网络的遥感影像分类模型

随着遥感技术发展迅速,遥感图像分辨率已能够达到分米级,而且遥感技术能够快速、周期性地获取海量遥感数据并应用于生产、生活中,因此如何对其进行更好的处理与应用是应该思索的问题. 遥感影像分类是其中需要研究的重点,许多学者经过研究与实践采用了诸如最小距离法(nearest-mean classifier)、最大似然法(maximum likelihood classifier)、光谱角分类法(spectral angle classifier)等方法. 与目视解译相比较,这些传统分类方法虽然能够很好地避免分类量大、时间长、精度受人为因素影响等缺点,但对于影像的识别拘泥于既定程序,既不能善于应变,精度又基本无法如目视解译令人满意,而且结果作图需进行进一步处理. 采用数学统计聚类模式,主要是利用地物的光谱特征对图像进行分类,而这又造成了因图像中存在的"同物异谱和异物同谱"现象而分类精度不高的问题.

ANN 分类方法是被证明具有良好效果的新方法,经过实践经验,BP 神经网络算法是在遥感影像分类中应用最多的. BP 网络算法灵活性好,具有综合分析的能力,能够很好地拟合遥感影像中存在的非线性数据,可以较好地解决"同物异谱和异物同谱"现象,相比之下从遥感图像上快速、准确地识别和提取地物信息,是传统的遥感影像分类方法难以达到的.

在进行 BP 神经网络分类前,需构建合适的 BP 神经网络结构模型,确定模型节点数、层数、激励函数和学习算法等,再把选择的样本数据和已知结果输入该模型,确定网络的参数值. 最后把具有学习经验的神经网络应用于整个研究区的遥感数据. BP 神经网络在对遥感图像数据进行分类处理时,通常会有准备、学习、分类三个阶段.

(1)准备阶段

准备阶段的主要任务是训练样本选择和网络结构设置,如设置初始权值等参数.

训练样本对应的属性一般都是已知的,这些样本都是待分类图像上比较典型区域的统计特征值,其作用是通过系统学习,了解地物类别在影像上的光谱特征和分布规律. 通常,训练区应是影像中最普遍、最有代表性的区域,应包含所有地物类别,选择时应考虑研究区内的重点、典型区域,同时训练区上的地物应易于分辨和提取,在相关资料(如地形图、规划图等)上面可以精确定位.

训练样本可以通过实地收集键盘直接输入和人机交互选择来获得. 键盘直接输入方法是指通过实地测定或与地形图等资料进行衔接后, 先把地物转绘到相关图件上并测定其在图件上的具体坐标, 再把测定的地物类型信息与具有相同坐标系的遥感图像上相同坐标位置的像元一一对应. 人机交互是指在计算机无法直接显示图像的情况下为保证精度, 在屏幕上根据图像的特征用户手动选择. 要提高分类精度必须选择合适的训练区, 保证各训练样本可以准确地找到其位置, 大小位置均具有典型性, 各地类的光谱特征和其他参数可进行有效的计算和统计.

网络结构参数设置包括确定每一层的输入数和输入层的节点数(即遥感图像的波段数), 隐含层的设置一般都是根据研究者的经验而确定, 输出层节点数一般为分类的类别数. 神经网络模型的初始权值大多数都是通过随机函数的计算得到, 而其他控制参数一般会根据实际的工作需要(如期望的分类精度、网络结构的学习率等)以及研究者的经验来确定.

隐含层节点个数的确定比较困难, 它很大程度上受学习阶段的训练速度和精度影响, 一般情况下隐含层节点个数越多, 神经网络模型的运算量越大, 运算速度也就随之降低, 在此种情况下的分类精度能够得到很大的提高. 通常, 只有一个隐层时, 隐层节点数量是输入节点的 2～3 倍, 若在运行后分类的效果不好, 则可适当增加节点数量, 直至达到所需结果. 神经元的传递函数采用对数型 Sigmoid 函数, 分类效果比线性划分更准确、合理, 网络的容错性也较好.

(2) 学习阶段

BP 学习过程包括正向传播和反向传播两个过程. 为提高学习效率, 输入变量的标准化处理必须遵循训练集包含的输入变量应该是不相关的, 以及去相关后的输入变量应调整至单位区间两项原则. 以上准备工作都结束后, 接下来就将选取的样本集, 通过一定的学习规则, 对分类模型进行重复迭代的训练, 训练过程包括样本集的输入和更新权值函数. 其中, 样本集的输入就是在对样本集输入之前, 要确定网络模型的各层输出和误差; 而更新权值函数就是按照输入的权值计算总误差, 并判断是否符合研究所需要的全局误差. 若符合, 就终止学习, 对待分类图像进行分类; 否则, 就从第一步开始反复迭代, 直到误差符合全局误差. 但是, 若是迭代次数超过最大值, 同样要停止迭代, 重置模型的各个参数, 从第一步继续开始.

BP 神经网络就是通过调整各节点之间的连接权重, 来限定训练样本对学习的误差收敛于要求的范围之内, 从而达到对于所需分类类别的识别. 在网络学习中, 首先要确定初始权值、学习速率因子、动量因子以及网络全局误差 E 等几个重要的网络参数.

① 初始权值, 取值在 0 到 1 之间, 该参数用于调节节点内部权重. 适当调整

节点的内部权重,可以生成一幅较好的分类图像,但若权重设置太大,对分类结果也会产生不良影响.

② 学习速率因子,学习速率的取值在 0 和 1 之间,它将直接影响学习过程的稳定性、学习的速度和学习能否成功,保证网络收敛于某个极小值.但学习速率值的设定需谨慎,若过大,训练速度会加快,会造成训练结果不集中;若过小,则会使得学习时间过长,学习效率降低.

③ 动量因子,取值在 0 到 1 之间,该值越大,训练的步幅越大;该参数的作用就是促使权重沿当前方向改变.

④ 网络全局误差 E,即在神经网络运行时,输出成果与期望值进行对比,产生的误差与设定的误差临界值相对比,若小于临界值则输出;若大于临界值则返回继续运算.这个误差临界值就是网络全局误差,它是网络分类精度的保证.全局误差较小,则输出结果少且精度高,但需进行循环,计算量增大,影响分类效率;全局误差较大,则输出多但精度不高,甚至出现在实际误差远远小于全局误差时,神经网络的运算过程无法完成的情况.

(3) 分类阶段

输入多光谱波段数据和地理信息数据——数字高程模型(digital elevation model,DEM)后,网络根据在样本中训练学习得到网络的连接权值矩阵,先对波段数据和地理信息数据进行计算,再比较输出结果与各分类类别期望值,将研究区所有像元分别归属到对比误差最小的类别.

2. 遥感分类体系确定

本小节采用美国陆地卫星 7 号(Landsat 7)数据作为研究样本,分析基于 BP 神经网络的遥感影像分类.由于影像数据维数高导致各波段之间相关性高,地物分类难以实现,通常用波段组合消除这个问题,因此提取遥感影像光谱信息特征是后期分类信息提取的前提,最佳波段组合选择是光谱特征提取的关键步骤.在实际应用中,通常选择一组相关性最低的波段组合,这样可为 BP 神经网络的遥感分类提供良好的基础.为了减少波段相关性,降低信息冗余度,将已有数据降为三个波段,既能解决问题,还能大大减少图像分类的工作量.这一过程应遵循的原则如下:(1)选择的最佳波段组合不能丢失或很少丢失原有波段具有的相关信息;(2)波段间相关性系数要尽量低,各波段辐射量标准差不能太小;(3)各波段自身或进行波段融合操作后的图像所反映的地物要易于区分.

根据地物在 30 m 分辨率下的易分程度,将研究区划分为:耕地、园林地、水域、建设用地、其他用地等五个类别,各个类别的解译标志如表 5.1 所示.

表 5.1　TM 影像解译标志(彩色表见插页)

类型定义		遥感解译标志	解译样本
园林地	包括生长有阔叶林、疏木林及其他果树的土地	形状规则，条纹清楚，纹理细腻，色彩均匀边缘清晰	
水域	指天然形成或人工开挖的常水位线所围成的水面，包括河流、湖泊、水库等	河流呈线形条带状，湖泊边界清晰，纹理均匀；湖泊、水库等呈斑块状	
耕地	指用于农作物生长的土地	影像几何特征较规则，色调均匀，纹理细腻	
建设用地	主要指居民点及特殊用地等，还包括占面积较大的交通运输用地	居民点形状较规则，边界清楚，与周围反差较大	
其他用地	主要为自然保留地	零散分布于上述四种地类周围，几乎无植被覆盖，几何特征不明显	

3. BP 神经网络遥感影像分类

(1) 训练样本数据选取

在 BP 神经网络遥感影像分类前需先进行训练样本数据的选择．训练样本的作用是通过系统学习，了解地物类别在影像上的光谱特征和分布规律，因此训练区应是影像中最普遍、最有代表性的区域，训练样区应包含所有地物类别，选择时应考虑研究区的重点、典型区域．同时，训练样区上的地物应易于分辨和提取，在相关资料如地形图、规划图等上面可以精确定位．

训练样本可以通过实地收集，键盘直接输入和人机交互选择来获得，键盘直接输入方法是指通过实地测定或与地形图等资料进行衔接后，把地物转绘到相关图件上并测定其在图件上的具体坐标，再把测定的地物类型信息与具有相同坐标系的遥感图像上相同坐标位置的像元一一对应．人机交互是指在计算机无法直接显示图像的情况下为保证精度进行，在屏幕上根据图像的特征用户手动选择，人机交互可在计算机系统对于图像可见的情况下进行．

应选择合适的训练区以提高分类精度，保证各训练样本可以准确地找到其位置，这就要求所选训练区的大小位置具有典型性，各地类的光谱特征及其参数可进行有效的计算和统计,在研究中采用目视解译和实地考察的方法,在真彩色合成图像,通过人机交互方式选择样本数据.根据真彩色合成图像的光谱特征,利用实际调查信息,在样本上按照前面定义的耕地、园林地、水域、建设用地及其他用地等5个类别的解译标志,通过图像的适当尺度分割,得到各地类的分布、大小和相关信息的统计.

根据研究需要,在所选定的分类研究区(4000×3000像元)内选取三组训练样本:

样本Ⅰ:选取54块耕地样本、40块园林地样本、65块建设用地样本、13块水域样本以及23块其他用地样本;

样本Ⅱ:选取62块耕地样本、29块园林地样本、46块建设用地样本、6块水域样本以及13块其他用地样本;

样本Ⅲ:选取38块耕地样本、11块园林地样本、30块建设用地样本、1块水域样本以及8块其他用地样本.

同时,还要选取一定数量的真实样本,作为后续精度检验的参照:选取36块耕地样本、30块园林地样本、24块建设用地样本、5块水域样本和1块其他用地样本.

根据样本数据提取的各地类光谱特征及其他信息,对训练样本数据的可分离性进行分析,这里采用Jeffries-Matusita距离和转换分离度(transformed divergence)方法,来衡量训练样本的感兴趣区域(region of interest,ROI)的可分离度,并以此对训练样本进行质量评价,评价结果如表5.2和表5.3所示.

表5.2　各土地利用类型分类样本可分离度

可分离度	样本Ⅰ			样本Ⅱ			样本Ⅲ		
	耕地	园林地	建设用地	耕地	园林地	建设用地	耕地	园林地	建设用地
耕地	—	1.99	1.97	—	1.99	1.99	—	1.99	1.97
园林地	1.99	—	1.99	1.99	—	1.99	1.99	—	1.99
建设用地	1.97	1.99	—	1.99	1.99	—	1.97	1.99	—
水域	2	1.99	1.99	2	2	2	2	2	2

表5.3　各土地利用类型检验样本可分离度

可分离度	耕地	园林地	建设用地
耕地	—	1.93	1.95
园林地	1.93	—	1.98

续表

可分离度	耕地	园林地	建设用地
建设用地	1.95	1.98	—
水域	2.00	1.99	1.99

　　样本的可分离度代表样本是否合格,当可分离度大于 1.90 时,说明训练样本的可分离性比较好,属于合格样本;当可分离度小于 1.80 时,训练样本可分离性较差,样本不合格,需要重新选择训练样本;当可分离度小于 1.00,则说明样本属于相同类型的样本,这时可以只保留一个样本或将两个训练样本合并为一个较大的样本.由表 5.2 和 5.3 可知,选取的训练样本和检验样本可分离度都大于 1.90,属于合格样本,可以应用于分类研究中.

　　(2) BP 人工神经网络分类参数选择

　　在进行 BP 人工神经网络分类前,需构建合适的 BP 神经网络结构模型,确定模型节点数、层数、激励函数和学习算法等;再把选择的样本数据和已知结果输入构建好的 BP 神经网络结构模型,重点是确定网络的参数值;最后把具有学习经验的神经网络应用于整个研究区的遥感数据.

　　① BP 神经网络结构的设计

　　这里对 BP 神经网络结构的主要构成进行选择,主要包括网络的层数、网络各层的节点数、神经元的激励函数以及网络学习算法等.一个完整 BP 神经网络结构由一个输入层、一个或多个隐层、一个输出层组成,根据前面的分析,当隐层只有一个时能够满足效果与效率的双重要求,在研究中采用只有一个隐层的三层 BP 神经网络.

　　下面确定各层节点数.输入层节点数一般是遥感数据的波段数,采用预处理后的三个多光谱遥感影像波段和地理信息数据 DEM 共四个波段作为源数据,因此输入层的节点数为 4.输出层的节点数即是分类结果数,与用户定义的分类类别数量相同,由于该研究中分类类型为耕地、园林地、水域、建设用地及其他用地五类,故输出层的节点数为 5.

　　确定隐含层节点个数比较困难,它很大程度上受自学习阶段的训练速度和精度影响,一般情况下隐含层节点个数越多,神经网络模型的运算量越大,运算速度也就随之降低,在此情况下分类精度能够得到很大的提高.一般情况下,只有一个隐层时,隐层节点数量是输入节点的 2~3 倍,因输入节点为 4 个,因此隐层节点数量为 8~12 个,若运行后分类的效果不好,则可适当增加节点数量,直至达到所需结果.神经元的传递函数这里采用对数型 Sigmoid 激励函数,这种激励函数是一种非线性方法,分类效果比线性划分更准确、合理,网络的容错性也较好.

② BP 神经网络学习

上面只是确定了 BP 神经网络的结构,但网络各结构间的联系方式与限制没有确定,即各节点间的连接权重没有对应独立的值,这时的网络无法运行和进行计算,不能用于影像分类. 各节点间的连接权重需要通过样本的训练学习过程获得最优值,才能使神经网络进行有效的运行. 因此,BP 神经网络就是通过调整各节点之间的连接权重,来限定训练样本对学习的误差收敛于要求的范围之内,从而达到对于所需分类类别的识别. 在网络的学习中,首先要确定以下几个重要的网络参数:

初始权值(training threshold contribution)w,取值在 0 到 1 之间,该参数用于调节节点内部权重. 适当调整节点的内部权重可以生成一幅较好的分类图像,但是若设置的权重太大,对分类结果也会产生不良影响;

学习速率(training rate)η,取值范围为 0 和 1 之间,它将直接影响到学习过程的稳定性、学习的速度和学习能否成功,它能保证网络能够收敛于某个极小值. 但是,学习速率的设定需谨慎,如过大,训练速度会加快,也会造成训练结果不集中,如过小,则会使得学习时间过长,学习效率降低;

动量因子(training momentum)ε,取值在 0 到 1 之间,该值越大,训练的步幅越大,该参数的作用是促使权重沿当前方向改变;

网络全局误差 E,即在神经网络运行时,输出成果与期望值进行对比,产生的误差与设定的误差临界值相对比,如小于临界值则输出,如大于临界值则返回继续运算. 这个误差临界值即网络全局误差,它是网络分类精度的保证. 全局误差较小,则输出结果少精度高,但需进行循环计算量增大,会影响分类效率;全局误差较大,则输出多但精度不高,甚至在实际误差远远小于全局误差时,出现神经网络的运算过程无法完成的情况,这时需要调整全局误差.

利用遥感图像处理软件 ENVI 进行训练样本的学习时,ENVI 软件有一个专门的均方根误差(root-mean-square error,RMSE)显示窗口. 若误差随着迭代次数的增多而降低,最后稳定地达到一个较小值,表明训练效果良好. 若误差一直很高,或忽高忽低变化,则表明训练效果不好,需改进学习速率因子等参数.

③ 分类阶段

输入多光谱波段数据和地理信息数据 DEM 以后,网络根据在样本中训练学习得到的网络的连接权值矩阵,对波段数据和地理信息数据进行计算,最后比较输出结果与各分类类别期望值,将研究区所有像元分别归属到误差最小的类别.

(3) BP 神经网络分类的实现

这里研究采用基于光谱特征的 BP 神经网络分类方法. 经过分析和反复试验,在研究中,网络的其他参数设置如下:初始权值 $w=0.1$,学习速率因子 $\eta=0.9$,

动量因子 $\varepsilon = 0.01$,网络全局误差 $E = 0.01$,经过了不大于 500 次的学习,网络模型收敛,获得较好的分类结果.

将上述训练参数对研究区的训练样本进行 BP 网络训练,其训练结果曲线如图 5.19 所示.

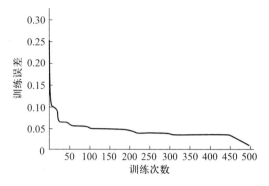

图 5.19　BP 神经网络训练结果曲线

由上面的训练结果可以知道,构建的基于光谱数据和地理信息数据的 BP 网络结构及其相关参数设定都是合理的,可以进行快速、有效的 BP 网络训练,并能够得到比较准确的分类结果.

4. 分类结果分析

选取三个不同样本,用平行六面体分类法、最小距离分类法和最大似然分类法三种分类方法作为对比. 神经网络分类的主要过程为:输入待分类图像波段和 DEM,选择分类类型,输入初始权值、学习速率因子、网络全局误差、隐层数量、迭代次数等参数,进行运算,最后输出规则图像,各种分类器分类结果如图 5.20～5.22 所示.

利用 ENVI 4.7 软件进行具体的分类操作,首先在 Endmember Collection 模块定义训练样本类型,在 Classification 模块中选择各种分类方法的分类器,如 NeuralNet 神经网络分类. 以 NeuralNet 神经网络分类为例,主要过程为:输入待分类图像波段和 DEM,选择分类类型,输入初始权值、学习速率因子、网络全局误差、隐层数量、迭代次数等参数,进行运算,最后输出规则图像,各种分类器对样本 I 分类的结果如图 5.20 所示.

除了监督分类外,还要研究非监督分类方法,这就需要利用 ENVI 软件中的非监督分类器. 在非监督分类操作时,最大类别数量和最大迭代次数这两个参数需要用户自己研究确定. 最大类别数量决定了初始分类的最终分类数,为进一步研究在同一地理空间的遥感数据在不同最大类别数条件下,进行非监督分类的精度情况,把最大类别数分别设置为 7,8,9,10;迭代次数关系到分类的

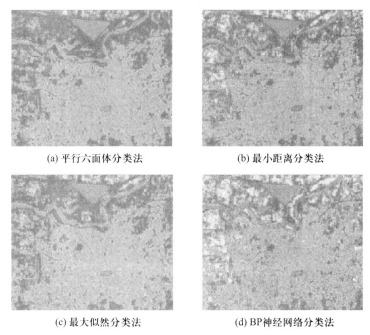

(a) 平行六面体分类法　　　　　(b) 最小距离分类法

(c) 最大似然分类法　　　　　(d) BP神经网络分类法

图 5.20　各监督分类分类器对样本 Ⅰ 分类的结果图（彩色图见插页）

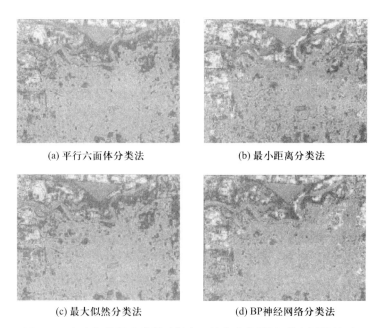

(a) 平行六面体分类法　　　　　(b) 最小距离分类法

(c) 最大似然分类法　　　　　(d) BP神经网络分类法

图 5.21　各监督分类分类器对样本 Ⅱ 的分类结果图（彩色图见插页）

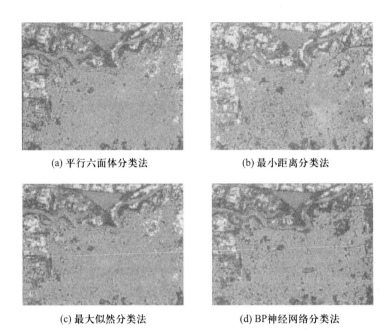

(a) 平行六面体分类法　　　　　(b) 最小距离分类法

(c) 最大似然分类法　　　　　(d) BP神经网络分类法

图 5.22　各监督分类分类器对样本Ⅲ的分类结果图(彩色图见插页)

准确性和效率,迭代次数越大,分类精度应该是越高的,但所花时间将持续变长,这里综合考虑,迭代次数统一设置为 20 次.

在利用非监督分类进行初次分类后,得到的是分类系统自身通过分析和特征提取得到的分类类别,这与所期望的分类类别有所差距,这时根据已有的分类结果将自动分类类别中相同的分类类别进行合并,得到的最终分类结果,如图 5.21 所示.

在样本大小、地物数量及地物组成结构等条件均存在差异的三个样本中 BP 神经网络方法的分类精度均好于其他监督分类方法,总体精度平均可达 90%以上,最高可达 94.21%,kappa 系数平均可达 0.85 以上,最高可达0.9145,这些都可以证明 BP 神经网络分类方法对于样本数量具有很好的适应性和稳定性,不随样本的改变而改变. 但是,不难看出 BP 神经网络方法在样本Ⅰ中的精度高于在样本Ⅱ和样本Ⅲ的精度,而样本Ⅰ的样本数量比样本Ⅱ和样本Ⅲ多,说明 BP 神经网络方法需要更多的样本进行训练.

5.3.2　神经网络在遥感水深反演中的应用

1. 概述

浅海水深是海洋环境的一个重要要素,对海上交通运输、近海工程、海洋渔业、滩涂开发等有着重要意义. 传统的水深测量方法由于周期长、耗资大,且对于船只无法到达的区域无能为力,已经跟不上海洋开发步伐. 与传统的水深测量方法相比遥感探测水深测量精度低,但是具有探测范围广、省时省力等优势,适合于大面积的浅海海底地形普查和动态监测,尤其是船只无法到达的危险以及有争议的海域,可作为传统测量的补充手段,有良好的应用前景. 鉴于此,本小节将介绍樊彦国的基于神经网络技术提出的遥感水深反常模型的研究思路.

　　人们当前开发利用海洋资源主要集中在沿海地带,而一切与海洋有关的经济、军事、科研活动,例如,近海自然资源开发、船舶运输、海洋调查、海岸港口工程建设、滩涂围垦与开发、海洋疆界勘定以及海洋环境监测与保护等,都需要各种精确的、不同比例尺的海底地形图,而只有全面、准确地获取水深数据,才能得到该海域准确的海底地形信息. 随着遥感技术的不断发展和对水体光谱特征及反演模型的深入研究,遥感测深技术得到了长足的发展,逐渐形成了理论解译模型、半理论半经验模型和统计相关模型三大类遥感水深反演模型. 总体上来看,遥感反演水深的精度介于 $10\%\sim30\%$ 之间,探测水深范围为 $0\sim30$ m 的水域,虽然尚不能完全替代常规测量,但仍具备重要的施工参考价值.

　　水体的浑浊度是影响光在水体中穿透能力的主要因素,其运移决定着海岸线的演化;而叶绿素处在海洋生物链的第一级,又可作为浮游生物量的指标之一;这样悬浮物浓度和叶绿素浓度都是海洋水质监测的重要要素. 光在水体中的传播是一个复杂的非线性过程,很难用物理规律进行解析;神经网络正是一种黑箱模型,它不需要清楚内在机理,只需输入一定波段、水深数据进行训练和学习,通过学习不断地调整网络之间的连接权值,当网络输出达到预定的误差范围时训练结束. 训练好的神经网络便能用于未知区域的水深反演,预测的精度和效果取决于训练的好坏和网络泛化的能力.

　　2. 基于 BP 神经网络的遥感水深反演模型

　　为提高水深反演的精度,以 HJ-1A/B 卫星电荷耦合器件(charge couple device,CCD)数据、b_1*b_2 波段反射比数据、泥沙因子和叶绿素因子为数据源,利用已知的水深数据作为训练样本,建立 BP 神经网络模型对大连近岸海域进行水深反演试验. 利用实测的水深数据检验和 BP 神经网络模型的反演精度,并与传统的反演模型进行对比. BP 神经网络由一个输入层、一个隐层、一个输出层和非线性激活函数(Sigmoid 函数)组成. 该例为 3 个输入节点、6 个隐含层节点和 1 个输出节点的三层 BP 神经网络,如图 5.23 所示. 经多次训练确定最佳的参数,学习速率为 0.01,动量常数为 0.9,收敛误差 0.001.

　　在利用 Matlab 神经网络工具箱建立水深反演模型的过程中,样本的划分、隐层层数与节点数选择、训练函数与训练参数确定是几个关键点.

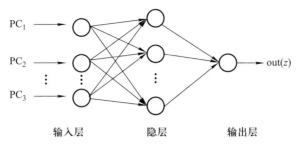

图 5.23　神经网络反演水深结构图

（1）样本的划分

样本数据集的划分是 BP 神经网络建模前很重要的一项准备工作，即要将样本数据集分为训练样本和测试样本两部分：前者通常选取样本中的 80%；后者选取其余的 20%。Kearn 曾通过详细的计算机模拟实验得出样本数据集划分差数 r 的解析解为 0.2，也就说明了采用这样的划分方式是合理的。将训练样本和测试样本完全独立开来，有利于提高网络的内插和外推能力，使得网络的适应性更强，性能更好。

（2）隐层层数与节点数选择

在 BP 网络中，隐层节点数的选择十分重要，会直接影响神经网络模型的性能，然而目前理论上还没有一种科学的、统一的确定方法。对于网络模型中的隐层数，一般认为增加隐层数可以降低网络误差，提高精度，但同时也会使网络变得复杂，增加网络训练的时间，并且有可能出现"过拟合"的现象。因此，在实际神经网络的设计中，一般会优先考虑单隐层结构。大多数情况下隐层节点数采用从 $n/2+1$ 到 $3n$ 之间的某一数值，其中 n 表示输入层的节点数。例如可以采用试错法，此处以 6,9,12,15 为例，通过实测结果表明，隐层节点数为 9 时网络的性能最好。

（3）训练函数与训练参数确定

BP 神经网络的训练函数有很多种，梯度下降法训练函数 traingd() 是常见的一种，改进后的梯度下降法主要包括 traingdm，traingda，traingdx，trainrp等，其中 traingdm 为有动量的梯度下降法训练函数，traingda 为有自适应学习速率的梯度下降法训练函数，traingdx 为有动量和自适应学习速率的梯度下降法训练函数，trainrp 为能复位的 BP 训练法训练函数。每种训练函数都有自己特定的使用范围，不存在一种函数能够适应所有训练过程的情况。

动量法降低了网络对于误差曲面局部细节的敏感性，提高了学习速度并增加了算法的可靠性；学习速率对训练是否成功影响很大，其中有自适应学习速率的学习算法能够自适应调整学习率，增加网络的稳定性，并能有效提高网络训练的速度以及模型的精度.

鉴于以上两方面的原因,采用有动量和自适应学习速率的梯度下降法训练函数(traingdx)进行网络训练.

3. 实例分析

选取地处黄河三角洲近海岸带的桥东油田青东 5 区块为研究区域,地理位置处于山东省东营市东营区莱州湾西部极浅海海域,由城东防潮大堤到人工岛的8.48 km 进海路和一座人工岛组成.

(1)水深数据预处理

① 数据转换:AutoCAD 格式的 1：1000 青东 5 块新区地形图有很多图层,只提取其中的水深数据层,并将其转为 ArcGIS 可识别处理的.shp 格式的点文件.

② 选取样本点:由于原始水深数据量很大,水深点过于密集,增加了数据处理的难度. 为提高效率,只需要选择一部分具有代表性的水深数据进行研究. 为此,利用 ArcGIS 中的地理统计分析模块,对实测的水深数据进行点抽稀处理. 共选取 500 个样本点,其中 400 个样本点用于 BP 神经网络水深反演模型的建立,剩下的 100 个样本点用于模型的验证.

(2)网络输入输出数据的归一化处理

网络在训练前,为加快网络的学习速度,应对样本输入数据进行归一化处理. 由于归一化处理后网络训练的输出值范围仍为$[0,1]$,为得到真实的预测值,需要对网络的输出值再进行反归一化处理.

(3)实验分析

模型精度评价采用平均绝对误差(mean absolute error,MAE)、平均相对误差(mean relative error,MRE)以及均方误差(mean squared error,RMSE)等三个参数来评定. 以 Z_i 表示实测水深值,Z 表示反演水深值,则公式如下：

$$\text{MAE} = \frac{1}{n}\sum_{i=1}^{n}|Z_i - Z|, \tag{5.81}$$

$$\text{MRE} = \frac{1}{n}\sum_{i=1}^{n}\frac{|Z_i - Z|}{Z_i}, \tag{5.82}$$

$$\text{RMSE} = \sqrt{\frac{1}{n}\sum_{i=1}^{n}(Z_i - Z)^2}. \tag{5.83}$$

从定性的角度来看,对比两种模型的反演结果,BP 神经网络模型反演的效果图更加精细一些;从定量的角度来看,BP 神经网络模型的平均绝对误差、平均相对误差以及均方误差均小于单波段模型. 经计算,3 种线性回归模型和 BP 神经网络模型的各参数如表 5.4 所示.

表 5.4　各模型精度对比

精度指标	MAE/m	MRE/(%)	RMSE/m
单波段模型	0.351	53.04	0.454
比值模型	0.425	43.62	0.519
多波段模型	0.355	48.72	0.441
BP 模型	0.239	17.47	0.095

通过实验,最终确定 BP 神经网络模型的结构为:输入层节点数取 5,隐层节点数取 9,输出层节点数取 1;各参数设置具体为:最大训练次数取 3000 次,训练精度要求取 0.001,学习率取 0.01,动量因子取 0.9,其他默认为缺省值.

将此模型应用于整个青东 5 区块区域,计算出每个像元的水深值. 单波段模型的水深反演效果如图 5.24 所示,BP 模型的水深反演效果如图 5.25 所示. 多光谱遥感水深反演受许多因素的影响,是一个非线性的过程. BP 神经网络具有很好的非线性映射能力,对比发现,BP 神经网络模型的精度明显优于传统的线性模型.

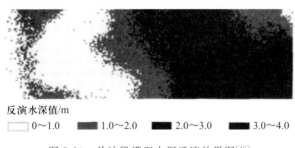

反演水深值/m

☐ 0~1.0　■ 1.0~2.0　■ 2.0~3.0　■ 3.0~4.0

图 5.24　单波段模型水深反演效果图[49]

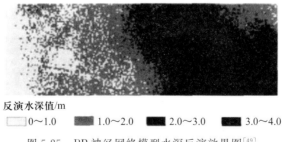

反演水深值/m

☐ 0~1.0　■ 1.0~2.0　■ 2.0~3.0　■ 3.0~4.0

图 5.25　BP 神经网络模型水深反演效果图[49]

5.3.3　基于卷积神经网络的青海湖区域遥感影像分类

1. 概述

遥感影像分类是研究青海湖区域土地利用与覆盖分类的一项非常重要的技术支持. 近年来,许多研究人员与相关机构不断提出各种遥感影像分类算法,极大地推进了遥感数据处理与分析技术的进步. 2006 年多伦多大学的 G. Hinton 提出了深度学习的概念,现已成为机器学习、人工智能领域的研究热点. 尤其在 2012 年的 Image Net LSVRC-2010 比赛中,由 G. Hinton 教授提出的 AlexNet 模型取得了惊人的效果,将影像 Top-5 分类错误率由 25% 降到了 17%,由此深度学习引起了学术界和工业界的广泛关注. 卷积神经网络(CNN)是深度学习网络的一种,AlexNet 网络模型就是 CNN 模型的一种. 曹林林将 CNN 应用到高分辨率遥感影像的分类中,取得了比支持向量机(support vector machine,SVM)更好的分类效果,证明了 CNN 在高分辨率遥感影像分类中的可行性及精度优势. 尽管 CNN 在高分遥感影像分类的应用已比较成熟,但研究者们也提出了一些不同的数据处理方法. 例如,邢晨等人将一个空间邻域的数据串联起来的光谱数据作为一个通道的图像,按照 3×3 窗口尺寸的空间的像元数作为通道数,使用具有 200 个波段的高光谱数据集 Indian Pines,得到 9 通道 1×200 的图像作为 CNN 的输入,这样就大大加宽了图像宽度. 又如宋欣益等人由原始高分数据得到某一个像元在所有波段的光谱数值,然后转为二维矩阵,并灰度化得到二维图像输入 CNN. 不过,适用于高分图像的处理方法并不适用于中分遥感影像,因为这些处理方式得益于高分遥感影像具有非常多的波段数据,而 LandSat 8 遥感影像只有 11 个波段的数据,即使全部利用也只能得到 1×11 的图像. 例如,付秀丽等人在处理中分 LandSat 5 遥感影像时,使用 32 ×32 大小的尺寸对 TM 影像进行裁剪,完成对数据的预处理及样本生成. 但是,对于 30 分辨率的遥感影像来说,32×32 的窗口实在太大,必然会导致线条特征提取不明显,分类边界也不够细腻,直接影响图像分类效果. 又如张伟等人在 16 m 空间分辨率多光谱影像的特征提取时,按照动态窗口上采样的方法做样本生成,通过预训练的深度卷积神经网络 AlexNet 模型进行特征提取,并借助 SVM 进行分类,取得了优于基于光谱＋纹理特征的分类结果.

然而,上采样的方法不但会额外增加计算量,而且也会给原始数据带来冗余信息,扰乱图像原始的纹理结构,在一定程度上影响到分类效果. 马凯等人不采用上采样的方法做样本生成,不但能够保持原始窗口大小的图像样本,而且也能更好地表征提取到小窗口图像的特征,获得良好的分类结果. 鉴于此,这里介绍马凯等人借鉴 GoogLe Net Inception 结构设计,构建出的一种 CNN,它用于 30 m 分辨率 LandSat 8 OLI 青海湖区域遥感影像的特征提取与分类,通过实验分析生成样本的邻域窗口尺寸对分类结果的影响,并与最大似然分类、SVM 分类器对分类结果进行对比,在窗口尺寸为 9×9 时 CNN 的总体分类效果优于最大似然分类和 SVM 分类效果.

2. 实验测试与结果分析

(1)实验数据

针对青海湖区域遥感影像分类,使用的实验数据是成像于 2016 年 10 月 17 日的 30 m 分辨率 LandSat 8 OLI 青海湖区域遥感影像,层覆盖率低于 1%. LandSat 8 共有 11 个波段的光谱数据,每个波段的说明如表 5.5 所示.

表 5.5 Landsat 8 波段说明[67]

波段	1	2	3	4	5	6	7	8	9	10	11
说明	海岸波段	蓝波段	绿波段	红波段	近红外波段	短波红外 1	短波红外 2	全色波段	短波红外波段	热红外 1	热红外 2

在表 5.5 中,波段 1 主要应用于海岸带观测;波段 9 又称卷云波段,包含水汽强吸收特征,通常用于云层检测;波段 8,10,11 的空间分辨率分别为 15 m,100 m,100 m,一般不参与分类. 对于一些传统模型,通常会选择波段信息量丰富、波段相关性小、地物光谱差异大、可分性好的最佳波段组合来进行特征图像解译和特征提取. 但是,考虑到深度学习网络具有极其强大的学习及特征表达的能力,将剩余的波段 2~7 全部利用起来,作为输入样本的 6 个通道. 实验采用其中的 6 个波段,对标签图像文件(tagged image file,TIF)格式的波段文件的读取和处理使用的是 Python GDAL 库以及 Python Numpy 库. Landsat 8 数据是 16 位的,最大值为 65535,实验对每个波段的像元值做了层内归一化到 $[0,1]$.

根据实地考察及相关资料参考,将青海湖区域的地物覆盖分为草地、荒地、高寒草甸、农田、人工用地、沙地和水体等七类. CNN 训练是一种有监督训练,需要大量有标注的训练样本. 利用 GoogleEarth 圈定了七类样本数据,然后将标记导出,再导入到 ArcGIS 中.

(2)CNN 模型构建

如图 5.26 所示为 GoogLe Net Inception 结构的 V1 版本,该结构将 $1\times 1,3\times 3,5\times 5$ 的卷积(convolutions,conv.)操作与 3×3 最大池化(maxpooling)操作堆叠(stack)在一起. 图中 filter concatenation(FC)意为滤波器级联,previous layer 意为上一层. 这样,一方面增加了网络的宽度,另一方面也有利于网络充分提取多尺度感受野(receptive field)的特征.

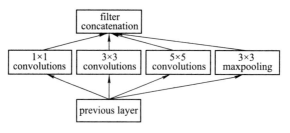

图 5.26　GoogLe Net Inception V1[67]

借鉴 GoogLe Net Inception 结构设计,构建出适合遥感影像分类的 CNN 模型,如图 5.27 所示. CNN 能在图像处理领域取得良好效果的典型特征就是感受野,感受野(又译为受纳野)是指 CNN 结构中某个特征映射到输入空间的区

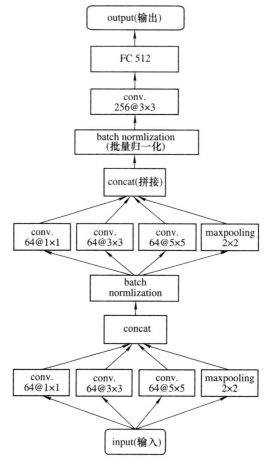

图 5.27　CNN 模型结构

域大小. 使用 $1\times1,3\times3,5\times5$ 不同大小的卷积核来提取不同大小的感受野特征, 充分挖掘中心像元与邻域空间的特征联系, 提取到相关的特征.

CNN 模型包含两个类 Inception(深度卷积神经网络)结构, 每个类 Inception 之后有一个批量归一化(batch normalization, BN)层. BN 是将该层的输出归一化为均值 0, 方差 1, BN 操作可以有效的加快模型训练速度, 提高模型精度. 两个类 Inception 之后是一个 3×3 的卷积层和一个 512 维的滤波器级联, 最后是输出(output)层.

(3) 实验结果分析

① 邻域窗口大小 WS 对分类结果的影响

为了选择最优的邻域窗口尺寸, 选择不同尺寸的 WS 做实验, 如选取 WS 的尺寸分别为 5, 7, 9, 11, 13, 图 5.28 显示了不同窗口尺寸的分类结果.

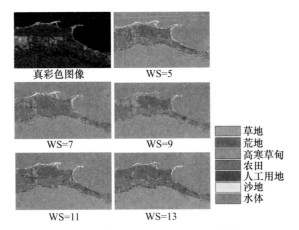

图 5.28　不同领域窗口尺寸下的 CNN 分类结果[67](彩色图见插页)

从图 5.28 可以看到, WS 较小时分类图中出现了较多的"椒盐噪声"式的细碎图斑, 分类区块多且不连续. 观察 WS＝5 时可以发现, 模型较好地识别出了道路等细长的人工用地, 这是由于窗口较小时, 模型能较好的提取和表征狭小地物的特征, 但同时对于区域面积较大的其他六个分类, 小窗口能够提取的特征较少, 就非常容易出现错分的情况, 例如在高寒草甸内部出现了很多错分的零散的人工用地. 随着窗口 WS 的增大, 整体分类效果也在慢慢变得合理. 但是, 当 WS 变大为 11 或 13 时, 可以发现出现了非常大的连片区域, 分类边界模糊, 并出现部分区域被整体错分的情况; 同时也观察到人工用地出现了被明显加粗加宽的现象. 这说明太大的邻域窗口会包含其他的地物信息或冗余信息, 而不能使用模型提取出最能代表某一地物的特征, 尤其是在边界附近的像元, 邻域窗口越大, 样本所包含进去的冗余信息就越多, 就越不利于分类.

② 实验结果对比

采用相同的训练像元,并分别使用最大似然分类和 SVM 方法做两组对比实验,使用混淆矩阵(confusion matrix)进行精度对比,结果如表 5.6—5.8 所示.

表 5.6　CNN 精度评价[67]

地物类型	草地	荒地	高寒草甸	农田	人工用地	沙地	水体	总计	生产者精度(%)
草地	401	1	88	4	6	0	0	500	80.2
荒地	4	285	8	152	50	1	0	500	57.0
高寒草甸	22	0	471	4	3	0	0	500	94.4
农田	0	98	1	380	21	1	0	500	76.0
人工用地	2	24	59	77	337	1	0	500	67.4
沙地	0	2	11	3	1	462	21	500	92.4
水体	0	0	0	1	0	1	498	500	99.6
总计	429	410	638	621	418	475	510	3500	
用户精度(%)	93.47	69.51	73.82	61.19	82.67	97.26	95.88		

表 5.7　最大似然分类精度评价[67]

地物类型	草地	荒地	高寒草甸	农田	人工用地	沙地	水体	总计	生产者精度(%)
草地	268	8	197	3	24	0	0	500	53.6
荒地	0	97	18	141	236	8	0	500	19.4
高寒草甸	85	19	307	4	83	2	0	500	61.4
农田	0	26	35	170	269	0	0	500	34.0
人工用地	1	19	39	26	403	12	0	500	80.6
沙地	0	1	1	0	29	469	0	500	93.8
水体	0	0	0	0	32	276	192	500	38.4
总计	354	170	597	344	1086	767	192	3500	
用户精度(%)	75.7	57.1	51.4	49.4	37.1	61.1	100.0		

表 5.8 SVM 精度评价[67]

地物类型	草地	荒地	高寒草甸	农田	人工用地	沙地	水体	总计	生产者精度(%)
草地	446	1	1	51	0	1	0	500	89.2
荒地	175	35	10	207	54	19	0	500	7.0
高寒草甸	274	79	6	126	1	11	3	500	1.2
农田	67	28	1	388	14	2	0	500	77.6
人工用地	31	44	9	176	213	27	0	500	42.6
沙地	5	8	5	3	89	346	44	500	69.2
水体	0	0	0	0	0	0	500	500	100
总计	998	195	32	951	371	406	547	3500	
用户精度(%)	44.69	17.95	2.00	40.80	57.41	85.22	91.41		

由表 5.6—5.8 可知, 使用 CNN 模型计算得到的总体分类精度为 80.97%, kappa 系数为 0.778, 使用最大似然分类计算得到的总体分类精度为 54.46%, kappa 系数为 0.469. 由 SVM 方法得到的分类结果的总体分类精度 55.26%, kappa 系数为 0.478.

从以上对比结果可以看出, 不论是总体的分类精度还是 kappa 系数, CNN 模型都要高于最大似然分类和 SVM. 最大似然分类方法假设数据服从正态分布或联合正态分布, 如果某一类的数据分布不服从正态分布, 那么该方法就未必合适. 观察表 5.7 中, 水体的预测准确率只有 38.4%, 而 SVM 和 CNN 关于水体的预测准确率都高达 99% 甚至 100%. 这是由于遥感影像中的水体的光谱数据一般只在一个非常小的范围内变化, 其数据分布规律不符合正态分布, 因此水体的预测准确率较低. 此外, 观察 SVM 的分类结果发现, 荒地和高寒草甸的分类结果非常不理想, 两者均有更多的错误分类为草地和农田, 使用的遥感影像成像时间为 2016 年 10 月份, 4000 m 左右海拔的青海湖区域已经处于深秋季节, 说明这几类地物具有非常相似的景观特征, 非常难以识别. 而 CNN 的分类结果却好很多, 这也说明 CNN 具有非常强大的特征提取与表达的能力.

如图 5.29 所示直观的展现 CNN 分类与最大似然分类、SVM 分类效果的差异.

通过以上对比实验测试结果, CNN 在遥感影像分类中具有比最大似然和 SVM 更好的分类效果, 且对于中等分辨率的遥感影像, 选择邻域窗口为 9 时, 分类效果最好.

(a) CNN分类结果　　(b) 最大似然分类结果　　(c) SVM分类结果

图 5.29　CNN 与最大似然分类、SVM 分类结果对比[67]（彩色图见插面）

　　如图 5.30 所示为使用最优参数的卷积神经网络在 30 m 中分辨率青海湖区域遥感影像的分类结果图. 鉴于 CNN 具有非常强大的特征学习和表达能力，将其应用到中分辨率青海湖区域遥感影像的分类，通过分析样本生成中邻域窗口尺寸对分类效果的影响，以及 CNN 与最大似然分类和 SVM 分类效果的优劣，可知 CNN 在遥感影像分类应用中具有更强的特征提取能力与更优的分类效果.

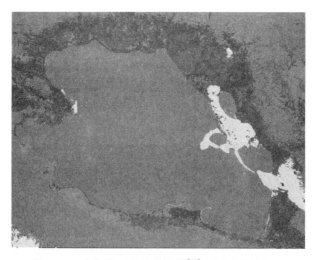

图 5.30　青海湖区域分类结果[67]（彩色图见插面）

5.3.4　模糊神经网络高分辨率遥感影像监督分类

1. 概述

　　高分辨率遥感影像具有丰富的地物目标细节信息特征，使其在大规模精准地物目标分类中应用前景与优势十分显著. 然而，高分辨率也使遥感影像中同一地物目标内像元光谱测度变异性增大（如相同类型地物目标表现出非对称、多峰分布征），该特征使像元类属的不确定性增大；不同地物目标的相似性增强（如不同地物像元光谱测度分布曲线重叠区域增大），导致像元类属间的相关性增强. 高分辨遥感影像的上述特征给分类带来了新的问题与困难.

处理不确定性问题最为有效的方法之一是模糊聚类影像分类方法,如模糊 C 均值(fuzzy C-means,FCM)算法是以模糊理论为基础,允许像元以不同程度同时隶属于所有类别,可充分刻画影像中存在的光谱测度模糊性和不确定性等优良特性,能够有效解决像元类属不确定性带来的分类问题,尤其对低、中分辨率无噪声遥感影像能得到令人满意的分类结果. 但是,该模糊聚类方法在分类过程中无法处理像元类属间相关性对分类结果的影响.

模糊神经网络模型由 Lee 等人于 1974 年首次提出并进行了系统研究. 该模型将神经网络模型与模糊集合理论相结合,使神经元的输出状态在[0,1]间取值. 由于这种模型具有强大的数值逼近能力及对不确定性特征的描述能力,已在经济预测、疾病检测、目标识别与分类等多个领域得到广泛应用. 针对高分辨率遥感影像,建立模糊隶属度模型,以像元的所有模糊隶属度作为输入构建模糊神经网络模型,通过求解网络模型参数确定像元各类属间的相互关系,这是有效刻画高分辨率遥感影像中存在的像元类属的不确定性及类属间相关性的有效途径. 为此,这里介绍王春艳等人提出的一种基于改进的模糊神经网络高分辨率遥感影像监督分类方法. 该方法针对同质区域建立高斯隶属函数模型,作为隐含层节点的输出,以处理像元类属的不确定性,再对同一训练样本的模糊隶属度进行线性组合,作为输出层神经元节点的输入,来刻画各类属间的相关性.

2. 改进的模糊神经网络模型

首先构建模糊神经网络结构,然后对网络进行训练,实现网络参数求解,最后将待分像元输入模糊神经网络,完成模糊划分.

(1) 网络结构

这里模糊神经网络结构主要包括:输入层、隐含层(隶属函数层)及输出层的三层前向网络,如图 5.31 所示,其中 FMF(fuzzy membership function)表示模糊隶属函数,w 为网络权重.

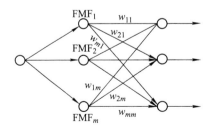

图 5.31　模糊线性神经网络结构[72]

输入层:输入层中输入量为像元灰度,取集合 $\{0,1,\cdots,2^b\}$ 中的任一元素,其中 $b=8,\cdots,16$ 为影像的量化位数.在该模型中,输入层将数据直接传递给隐含层,即输入层与隐含层间无权重参数.

隐含层:在这一层,对每个神经元节点定义一个模糊隶属函数(FMF),执行模糊操作,神经元节点数与类别数相同.所完成的功能是对输入变量隶属程度的不确定表达.

输出层:该层的输入变量为隐含层各神经元节点输出变量的线性组合,其神经元节点数与类别数相同.该层实现输入变量隶属程度的相关性表达,并设计合理的激活函数,使输出值更加准确地反映输入变量的隶属信息.

(2) 网络训练

对于给定影像 $Z=\{z_j,j=1,\cdots,n\}$,j 为像元索引,n 为总像元数,z_j 为第 j 个像元光谱测度(文中为灰度).

输入层:用于接收来自训练样本的灰度值.对待分影像的各类别监督采样,提取训练样本建立直方图.输入变量为训练样本中存在的 $0,1,\cdots,2^b$ 中任一灰度值 c,每个训练样本所对应的期望输出为该训练样本在各类别中的直方图频率,即 $Y=\{y_{c1},y_{c2},\cdots,y_{cm}\}$,其中 m 为类别数.如果某一类别内不存在输入训练样本灰度,则其所对应的直方图频率值为 0.

隶属函数层:对每个神经元节点定义高斯隶属函数模型,输入变量 c 在第 i 个(类)隶属函数层节点确定的输入 z_c 与输出 μ_{ci} 关系为

$$u_{ci}=\beta_i \times \exp\left\{-\frac{z_c-\mu_i}{2\sigma_i^2}\right\}, \tag{5.84}$$

式中类别索引 $i=1,2,\cdots,m$,系数 $0\leqslant\beta_i\leqslant1$,$\mu_i$ 和 σ_i 分别为第 i 个(类)神经元节点的均值和标准差.

对于训练样本中的任一灰度值 c 的模糊隶属度组成特征向量

$$\boldsymbol{F}_c=(u_{c1},u_{c2},\cdots,u_{cm})^{\mathrm{T}}, \quad c=0,1,\cdots,2^b, \tag{5.85}$$

式中 $\boldsymbol{F}_c$ 表示灰度值 c 在所有类别中的隶属度组成的 m 维特征向量.

输出层:该层的输入变量为特征向量 $\boldsymbol{F}_c$ 中各元素的线性组合.神经元节点数为 m,激活函数为分段线性函数,该输出函数为

$$T_{ci}=f(\boldsymbol{w}_i \cdot \boldsymbol{F}_c+p_{ci}), \tag{5.86}$$

式中 $0\leqslant T_{ci}\leqslant1$ 表示灰度值 c 属于第 i 类的隶属度,满足 $\sum\limits_{c=0}^{2b}T_{ci}=1$ 的约束条件,$\boldsymbol{w}_i=(w_{1i},w_{2i},\cdots,w_{mi})$ 为第 i 类各输入神经元节点的权向量,p_{ci} 为偏移量,f 为输出节点的激活函数,该函数为分段线性函数,满足条件

$$T_{ci}=\begin{cases}\boldsymbol{w}_i \cdot \boldsymbol{F}_c+p_{ci}, & 0\leqslant T_{ci}\leqslant1, \\ 0, & T_{ci}<0, \\ \max(y_{ci}), & T_{ci}>1,\end{cases} \tag{5.87}$$

式中 $\max(y_{ci})$ 表示第 i 类中的最大直方图频率值.

上述模糊神经网络模型需要训练的参数有：隶属函数层中模型系数 β_i，均值 μ_i，标准差 σ_i 以及求和层中的权重参数 w_i 和偏移量 p_{ci}，将各类别训练数据的直方图频率值作为期望输出，T_{ci} 为实际输出，采用梯度下降法求解模型参数.

(3) 模糊划分

将待分类影像的所有像元输入训练模型，按照最大隶属函数准则，取输出层中最大的值所对应的类别作为该灰度值的输出类别，即

$$O_j = \arg_j\{\max\{T_{ji}\}\}, \tag{5.88}$$

式中，$\arg_j\{\max\{T_{ji}\}\}$ 表示第 j 个像元在求和层中的最大值所在的类别，$O = \{o_1, o_2, \cdots, o_n\}$ 表示明晰的分类结果.

3. 实验测试与结果分析

(1) 合成高分辨率遥感影像

如图 5.32 所示为从盘锦地区 World View-2 全色影像中截取的不同地物组成的合成影像，影像大小为 256×256 像元，分辨率为 0.5 m. 该合成影像涵盖了农田(Ⅰ)、冰面(Ⅱ)、水泥路面(Ⅲ)、林区(Ⅳ)等四种遥感影像中主要的特征地物. 高分辨率的特征使遥感影像中地物目标的细节特征明显，如水泥路面上的裂痕、冰面上零星的雪、树冠的纹理都清晰可见. 上述细节信息，使影像同一类别内部灰度测度的差异性增大，增加了分类困难.

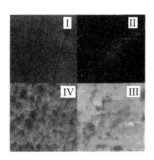

图 5.32　合成影像[72]（彩色图见插页）

图 5.33 所示为在上述合成影像各类别区域内随机提取 30% 训练样本，进行最小二乘直方图拟合得到的拟合模型，其中图(a)所示为高斯隶属函数拟合模型，图(b)所示为模糊神经网络的直方图拟合模型.

图 5.34 所示为应用不同算法对图 5.31 进行分类得到的结果.

表 5.9 给出了以合成影像作为标准图的上述四种方法分类结果精度评价指标，包括用户精度、产品精度、总精度及 kappa 值. 其中，各项指标越大，其精度越高.

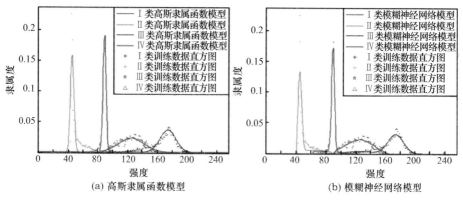

(a) 高斯隶属函数模型　　　　　　　　　(b) 模糊神经网络模型

图 5.33　拟合模型[72]（彩色图见插页）

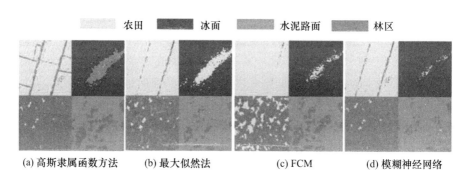

(a) 高斯隶属函数方法　(b) 最大似然法　　　(c) FCM　　　(d) 模糊神经网络

图 5.34　合成影像分类结果[72]（彩色图见插页）

表 5.9　合成影像的定量评价

算法	精度指标	同质区域			
		I	II	III	IV
原始的高斯隶属函数	用户精度	0.971	1.000	0.986	0.682
	产品精度	0.927	0.821	0.799	0.965
	总精度＝0.878；kappa＝0.837				
最大似然	用户精度	0.955	1.000	0.886	0.745
	产品精度	0.971	0.821	0.919	0.838
	总精度＝0.889；kappa＝0.848				

续表

算法	精度指标	同质区域			
		I	II	III	IV
FCM	用户精度	0.770	0.999	0.986	0.789
	产品精度	0.998	0.945	0.799	0.747
	总精度＝0.872;kappa＝0.830				
模糊神经网络	用户精度	0.957	0.991	0.976	0.825
	产品精度	0.972	0.983	0.815	0.956
	总精度＝0.931;kappa＝0.909				

图 5.32 中在高分辨率的条件下,冰面上零星的雪、水泥路面的裂痕及灰度差异清晰可见,该细节特征使原本呈现高斯分布特征的两种地物出现非对称拖尾现象(图 5.33 中绿色和蓝色实线).图 5.33(a)中应用高斯模糊隶属度模型将无法准确拟合上述两种地物,若以该拟合模型为标准进行影像分类,其分类精度将受到拟合质量的影响.

模糊分类方法考虑了同一像元属于各类别隶属程度的相关性,该相关性将会对模糊隶属函数模型变化趋势产生影响,使其更接近真实直方图的分布特征.如图 5.33(b)所示,对于水域右侧下部,水泥路面左侧及农田左侧的拖尾现象,模型都能够对其进行很好的刻画,该模型拟合质量高于原始的高斯隶属函数模型.

FCM 算法依据像元光谱测度与聚类中心的最小距离对影像进行划分,根据这一原理相近的光谱测度将被划分为同一区域.图 5.33 中由于 I 类地物农田的灰度范围分布集中,因此 FCM 方法对农田的分类可以得到较高的产品精度(0.998),但由于 II 类地物冰面与 III 类地物水泥路面、农田存在灰度重叠,且因 IV 类地物林区中树冠灰度特征差异性显著(图 5.33 中粉色直方图及拟合模型),几乎遍布灰度测度的整个区域,FCM 方法无法有效划分不同类别中存在的重叠像元及光谱测度差异性显著的同类别像元.这样,该方法将林区中大量像元误分为农田,将水泥路面中的深色区域误分为与其灰度接近的林区.水泥路面和林区分类结果中存在大量的团状噪声,从而导致整体分类精度降低;冰面对应的蓝色直方图拟合曲线与农田、林区仅有少量重叠,且灰度分布范围比较集中,该特征符合 FCM 目标函数定义原则,FCM 方法对于农田的划分质量较高(用户精度为 0.999,产品精度为 0.945).总之,相对于其他三种分类方法,FCM 方法分类精度最低.

对于水域的划分,基于图 5.33 中两种拟合模型的分类方法,误分像元主要集中在图 5.33 中拟合曲线右侧的拖尾部分,该部分对应冰面上的积雪,高斯函数直方图拟合模型无法对该拖尾部分进行准确拟合.因此,基于高斯函数模型的高斯隶属函数分类方法与最大似然分方法,将冰面上的积雪误分为与该区域直方图曲线重叠的农田和林区,两种方法用户精度均为 1.000,产品精度为 0.821. 模糊神经网络方法通过准确拟合拖尾部分直方图频率值,使误分像元大量减少,分类质量得到显著改善(用户精度为 0.991,产品精度为 0.983),分类质量最优;对于农田的划分,由于农田拖尾现象不明显且灰度集中,这样高斯隶属函数分类方法、最大似然方法及模糊神经网络方法均可得到较高的分类精度,而 FCM 略优;对于水泥路面划分,由于水泥路面与林区的重叠区域较大,虽然模糊分类方法使其拟合模型更加精确,但因按最大隶属度原则实现分类决策,故距离模型交叉点较远的重叠区域,在不考虑像元间的空间关系的情况下,将较难实现正确划分. 为此,模糊分类方法虽然相对于其他方法对水泥路面的划分精度得到一定程度提高,但仍存在少量团状噪声. 对于林区的划分,模糊分类方法通过考虑像元隶属度间的相关性使分类质量提高显著.

表 5.9 对于上述四种地物进行了分类. 从表 5.9 可见,FCM 方法分类精度均高于传统分类方法. 上述评价指标验证了 FCM 方法、基于高斯模糊隶属函数模型的分类方法和最大似然法对具有复杂分布特征的高分辨率遥感影像在特征刻画及分类上的局限性. 通过精确拟合高分辨率遥感影像非对称分布特征的方法,可以提高分类精度.

(2) 高分辨率遥感影像

图 5.35(a)~(c)为从 World View-2 全色影像截取的包含不同地物类型的三幅 256×256 像元大小的影像,其中影像 1 包含五种地物,从亮到暗分别为积雪、建筑物、植被、冰和水域;影像 2 和 3 中包含三种地物,图(b)从亮到暗依次为房屋、道路和草坪,图(c)中从亮到暗分别为农田、草丛与池塘. 在研究中发现,高斯模糊隶属函数方法分类精度较低,故对真实高分辨率遥感影像进行分类实验中只给出最大似然方法、FCM 方法及模糊神经网络方法的分类结果. 训练样本采用按区域人工提取方式,训练样本数量约为总样本的 30%.

为了评价上述影像分类方法对高分辨率遥感影像的分类质量,对已知类别的训练样本进行精度评价,给出其用户精度、产品精度及总精度和 kappa 值,如表 5.10 所示.

对于影像 1 中五种地物的划分,由于冰和水域的灰度特征十分相近,目视上无法判别,FCM 方法依据灰度测度相似性测度准则,将相近的光谱测度划分为同一区域,因此应用 FCM 方法将冰面几乎全部误分为水域. 在表 5.10 中,FCM 算法冰面的用户精度仅为 0.027,产品精度为 0.024.

最大似然方法及模糊分类方法通过监督采样依据冰和水域的特征分布曲线对其划分. 由于两种地物的特征分布曲线不同,以上两种方法都能够实现对冰和水域两种地物的划分,但最大似然方法因未考虑到像元类属间相关性噪声明显高于模糊分类方法.

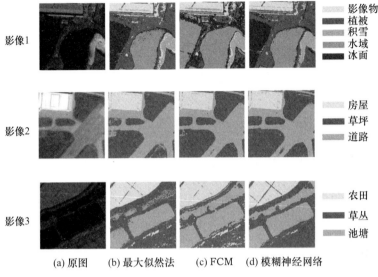

图 5.35 高分辨率遥感影像及分类结果[72]（彩色图见插页）

表 5.10 高分辨率遥感影像的定量评价[72]

影像	地物	FCM			最大似然法			模糊神经网络		
		用户精度	产品精度	总精度/kappa	用户精度	产品精度	总精度/kappa	用户精度	产品精度	总精度/kappa
1	建筑物	0.830	0.811	0.691/0.505	0.846	0.922	0.940/0.925	0.894	0.956	0.961/0.947
	植被	0.946	0.429		0.972	0.933		0.978	0.972	
	积雪	0.678	0.709		0.830	0.770		0.905	0.794	
	水域	0.621	1.00		0.997	0.999		0.998	0.999	
	冰面	0.027	0.024		0.974	0.984		0.981	0.981	
2	房屋	1.000	0.982	0.992/0.987	1.000	0.976	0.987/0.976	1.000	0.988	0.997/0.993
	道路	1.000	0.980		1.000	0.984		1.000	0.998	
	草坪	0.972	1.000		0.969	0.991		0.988	1.000	
3	农田	0.851	0.972	0.922/0.883	0.964	0.913	0.951/0.934	0.967	0.923	0.962/0.943
	草丛	0.969	0.804		0.915	0.956		0.925	0.968	
	池溏	0.970	1.000		1.000	0.998		0.999	0.999	

① 对于房屋的划分,因人字房顶屋脊两侧亮度特征变化明显,FCM 方法用欧氏距离定义的非相似性测度对噪声和异常值敏感,故应用模糊分类方法屋顶中较亮部分的像元被误分为与其灰度测度接近的积雪. 最大似然方法假定每一类别的分布曲线都呈现正态分布特征,该假定无法准确刻画亮度特征差异性显著的人字房屋顶(训练数据直方图呈现双峰非对称分布特征),故应用最大似然

方法对人字房屋顶的划分存在较多的噪声. 而模糊分类方法通过对屋顶灰度测度的不确定性及类属间相关性的刻画,可以准确拟合屋顶的特征分布曲线,有效克服了噪声,只有零星像元被误分,分类质量最高.

② 对于植被的分类,植被中包含低矮植物、树木以及裸露的地面,同质区域内部灰度特征复杂,应用 FCM 方法无法实现对该区域的划分. 对于房屋的划分,FCM 方法分类精度最低,最大似然方法的用户精度 0.972,产品精度 0.933,其分类精度显著优于 FCM 方法,而模糊神经网络方法的用户精度为 0.978,产品精度 0.972,分类结果最优.

③ 对于积雪的划分,误分像元主要集中在积雪边缘处,FCM 方法分类结果较差,模糊神经网络方法最优. 对于影像 1 的分类,模糊神经网络的总体分类精度相对于 FCM 方法提高了 37%,相对于最大似然分类方法提高了 2.1%,提高效果显著.

对于影像 2 的分类,由于图 5.35 中三种待分类区域基本符合同质灰度测度差异较小,异质区域灰度测度差异性较大的特征,因此应用上述三种方法均可以得到较好的分类结果(对训练样本的总体分类精度达到 98% 以上). 三种方法的细微差别主要体现在对草坪的分类,因草坪与道路的交接处存在过渡性灰度测度,该交接处两区域像元灰度的类属的相关性增强,模糊分类方法因考虑了该相关性,这样对该区域的分类效果最好.

对于影像 3 的类别区域,具有以下特征:草丛的灰度测度差异性较大,其直方图特征与农田的存在较大的重叠范围;池塘边缘处存在延伸到水中的草丛. 因此三种分类方法的误分像元主要来自于草丛与农田的灰度测度重叠部分的像元以及池塘边缘处的像元. FCM 目标函数定义方法导致影像右下角属于草丛的大量像元被误分农田,池塘边缘处的农田被划分为池塘,相对于其他两种分类方法,FCM 方法分类精度最低. 与最大似然方法相比,由于模糊分类方法通过定义像元类属间的相关性处理异质区域间灰度特征重叠像元及边缘处的过渡像元,使建立的模型更加精确的拟合其直方图分布特征,进而提高了模型本身的抗噪性,分类结果优于最大似然方法. 通过表 5.10 也可看出,模糊分类方法具有最优的分类精度.

5.4　神经网络在 GIS 中的应用

5.4.1　神经网络在 GIS 适宜性评价中的应用

1. 农用地适宜性评价的 BP 神经网络模型

农用地适宜性受自然、社会、经济的综合影响,致使影响因子众多,难以提取主要因子,而且不同因子之间又存在相关性,其各自的贡献性也不同,这些问题的存在导致农用地适宜性评价困难.以往的评价方法有指数和法、灰色关联度法、回归分析法、层次分析法等,除回归分析法外,都需要制定因子的分级体系或权重体系,或者二者兼有.回归分析法则事先要把因子和适宜程度的关系限定为线性相关,这是该方法的一个假设条件.总之,常规方法是基于经验、知识规则的,主观性太强.运用神经网络对农用地适宜性进行评价,其缺点在于单一地运用神经网络或单一地改进神经网络模型,却没有在改进因子选择、典型样本选取的基础上运用神经网络,评价的准确度不高.BP神经网络具有自学习性、自组织性、容错性和广泛的适用性等特征,可以很好地克服传统评价方法的缺点.但由于BP算法存在学习收敛速度慢、容易陷入局部极小、不能保证收敛到全局最小、网络学习和记忆具有不稳定性等缺点,因此要对BP网络模型进行优化,其中就包括参数选取、网络初始权值设置、网络算法选取等内容.

农用地适宜性评价的主要思路是在资料收集整理的基础上,首先建立评价体系、选取评价因子及确定评价单元,并将评价因子输入;然后训练神经网络评价模型和利用神经网络进行评价;最后生成各评价单元适宜性分布图,其技术流程如图5.36所示.

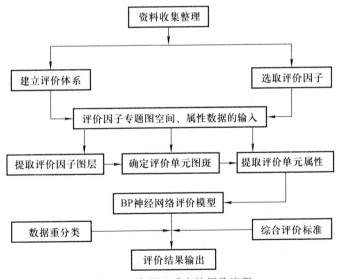

图 5.36 农用地适宜性评价流程

(1) 输入层

输入层是针对输出层而言,影响输出层结果的所有因子.由于农用地适宜性的影响因子众多,结合前人研究中所有的可能性因子,最后选定输入层因子10个,分别为:坡度、微地貌、土壤有机质质量分数、土壤质地、土壤 pH 值、地表水分布(单位:10^8 t)、地下水埋深(单位:m)、年降水量(单位:mm)、交通优势以及灌溉条件(万眼井)等.

(2) 输出层

输出层根据研究目的而确定,此处以农用地的土地适宜性为输出层. 在 BP 网络结构中,每层都是用数值来刻画,而农用地适宜性只是一个概念性的模型. 根据联合国粮农组织(Food and Agriculture Organization,FAO)《土地评价纲要》和《县级土地利用总体规划编制规程》的规定,综合土地对评价用途的适宜性程度高低,将土地适宜性分为四等,采用 $0 \sim 1$ 之间的数值刻画土地的不同适宜性,分段区间属性为:1≥输出层≥0.75,高度适宜;0.75>输出层≥0.5,中等适宜;0.5>输出层≥0.25,勉强适宜;0.25>输出层≥0,不适宜.

(3) 初始权值

BP 网络中不同的影响因子之间存在一个初始权值矩阵,该初始权值矩阵在建模过程中会随机生成,这为建模带来了随机性和不可靠性. 为了克服这一问题,运用多元统计学主成分分析原理进行初始权值的确定.

主成分分析原理:

① 选定 n 个研究区域,p 个指标,初始样本矩阵 $\boldsymbol{X} = (x_{ij})_{n \times p}$,$i = 1, 2, \cdots, n, j = 1, 2, \cdots, p$.

② 根据计算指标之间的相关系数矩阵 $\boldsymbol{R}_{p \times p}$ 得到特征向量对应特征值 $\lambda_1 > \lambda_2 > \cdots > \lambda_n$ 的正规化向量 e_j,且第 j 个主成分为 $\boldsymbol{F}_j = \boldsymbol{X} e_j$.

③ 根据前 m 个主成分的累计贡献率 $\sum\limits_{j=1}^{m} \lambda_j \Big/ \sum\limits_{j=1}^{p} \lambda_j$ 达到一定数时($m \leqslant p$),取前 m 个主成分代替原来的 p 个指标的信息.

④ 得到综合主成分 $\boldsymbol{F} = \sum\limits_{j=1}^{m} \Big(\lambda_j \Big/ \sum\limits_{j=1}^{m} \lambda_j\Big) \boldsymbol{F}_j$,$(j = 1, 2, \cdots, p)$,其中 $\boldsymbol{F}$ 是关于 p 个指标的线性关系. 根据 x_i 前的系数值作为 BP 网络的初始权值.

(4) 典型样本选取

以往采用神经网络进行土地适宜性评价的训练样本都是根据随机函数按照输入层和输出层适宜性分段自动生成,这样的训练样本虽然符合适宜性分段要求,但不符合研究区的实际情况,建立的模型对研究区进行预测可能会造成很大的误差甚至错误. 因此,根据聚类分析的结果,结合实际选择建模的典型样本.

2. 实例分析

评价单元是研究农用地适宜性的最小基础研究单位,是由影响土地质量诸因素构成的一个空间实体. 评价单元的划分要体现研究单元内不同因子的差异性和唯一性;最为合理的方法是根据不同因子的属性,借助 GIS 空间分析功能,进行叠加得到最小图斑作为评价单元. 但是, 当影响因子多、研究区域大时, 该方法提取的评价单元太多, 增加了后续 BP 模型建立、预报的工作量, 因此合理地选取评价单元至关重要.

此处借助 MAPGIS 软件, 根据研究区域的边界, 按照 10 km×10 km 网格进行剖分, 最终得到 661 个评价单元用于案例分析; 即利用 MAPGIS 软件将单因子分布图与评价单元进行叠加, 对于同一评价单元中存在的不同得分的碎块图斑, 按照面积加权计算该单元属性得分, 其中不同因子属性由专家打分, 所得如表 5.11 所示.

表 5.11　单因子分段属性得分[22]

评价因子		分段属性						
土壤 pH		4.5~5.5		5.5~6.5		6.5~7.5	7.5~8.5	>8.5
得分		0.1		0.8		1	0.4	0.1
地表水分布/10^8t		>1.1		0.8~1.1		0.5~0.8	0.2~0.5	<0.2
得分		1		0.8		0.6	0.4	0.2
灌溉条件/万眼井		>7		5~7		3~5	1~3	<1
得分		1		0.8		0.6	0.4	0.2
地下水埋深/m		<2		2~4		4~8	8~16	>16
得分		1		0.7		0.4	0.2	0.1
交通优势		高		较高		中等	较低	低
得分		1		0.8		0.6	0.4	0.2
微地貌		平原区		盆地		丘陵区	山地	
得分		1		0.8		0.5	0.2	
年降水量/mm		500~600		600~700		700~800	>800	
得分		0.4		0.6		0.8	1	
坡度/(°)		0~2		2.1~6		6.1~12	>12	
得分		1		0.9		0.5	0.2	
土壤质地	壤土	粉壤土	砂壤土	粉黏壤	砂黏壤	粉砂黏壤	黏壤土	砂土	壤黏土
得分	1	0.9	0.8	0.7	0.6	0.5	0.4	0.2	0.1
土壤有机质/(%)		>4	3~4		2~3	1~2	0.6~1	<0.6
得分		1	0.9		0.7	0.5	0.2	0.1

训练过程中,BP 网络模型根据预先已知的输入、输出,经过参数的调整,达到最优验证效果,并利用许可误差范围内的模型作为未知样本的预测.该例中,选用 50 个典型样本进行建模训练,10 个典型样本作为检验.调整 BP 模型的目标精度、训练次数、训练函数和隐层数等参数后,最终选取训练次数为 120、训练误差值为 0.000 005、训练函数 traindx、隐层数 10.

在 BP 建模前调整不同因子间初始权值时,检验样本得分的变化趋势和实际得分一致,但在勉强适宜和不适宜段的验证效果都略微高于实际得分,使得农用地适宜性等级变高一级,等级合格率为 50%.存在原因可能是训练样本不足,或 BP 网络在训练中根据全局误差调整网络权值时,勉强适宜和不适宜段的误差相比高度适宜和中等适宜段的误差小,对勉强适宜和不适宜段的调整小,导致拟合效果稍差.为了进一步改进 BP 网络,把第 1 次调整权值训练后得到的网络权值作为下一次建模的初始权值.通过再次建模预测结果可知,调整初始权值后的第 2 次预测得分与实际得分更加吻合,且检验样本的农用地适宜性等级合格率为 100%,最大相对误差为 9.5%.通过初始权值第 2 次调整后,虽然预测值与实际值不能完全相同,但是农用地适宜性等级已经完全一致,避免了 BP 网络建模时的过拟合缺陷.最终的预测评价结果如图 5.37 所示.

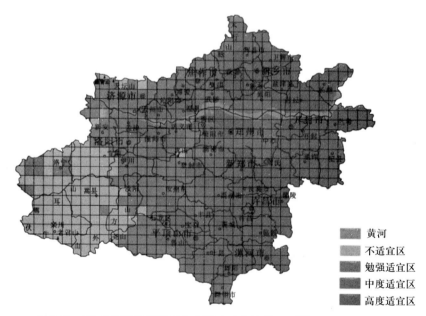

图 5.37　BP 神经网络模型评价农用地适宜性分区图[22]（彩色图见插页）

5.4.2 神经网络在 GIS 预测中的应用

1. 系统总体架构

随着国家近年来对大气污染防治的重视,全国城市空气质量总体保持稳定,但以二氧化硫(SO_2)、氮氧化物和颗粒物为主的大气污染依然较为严重,尤其是雾霾现象逐渐引起公众的关注. 空气污染对气候、生态系统、土壤以及人体健康带来的危害是巨大的,因此对大气污染物浓度的预测将会成为未来气象预报的重要内容,也会成为未来环境管理和预警的重要参考. 经典的对大气污染物浓度预测方法主要依靠以污染物排放源为基础的数学模型,这些数学模型主要研究污染物扩散因子之间的关系,典型的有无界高斯烟流扩散模式、静小风扩散模式、封闭性扩散模式、线源扩散模式、面源扩散模式等. 随着模糊数学、系统工程学、GIS 空间分析在环境科学领域的深入,以及现代 AI 技术的不断完善,出现了一系列基于环境因子的新型预测方法,如模糊识别法、ANN 预测和 GIS 空间插值预测等.

建立污染物浓度与影响因子之间的 BP 神经网络,可对城市中各监测点位的次日大气污染物浓度进行预测,并可运用 GIS 的插值分析进行污染物空间分布预测,其中 BP 神经网络的输入向量采用 AGNES 算法进行处理. 凝聚层次聚类算法(agglomerative nesting,AGNES)是先将对象间欧氏距离最小的两个簇合并为一个新的簇,然后将其包含在下一次的聚类对象中,继续寻找合并,直到所有的簇都合并成为一个最大的簇,建立层次聚类表,按照条件选出最佳聚类方案. 污染物空间分布预测系统总体结构如图 5.38 所示.

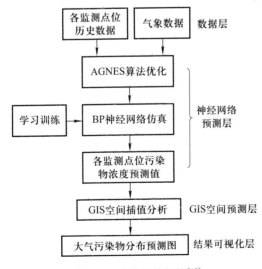

图 5.38　系统总体架构[47]

2. 构建优化 BP 神经网络模型

（1）神经网络模型架构

BP 神经网络是目前使用最广泛的 ANN,对于非线性关系可以做出很好的模拟和预测. 该网络是基于误差逆传播算法训练的多层前馈网络,BP 神经网络的学习特点是误差反向传播. 如图 5.39 所示,根据输出节点的误差反馈,调整输入节点的权重系数,以达到最佳的神经网络模型.

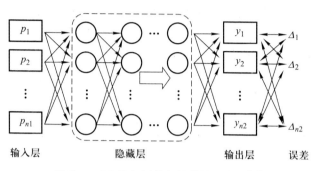

图 5.39　BP 神经网络拓扑结构示意图[47]

研究表明,气温、湿度、降水量、气压、风速等气象因素是大气污染物扩散的主要影响因子,当天的污染物浓度还与前五天的历史浓度有着较强的非线性关系. 研究采用气温、湿度、降水量、换算成海平面气压的大气压强、风速和前五天污染物浓度等 10 个参数作为神经网络的输入数据,用 $\boldsymbol{X} = (x_1, x_2, \cdots, x_{10})$ 表示,输入层神经元个数为 10. 根据万能逼近定理,存在一个可以任意精度逼近任意连续函数的高斯型模糊逻辑系统,因此对于三层 BP 神经网络来说,只要隐藏层的神经元个数足够多,是能够做出高精度预测的. 设隐藏层输出向量为 $\boldsymbol{Y} = (y_1, y_2, \cdots, y_n)$,神经元个数为 n,隐藏层输入函数为 f_1,输出层为监测点位的污染物浓度值,神经元个数为 1,输出函数为 f_2,输出值设为 a,其中 ω 为各层神经元之间的连接权重系数,θ 为各神经元的阈值. 隐藏层的输出为

$$y_i = f_1 \left(\sum_{i=1}^{10} \omega_{ij} x_i + \theta_j \right), \quad 1 \leqslant i \leqslant 10, \quad 1 \leqslant j \leqslant n, \tag{5.89}$$

输出层的输出为

$$a_k = f_2 \left(\sum_{j=1}^{n} \omega_{ij} y_i + \theta_k \right), \tag{5.90}$$

式中,k 为输出层神经元的下标,$k = 1$.

用 MATLAB 中的 newff 函数创建一个反射传播算法的 BP 神经网络,根据经验公式确定隐藏层神经元的个数,取 3～14.

（2）数据归一化

数据归一化是为了避免因离散值存在而造成的数据模型不收敛的情况,采用 MATLAB 中的 premnmx 函数进行数据归一化处理,模型输出值用 postmnmx 函数进行反归一化,以便得到相应量纲的数据.

（3）模型训练

采用研究城市最近 200 天的 10 个影响参数和对应该日污染物浓度值(来源于当地环境保护局空气质量发布系统)作为输入矩阵对 BP 神经网络进行训练,训练函数采用 traingdm 函数,训练完成即可进行预测仿真.

（4）AGNES 算法优化训练数据

AGNES 是凝聚的层次聚类算法,首先找出对象间欧式距离最小的两个簇,合并为一个新的簇,然后将其包含在下一次的聚类对象中,继续寻找合并,直到所有的簇都合并成为一个最大的簇,建立层次聚类表,按照条件选出最佳聚类方案. 将归一化之后的训练输入数据进行 AGNES 算法聚类,然后找出每一类中偏差最大的一组数据(某一天的 10 个参数)剔除,这样做有助于减少个别离散值对 BP 神经网络带来的影响,有助于提高网络的精确性.

3. 实例分析

（1）基于 GIS 的污染物空间分布预测

GIS 的空间插值分析主要是从有限个点的观测数据中找到一组函数关系,并根据这组函数关系推导出更多点的值或是整个区域值的分布,表 5.12 列出了 ArcGIS 中四种插值方法的优劣比较.

表 5.12　ArcGIS 中四种插值方法的优劣比较[47]

	分类	原理	优点	缺点	应用
Kriging 法	局部插值	基于一般最小乘法	在点稀少时的预测效果较好	对太空间内数据的预测效果较差	污染物分布模拟、土壤模拟、气象模拟等
反距离权重法	局部插值	基于样条函数和多项式拟合	在逐渐变化的曲面预测中效果较好	难以估计预测误差	温度预测、高程预测、点下水位高度模拟等
自然领域法	局部插值	基于 Voronoi 多边形	编程简单,计算精度高	在存在观测缺省值的情况下,预测过程较为复杂	降雨量预测等
趋势面法	整体插值	将函数定义的平滑表面与预测值进行全局拟合	整体预测效果较好	无法预测局部细节	地质构造面变化趋势预测等

根据环保部门发布的各国监测点位污染物浓度和气象预报,结合 BP 神经网络和 GIS 空间插值法,可以实现污染物的分布预测. 由于自动监测技术有限,

各城市检测点位普遍不多,因此可采用 ArcGIS 中的 Kriging 插值法可弥补数据的不足.

(2)预测实例

采用太原市环保局 AQI 发布系统公布的 SO_2 和 PM10 日均值浓度(2013年 10 月 28 日—2014 年 5 月 17 日,第 N 天到第 $N+4$ 天的浓度作为第 $N+5$天的参数)和中央气象台发布的太原市气象数据(2013 年 11 月 2 日—2014 年 5月 22 日,包括平均温度、平均湿度、降水量、海平面气压、平均风速)作为研究对象,把这些数据按照 1∶1 分为训练集和验证集,训练集数据经过归一化、AGNES 算法聚类和离散值剔除,可以作为 BP 神经网络的训练矩阵和目标矩阵,设置最大训练次数为 90000 次,计算精度为 10^{-2},速率为 10^{-2}.

试验结果显示,预测 SO_2 和 PM10 浓度的 BP 神经网络训练效果均较好,如图 5.40 所示.

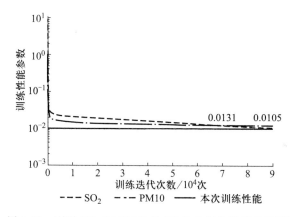

图 5.40　预测 SO_2 和 PM10 的 BP 神经网络训练效果[47]

将这两种污染物的验证集输入训练好的神经网络进行仿真预测,把预测结果(反归一化前)和实际污染物浓度(归一化后)做相关性分析,如图 5.41 和5.42 所示. 结果表明,预测结果与实际浓度显著相关.

(3)GIS 空间插值分析与预测污染物的空间分布

运用上述 BP 神经网络,预测 2014 年 5 月 27 日太原市的南寨、涧河、尖草坪、桃园、坞城、小店、金胜、晋源等 8 个监测点位 SO_2 和 PM10 的浓度值. 使用ArcGIS 的坐标转换功能,将上述 8 个点位导入图层(北京 54 坐标系),创建点文件,以污染物浓度预测值作为 Z 值字段,对文件进行正态分布分析、协方差分析、空间相关性分析,导出 Kriging 插值分析图,把太原市区行政图的栅格文件导入作为对照,污染物的分布如图 5.43 所示. 两种污染物浓度趋势大体都为从南向北增大,这主要是由于该区域内国控大气污染企业的分布大体呈现北密南疏的趋势,污染物浓度最高的区域为市中心,生活污染源和交通线源污染对其浓度的贡献不容忽视,加之太原西、北、东三面环山的地形特点,使得太原地区的空气常处于沉积、滞留状态,研究结果表明对 SO_2 和 PM10 浓度预测的效果较好.

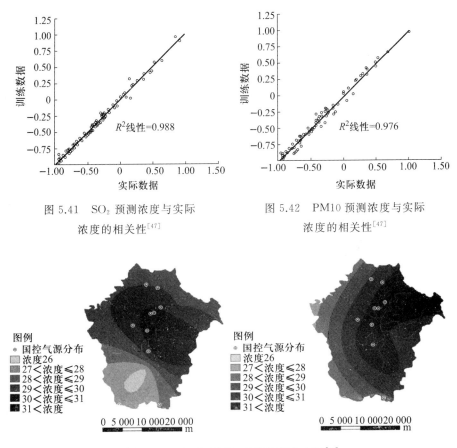

图 5.41　SO_2 预测浓度与实际　　　　　图 5.42　PM10 预测浓度与实际

浓度的相关性[47]　　　　　　　　　　浓度的相关性[47]

图 5.43　SO_2 和 PM10 浓度预测分布图[47]

5.5　神经网络在 GNSS 中的应用

5.5.1　概述

车辆定位技术近年来不断发展,已在许多方面取得成果,其中最为流行的是利用 GNSS 进行车辆定位,它能提供全球覆盖、全天候和免费的标准授时、导航定位服务,在较好的环境下可以得到较高精度的车辆位置和速度等信息. 然而,这种技术也存在一定缺陷,最致命的就是 GNSS 信号会受到高楼、隧道、立交桥、树木等地物的反射和遮蔽等影响,车载 GNSS 接收机接收到的卫星信号存在严重的多路径效应,因此仅用 GNSS 来实现准确连续定位是不可能的. 基于对这些问题的考虑,人们希望能在利用 GNSS 获取连续定位的同时,寻求弥补其缺陷的方法,以保证车辆的准确定位. 通常采用航位推算(dead reckoning, DR)导航系统、地图匹配(map matching,MM)算法等与 GNSS 定位相补充,以保证连续定位. 但是,这些方法有些需要在车辆上安装较昂贵的仪器,有些依赖于地图数据处理,其实时性和准确性受到一定影响.

车辆行驶过程中,林荫、隧道及路边高层建筑等因素造成 GNSS 信号微弱,GNSS 定位系统无法正常工作时,可利用 ANN 的自主定位结果来维持正常导航. 此外,当 GNSS 系统因可见星数目较少而定位精度较低时,还可利用神经网络预测结果在一定距离内的较高精度来改善 GNSS 的定位精度. 神经网络推算结果的误差会随时间积累,可定时对其进行标定和校正. 因此,将 GNSS 和 ANN 组合起来构成的车辆定位系统,可以很好地解决车辆短时间内 GNSS 定位精度较低的问题. 适用于伪距差分 GNSS 定位的 BP 神经网络预测模型,采用共轭梯度算法改善网络的训练速度和精度,且计算速度较快,有利于导航定位的实时数据处理. 这种基于神经网络的 GNSS 定位算法来获得定位信息的方法,可有效提高定位的实时性和准确性.

5.5.2　基于 BP 神经网络的差分 GNSS 定位模型

1. 确定网络的层数

BP 神经网络通常具有一个或多个隐层,其中隐层神经元通常采用 Sigmoid 型传递函数. 理论已经证明具有单隐层的 BP 神经网络,当隐层神经元数目足够多时,可以以任意精度逼近任何具有有限间断点的非线性函数. 这实际上已经给出一个基本的设计 BP 网络的原则. 增加层数主要是可进一步降低误差,提高精度;但同时也使网络复杂化,增加了网络权值和阈值的训练时间. 实际上,精度的提高可以通过增加隐层中的神经元数目来获得,其训练效果比增加层数更容易观察和调整. 只有当学习不连续函数(如锯齿波等)时,才需要两个隐层. 因此一般先考虑只设一个隐层,即采用一个隐层.

2. 输入输出结点数

从信息论角度来看,所有相关信号可看成一个离散有记忆信源,即信源发生的信号只与前若干个信号有关;而差分 GNSS 技术把同一时刻的基准站和流动站的数据进行比较、计算,没有考虑到这种相关性. 因此,在一定时间范围内可以利用前一组数据误差对当前接收误差的相关影响来估计当前误差,以降低GNSS 数据误差. 实际应用中,把上一时刻接收机位置坐标分量作为输入的一部分,另外两部分输入是当时的伪距修正量和卫星伪距,而输出节点数目由所求时刻的位置坐标分量来定. 针对 GNSS 伪距差分模型,可用 4 颗卫星来求得目标的三维坐标,输入层取 11 个神经元,输出层取 3 个神经元.

3. 隐层神经元数目的选择

隐层神经元数目可由经验公式获得,即

$$N_2 \geqslant \log_2 T, \qquad (5.91)$$

式中,N_2 为隐层神经元个数,T 为训练样本的维数.

隐层神经元数目增加,可以提高精度,但带来更大的计算量. 由于研究过程中获取的位置样本数量不太多,重点是考虑精度问题,故隐层神经元数目选为 12.

采用如图 5.44 所示的网络结构形式,包括由 t 时刻伪距修正量(4 个量),t 时刻卫星伪距(4 个量)和 t 时刻接收机位置坐标分量(3 个量)组成的 11 维矢量的输入层;具有双曲正切的 S 型传递函数、12 个神经元组成的一个隐层以及由代表接收机天线位置坐标分量的 3 个神经元组成的线性输出层.

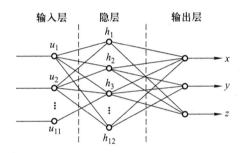

图 5.44　基于 BP 神经网络的差分 GNSS 定位模型

4. BP 神经网络计算过程

BP 网的学习过程由信息的正向传播和误差的反向传播所组成.

(1) 信息的正向传播

将历元 t 跟踪到的 4 颗卫星的坐标、计算出基于基准站的伪距修正值、t 时刻的卫星伪距及 t 时刻接收机坐标组成的 11 维向量作为输入,经网络连接权值和偏差的求和计算传递到隐层,并通过传递函数计算得到隐层输出,再进一步传送到输出层.

(2) 误差的反向传播

将误差信号按原来连接通路反向计算,调整各层神经元之间的连接权值和偏差,使误差信号减小.

在实际使用中 BP 算法存在收敛速度慢和目标函数存在局部极小点等两个问题. 通常采用的改进途径有启发式学习方法或者更有效的优化算法. 此外,利用 MATLAB 工具箱所提供的动量法和学习率自适应调整的策略,也可提高学习速度并增加算法的可靠性.

动量法降低了网络对于误差曲面局部细节的敏感性,有效地抑制了网络陷于局部极小. 标准 BP 算法实际上是一种简单的最速下降静态寻优算法,在修正 $w(k)$ 时,只按照 k 时刻的负梯度方向进行修正,没有考虑以前积累的经验,从而使学习过程发生振荡,收敛缓慢. 采用改进算法

$$w(k+1)=w(k)+\alpha[(1-\beta)D(k)+\beta D(k-1)], \qquad (5.92)$$

式中,$D(k)$ 可表示单个的权值;$D(k)=-\partial E/\partial w(k)$ 为 k 时刻的负梯度,E 为目标函数;$D(k-1)$ 为 $k-1$ 时刻的负梯度;α 为学习率,$\alpha>0$;β 为动量因子,$0\leqslant\beta\leqslant1$. 这种方法所加入的动量项实质上相当于阻尼项,它减少了学习过程的振荡趋势,从而改善了收敛性.

自适应调整学习率有利于缩短学习时间. 标准 BP 算法收敛速度慢的一个重要原因是学习率选择不当. 学习率选得太小,收敛太慢;选得太大,则有可能修正过头,导致振荡甚至发散. 因此采用了自适应调整学习率的改进算法,即

$$w(k+1)=w(k)+\alpha(k)D(k), \qquad (5.93)$$

$$\alpha(k)=2\varphi\alpha(k-1), \qquad (5.94)$$

$$\varphi=\mathrm{sign}[D(k)D(k-1)]. \qquad (5.95)$$

当连续两次迭代的梯度方向相同时,表明下降太慢,这时可使步长加倍;当连续两次迭代的梯度方向相反时,表明下降过头,这时可使步长减半.

5.5.3　实例分析

BP 神经网络的非线性函数逼近功能实际上是一种广义的函数内插. 因此,对于一个给定区域的导航定位,应在其周围和中心区域选取适当数量的观测点,并连续采集 1 h 以上的样本数据训练网络,使网络获得该区域的较多知识,提高导航定位精度.

1. 神经网络训练数据预处理

(1) 导航电文

所谓导航电文,是指包含导航信息的数据码. 导航信息包括卫星星历、卫星工作状态、卫星历书、时间系统、星钟改正参数、轨道改正数、大气折射改正参数、遥测码以及由 C/A 确定 P 码的交换码等,这是用户利用 GNSS 进行导航定位的数据基础.

(2) 导航电文解码

将下载的导航电文实时数据转化为文本格式的数据,作为神经网络的训练数据.

（3）数据的坐标变换

应用坐标转换软件将下载的数据转换到直角坐标系.

2. 神经网络的仿真结果

获取样本数据向量后，由于其中各个指标互不相同，原始样本中各向量的数量级差别很大，为了计算方便及防止部分神经元达到过饱和状态，在研究中对样本的输入、输出进行归一化处理. 将数据处理为[0,1]之间的数据，归一化方法有很多形式，这里采用

$$x = \frac{x - x_{\min}}{x_{\max} - x_{\min}}. \tag{5.96}$$

这里选 20 组数据，其中 18 组作为训练样本，后 2 组作为测试样本.

采用单隐层的 BP 网络进行位置预测时，由于输入样本为 11 维的输入向量，因此输入层共有 11 个神经元，中间层取 12 个神经元，网络有 3 个输出数据，则输出层为 3 个神经元. 按照 BP 网络的一般设计原则，中间层神经元的传递函数可以设定为 S 型正切函数，由于输出已被归一化到区间[0,1]中，因此输出神经元的传递函数可以设定为 S 型对数函数. 中间层的神经元个数在很大程度上影响网络的预测性能. 例子中首先取 12 个，然后观察网络性能，之后再分别取 10 和 15，并与此时的预测性能进行比较，检验中间层神经元个数对网络性能的影响. 当网络的预测误差最小时，网络中间层的神经元数目就是最佳值，BP 神经网络的训练结果如图 5.45 所示，可见经过 100 次训练后，网络的目标误差达到要求，表 5.7 和 5.8 分别给出第 19,20 组数据测试结果及误差值.

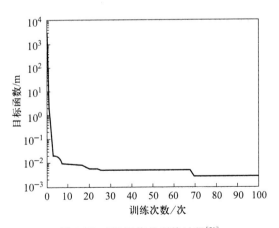

图 5.45　BP 网络的训练过程[73]

表 5.13　第 19 组数据测试结果及误差[73]

三维坐标	X/m	Y/m	Z/m
实际值	63.426 915	10.410 07	67.40
预测值	63.353 093	10.539 67	67.574 13
误差	−0.073 822	0.129 6	0.174 13

表 5.14　第 20 组数据测试结果及误差[73]

三维坐标	X/m	Y/m	Z/m
实际值	63.426 943 3	10.410 065 0	67.40
预测值	63.467 041 3	10.408 956 3	67.486 276
误差	0.040 098	−0.001 108 7	0.086 276

讨论与思考题

（1）图示出生物神经元模型和人工神经元模型，并简述它们之间的异同点.

（2）一个完整的神经网络模型包括哪些组成部分？各部分功能是什么？它们之间是如何有机地联系起来协同工作的？

（3）与人脑相比，神经网络模型最抽象的本质是什么？

（4）什么是 BP 神经网络？它和一般的神经网络模型有什么不同？

（5）在不同应用中，神经网络模型中的权重是如何确定的？权重的稳定过程和马尔科夫过程有什么区别？

（6）在神经网络模型权重传递过程中，这种不确定性该如何衡量？能否用模糊理论去解释？

（7）神经网络模型空间信息智能处理中扮演怎样的角色？神经网络模型在 RS，GIS 和 GNSS 应用中分别有什么侧重点？

参 考 文 献

[1]　杨天宇. 基于 BP 神经网络的 GNSS 高程拟合及其在杭州湾跨海大桥中的应用. 成都：西南交通大学，2006.

[2]　韩硕. 神经网络在 GNSS 高程拟合中的应用. 测绘通报，2006，04：48-50.

[3]　马腾. BP 神经网络在 GNSS 高程拟合中的应用. 呼和浩特：内蒙古农业大学，2008.

[4]　孙华芬，赵俊三，等. 基于 GIS 和 BP 神经网络技术的建设用地适宜性评价研究. 国土

资源科技管理,2008,01:112-116.

[5] 刘英英,徐香坤,等.BP 神经网络在差分 GNSS 定位技术中的应用.东北大学学报(自然科学版),2008,11:1536-1539.

[6] 胡川.基于神经网络的 GNSS 高程拟合及其 MATLAB 实现.城市勘测,2010,05:75-77.

[7] 王芬,彭国照,等.基于双层神经网络与 GIS 可视化的土壤重金属污染评价.农业工程学报,2010,4:162-168.

[8] 施明辉,赵翠薇,等.基于 GIS 和改进 BP 神经网络的天然白桦林健康评价.水土保持研究,2011,4:237-240.

[9] 张雷.基于人工神经网络的 GNSS 高程异常拟合方法的研究与实现.西安:长安大学,2012.

[10] 胡飞辉.改进的 BP 神经网络算法在洪灾损失评估中的应用研究.赣州:江西理工大学,2012.

[11] 尹京川,马孝义,等.基于 BP 神经网络与 GIS 可视化的作物需水量预测.中国农村水利水电,2012,2:13-15+18.

[12] 王翰钊,李景文.基于神经网络知识发现的 GIS 决策支持系统.测绘与空间地理信息,2012,2:54-56.

[13] 郭琼霞,黄娴,黄振.基于 GIS 技术和 BP 神经网络的我国假高粱适生性气候区划.福建农林大学学报(自然科学版),2012,2:193-196.

[14] 强明,郭春喜,周红宇.基于神经网络的 GNSS 高程拟合方法优选及精度分析.重庆交通大学学报(自然科学版),2012,4:815-818.

[15] 汪璇,徐小洪,等.基于 GIS 和模糊神经网络的西南山地烤烟生态适宜性评价.中国生态农业学报,2012,10:1366-1374.

[16] 曾广伟.基于神经网络的耕地遥感图像分类研究与应用.长春:吉林农业大学,2013.

[17] 吕君伟,刘湘南,等.基于 PSO_RBF 神经网络的南海近岸海域悬浮物浓度遥感反演.海洋环境科学,2013,5:669-673.

[18] 杨柳,韩瑜,等.基于 BP 神经网络的温榆河水质参数反演模型研究.水资源与水工程学报,2013,06:25-28.

[19] 肖锦成,欧维新,符海月.基于 BP 神经网络与 ETM+遥感数据的盐城滨海自然湿地覆被分类.生态学报,2013,23:7496-7504.

[20] 王轶夫.基于神经网络的森林生物量估测模型研究.北京:北京林业大学,2013.

[21] 张辉.基于 BP 神经网络的遥感影像分类研究.济南:山东师范大学,2013.

[22] 王江思,马传明,等.基于 SPSS 和 GIS 的 BP 神经网络农用地适宜性评价.地质科技情报,2013,02:138-143.

[23] 邓正栋,叶欣,等.基于 RBF 神经网络的水深遥感研究.解放军理工大学学报(自然科学版),2013,1:101-106.

[24] 全旭东,王永军,等.基于 GIS 的人工神经网络模型在铀成矿预测中的应用——以塔里木盆地北缘为例.铀矿地质,2013,06:374-379.

[25] 赵丽娟. 基于 BP 神经网络的遥感影像分类研究. 南昌：东华理工大学,2014.

[26] 徐琳. 基于神经网络技术的多因子遥感水深反演研究. 青岛：中国石油大学（华东）,2014.

[27] 张毅. 基于神经网络和面向对象技术的 SPOT5 遥感影像分类方法研究. 成都：四川农业大学,2014.

[28] 徐小逊,张萍,等. 基于被动微波遥感和 BP 神经网络的土壤水分反演研究——以川中丘陵区为例. 西南农业学报,2014,06:2478-2484.

[29] 景卓鑫. 基于神经网络方法与 RADARSAT-2 雷达遥感数据的水稻参数反演研究. 上海：华东师范大学,2014.

[30] 牛志宏. 几种基于神经网络的 GNSS 高程拟合方法比较. 全球定位系统,2014,02：64-67.

[31] 陈桂芬,曾广伟,等. 基于纹理特征和神经网络算法的遥感影像分类方法研究. 中国农机化学报,2014,01:270-274.

[32] 吕京国. 基于神经网络集成的遥感图像分类与建模研究. 测绘通报,2014,03:17-20＋24.

[33] 谭兴龙,王坚,等. 改进神经网络辅助的 GNSS/INS 组合导航算法. 中国矿业大学学报,2014,03:526-533.

[34] 牛志宏,宋萌勃. 基于神经网络的 GNSS 高程拟合算法探析. 测绘技术装备,2014,02：37-40.

[35] 张红华. 基于 RBF 神经网络的 GNSS 高程拟合方法的研究. 北京测绘,2014,04:5-8＋33.

[36] 王国成,柳林涛,等. 径向基函数神经网络在 GNSS 卫星钟差预报中的应用. 测绘学报,2014,08:803-807＋817.

[37] 刘庆元,郝立良,等. 神经网络辅助的 GNSS/MEMS-INS 组合导航算法. 测绘科学技术学报,2014,04:336-341.

[38] 许伟,奚砚涛. 基于 BP 神经网络的 Landsat 8 遥感影像的土地利用分类. 第十三届全国数学地质与地学信息学术研讨会论文集. 2014:2.

[39] 赵爽. 基于卷积神经网络的遥感图像分类方法研究. 北京：中国地质大学,2015.

[40] 旷雄. 基于空间信息格网和 BP 神经网络的洪灾损失评估研究. 赣州：江西理工大学,2015.

[41] 吴航. 基于卷积神经网络的遥感图像配准方法. 南昌：南昌大学,2015.

[42] 付建东. 粒子群神经网络在遥感影像分类中的应用研究. 南昌：东华理工大学,2015.

[43] 武创举,宋双杰,曾桂平. 神经网络算法在 ENVI 上的集成与优化. 价值工程,2015,06:234-235.

[44] 王华春. 基于 GIS 和 BP 神经网络的土地适应性评价. 山东工业技术,2015,01：228-229.

[45] 吕杰,徐静,闫振国. 基于小波神经网络的矿区土壤铜含量反演研究. 矿业研究与开发,2015,04:68-70.

[46] 付建东,吴良才.基于小波神经网络 GNSS 高程拟合的应用研究.北京测绘,2015,03: 103-106.

[47] 姚宁,马青兰,等.基于 AGNES 算法优化 BP 神经网络和 GIS 系统的大气污染物浓度 预测.中国环境监测,2015,03:113-117.

[48] 赵世季.RBF 神经网络模型在遥感目标检测中的应用.舰船科学技术,2015,07: 203-206.

[49] 樊彦国,刘金霞.基于神经网络技术的遥感水深反演模型研究.海洋测绘,2015,04: 20-23.

[50] 杨柳,田生伟,等.基于分布式计算的 BP 遥感影像水体识别.计算机工程与设计, 2015,08:2229-2233＋2244.

[51] 熊贤成,杨春平,等.基于 BP 神经网络的云相态检测方法研究.遥感技术与应用, 2015,04:714-718.

[52] 杨敏,林杰,等.基于 Landsat 8 OLI 多光谱影像数据和 BP 神经网络的叶面积指数反 演.中国水土保持科学,2015,04:86-93.

[53] 黄奇瑞.基于模糊 C 均值和 BP 神经网络的遥感影像自动分类算法.南阳理工学院学 报,2015,04:57-60.

[54] 郑文龙,都金康.基于 BP 神经网络的玛纳斯河流域雪盖率预测.南京大学学报(自然 科学),2015,05:1014-1021.

[55] 陆衍.遥感影像云雾分离的 BP 神经网络方法研究.上海国土资源,2015,03:95-97.

[56] 崔日鲜,刘亚东,付金东.基于可见光光谱和 BP 人工神经网络的冬小麦生物量估算研 究.光谱学与光谱分析,2015,09:2596-2601.

[57] 刘俊萍,马晓雁.基于 GIS 与 RBF 神经网络的水厂原水藻类预测.中国给水排水, 2015,09:66-69.

[58] 王睿,韦春桃,等.基于 BP 神经网络的 Landsat 影像去云方法.桂林理工大学学报, 2015,03:535-539.

[59] 沈文颖,李映,等.基于因子分析-BP 神经网络的小麦叶片白粉病反演模型.农业工程 学报,2015,22:183-190.

[60] 武创举.基于神经网络的遥感图像分类研究.昆明:昆明理工大学,2015.

[61] 朱彦光,夏孟.基于 OIF 与 BP 神经网络的遥感分类方法研究.城市地理,2015,20: 243-245.

[62] 曹姗姗,孙伟,等.基于 GA-BP 神经网络的灌木生物量估测模型.西北农林科技大学 学报(自然科学版),2015,12:58-64.

[63] 曹林林,李海涛,等.卷积神经网络在高分遥感影像分类中的应用.测绘科学,2016,41 (9):170-175.

[64] 张平,贺亮,等.基于 GIS 和 BP 神经网络模型的 PM$_{(10)}$浓度预测与空间分布研究. 环境科学与管理,2016,05:39-43.

[65] 李彦冬,郝宗波,雷航.卷积神经网络研究综述.计算机应用,2016,36(9):2508-2515,2565.

［66］ Krizhevsky A,Sutskever I, Hinton G E. ImageNet classification with deep convolutional neural networks. Advances in Neural Information Processing Systems, 2012,25(2):1097-1105.

［67］ 马凯,罗泽. 基于卷积神经网络的青海湖区域遥感影像分类. 计算机系统应用,2018, 27(9):137-142.

［68］ 邢晨. 基于深度学习的高光谱遥感图像分类. 中国地质大学,2016.

［69］ 宋欣益. 基于卷积神经网络的高光谱数据分类方法研究. 哈尔滨工业大学,2016.

［70］ 付秀丽,黎玲萍,毛克彪,等. 基于卷积神经网络模型的遥感图像分类. 高技术通讯, 2017, 27(3):203-212.

［71］ 张伟,郑柯,唐聘,等. 深度卷积神经网络特征提取用于地表覆盖分类初探. 中国图像图形学报,2017,22(8):1144-1153.

［72］ 王春艳,徐爱功,赵雪梅,等. 模糊神经网络高分辨率遥感影像监督分类. 中国图像图形学报,2017,22(8):1135-1143.

第六章　优化理论与空间信息智能处理

由梯度下降法构成的 BP 算法虽然为网络学习提供了简单有力的方法,但它存在着局部极小问题,网络权值通过沿局部改善方向一小步、一小步进行修正,力图达到使准则函数最小化的全局解,因此网络权值的初始值对网络的学习有较大的影响. 此外,权值的初始值即使能够在全局解附近选定,当解的周围是平坦的话,那么权值的修正量会变得很小,学习的收敛速度变得很慢,迭代次数急剧增多. 为了避免类似的问题,可利用一些最优化算法,如遗传算法(genetic algorithm,GA)、模拟退火算法(simulated annealing algorithm,SAA 或 SA 算法)、禁忌搜索算法(tabu search algorithm,TSA 或 TS 算法)、混合遗传算法(hybrid genetic algorithm,HGA)、蚁群优化算法(ant colony optimization algorithm,ACOA 或 ACO 算法)以及粒子群优化算法(particle swarm optimization algorithm,PSOA 或 PSO 算法)等来协助寻找全局解. 本章主要介绍上述算法的基本原理、算法流程及其在空间信息智能处理中的应用.

6.1　优化算法概述

一个求函数最大值/最小值的优化问题,通常可描述为如下数学规划模型:

$$\begin{cases} \max\ f(\boldsymbol{X}), \\ \text{s. t.}\quad \boldsymbol{X} \in R, \\ R \subseteq U, \end{cases} \tag{6.1}$$

式中,$\boldsymbol{X}=(x_1,x_2,\cdots,x_n)^{\mathrm{T}}$ 为决策变量,$f(\boldsymbol{X})$ 为目标函数,U 是基本空间,R 是 U 的一个子集. 满足约束条件的解 $\boldsymbol{X}$ 称为可行解,集合 R 表示由所有满足约束条件的解所组成的一个集合,叫作可行解集合,它们之间的关系如图 6.1 所示.

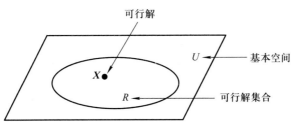

图 6.1　最优化问题的可行解及可行解集合

对于上述最优化问题,目标函数和约束条件种类繁多,有的是线性的,有的是非线性的;有的是连续的,有的是离散的;有的是单峰值的,有的是多峰值的.随着研究的深入,人们逐渐认识到在很多复杂情况下要想完全精确地求出其最优解是既不可能的,也不现实的,因而求出其近似最优解或满意解成了人们的主要着眼点之一.总的来说,求最优解或近似最优解的方法主要有三种:枚举法、启发式算法和搜索算法.

1. 枚举法

在进行归纳推理时,若逐个考察某类事件的所有可能情况,因而得出一般结论,那么该结论是可靠的.枚举法(enumeration method)是利用计算机运算速度快、精确度高的特点,对要解决问题的所有可能情况,一个不漏地进行检验,从中找出符合要求的答案,即枚举出可行解集合内的所有可行解,以求出精确最优解.

对于连续函数,该方法要求先对其进行离散化处理,这样就有可能产生离散误差而永远达不到最优解.另外,当枚举空间比较大时,该方法的求解效率比较低,有时甚至利用目前最先进的计算工具都无法求解,因此枚举法是通过牺牲时间来换取答案全面性的.

2. 启发式算法

启发式算法(heuristic algorithm)是相对于最优化算法提出的,即寻求一种能产生可行解的启发式规则,以找到一个最优解或近似最优解.

启发式算法可以定义为:一种基于直观或经验构造的算法,在可接受的花费(指计算时间和硬件资源)下,给出待解决组合优化问题每一实例的一个可行解,该可行解与最优解的偏离程度一般不能被预测.该方法的求解效率虽然比较高,但对每个需要求解的问题都必须找出其特有的启发式规则,这个启发式规则无通用性,不适合于其他问题.

3. 搜索算法

搜索算法(search algorithm)是利用计算机的高性能有目的地穷举一个问题解空间的部分或所有的可能情况,从而求出问题的解.该算法在可行解集合的一个子集内进行搜索操作,以找到问题的最优解或近似最优解.该方法虽然无法保证一定能够得到问题的最优解,但如果适当地利用一些启发知识,就可以在近似解的质量和求解效率上达到一种较好的平衡.

随着问题求解种类的不同,以及问题规模的扩大,要寻求到一种能以有限的代价来解决上述最优化问题的通用方法仍是一个难题.而 GA 却为解决这类问题提供一个有效的途径和通用框架,开创一种新的全局优化搜索算法.

6.2 遗 传 算 法

遗传算法(GA)是一类借鉴生物界的进化规律(如适者生存、优胜劣汰的遗传机制)演化而来的一种自适应全局优化的概率搜索算法,为许多用传统数学难以解决或明显失效的复杂问题,特别是优化问题,提供了一个行之有效的新途径,给 AI 的研究带来了新的生机. 从 20 世纪 80 年代中期开始,GA 逐步成熟,应用日渐增多,已在组合优化问题求解、自适应控制、程序自动生成、机器学习、神经网络训练以及经济预测等领域取得了令人瞩目的应用成果. 可以说,GA 是目前为止应用最为广泛和最为成功的智能优化方法. 与常规的优化算法(如梯度下降法)相比,GA 不同之处在于:① 对编码的参数集进行搜索;② 在解空间中进行多点搜索;③ 仅利用适合度函数直接提供信息;④ 依赖于随机规则. GA 的这些特征不仅在搜索方式上与传统方法截然不同,而且其策略简单,不依赖于具体问题,为其鲁棒性提供了有力保证.

6.2.1 GA 简介

GA 是一种仿生优化算法,它模拟达尔文的自然进化论与孟德尔的遗传变异理论,被认为是对人类自然演化过程的模拟. 在 GA 中,问题的解被表示为染色体(chromosome),每个染色体也就是一个个体(individual),每个个体被赋予一个适合度(fitness),代表此个体对环境的适应程度. 若干个体构成群体(population),在群体的每一代进化过程中,通过选择(selection)、交叉(crossover)和变异(mutation)等遗传操作(genetic operation)产生新的群体. 适合度值大的个体被继承的概率也大,通过交叉和变异操作能够产生适合度值更大的个体. 在 GA 作用下,群体不断进化,最后收敛到问题的最优解.

GA 的主要操作步骤如下:

(1) 确定群体规模 n(整数),随机产生或其他方法产生一组 n 个可行解 $\boldsymbol{X}_i(k)(1 \leqslant i \leqslant n)$ 组成初始群体(变量 k 称为"代"数,初始值 $k=1$);

(2) 计算每一个体的适合度值 $f(\boldsymbol{X}_i(k))$,作为评价个体的标准;

(3) 计算每一个体 $\boldsymbol{X}_i(k)$ 的生存概率 $P_i(k)$:$P_i(k)=f(\boldsymbol{X}_i) \Big/ \sum_{i=1}^{n} f(\boldsymbol{X}_i)$,然后依据 $P_i(k)$ 以一定的随机方法,设计随机选择器产生配种个体 $\boldsymbol{X}_i(k)$;

(4) 依据一定的随机方法选择配种个体 $\boldsymbol{X}_1(k),\boldsymbol{X}_2(k)$,并根据交叉概率和变异概率对配种个体 $\boldsymbol{X}_1(k),\boldsymbol{X}_2(k)$ 进行交换和变异操作,构成新一代的个体 $\boldsymbol{X}_1(k+1),\boldsymbol{X}_2(k+1)$,直到新一代 n 个个体形成;

(5) 重复步骤(2)~(4),直到满足终止条件要求(解的质量达到满意的范围、迭代次数或时间方面的限制等).

由于 GA 原始思想源于达尔文的进化理论,自然界生物群体进化方式的根本特征就是"适者生存". 从人类对自然界的认识角度考虑,这一自然法则具有效率高和鲁棒性强等特点,而从自然界的角度来看,评价群体的唯一标准就是其对环境的适合度,结果只有两类:生存或者淘汰. 这样,对群体来说,其生存与否决定于其个体对环境的整体适合度,这一整体适合度是该群体中大多数个体对环境适应程度的综合,只有大多数个体适合度达到某一下限,该群体才不会被淘汰. 为此,群体内部也必须有某种"优胜劣汰"的机制,它通过与周围环境的交互来实现. 因此,在自然界中,"适者生存"可以看作一个多层次概念,它存在于群体之间,也存在于群体内的个体之间,其评价标准是完全依赖于其生存的环境,这就保证了自然界从整体的角度体现完美的鲁棒性. 另外,从群体内部来看,遗传和变异构成进化的最根本特征,通过对环境适合度的评价,遗传使个体中的优势特征在下一代中得以体现,而变异则是进化的根源,它在保持其群体多样性的同时,使下一代具有超出其父代的特性.

6.2.2　GA 运算过程

图 6.2 所示为 GA 运算过程示意图,可以从中看出,GA 主要使用了选择算子、交叉算子、变异算子,主要运算过程如下.

(1) 初始化:设置进化代数计数器 $t \leftarrow 0$;设置最大进化代数 T;随机生成 M 个个体作为初始群体 $P(0)$.

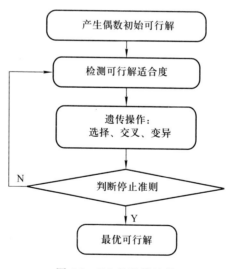

图 6.2　GA 的运算过程

（2）个体评价：计算群体 $P(t)$ 中每个个体的适应度.

（3）选择运算：将选择算子作用于群体.

（4）交叉运算：将交叉算子作用于群体.

（5）变异运算：将变异算子作用于群体. 群体 $P(t)$ 经过选择、交叉、变异运算之后得到下一代群体 $P(t+1)$.

（6）终止条件判断：若 $t \leqslant T$，则 $t \leftarrow t+1$，转到（2）；若 $t > T$，则以进化过程中所得到的具有最大适应度的个体作为最优解输出，终止计算.

1. 初始化

用随机方法产生一个大小合适的初始种群. 种群太小则不能提供足够的采样点，以致算法性能很差；种群太大，尽管可以增加优化信息，阻止早熟收敛的发生，但无疑会增加计算量，收敛时间太长. GA 初始化操作如图 6.3 所示.

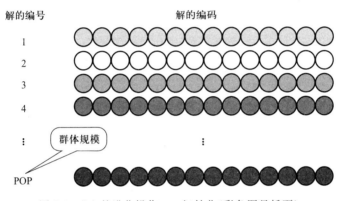

图 6.3　GA 的进化操作——初始化（彩色图见插页）

2. 个体评价

GA 得到的个体（解）的好坏用适应度函数值来评价，适应度函数值越大，解的质量越好，如图 6.4 所示. 适应度函数是 GA 进化过程的驱动力，也是进行自然选择的唯一标准，需结合求解问题本身的要求来设计.

3. 选择运算

选择运算用于实现对群体中个体的优胜劣汰操作，其任务就是按某种方法从父代群体中选取一些个体，遗传到下一代. 最常用的选择策略是正比选择策略，即个体被选中进行遗传运算的概率为该个体的适应值与群体中所有个体适应值总和的比例，选择操作如图 6.5 所示.

4. 交叉运算

交叉运算是 GA 区别于其他进化算法的重要特征，在 GA 中起关键作用，是产生新个体的主要方法. 它同时对两个染色体进行操作，组合二者的特性产

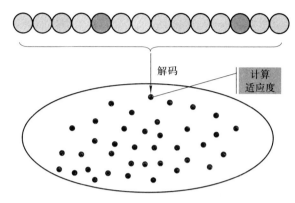

图 6.4　GA 的进化操作——计算适应度(彩色图见插页)

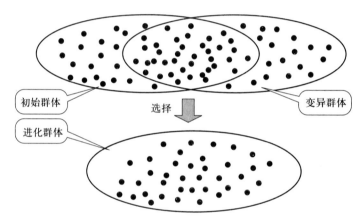

图 6.5　GA 的进化操作——选择

生新的后代. 是否进行交叉由交叉率控制,所谓交叉率是指各代中交叉产生的后代数与种群中的个体数之比. 显然,较高的交叉率将达到更大的解空间,从而减小停止在非最优解上的机会;但交叉率太高,会因过多搜索不必要的解空间而耗费大量的计算时间. 图 6.6 所示为交叉操作的示意图. 在交叉操作中,使用最多的是单点交叉和双点交叉.

5. 变异运算

依据变异概率将个体编码串中的某些基因值用其他基因值来替换,从而形成一个新的个体. GA 中的变异运算是产生新个体的辅助方法,决定了 GA 的局部搜索能力,同时保持种群的多样性. 交叉运算和变异运算相互配合,共同完成全局搜索和局部搜索. 变异实际上是子代基因按照小概率扰动产生的变化. 若变异率太低,一些有用的基因就难以进入选择;若太高,即随机的变化太多,那

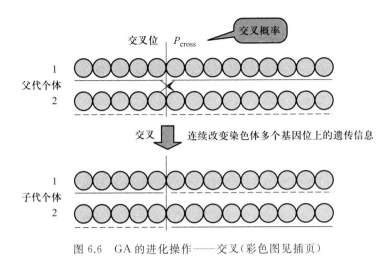

图 6.6　GA 的进化操作——交叉（彩色图见插页）

么后代就可能失去从双亲继承下来的优良特性. 因此,变异概率一般设定为一个比较小的数(在 1％以下),变异操作如图 6.7 所示.

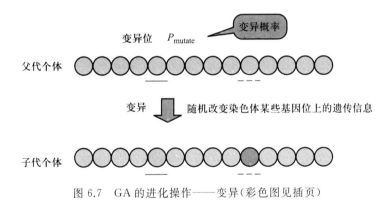

图 6.7　GA 的进化操作——变异（彩色图见插页）

6.3　模拟退火算法

6.3.1　模拟退火算法简介

　　模拟退火(SA)算法也称为蒙特·卡罗(Monte Carlo)退火、统计冷却、概率爬山、随机松弛和概率交换算法,是一种适用于解大型组合优化问题的算法,其核心在于模仿热力学中液体的冻结与结晶或者金属熔液的冷却与退火过程. 在高温状态下,液体的分子彼此之间可以自由移动. 若液体徐徐冷却,它的分子就会丧失因温度引起的流动性. 这时原子就会自己排列起来而形成一种纯晶体, 依次朝各个方向排列成几十亿倍于单个原子大小的距离, 这个纯晶体状态就是该系统的最小能量状态. 尤其重要的是: 对一个徐徐冷却的系统, 当这些原子在逐渐失去活力的同时, 它们自己就同时地排列而形成一个纯晶体, 使这个系统的能量达到其最小值. 这里特别强调在这个物理系统的冷却过程中, 这些原子是"同时地"把它们自己排列成一个纯晶体的. 若一种金属熔液是被快速冷却或泼水使其冷却的, 则它不能达到纯晶体状态, 而是变成一种多晶体或非晶体状态, 系统处在这种状态时具有较高的能量.

1983 年, Kirkpatrick 等人首次把固体的退火过程与组合极小化联系在一起, 他们分别用目标函数和组合极小化问题的解替代物理系统的能量和状态, 从而物理系统内粒子的摄动等价于组合极小化问题的试探. 也就是说, 首先在一个高温(温度现在就成为一个控制参数)状态下有效地"熔化"解空间, 然后慢慢地降低温度直到系统"结晶"到一个稳定解.

SA 算法就是模仿上述物理系统徐徐退火过程的一种通用随机搜索技术, 人们可用马尔科夫链的遍历理论加以数学描述. 在搜索最优解的过程中, SA 除了可以接受优化解外, 还用一个随机接受的米特罗波利斯(Metropolis)准则有限度地接受恶化解, 且接受恶化解的概率慢慢趋向于 0, 这使得算法有可能从局部最优中跳出, 尽可能找到全局最优解, 从而保证了算法的收敛.

表 6.1 列出了物理系统和优化问题之间一些基本的"等价"概念.

表 6.1　物理系统和优化问题之间的类似点

物理系统	优化问题
状态	可行解
能量	评估函数
基态	最优解
快速淬火	局部搜索
温度	控制参数 T
徐徐退火	模拟退火

6.3.2　优化组合问题与 Metropolis 准则

典型的优化组合问题可简单描述为: 在解空间 $\Omega = \{x_1, x_2, \cdots, x_n\}$ 中寻找一个 x^*, 使得对于 $\forall x_i \in \Omega$ 和目标函数 $c(x)$, 必有 $c(x^*) = \min c(x_i)$. 若把优化组合问题的解看作金属物体的物理状态, 把目标函数值看作能量函数, 则其最优解就可以看作金属物体所达到的最低能量状态. 但这一过程中的问题是,物理退火过程中需要保证系统在每个恒定的温度下都要达到充分的热平衡,而优化组合问题的解决过程一般不可能遍历全部解空间,因为其时间复杂度太大.虽然可以用蒙特·卡罗退火模拟上述过程,但需要大量采样才能保证比较精确的结果,计算量较大.而若用简单的爬山算法等局部最优算法,很容易陷入局部最优点而得不到全局最优解,且具有相当的初值依赖性.此时,引入一种重要性采样法——Metropolis 准则就可很好地解决该问题.

Metropolis 准则是一种重要性采样法,其作用是以概率来接受新状态.它最早是在 1953 年由 Metropolis 等人提出的,基本思想来源于:鉴于物理系统倾向于能量较低的状态,而热运动又妨碍它准确落到最低态的物理形态,采样时只需着重取那些有贡献作用的状态则可较快达到较好的结果.具体过程是:在温度 T,由当前状态 i 产生新状态 j,能量分别为 E_i 和 E_j.若 $E_i > E_j$,则接受新状态 j 为当前状态;若 $E_i < E_j$,则以一定概率 $p_r = \exp[-(E_j - E_i)/kT]$ 来接受新状态 j,其中 k 为玻尔兹曼(Boltzmann)常数.这样,经多次重复,即大量迁移后,系统将趋于能量较低的平衡态,各状态的概率分布将趋于一定的正则分布.

Metropolis 准则的特性是:在高温下可能接受与当前状态能量差较大的新状态,而在低温下基本只接受与当前状态能量差较小的新状态;当温度趋近零时,就不能接受比当前状态高的新状态.若以此作为搜索策略,能很好地避免陷入局部最优,最终趋于问题的全局最优解,并且能够大大减少采样的计算量.

6.3.3 SA 算法流程及特点

与其他优化算法一样,SA 算法需要回答与特定问题相关的一些问题,通常包括:

(1) 解是什么?

(2) 解的邻域是什么?

(3) 解的代价是什么?

(4) 如何确定初始解?

对于这些问题的回答就分别产生了搜索空间的结构、邻域的定义、评估函数以及初始点的概念.图 6.8 所示为 SA 算法流程图,从中可以看出,下面四个问题也是必须给出解答:

(1) 如何确定初始"温度"T?

(2) 如何确定冷却率 $g(T, t)$?

(3) 如何确定终止条件?

(4) 如何确定停机规则?

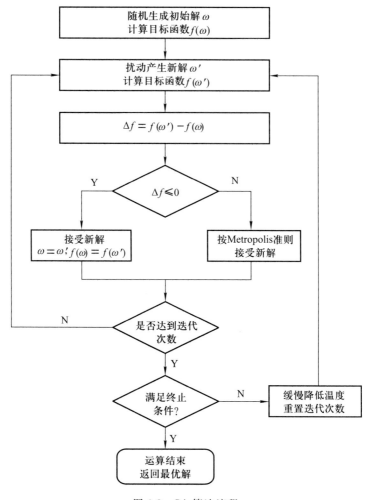

图 6.8 SA 算法流程

1. 初温的设置

一般而言,初温越大,获得高质量解的概率越大,但同时退火过程花费的时间将变长. 通常需要用一定的方法折中考虑优化质量和优化效率.

2. 状态的表达

状态即是问题的一个解,问题的目标函数就对应于状态的能量函数. 状态的表达直接决定着邻域的大小和目标函数值的计算方式,合理的状态表达方法会大大减少计算的复杂性,改善算法性能.

3. 新解的产生

算法通常由一个生成函数从当前解生成一个位于解空间中的新解. 为便于

后续计算和减少算法耗时,通常选择由当前解经过简单变换即可产生新解的方法,如对构成新解的全部或部分元素进行置换、互换等,即邻域搜索的方法. 目标函数值的差通常采用增量计算,仅由上述变换部分产生,以减少计算量. 邻域解的产生方式将对计算效率和结果产生影响.

4. 新解的接受

新解的接受与否,通常以如下的概率形式来判别:在固定温度下,接受使目标函数值下降的候选解的概率要大于使目标值上升的候选解的概率;随温度的下降,接受使目标函数值上升的解的概率要逐渐减小;当温度趋于零时,只能接受目标函数值下降的解. 这一点也是实现全局搜索,避免陷入局部最优的关键. 事实上,Metropolis 准则能很好地满足这一条件,主语是准则还是条件也是最常使用方法.

5. 热平衡的达到

SA 算法的全局搜索性与每一温度下的迭代次数密切相关. 同一温度下充分搜索虽十分必要,但需要以计算时间为代价. 通常会用以下两种方法来决定迭代的次数:一种是每一温度都采用相同的迭代次数,此时迭代次数的选取和领域大小相关;另一种是根据接受新状态的概率控制迭代次数. 关于后者,具体来说,在高温时因各状态被接受的概率基本相同,可尽量减少迭代次数;而在低温时越来越多的状态会被拒绝,则可相应地增大迭代次数.

6. 冷却的控制

通常用以下两种方法来控制温度的下降. 一种是每一步温度以相同比例下降:即 $T_{k+1} = aT_k$,其中 $k \geqslant 0, 0 < a < 1, a$ 为降温系数;另一种是每一步温度以相同长度下降:即 $T_k = T_0(T - k) / T$,其中 T_0 为初始温度,T 为温度下降的总次数. 这两种方法针对目标函数存在不同分布的情况,前者针对玻尔兹曼分布,后者针对柯西分布.

7. 算法的终止准则

终止准则主要是判断 SA 算法何时退出外循环,得出结果. 通常采用三种准则:(1) 零度终止准则,即给定一个比较小的正数 ε,当温度 $T_k \leqslant \varepsilon$ 时,算法终止;(2) 循环总数终止准则,即当温度下降总次数达到某个设定值 L 时,算法终止;(3) 接受概率终止准则,即给定一个比较小的概率 P,在某个温度和给定的迭代次数内,除当前局部最优解外,其他状态的接受概率都小于 P,算法终止. 因此,在运行该算法时,若温度较高时不能摆脱局部最优解,则温度较低时摆脱局部最优解可能性更低.

8. 最终解与历史最优解

虽然理论上 SA 算法能得到全局最优解,但实际上求解结果的优劣还需要与算法耗费的时间代价相权衡,这样算法结束时得到的最终解可能不是最优,而过程中得到的某个解也可能优于最终解. 因此, 在算法过程中需要记录一个历史最优解, 通过比较最终解与历史最优解, 可得出最佳结果.

综上所述, SA 的特点归纳如下:

(1) 初值鲁棒性. SA 与初始值无关, 算法求得的解与初始解状态 (算法迭代的起点) 无关.

(2) 渐进收敛性. SA 具有渐近收敛性, 已在理论上被证明是一种以概率 1 收敛于全局最优解的全局优化算法, 但收敛至全局最优解需要在满足初温足够高、热平衡时间足够长、冷却足够慢、末温足够低等条件的情况下才能达到. 而这些条件很难全部满足, 最难点在于不易控制 Metropolis 过程的次数. 因此, 在实际使用过程中, 需权衡时间代价进行折中考虑, 而通常只能获得近似最优解 (次优解).

(3) 并行性. SA 具有并行性, 且有很多并行方法, 例如可将解空间进行划分, 也可在当前解产生邻域解的过程中考虑并行.

6.4　禁忌搜索算法

6.4.1　禁忌搜索算法概述

禁忌搜索 (TS) 算法是一种全局性邻域搜索算法, 模拟人类具有记忆功能的寻优特征. 它通过局部邻域搜索机制和相应的禁忌准则来避免迂回搜索, 并通过破禁水平来释放一些被禁忌的优良状态, 进而保证多样化的有效探索, 以最终实现全局优化. TS 的思想最早由美国国家工程院院士、科罗拉多大学教授格洛弗 (F.Glover) 提出, 近年来逐步形成为一套系统的优化理论, 并成功应用于求解复杂的组合优化问题. 相对于 GA 和 SA 算法, TS 算法是一种搜索特点不同的启发式 (meta-heuristic) 算法, 目前在组合优化、生产调度、机器学习、电路设计和神经网络等领域取得了很大的成功, 近年来又在函数全局优化方面有较多的研究, 发展空间很大.

TS 算法是一种扩展邻域、全局逐步寻优的启发式搜索方法, 在搜索过程中为获得知识, 再采用一些学习规则来确定搜索的方向, 以避免解在局部循环, 即通过灵活的记忆, 将最近若干次迭代过程中所实现的移动的反方向记录到禁忌表中. 凡是处于禁忌表中的移动, 在当前迭代过程中不允许实现, 这样就可以跳出局部最优解, 达到搜索所有解空间的目的. 首先产生一个初始解 X (n 维向量), 再采用一组"移动"操作从当前解的邻域 X' 中随机产生一系列试验解 X_1, $X_2, \cdots, X_k$, 选择其中最好的可行解 S^*, 重复迭代, 直到满足一定的终止准则.

在 TS 算法中, 领域结构、候选解、禁忌长度、禁忌对象、藐视准则以及终止准则等是影响性能的关键,以下几点值得注意:(1) 由于 TS 算法是局部领域搜索的一种扩充,因此领域结构的设计非常关键,它决定了当前解的领域解的产生形式和数目,以及各个解之间的关系;(2) 出于改善算法时间性能的考虑,若邻域结构决定了大量的邻域解,则可以仅尝试部分互换的结果,而候选解也仅取其中的少量最佳状态;(3) 禁忌长度决定禁忌对象的任期,进而直接影响整个算法的搜索进程和行为,同时禁忌表中禁忌对象的替换可采用先入先出方式(不考虑藐视准则的作用),当然也可以采用其他方式,如动态自适应的方式;(4) 藐视准则的设置是为了避免遗失优良状态,激励对优良状态的局部搜索,进而实现全局优化;(5) 对于非禁忌候选状态,算法无视它与当前状态的适配值的优劣关系,仅考虑它们中间的最佳状态并为下一步决策,如此可实现对局部极小的突跳(是一种确定性策略);(6) 为了使算法具有优良的性能,必须设置一个合理的终止准则来结束整个搜索过程.

此外,在许多场合禁忌对象的被禁次数也被用于指导搜索,以取得更大的搜索空间. 禁忌次数越高,通常可认为出现循环搜索的概率越大.

6.4.2　TS 算法构成

TS 算法是一种由多种策略组成的混合启发式算法,每种策略均是一个启发式过程,它们对整个禁忌搜索起着关键的作用,几种策略的常见形式如下所述.

1. 邻域移动

邻域移动是从一个解产生另一个解的途径,是保证产生好的解和算法搜索速度的重要因素之一. 邻域移动定义的方法很多,对于不同的问题应采用不同的定义方法. 通过移动,目标函数值将产生变化,移动前后的目标函数值之差,称为移动值. 若移动值是非负的,则称此移动为改进移动;否则称作非改进移动. 最好的移动不一定是改进移动,也可能是非改进移动,这一点就保证搜索陷入局部最优时,禁忌搜索算法能自动跳出.

2. 禁忌表

不允许恢复(即被禁止)的性质称作禁忌(tabu),禁忌表的主要目的是阻止搜索过程中出现循环和避免陷入局部最优,它通常记录前若干次的移动,禁止这些移动在近期内返回. 在迭代固定次数后,禁忌表释放这些移动,重新参加运算,因此它是一个循环表,每迭代一次,将最近的一次移动放在禁忌表的末端,而最早的一个移动就从禁忌表中释放出来. 为了节省记忆时间,禁忌表并不记录所有的移动,只记录那些有特殊性质的移动,如记载能引起目标函数发生变化的移动. 禁忌表记载移动的方式主要有记录目标值、移动前的状态及移动本身等三种.

禁忌表的大小在很大程度上影响着搜索速度和解的质量. 若选择得好,可有助于识别出曾搜索过的区域. 实验表明,若禁忌表长度过小,那么搜索过程就可能进入死循环,整个搜索将围绕着相同的几个解徘徊;相反,若禁忌表长度过大,将在相当大的程度上限制搜索区域,好的解就有可能被跳过,同时增加算法运算时间而不会改进解的效果. 禁忌表的这种特性非常类似于"短期记忆",因而禁忌表也称作短期记忆函数.

初始搜索禁忌表时,为提高解的分散性,扩大搜索区域,使搜索路径多样化,希望禁忌表长度小. 相反,当搜索过程接近最优解时,为提高解的集中性,减少分散,缩小搜索区域,通常希望禁忌表长度大. 为此,禁忌表的大小和结构可随搜索过程发生改变,即用动态禁忌表. 结果表明动态禁忌表往往比固定禁忌表能获得更好的解.

3. 选择策略

选择策略有多种,即择优规则很多,不同的策略对算法的性能影响不同. 一个好的选择策略应该是既保证解的质量又保证计算速度. 最广泛的两类策略是最优解优先策略(best improved strategy)和第一个改进解优先策略(first improved strategy). 前者是在当前邻域中选择移动值最好的移动产生的解,并将其作为下一次迭代的开始;后者是搜索邻域移动时选择第一改进当前解的邻域移动产生的解作为下一次迭代的开始. 最优解优先策略相当于寻找最陡的下降,这种择优规则效果比较好,但需要更多的计算时间;而寻找第一个改进解的移动,无须搜索整个一次邻域移动,所花计算时间较少,对于较大的邻域,往往比较适合.

4. 破禁策略

破禁策略通常指渴望水平(aspiration)函数选择,当一个禁忌移动在随后 T 次的迭代内再度出现时,若它能把搜索带到一个从未搜索过的区域,则应该接受该移动(即破禁),不受禁忌表的限制.

5. 停止规则

在禁忌搜索中停止规则通常有两种:一种是把最大迭代数作为停止算法的标准,而不以局优为停止规则;另一种是在给定数目的迭代内所发现的最好解无法改进或无法离开时,算法停止.

6. 长期表

短期记忆用来避免最近所做的一些移动被重复,但在很多的情况下短期记忆并不足以把算法搜索带到能够改进解的区域. 因此,在实际应用中常常与长期记忆结合使用,以保持局部的强化和全局多样化之间的平衡,即在加强与好解有关的性质的同时还能把搜索带到未搜索过的区域.

7. 频率确定

在长期记忆中,频率起着非常重要的作用,使用频率的目的就是通过了解同样的选择在过去做了多少次来重新指导局部选择. 当在非禁忌移动中找不到可以改进的解时,用长期记忆更有效.

　　长期记忆函数目前主要有两种形式:一种通过惩罚的形式,即用一些评价函数来惩罚在过去的搜索中用得最多或最少的那些选择,并用一些启发方法来产生新的初始点. 用这种方式获得的多样性可以通过保持惩罚一段时间来得到加强,然后取消惩罚,禁忌搜索继续按照正常的评价规则进行. 另一种形式采用频率矩阵,通常采用基于最小频率的长期记忆和基于最大频率的长期记忆两种. 通过使用基于最小频率的长期记忆,可以在未搜索的区域产生新的序列;而使用基于最大频率的长期记忆,可以在过去的搜索中认为是好的可行区域内产生不同的序列. 在整个搜索过程中频率矩阵被不断地修改.

6.4.3　TS 算法流程及特点

　　如图 6.9 所示为 TS 算法流程图,具体步骤如下所述.

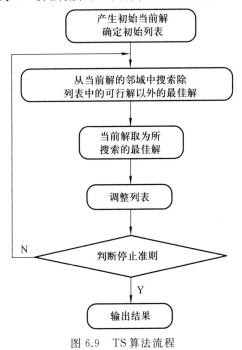

图 6.9　TS 算法流程

　　(1) 选择编码方式,如自然编码.

　　(2) 产生初始解:迭代次数置 1,在控制变量约束范围内随机产生一个初始解 X,计算其目标函数 $g(X)$,设置最好解向量 $X_{opt} = g(X)$.

　　(3) 产生一组试验解:将单个移动和交换移动分别作用于 X,得到一组可行

试验解 $X_1, X_2, \cdots, X_k$，并求得相应的 $g(X_1), g(X_2), \cdots, g(X_k)$.

（4）搜索邻域：从上述试验解中寻优，得到一个最好的试验解 X^*. 若 X^* 不在禁忌表中，或者虽然在禁忌表中但已满足释放准则，则用 X^* 更新 X，即令 $X = X^*$；若在禁忌表中，同时又没有满足释放准则，则寻找次好的解，并重复此过程.

（5）更新禁忌表：将实现移动的反方向移动记录到禁忌表中. 若禁忌表已满，则首先排除最先记录的移动.

（6）更新 X_{opt}：若 $g(X^*) < g(X_{opt})$，则用 X^* 更新 X_{opt}，否则 X_{opt} 保持不变.

（7）判断终止条件：若连续几次迭代目标函数没有改进或达到最大允许迭代次数，则停止优化，输出结果；否则，迭代次数加 1 并转到步骤（3）继续迭代.

TS 算法主要特点如下：

（1）在搜索过程中可以接受劣解，因此具有较强的"爬山"能力；

（2）新解不是在当前解的邻域中随机产生，而是或为优于"当前最好解"的解，或为非禁忌的最佳解，选取优良解的概率远远大于其他解. 由于 TS 算法具有灵活的记忆功能和藐视准则，且在搜索过程中可以接受劣解，故在搜索时能够跳出局部最优解，转向解空间的其他区域，从而增大获得更好的全局最优解的概率.

6.5　混合遗传算法

GA 是一个渐近的收敛过程，可以极快地达到最优解的 90％，但要真正达到最优解却要花很长时间，这样 GA 在局部搜索方面有先天不足. 解决方法之一是对 GA 进行适当改进，如增加交叉约束算子，使交叉操作限制在基因型（编码串）相似的染色体之间，可以适当改善 GA 的局部搜索能力；另一种方法是将 GA 与传统的、基于问题知识的启发式搜索技术相结合，构成混合搜索算法，从而改善局部搜索能力，提高优化质量和搜索效率，以弥补单一优化方法的不足. GA 的结构是开放的，与问题无关，易于与其他算法结合，因此这里介绍的混合遗传算法（HGA）是在 GA 的基础上适度引入 TS 算法或 SA 算法，该算法不但能加快收敛速度，而且还具有良好的收敛性能.

6.5.1　HGA 设计原则

设计 HGA 通常有采用原有算法的编码、吸收原有算法优点以及改造遗传算子等三条指导性原则.

1. 采用原有算法的编码

在混合算法中，采用原有算法的编码技术，既能坚持包含在原编码中的有关知识,又能使实际应用人员感觉更自然.

2. 吸收原有算法的优点

设计 HGA 时应充分吸收原有算法中确实有益的优化技术,这可以通过以下途径来实现:

(1)若原有算法是个快速算法,就把它产生的解添加到 HGA 的初始群体中. 通常,把原有算法的解彼此杂交或与其他的解杂交都将得到改进的解.

(2)把原有算法中的一系列变换结合到 HGA 中. 例如,在下面将要讨论的退火演化算法就是把模拟退火算法中的退火过程与群体的演化相结合而构成的.

(3)适应值的计算往往是个相当耗时的过程,若原有算法的译码技术简洁高效,则可应用到混合算法中以节省计算时间.

3. 改造遗传算子

HGA 既要吸取原有算法的长处,也要保持 GA 的优点. 一旦采用原有算法的编码,就不能再使用那种作用在串上的遗传算子,而需通过类推建立适合新的编码形式的交叉和变异算子.

6.5.2 几种 HGA 简述

HGA 具有集成性、先进性、鲁棒性等特点,可解决复杂多样的优化调度问题.

1. 在 GA 中嵌入启发式规则

GA 开始于一个初始群体,如何从搜索空间中有限地选择初始群体是 GA 的困难之一. 通常可以随机产生,但 GA 性能受初始解的影响很大,解的质量也依赖于初始值. 对于优化求解问题,用启发式规则生成初始群体,能在一定程度上提升其性能.

2. 在 GA 中引入过滤过程

在简单 GA 中,竞争是在子代中进行的,而子代与父代之间没有竞争,这样父代中的优良个体有可能丢失. 有的算法通过将群体的最优解直接放入下一代来保存,但这有可能引起早熟收敛问题. 此外,由于 GA 采用随机交叉和变异算子,使得交叉、变异后的个体并不一定都是优良个体. 子代个体按照一定法规进行保留,不能保留的子代个体用其父 TS 算法或 SA 算法过滤,即当子代的适合度函数值低于其父代时,使用 TS 或 SA 的接受概率作为弱子代的生存概率.

3. 在 GA 中引入培育过程

经过一定代数的进化以后,对群体中的某些个体进行单独优化,使其获得更优良的特性,称之为培育. 培育后的"良种"再返回到原来的进化过程,继续进行遗传进化. 培育过程可采用 TS,SA 或者其他方法.

HGA 基本操作过程如下:

$$\text{GA:POP}_k \xrightarrow{\text{选择}} \text{parents}_k \xrightarrow{\text{交叉 + 变异}} \text{POP}_{k+1},$$

$$\text{HGA:POP}_k \xrightarrow{\text{选择}} \text{parents}_k \xrightarrow{\text{交叉 + 变异}} \text{POP}_{\text{temp}} \xrightarrow{\text{过滤}} \text{POP}_{k+1},$$

$$\text{POP}_k \xrightarrow{\text{选择}} \text{parents}_k \xrightarrow{\text{交叉 + 变异}} \text{POP}_{\text{temp}} \xrightarrow{\text{培育}} \text{POP}_{k+1},$$

其中 POP 指种群,parents 指父辈.

以上三种 HGA 的表现形式,使 GA 获得新的进化模式,从而避免早熟现象,改进 GA 的收敛性能及其求解质量,提高其进化效率和优化性能.

4. GA-TS 混合遗传算法

将禁忌搜索(TS)引入 GA 中,在 GA 遗传操作选择、交叉后,采用 TS,然后进行变异遗传操作,构成所谓的 GA-TS 混合遗传算法,其基本操作形式如下:

$$\text{POP}_k \xrightarrow{\text{选择 + 交叉}} \text{POP}_{\text{temp}} \xrightarrow{\text{TS 培育}} \text{POP}_{\text{temp}} \xrightarrow{\text{变异}} \text{POP}_{k+1}$$

TS 在邻域中重复地搜索,快速而高概率地向好的方向移动,对于求解混合

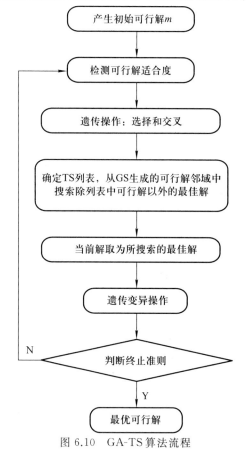

图 6.10　GA-TS 算法流程

最优问题是非常有效的,但它在算法中必须调整不同的参数. 而参数的选取对最后得到的解有着直接的影响. GA 只需调整种群的几个参数而不是单个的解,可作为 TS 的补充. GA-TS 混合遗传算法的流程如图 6.10 所示.

(1) 初始化,用随机方式产生若干彼此不同的可行解组成初始可行解群体;

(2) 针对可行解群体,执行选择、交叉等遗传操作,求得局部优化解;

(3) 针对步骤(2)求得的局部优化解,进行 TS 搜索,求得局部最优解;

(4) 针对步骤(3)求得的局部最优解,执行变异遗传操作;

(5) 重复步骤(2)~(4)搜索过程,直到算法的终止条件满足为止.

6.6　群智能算法

智能是个体有目的的行为、合理的思维,以及有效地适应环境的综合性能力. 凡是仿照自然法则构造的计算,均可称为智能计算,有时也称为软计算,主要内容包括模仿人类处理方式引入的模糊计算、依据生物神经网络的工作规则引入的神经计算以及模仿生物界的"优胜劣汰"法则的遗传算法与进化计算等三个方面. 但是,这些都是基于生物现象的计算技巧,对于大自然中各种生物群体所显出来的智能自 20 世纪 90 年代才得到广泛关注. 通过对简单生物体的群体行为进行模拟,进而提出了群智能(swarm intelligence)算法.

群智能的概念源于对蜜蜂、蚂蚁、大雁等这类群居生物群体行为的观察和研究,是一种在自然界生物群体所表现出的智能现象启发下提出的 AI 实现模式,是对简单生物群体的智能涌现现象的具体模式研究,即"简单智能的主体通过合作表现出复杂智能行为的特性". 目前,在群智能研究领域主要有两种算法:蚁群优化算法(ACOA)和粒子群优化算法(PSOA),它们简单、通用,具有良好的自适应性,在相当广阔的领域中取得了令人满意的应用.

6.6.1　蚁群优化算法

ACOA 是人工生命技术中解决组合优化问题的一种新算法,是 20 世纪 90 年代意大利学者多里戈(M. Dorigo)从生物进化机理中受到启发,通过模拟自然界蚂蚁寻径的行为,提出的全新模拟进化算法,属于随机搜索算法. 此方法最初用于解决旅行商问题,现已广泛用于分配问题、网络路由问题等,并逐渐地引入数字图像处理、计算机视觉、模式识别和数据挖掘等领域. 此外,蚁群优化算法还用于图着色. 本节主要介绍 ACOA 基本原理、模型及其特点等.

1. ACOA 原理

ACOA 是对自然界蚂蚁寻径方式进行模拟而得出的一种仿生算法. 为说明 ACOA 原理,先简要介绍蚂蚁寻食的具体过程,如图 6.11 所示.

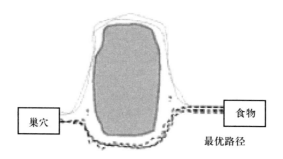

图 6.11　蚂蚁寻找从巢穴到食物的最优路径

在蚂蚁群找到食物时,它们总能找到一条从食物到巢穴之间的最优路径.这是因为蚂蚁在寻找路径时会释放出一种特殊的化学物质——外激素,当它们碰到一条还没有走过的路径时,就随机地挑选一条前行,同时释放出一定量的外激素.在路径上,外激素浓度愈高,便会刺激蚂蚁以较高概率选择这些路径回巢穴,同时外激素会随着时间而挥发.这样,对于外激素浓度低的路径,将以较低的概率影响蚂蚁的选择.由此形成一个正反馈过程,即当某条路径上的蚂蚁越多,遗留的信息量就越强,后来的蚂蚁选择此路径的概率也将越大,最终所有的蚂蚁都将收敛于一条最短的路径.蚁群优化算法正是仿照蚁群的集体行为而构造的一种智能算法.此外,在整个寻径过程中,虽然单个蚂蚁的选择能力有限,但通过外激素的刺激作用,整个蚁群之间交换着路径选择信息,最终找出最优路径.

2. ACOA 模型

蚁群优化算法模型的构建主要有两个步骤,即构建问题的解和信息素的更新.对于蚁群模型来说,一种好的初始化信息素的启发方法,就是把信息素的初始值设置得高于每次迭代过程中蚂蚁释放信息素大小的期望值.可以使用 m 代表蚂蚁的数量,C 代表最近邻启发方法构造的路径的长度.选择这种初始值的原因在于,若信息素的初始值太小,搜索就会很快地集中到蚂蚁最初产生的几个有限的路径中去,这将导致搜索陷入较差的局部最优解;另一方面,若信息素的初始值太大,算法最初的多次迭代就将产生不了效果,只有到信息素蒸发,减少到足够小时,蚂蚁释放的信息才开始发挥指引搜索偏向性的作用.

3. ACO 算法流程与特点

图 6.12 所示为 ACO 算法流程,具体描述如下:

(1) 参数初始化:令时间 $t=0$,$N_c=0$,设置 N_{cmax},$\tau_{ij}(t)=$ const,const 为常数,$\Delta\tau_{ij}(0)=0$;

(2) 循环次数:$N_c \leftarrow N_c+1$;

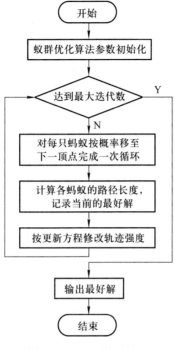

图 6.12　ACO 算法流程

（3）蚂蚁的禁忌表索引号：$k=1$；

（4）蚂蚁的数目：$k \leftarrow k+1$；

（5）蚂蚁个体根据状态转移概率所计算的概率选择元素 j 并前进，$j \in \{C-\mathrm{tabu}_k\}$；

（6）修改禁忌表指针，即选择好之后将蚂蚁移动到新的元素，并把该元素移动到蚂蚁个体的禁忌表中；

（7）若集合 C 中元素未遍历完，即 $k < m$，则跳转到步骤（4），否则执行步骤（8）；

（8）按照更新方案，更新每条路径上信息量．

（9）若满足结束条件，则循环结束并输出程序计算结果，否则清空禁忌表并跳转到步骤（2）．

ACO 算法的主要特点如下：

（1）较强的鲁棒性：相对于 GA，SA 和 TS，ACO 对初始条件的要求不高，对基本蚁群优化算法模型稍加修改，便可以应用于其他问题．

（2）分布式计算：蚁群优化算法是一种基于种群的进化算法，蚂蚁搜索的过程彼此独立，只通过外激素进行间接通讯，易于并行实现．

（3）正反馈特性：使搜索最优解的收敛速度得以加快．

（4）易于与其他方法结合：蚁群优化算法很容易与多种启发式算法组合，如与 GA 结合解决图像分割问题等，以改善单一算法的性能．

6.6.2　粒子群优化算法

1. PSO 算法简介

PSO 算法是一种简单、易学的智能算法，是受到鸟群觅食行为研究结果的启发，1995 年由心理学研究人员肯尼迪（J.Kennedy）和计算智能研究人员埃伯哈特（R.C.Eberhart）最早提出的；其最初的设想是仿真简单的社会系统，并解释复杂的社会行为，但 PSO 算法也是解决复杂优化问题的有效技术．与进化算法相比较，PSO 算法保留了基于种群的全局搜索策略，采用简单的速度-位移模型，避免了复杂的遗传操作，同时它的记忆能力使其可以跟踪当前的搜索情况并动态调整搜索策略，具有较强的全局收敛能力和鲁棒性．

2. PSO 算法原理

在 PSO 算法中，每个优化问题的潜在解相当于搜索空间中的一只鸟，称为"粒子"，所有的粒子都有一个被优化函数决定的适应值，每个粒子的速度向量决定它们飞翔的方向和距离，粒子们追随当前的最优粒子在解空间中搜索．PSO 算法从一群随机粒子（随机解）开始，通过迭代找到最优解．在每一次迭代中，粒子通过跟踪两个"极值"来更新自己．第一个就是粒子本身所找到的最优解，叫作个体极值．另一个极值是整个种群目前找到的最优解，叫作全局极值．

PSO 算法的数学描述为：在一个 n 维空间中，由 m 个粒子组成种群，$X = \{x_1, x_2, \cdots, x_m\}$，其中第 i 个粒子的位置 $x_i = (x_{i1}, x_{i2}, \cdots, x_{in})^{\mathrm{T}}$ 为 A 式，其速度 $v_i = (v_{i1}, v_{i2}, \cdots, v_{in})^{\mathrm{T}}$ 为 B 式，它的个体极值为 $p_i = (p_{i1}, p_{i2}, \cdots, p_{in})^{\mathrm{T}}$，种群全局极值为 $p_g = (p_{g1}, p_{g2}, \cdots, p_{gn})^{\mathrm{T}}$，按照追随当前最优粒子的原理，粒子 x_i 按照 A 和 B 式改变位置和速度．

$$v_i(t+1) = \omega \times v_i(t) + c_1 \times \mathrm{rand} \times (p_{\mathrm{best}i}(t) - x_i(t))$$
$$+ c_2 \times \mathrm{rand} \times (g_{\mathrm{best}i}(t) - x_i(t)), \tag{6.2}$$
$$x_i(t+1) = x_i(t) + v_i(t), \tag{6.3}$$

式中，$i = 1, 2, \cdots, m$，m 为种群规模，t 为当前飞行所经历的时间，ω 为惯性权重因子，描述了粒子上一代速度对当前代速度的影响；rand 为分布在 $[0, l]$ 之间的随机数，c_1 和 c_2 为正常数，称为学习因子或加速常数，c_1 调节粒子飞向自身最好位置方向的步长；c_2 调节粒子向全局最好位置飞行的步长．为了粒子速度不致过大，可设置速度上线 $v_{\max}$：当 $v_i > v_{\max}$ 时，$v_i = v_{\max}$；当 $v_i < -v_{\max}$ 时，$v_i = -v_{\max}$．粒子初始位置和速度随机产生．

式（6.2）中等号右侧的第一项称为记忆项，表示上次速度大小和方向的影响;第二项称为自身认知项,是从当前点指向粒子自身最好点的一个矢量,表示粒子的动作来源于自己经验的部分;第三项称为群体认知项,是一个从当前点指向种群最好点的矢量,反映了粒子间的协同合作和知识共享.

3. PSO 算法流程

PSO 算法流程如图 6.13 所示,主要通过不断地迭代得出最优结果. 其中,一般初始化所关注的各个变量为微粒的 n 个维度,按照具体问题的不同,维度的设置也随之变化. 对于粒子数目 m 选取,通常取 20~40,对较难或特定类别的问题可以取到 100~200.

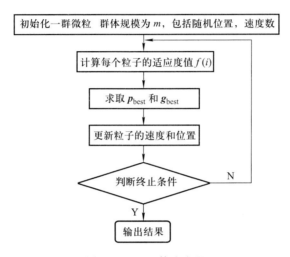

图 6.13　PSO 算法流程

6.7　基于 GA 的遥感数据最优波段组合选择方法

6.7.1　现有遥感数据波段选择方法

1. 波段组合评价方法简述

高光谱遥感图像的主要特征就是光谱分辨率远高于多光谱影像,每个波段的波谱范围狭窄,波段数目众多且连续,数据量非常庞大. 通过波段选择选出能够有效表征地物类别的部分光谱可实现数据压缩,提高多波段遥感数据的应用效率. 基于主成分分析的特征提取方法是高光谱图像降维中最常用的方法,其目标是寻求一种变换,把原始数据映射到一个新的空间,在新空间中原始数据的大部分信息被压缩到较少的几个波段(称为主成分),以实现数据的降维. 这种方法可以很好地实现图像降维,但它改变了原始数据的物理意义,使图像的解译变得困难,而且当高光谱图像波段之间的相关性很弱的时候,也不宜使用特征提取的方法. 通常波段选择需考虑波段或波段组合信息的含量、各波段间相关性的强弱以及研究区内欲识别地物的光谱响应特征等因素. 基于上述几方面因素,可以认为那些信息含量多、波段间相关性小、地物光谱差异大、可分性好的波段组合就是最佳组合.

2. 基于信息量的最佳波段选择

选择波段的一个主要依据是该波段所含信息的多少,也用其方差衡量. 但是,因地物各波段辐射特性之间的相关性,单纯用若干方差最大的波段合成的结果并不一定能获得最多的信息. 当各波段之间相关性很强时,各波段所包含的信息之间有着大量的重复和冗余,因此在选择波段组合时必须要考虑方差大且相关性小这两个条件,即考虑组合图像的熵值最大这个条件.

(1) 熵与联合熵

根据香农信息论的原理,一幅 8 bit 表示的图像 I 的熵为

$$H(I) = -\sum_{i=0}^{255} P_i \log_2 P_i, \tag{6.4}$$

式中,I 为输入图像,P_i 为图像灰度值为 i 的概率. 同理,多个波段图像的联合熵为

$$H(x_1, x_2, \cdots, x_n) = -\sum_{0}^{255} P_{i1,i2,\cdots,in} \log_2 P_{i1,i2,\cdots,in}. \tag{6.5}$$

这样,对所有可能的波段组合计算其联合熵,并按照从大到小顺序排列,则可得到最佳波段.

(2) 组合波段的协方差矩阵行列式

在正态分布条件下,有

$$P_i(\boldsymbol{x}) = \frac{1}{K_s \exp[-(\boldsymbol{x} - \bar{\boldsymbol{x}})^{\mathrm{T}} \boldsymbol{M}_s^{-1}(\boldsymbol{x} - \bar{\boldsymbol{x}})]}, \tag{6.6}$$

式中,$P_i(\boldsymbol{x})$ 为图像变量的概率密度函数,$K_s = (2\pi)^{N/2} |\boldsymbol{M}_s|^{1/2}$,$\boldsymbol{M}_s$ 为样区协方差矩阵,$\boldsymbol{x}$ 为图像变量,$\bar{\boldsymbol{x}}$ 为 $\boldsymbol{x}$ 的共轭,N 为波段数.

遥感数据像元变量近似正态分布,故有

$$H = \ln K_s + \frac{1}{2} \sum_{i=1}^{M} \boldsymbol{x}^{\mathrm{T}} * \boldsymbol{M}_s^{-1} * P_i(\boldsymbol{x}), \tag{6.7}$$

式中,M 为样区的像元总数.

对于无偏估计,由上式得到

$$H = \frac{N}{2} + \ln K_s = \frac{N}{2} + \frac{N}{2} \ln(2\pi) + \frac{1}{2} \ln |\boldsymbol{M}_s|. \tag{6.8}$$

由此可以看出,图像熵随变量协方差矩阵 $\boldsymbol{M}_s$ 的行列式值的变化而变化;也就是

说,波段组合的协方差矩阵行列式数值的大小反映了组合波段信息量的大小.

(3) 最佳指数函数(optimum index function,OIF)

图像数据的标准差越大,所包含的信息量也越大,而波段间的相关系数越小,表明各波段图像数据的独立性越高,信息的冗余度越小. 美国查维茨(P. S. Chavez)等人提出的最佳指数函数(OIF)综考虑这两个因素,即

$$\mathrm{OIF} = \sum_{i=1}^{n} S_i \Big/ \sum_{j=1}^{n} |R_{ij}|, \tag{6.9}$$

式中,S_i 为第 i 个波段的标准差,R_{ij} 为 i,j 两个波段的相关系数.

对多波段图像数据,计算其相关系数矩阵,再分别求出所有可能组合波段对应的 OIF. OIF 越大,则相应组合图像的信息量也越大. 对 OIF 按照从大到小的顺序排列,即可选出最优组合方案. 若只对某些特定的区域感兴趣,则可以定义感兴趣的区域,并只针对这些区域,按照上面的方法求解最佳组合波段.

3. 基于类间可分性的最佳波段选择

在进行多光谱/高光谱数据解译时,往往需要分析不同地物类别之间在哪些波段或组合波段上最容易区分,即要研究多光谱/高光谱数据各波段、各地物类别间的可分性,其基本思想是求取已知类别样本区域间在各个波段组合的统计距离,包括均值间的标准距离、离散度和巴氏(Bhattacharyya)距离等.

(1) 均值间的标准距离

$$d = |\boldsymbol{\mu}_1 - \boldsymbol{\mu}_2| / (\sigma_1 + \sigma_2), \tag{6.10}$$

式中,$\boldsymbol{\mu}_1,\boldsymbol{\mu}_2$ 分别为对应的样本区域的光谱均值矢量;σ_1,σ_2 分别为两类对应的样本区域的方差;d 反映两类在每一波段内的可分性大小.

(2) 离散度

离散度表征两个地物类别 i 和 j 之间的可分性,其表达式为

$$D_{ij} = \frac{1}{2}\mathrm{tr}\big[(\boldsymbol{\Sigma}_i - \boldsymbol{\Sigma}_j)(\boldsymbol{\Sigma}_i^{-1} - \boldsymbol{\Sigma}_j^{-1})\big]$$

$$+ \frac{1}{2}\mathrm{tr}\big[(\boldsymbol{\Sigma}_i^{-1} - \boldsymbol{\Sigma}_j^{-1})(\boldsymbol{\mu}_i - \boldsymbol{\mu}_j)(\boldsymbol{\mu}_i - \boldsymbol{\mu}_j)^{\mathrm{T}}\big], \tag{6.11}$$

式中,$\boldsymbol{\mu}_i,\boldsymbol{\mu}_j$ 分别为 i,j 类的亮度均值矢量,$\boldsymbol{\Sigma}_i,\boldsymbol{\Sigma}_j$ 分别为 i,j 协方差矩阵,$\mathrm{tr}[\boldsymbol{A}]$ 表示矩阵 $\boldsymbol{A}$ 对角线元素之和.

(3) 巴氏距离

巴氏距离表征两个地物类别 i 和 j 之间的可分性,其表达式为

$$\mathrm{Bhat}_{ij} = \frac{1}{8}(\boldsymbol{\mu}_i - \boldsymbol{\mu}_j)^{\mathrm{T}} \frac{(\boldsymbol{\Sigma}_i + \boldsymbol{\Sigma}_j)^{-1}}{2}(\boldsymbol{\mu}_i - \boldsymbol{\mu}_j)$$

$$+ \frac{1}{2}\ln \frac{\left|\dfrac{\boldsymbol{\Sigma}_i + \boldsymbol{\Sigma}_j}{2}\right|}{\sqrt{|\boldsymbol{\Sigma}_i|}\sqrt{|\boldsymbol{\Sigma}_j|}}, \tag{6.12}$$

式中, $\boldsymbol{\mu}_i, \boldsymbol{\mu}_j$ 分别是地物类别 i 和 j 的亮度均值矢量; $\boldsymbol{\Sigma}_i, \boldsymbol{\Sigma}_j$ 分别代表 i 和 j 的协方差矩阵.

对于任何给定的地物类别,只要算出这两个不同类别在所有可能的波段组合中的标准距离、离散度或巴氏距离,并取最大者,便是区分这两个类别的最佳波段组合.

(4) 类间平均可分性

以上谈到的方法是针对两个类别而言,也就是说它们都是对类间的可分性进行度量. 对于多类别的问题,一种常用的办法是计算其平均可分性,即先计算每种可能的子空间中每两类之间的统计距离,再计算这些类间统计的可分性的平均值,并按平均值的大小排列所有被评价的子集顺序,从而选择最佳组合波段.

4. 存在的不足

波段选择是高光谱遥感数据处理与信息提取中的一种降低数据维数、去除数据冗余的常用方法,上面已经详细介绍了现阶段波段选择的常用评价方法,但不难发现在这些方法中还存在一些不足.

(1) 这些方法本身尚不够完善,很多方法计算复杂,需要很长的处理时间,且在选择波段时所顾及的因素往往是片面的,因此仅用单一波段选择方法选出的波段应用到某一具体的图像处理中,常常不能获得预期的效果,这就要求在实际应用中综合考虑几种不同方法得出的结果,然后再进一步选择更适合应用目的的波段.

(2) 高光谱图像波段众多,采用上述评价方法会带来巨大的计算量,客观上要求比较长的时间. 比如说选择的某种传感器有 200 个波段,假使从中选择 30 个波段,则需要评价 C_{200}^{30} 种情况,若再考虑不同数目的波段子集,针对这些距离再计算巴氏距离、离散度、协方差等可分性指数,计算量将是非常庞大的,可能需要几天甚至几周才能计算所有的波段组合.

(3) 目前的波段选择方法都是先根据人为主观判断选出一些波段组合,再用某种可分性测度评价其优劣. 因此,从本质上讲,主要是波段评价研究而不是全局选择.

为了解决上述问题,下面将介绍一种运用 GA 的设计方法,即基于全局最优搜索的波段选择算法,它将波段选择与评价过程合二为一,统一到一个算法过程中.

6.7.2 基于 GA 的波段选择方法设计

基于前面章节中关于 GA 的概念和基本特点,这里将试图通过 GA 建立一种快速、高效的多波段遥感数据波段选择方法,其核心内容是 GA 的框架模型在多波段遥感数据波段选择问题中的设计与实现.

1. 核心 GA 设计

GA 是一种自适应全局优化概率搜索算法,具有在高维度复杂空间快速搜索最优解的能力,广泛应用于复杂多目标问题的求解,以及在遥感图像处理中基于遗传超平面和模板匹配的图像分割与分类.针对波段选择问题,重点要考虑遗传编码方案、适应度函数设计、遗传操作算子的设计以及遗传过程的终止设计等几个方面.

(1) 遗传编码方案

染色体是生物的遗传代码,代表遗传个体.在波段选择问题中,若把所有可能的波段组合当成优化问题的解空间,那么波段选择问题就变成从这个解空间搜索最优解或优化解的过程,每个染色体就是对应的一个波段组合.每个染色体由一个二进制字符串组成,每一位就是一个基因,取值 1 或 0.染色体的总长度对应遥感数据波段总数,每一位对应一个波段,而 1 对应该波段被"选中",0 对应该波段"未被选中".此种编码方式简单明了,借助二进制的位运算,可以方便地设计遗传算子.

染色体的具体表示如表 6.2 所示.

表 6.2　波段与染色体表示

波段	1	2	3	4	$\cdots$	$n-2$	$n-1$	n
染色体表示	1	0	1	0	$\cdots$	0	1	0

例如,ASTER 数据由 14 个波段组成,遗传编码为如下的染色体表示某个波段组合:1,4,6,7,9,12,13,14 这些波段被选中(参见表 6.3).

表 6.3　波段与遗传编码表示

波段	1	2	3	4	5	6	7	8	9	10	11	12	13	14
遗传编码	1	0	0	1	0	1	1	0	1	0	0	1	1	1

(2) 适应度函数设计

适应度函数是用来衡量一个染色体是否有"资格"被选中参加遗传过程的指标,直接影响到后代的品质,即遗传到后代的是否是优化的波段组合.巴氏距离或 JM(Jeffreys-Matusita)距离可作为可分性的测度,JM 距离表达式为

$$\mathrm{JM}_{ij} = \sqrt{2\left[1 - \exp(-\mathrm{Bhat}_{ij})\right]}. \tag{6.13}$$

两类之间的 JM 距离值求均值和最小值,得到最后的适应度函数值,既能够达到类间平均可分性的效果最好,还可以使每两类之间达到最大的分离效果.

（3）遗传操作算子设计

遗传操作算子的设计是体现生物遗传原理的关键，直接决定哪些染色体个体被选择参加遗传交叉和遗传变异过程，从而产生子代个体；分为选择算子、交叉算子和变异算子等三种.

一是选择算子. 选择的过程体现了自然界中生物个体遗传竞争的"优胜劣汰"法则，常用的有比例选择法、轮盘赌法、最优保存策略、联赛选择法、确定采样选择、随机采样选择以及它们的改进与组合等. 在波段选择中，可以首先采取排序方法，对种群中的所有个体根据其适应度函数值的大小按顺序排列，最大的个体赋予值 2，最小的赋予值 0，然后选取父代种群中适应度最大的若干个参加交叉遗传和变异遗传，产生新的子代个体.

二是交叉算子. 交叉算子有单点交叉、双点交叉、多点交叉及均匀交叉等多种方法. 在波段选择中，通常采用单点交叉或者双点交叉. 不用多点交叉是由于随着交叉点数的增加，个体结构被破坏的可能性也逐渐增大，很难有效地保存好模式，影响整个算法的性能.

如图 6.14 所示，单点交叉的具体执行过程为：

① 对种群中的个体进行两两随机配对，若种群数为 M，则共有 $M/2$ 对；

② 对每一对配对的个体，随机设置某一位置为交叉点；

③ 根据设定的交叉概率在其交叉点处相互交换两个个体的部分染色体从而产生两个新的个体.

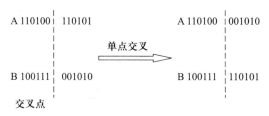

图 6.14　单点交叉

如图 6.15 所示，两点交叉的具体操作过程为：

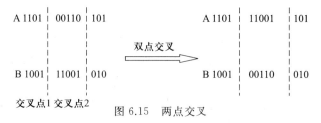

图 6.15　两点交叉

① 在相互配对的两个个体编码串中随机设置两个交叉点；

② 交换两个个体在所设定的两个交叉点之间的部分染色体.

三是变异算子. 常用的有简易变异、均一变异、非均一变异、边界变异、高斯变异、基本位变异等,在波段选择中采用基本位变异,其操作过程如下:

① 对染色体的个体的每一位基因座,以变异概率指定其为变异点;

② 对每一个指定的变异点,对其基因值做取反运算或用其他等位基因值来代替,即使染色体上的某基因位或某几个基因位的值发生改变,从而产生出新一代的个体.

(4) 遗传过程的终止设计

从理论上 GA 可以一直持续下去,就像自然界中的情况一样,但在遗传搜索和遗传计算中没必要,长时间的计算会造成资源的浪费. 目前大致采用两种方式终止算法:一是当遗传代数大于指定的代数,遗传终止;二是当子代种群方差贡献率小于一个非负值 ε 时,遗传结束. 此时表示遗传对种群优化效果不明显,接近或者达到了最优. 对于波段选择问题,这里选择第一种方法,即当遗传代数超过一定的代数后算法终止,输出最优结果.

2. 数据预处理

数据预处理是在执行核心 GA 之前需要完成的处理过程,根据优化波段组合的需要,在实验数据区域里选择几类地物类型,读出其对应的亮度值(包含所有波段),形式一个二维数组,如表 6.4 所示.

表 6.4　二维数组

波段 1	波段 2	波段 3	波段 4	波段 5	波段 6	波段 7	…
39	36	52	45	48	49	47	…
37	32	48	44	48	47	47	…
38	34	49	42	45	46	44	…
32	27	40	46	48	48	48	…
50	47	61	48	51	51	49	…
39	37	54	48	52	51	50	…
43	40	58	45	51	48	49	…
45	39	56	41	46	47	45	…
⋮	⋮	⋮	⋮	⋮	⋮	⋮	⋮

3. 算法实现

MATLAB 提供了性能优异矩阵计算模块,非常适于 GA 的实现. 另外,英国谢菲尔德大学开发的 GA 工具箱 Gatbx 和 MATLAB 自带的直接搜索工具箱 GADS 也是重要的实现手段.

6.7.3　实例分析

1. 研究实验区及数据处理

（1）研究区域选择

该次实验所选择的数据是位于美国加利福尼亚州帝国郡东部的巧克力（Chocolate）山脉区域,这部分区域在郡的东面,向西北方向延伸,直至北部州界. 在加利福尼亚州的这片区域,气候是十分干旱的,年平均降雨量只有 75 mm,故整个山地地区植被覆盖非常稀少,对于利用遥感方法研究这片区域岩性的分布非常理想. 这个地区在很早的时候就产出金矿,南 Chocolate 山脉区域曾经产出混有金、银、石墨和铜的矿脉和冲积矿.

那些露在区域中的古老岩石由石英黑云母片麻岩和片岩构成,这与前寒武纪的秋克华拉（Chuckwalla）山脉的复杂性有关. 片麻岩由高叶状的白云母片岩覆盖,与阿罗可皮尔（Orocopia）片岩接触. 大面积的第三纪火山岩裸露在大部分区域,在混合的第三纪侵入/喷出的呈碎屑状的火山岩中可以搜索到流纹岩和安山石,分布在位于整个区域西南的 Chocolate 山脉的西南侧以及整个区域东部山脉的北面. 一部分逐渐倾斜的上新世的玄武岩分布在黑山（Black Mountain）和 Chocolate 山脉的最南端. 图 6.16 中所选择的区域即为本次实验所选择的区域,不同种类岩石的分布很集中,便于选择训练样本,且岩石的光谱特性十分明显,有利于实验和结果评价分析.

（2）遥感图像数据获取与预处理

遥感数据采用的是美国 NASA 发射的 EOS Terra 卫星上搭载的高级星载热辐射和反射辐射仪（advanced space-borne thermal emission and reflection radiometer,ASTER）获取的 14 个波段的多光谱数据（选择美国 USGS 的地表辐射率数据 AST_09）以及由著名的美国陆地卫星 Landsat ETM 获取的数据,将两者进行纠正、配准、合成后形成实验区域的多波段遥感影像数据,共有 22 个波段,其中第 20 和 21 波段分别为 Landsat ETM 的热红外波段经低增益（low-gain）和高增益（high-gain）辐射校正后的结果. 具体数据参数如表 6.5 所示.

表 6.5　实验中所用遥感数据的情况

遥感设备	USGS 场景 ID	获取日期	中心纬度/经度	信号量化
ASTER	SC：AST_L1B. 003：2012094035	2003-10-03	32.98°,−114.85°	VNIR&SWIR：8
	SC：AST_L1B. 003：2017729299	2003-03-09	32.92°,−114.47°	TIR：12
ETM	L7_038037_20000105	2000-01-05	33.16°,−114.08°	8

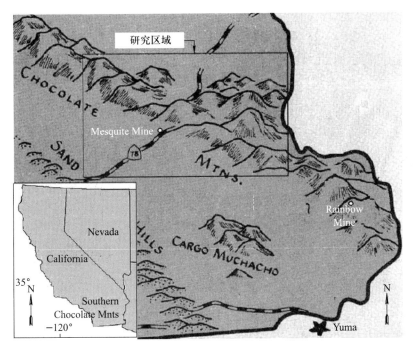

图 6.16　实验所选择区域的地理位置

　　所选区域的地质图作为支持数据,包括主要岩性的分布情况以及有利于训练样本的选取,同时也为评价实验结果提供依据.图 6.17 为地质分布图,图中water 为水体,Tc 为第三纪晚期碎屑岩,Tvb 为第三纪中期玄武岩,mmc 为云母片麻岩,mc 为前寒武的片麻岩,Qal Qc 为冲击土层,Tv 为第三纪早期火山岩,gr 为颗粒岩,mso 为古生代的片岩,Mining Sites 为矿业用地.

2. 遗传波段选择与实验结果

　　首先,选取对实验区域地质研究和找矿比较重要的五类岩性作为波段选择的评判标准,它们分别为 Tc,Tvb,Tv,mso 以及 mc. 为了计算上述五种岩石类型之间的类间可分性,利用参考地质图进行训练样本的选择和定义,如图 6.18所示.

　　然后,运行遗传优化算法程序. 需要指出的是,由于计算能力限制,实验只是实现了规定选取波段数目的优化选择算法,即从 22 个波段中选择 7 个波段来评价该算法的性能.

　　计算结果为:波段 2,3,4,5,8,11,13,对应的染色体结构如表 6.6 所示. 这 7个波段都来自 ASTER 数据,说明 ASTER 在岩性分类中比 TM/ETM 具有优势. 特别是 ASTER 的短波红外区域的第 4,5,8 波段和热红外区域的第 11 和

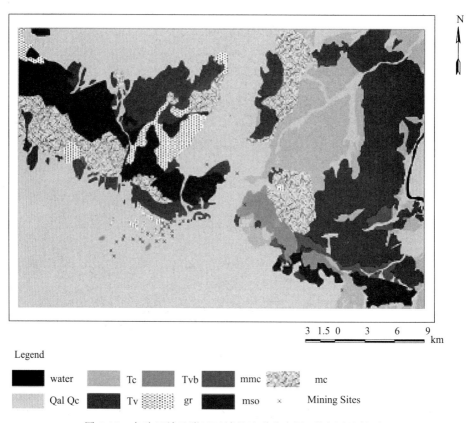

Legend

██ water	▓▓ Tc	▓▓ Tvb	▓▓ mmc	░░ mc
░░ Qal Qc	██ Tv	▒▒ gr	██ mso	× Mining Sites

图 6.17　实验区域及附近区域的地质分布图(彩色图见插页)

13 波段都对岩性分类具有很好的性能,且热红外波段对该区域的火山岩中 SiO_2 和 MgO 的差别比较敏感.

表 6.6　7 个波段的最优组合对应的染色体结构

波段序号	1	2	3	4	5	6	7	8	9	10	11
是否选中	0	1	1	1	1	0	0	1	0	0	1
波段序号	12	13	14	15	16	17	18	19	20	21	22
是否选中	0	1	0	0	0	0	0	0	0	0	0

3. 比较分析与评价

首先,看一下遗传优化波段组合算法的效果,图 6.19 是每一代的最优解和整体的变化趋势.

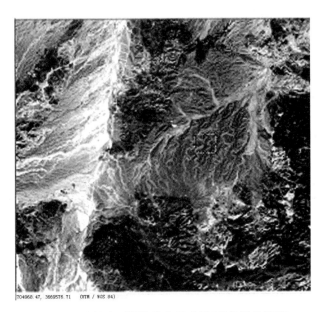

图 6.18　选择岩石训练样本示意图(彩色图见插页)

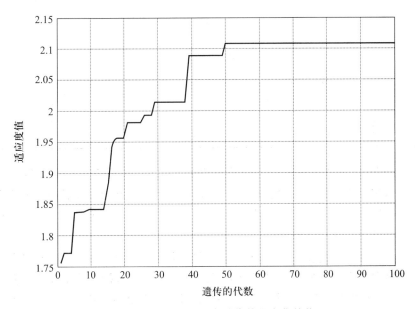

图 6.19　最优波段组合随代数的变化趋势

　　从图 6.19 中可以看出,大概在 50 代附近就得到了"需要"的波段组合最优值,可见 GA 的收敛效果十分明显,并能够将这种"优化的结果"保持下去,这种优势是由 GA 原理决定的.

前面讨论过,若遗传参数设置得不合适,会导致遗传收敛过快,得到局部最优解,而不是全局最优解. 为了验证实验设计算法的结果的可靠性,同时也作为比较实验,还采用了一种穷举算法,即把从 22 个波段中选出 7 个波段的所有可能性计算一遍,所有波段组合的数目是 170 544 种,且针对每一种波段组合还要计算每两类之间的适应度函数值,计算数目为 10.

表 6.7 为通过 MultiSpec 计算的所有波段组合的参数,并按照顺序列出了排在前 10 位的优化波段组合.

表 6.7　排在前 10 位的优化波段组合

编号	波段组合	适应度值
1	2,3,4,5,8,11,13	2.11
2	2,3,5,6,8,11,13	2.02
3	2,3,4,5,8,10,13	1.98
4	2,3,4,5,6,8,14	1.96
5	2,3,5,8,11,13,14	1.95
6	2,3,5,8,11,12,13	1.95
7	2,3,5,8,11,13,18	1.95
8	2,3,5,8,11,13,17	1.95
9	2,3,4,5,8,13 ,14	1.94
10	2,3,4,5,6,8,13	1.94

可以发现,上述结果与 GA 计算结果是一致的,这说明通过 GA 得到的结果不是局部最优解,而是全局最优解,从而验证了实验结果的正确性. 实验中还比较了计算时间,170 544 种波段组合共用了 44 s,而 GA 运行 28.34 s,在计算时间上明显的优势.

除了计算复杂度低以外,GA 算法求得的解精度也十分高. 表 6.8 列出了该分类结果和四类 7 波段组合的比较结果,显然其精度指标有明显提升. 表中还列出了 14 波段组合和 22 波段组合的精度指标,相比 GA 算法的结果,性能略有改善,但其运算量会明显加大. 综上考虑,GA 运算所获得的波段组合在应用中有很强大的适应性.

表 6.8 不同波段组合之间的分类精度的比较

编号	波段组合	总体精度	Kappa系数	最大生产者精度	最小生产者精度
1	2,3,4,5,8,11,13	73.1112%	0.6183	83.72%	59.88%
2	1,3,5,9,14,17,20	67.3839%	0.5390	74.63%	51.10%
3	2,6,8,10,12,15,21	59.7276%	0.4390	73.00%	43.81%
4	3,5,9,12,13,16,22	72.2912%	0.5835	83.57%	54.04%
5	1,6,13,15,19,20,22	56.5838%	0.4051	78.17%	29.75%
6	1,3,4,6,8,10,12,16,19,20,22	71.1748%	0.5854	78.93%	58.97%
7	1~14	73.2747%	0.6096	81.99%	56.44%
8	1~22	77.4251%	0.6719	79.90%	68.51%

因此,本节在分析目前多波段遥感数据最优波段组合选择方法的基础上,指出了这些方法存在的问题,并运用 GA 框架设计了一种通用波段组合选择方法. 然后,以美国加州东南 Chocolate 山地区的岩性分类为任务,采用设计的波段选择算法进行了实验,成功地选择出了服务于岩性分类的最优波段组合. 通过与穷举法的实验比较,可以发现基于 GA 的优化波段组合算法有着十分明显的优越性.

(1) GA 较常规的穷举法明显地减少了计算量,节省了很大一部分计算时间,提高了数据处理的效果. 显然,当波段数目继续增加到几百个波段,利用 GA 原理进行优化波段组合将有着更大的优势(包括计算量和计算时间效率).

(2) 基于 GA 对波段组合进行优化,表达方式简明易懂,利用一列二进制串对应一个波段组合,设计上有优势,同时算法本身的特点也适合解决这种复杂问题.

(3) 适应度函数的选取对于最后的结果有着十分重要的影响. 基于不同的适应度函数得到的结果不尽相同,选取合适的适应度函数才能得到预期的结果,否则结果可能是没有意义的或是无法解释的. 选择某种适应度函数作为评判标准是根据研究需要确定的,不同的研究需要不同的适应度函数作为评判标准.

(4) 研究最优波段组合的过程中,不能仅用统计量作为优化标准,同时还要考虑研究对象的光谱特征以及卫星传感器的用途等方面,使得地物类型之间光谱差异尽可能大.

6.8 基于人工蚁群优化算法的遥感图像自动分类

近年来,许多国内外研究者应用 ACO 算法在图像分割、图像特征提取、图形匹配及影像纹理分类等领域取得了相当丰富的研究成果. 本节将介绍 ACO 算法用于遥感图像分类的方法.

6.8.1　基于 ACO 算法的遥感图像分类原理

1. ACO 图像分类特点

ACO 基本思想就是通过模拟真实蚁群行为,根据待解决问题构造出人工蚁群,使其"具有"人的某些智能来寻求最优解. 人工蚁群异于真实蚁群之处在于:① 有更多内存;② 其行为规则根据具体问题而定,其行为有目的性;③ 操作环境是一个时间、空间离散的二维图像.

将 ACO 算法用于遥感图像分类具有以下主要优势:① 用户不必事先选择训练样本,而由人工蚂蚁直接进行分类,在一定程度上减少了大量人工干预;② 不需知道样本分布或假设样本分布,可使分类完全符合实际情况,提高分类有效性;③ 该方法基于蚂蚁个体的局部搜索,即每步只搜索其 4 邻域像元,充分利用了图像中像元的邻域信息;④ 在分类过程中,由于人工蚂蚁只通过外激素间接通信,因此对其操作环境表现出一定的鲁棒性. 分类过程可以看作是一个聚类和组合优化过程,图像这一时间、空间离散的操作环境视为蚁群栖息地,通过模拟蚂蚁的捕食、寻径过程,大量具有自主行为的简单人工蚂蚁,综合其局部感知能力实现对整个图像的全局感知,协作性地完成分类任务.

2. ACO 图像分类规则

假设 S 是大小为 $U \times V$ 的 L 波段遥感图像,图像中有三类地物:植被、水体和裸地(干性土壤),对预处理后图像提取特征. 取 NDVI＝(NIR－Red)/(NIR＋Red)为植被特征;对水体选取 NDWI＝(Green－RIR)/(Green＋NIR)为水体特征;择 Green,Red,NIR 三个波段组合为裸地特征,则 L 波段图像可用特征向量 $\boldsymbol{Y}=(X_1, X_2, \cdots, X_N)$ 来表示,X_i 为像元,N 为像元总数.

定义三类人工蚁群,分别赋予不同的规则,划分三种地物. 每一类蚁群有 m 只蚂蚁,规定同类蚂蚁只搜索属于同类的像元,每只蚂蚁只接受同类个体外激素的刺激,而不受异类外激素刺激. 用 $\text{Ant}_i(i=1,2,3)$ 表示三类人工蚁群,各类地物分别用 C_1, C_2, C_3 表示. 蚁群的分类规则为:

若 NDVI＞0,则判为植被;

若 NDWI＞0,则判为水体;

若 Green≤Red≤NIR,则判为裸地.

各类人工蚂蚁首先根据自己的分类规则鉴别所在位置的像元,然后在四邻域搜索外激素路径. 若存在,则沿着此路径到达下一个像元并对其进行类别鉴定,同时蚂蚁在经过的路径上铺设外激素;若不存在,蚂蚁会随机探索. 由于蚂蚁特有的生物特性,其总是跟随外激素浓度高的路径,而本类像元上的外激素浓度往往较高,因此蚂蚁总趋向于在本类像元上进行搜索. 随着时间的增加,大量蚂蚁的跟随行为会使本类像元的外激素浓度增强,当浓度值超过某一阈值的像元均为本类像元,相当于给这些像元"贴上"类标签;而那些已搜索的非本类像元,因不满足分类规则,故没有蚂蚁去探索,从而外激素浓度非常低,则会被"贴上"非本类像元标签.

3. 探索模型

在输入图像这一操作环境中,处于某一像元处的蚂蚁 A 的状态可以用其所处的位置 r 及其方向 θ 两个参量表示,即 (r,θ). 经过 Δt 时间后,蚂蚁从像元 (r,θ) 到下一个像元 (r^*,θ^*) 的状态转移规则可用一个外激素加权函数表示:

$$\omega(\sigma)=[1+\sigma/(1+\delta\sigma)]^\beta \tag{6.14}$$

式(6.14)表示蚂蚁 A 移向外激素浓度为 $\sigma(r)$ 的像元 r 处,其中参数 β 表示一种随机度,此值影响了蚂蚁选择哪条路径去搜索下一个像元. β 取值很小时 $\omega(\sigma)$ 不大,即对蚂蚁 A 的路径选择影响不大;若 β 取值较大时 $\omega(\sigma)$ 值较大,就会启发蚂蚁以很大的概率跟随外激素浓度大的路径;$1/\delta$ 表示了蚂蚁感知外激素挥发的能力;$\omega(\Delta\theta)$ 是一加权因子;$\Delta\theta$ 表示在某一时间步的运动方向改变量,以确保蚂蚁的运动方向不会有太大改变,如图 6.20(a),(b)所示.

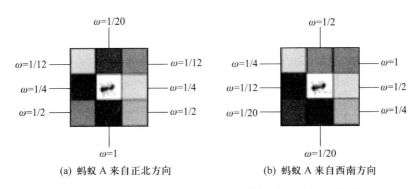

(a) 蚂蚁 A 来自正北方向　　　　(b) 蚂蚁 A 来自西南方向

图 6.20　根据方向偏移量 $\omega(\Delta\theta)$ 的取值情况(彩色图见插页)

在每一时间步,蚂蚁均以一定概率搜索下一个像元,但到达下一像元的路径权值 ω 不同. 如图 6.20(a)中,蚂蚁 A 从正北方向过来,以最大权值向着原方向运动,即搜索正南方向的像元;如图 6.20(b)中的蚂蚁来自西南方向,并向东北方向搜索. 此外,蚂蚁的操作环境是离散的二维图像,每一像元只能放一只人工蚂蚁,每只蚂蚁一个时间步内只允许运动一步,即只能选择其 8 邻域像元中的一个像元作为其要到达的位置. 在任意时间步 t,蚂蚁 A 鉴别出所在位置像元是本类像元时,释放一定量的外激素蚂蚁 A 从像元 k 运动到像元 i 的归一化的转移概率定义为

$$p_{ik} = \frac{\omega(\sigma_i)\omega(\Delta_i)}{\sum\limits_{j \neq k} \omega(\sigma_j)\omega(\Delta_j)}. \tag{6.15}$$

式(6.15)中,分母是一个求和式表示像元 k 的 8 邻域所有像元 j 的外激素值加权和. Δ_i 表示蚂蚁 A 在 $t-1$ 时刻按图 6.20 的方式运动时的方向改变量,其取值为上述五个离散的 ω 值. 当设定了这些参数值后,每只蚂蚁将以概率 p_{ik} 随机运动,至此每只蚂蚁均按上述探索机理探索下一像元.

6.8.2　ACO 图像分类的实现

1. 工作流程

根据人工蚂蚁的搜索机理,图像分类的主要步骤如下:

(1)初始化:将 m 个人工蚂蚁随机分布在输入图像上,初始化各种变量参数及预定参数.

(2)外激素路径的铺设:像元 k 处的蚂蚁 A,首先根据自己的分类准则确定像元 k,之后开始局部搜索,按照人工蚂蚁探索模型到达下一个像元,最后在所途经的所有像元均铺设外激素.

(3)外激素路径的跟随:根据像元的外激素浓度强弱实现本类像元与非本类像元的分类.

(4)随机探索方式:若蚂蚁 A 的"兴奋"值达到某一阈值 MAX_HAPP,则开始随机地探索新的路径,有利于最优解的全局搜索,避免陷入局部最优解.

每类蚁群均按照上述工作流程自组织、协作性地实施像元的分类任务.

2. 算法代码

明确了分类关键步骤后,以一类人工蚁群分类为例给出算法的主要伪代码:

```
输入:特征影像 Y＝(X₁,X₂,…,Xₙ)
输出:分类后的遥感图像
typedef struct ant      /＊定义人工蚂蚁结构＊/
｛ int x,y;              /＊蚂蚁的坐标＊/
  float dirn;           /＊蚂蚁的方向＊/
｝ antcollection;
antcollection ants[1000];   /＊定义 1000 只同类蚂蚁＊/
初始化:设定变量参数 nc＝0(nc 为迭代次数);happ＝0;(happ 为蚂蚁"兴奋"值)及各预定参数 NC,η 等,并将这些参数以文件形式读入;读入输入图像;
```

```
    for(i=0;i<1000;i++)    /* 将每只蚂蚁随机分布在图像内 */
    ants[i].x=(int)W * rand()/RAND_MAX;
    ants[i].y=(int)H * rand()/RAND_MAX;
    ants[i].dirn=dirn;
while(nc<=NC)/* 迭代次数不超过最大迭代次数 */
{for(i=0;i<1000;i++)
    {if(happ! =0)
      {if(满足本类分类规则)
        {搜寻 8 临域,寻找一条外激素路径;
         根据由式(6.14)和(6.15)计算的概率值到达下一像元;
         铺设外激素以增强该条路径;}
      else
        {随机到达下一像元;}
随机搜索外激素路径;}
统计外激素浓度超过预定阈值的像元数;
"贴上"类标签;}
nc=nc+1;  /* 逐步迭代 */
}  /* 算法结束 */
```

6.8.3　实验分析与结论

1. 实验对象

以大小为 225×243 像元的 ASTER 多光谱图像为例,经特征选择后的图像作为输入图像,包括植被、水体、裸地,如图 6.21(a)所示. 由已定义的植被、水体、裸地三类人工蚁群来分类.

2. 实验环境

在 Windows 2000,VC++6.0 环境下,用 C 语言及 ENVI4.0 相关软件进行实验,参数设定见表 6.9.

表 6.9　人工蚁群分类遥感图像参数值

参数名称 地物类型	参数取值		
	植被	水体	裸地
类号	C_1	C_2	C_3
蚂蚁类型	A_1	A_2	A_3
蚂蚁数量 m	1 000	1 000	1 000

续表

参数名称 地物类型	参数取值		
	植被	水体	裸地
迭代次数 nc	1 500	1 500	1 500
MAX_HAPP	$t=100T$,蚂蚁达到"兴奋"状态		
外激素阈值	0.7	0.7	0.7
η	0.07	0.07	0.07
k	0.015	0.015	0.015
β	3.5	3.5	3.5
δ	0.2	0.2	0.2

3. 实验内容

用此方法对图像进行分类,着重分析时间及水体分类规则(其他地物分类规则不变)两个因素对实验结果的影响.

4. 实验分析

按照 6.8.1 小节中所述的 ACO 图像分类规则,在分类初期 $t=0$,蚂蚁的"兴奋"值为 0,几乎没有任何外激素路径,处于随机搜索状态. 经一段时间的搜索,$t=500T$ 时,蚂蚁在外激素的引导下已实现了大部分像元的分类,其中 T 为时间步,一个时间步表示一次迭代过程. 可以用不同的颜色代表不同蚁群的浓度高于预定值的外激素路径,同时也代表不同的地物类型. 此时,已实现了植被、水体以及裸地的部分分类. 当 $t=1000T$ 时,几乎所有像元已被分类,但却出现了许多裸地类像元被误分到水体类的现象(如图 6.21(b)所示),即出现了分类误差. 从表 6.10 也可以看出,被分到裸地类的像元数很少,从时间因素来分析,$t=800T$ 后分类结果几乎不再随时间变化,如图 6.21 所示.

当改变水体分类规则为:若 $D(b_3)<40$,则水体($D(b_3)$ 表示第三波段图像灰度值小于 40 的像元判为水体)时,$t=1000T$ 的分类结果如图 6.21(c)所示. 显然,出现了很大的分类误差,表现在几乎所有属于水体的像元被误判为裸地,见表 6.10 第 4 行.

当改变水体分类规则为:若 NDVI<0,则水体时,分类结果如图 6.21(d),随着时间的增加,各地物的分类像元也都有所增加,见表 6.10 第 4,5 行.

当改变水体分类规则为"若 NDWI>0 且 NDVI<0,则水体"时,当 $t=1000T$ 时,分类结果如图 6.21(e),与第一种水体分类规则下的分类结果相比,效果有所改善,表现在更多的属于水体及裸地的像元被正确分类;而且随着时间的增加,各地物的分类像元也都有所增加,见表 6.10 第 6,7 行.

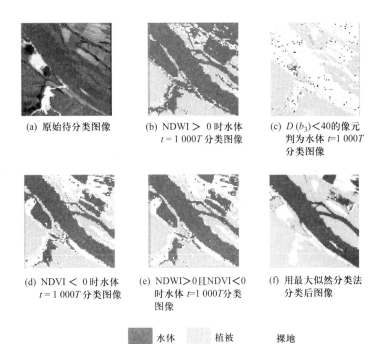

(a) 原始待分类图像

(b) NDWI > 0 时水体 $t = 1\,000\,T$ 分类图像

(c) $D(b_3) < 40$ 的像元判为水体 $t = 1\,000\,T$ 分类图像

(d) NDVI < 0 时水体 $t = 1\,000\,T$ 分类图像

(e) NDWI > 0 且 NDVI < 0 时水体 $t = 1\,000\,T$ 分类图像

(f) 用最大似然分类法分类后图像

■ 水体 ▨ 植被 □ 裸地

图 6.21 不同时间、不同分类规则下分类前后图像比较(彩色图见插页)

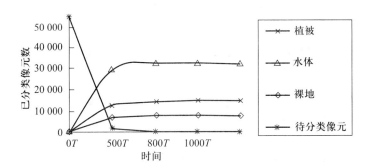

图 6.22 已分类像元数与时间关系(彩色图见插页)

表 6.10 不同时间及分类规则下像元分类情况比较

已分类像元数	植被	水体	裸地	待分像元
NDWI>0, $t=500\,T$	14 537	32 793	7 127	218
NDWI>0, $t=1\,000\,T$	14 676	32 928	7 068	3
$D(b3)<40$, $t=1\,000\,T$	17 925	11	36 776	13

续表

已分类像元数	植被	水体	裸地	待分像元
NDVI<0, $t=500T$	14 587	23 291	16 286	511
NDVI<0, $t=1\,000T$	14 628	23 426	16 553	68
NDWI>0 且 NDVI<0, $t=500T$	14 547	23 301	16 246	581
NDWI>0 且 NDVI<0, $t=1\,000T$	14 678	23 450	16 513	34
最大似然法	21 958	23 369	16 994	0

从上面的分析来看,使用这种方法虽出现了分类错误,但在正确选择了分类规则后,该方法对这三种地物是可分的,这也说明了分类规则的选取对分类结果有很大影响.此外,随迭代次数的增加,被正确分类的像元数目也将增加.

与最大似然分类法分类结果(见图 6.21(f))相比较,蚁群方法分类准确率并不高,但它不需要选取训练样区及假设样本的统计分布,并具有一定的鲁棒性.此外,该方法还更好地利用了像元的邻域信息.

5. 结论

本节介绍了人工蚁群算法在遥感图像分类中的应用.尽管国内外学者也有将蚁群方法应用于图像检索图像分割等的研究,但复杂度均不同于遥感图像分类.由于人类对群智能的研究尚处于探索阶段,对于实际的蚁群行为尚不十分清楚,还没有形成一套完整的理论体系,故用人工蚁群优化算法来解决遥感图像分类这样复杂的问题尚处于初级阶段,分类精度性能和参数定量化设置等还需更加深入的研究.

6.9　粒子群优化算法在遥感图像处理中的应用

PSO 的优势在于算法简洁,易于实现,没有太多参数需要调整,也不需要梯度信息.目前,PSO 算法作为智能算法之一,已被引入遥感图像的分割和分类中.

6.9.1　PSO 算法在图像分割中的应用

图像分割的目的是将一幅图像划分成多个有意义的区域(或部分),其中每部分区域具有相似的特征,主要方法有阈值方法、边缘检测法、区域跟踪法等.阈值方法因其简单且性能稳定而成为图像分割中的基本技术之一,该方法涉及寻优的问题,如何快速有效地选取最优阈值是基于阈值法图像分割技术的一个关键.这里介绍基于 PSO 的图像分割中的阈值选择,通过对最大熵阈值法、最大类间方差阈值法和最小误差阈值法进行优化,能够迅速找到最佳阈值进行图像分割.

1. 基于最大熵阈值分割

将信息论中的香农熵概念用于图像分割,其依据是使得图像中目标与背景分布的信息量最大,即通过测量图像灰度直方图的熵,找出最佳阈值.对于灰度范围为$\{0,1,2,\cdots,l-1\}$的图像,其直方图的熵定义为

$$H = -\sum_{i=0}^{l-1} P_i \ln P_i,$$

式中,P_i为第i个灰度出现的概率.

在单阈值情况下,设阈值t将图像划分为目标与背景两类,则目标和背景的熵$H_o(t)$和$H_b(t)$分别为

$$H_o(t) = -\sum_{i=0}^{l} \frac{P_i}{P_t} \ln \frac{P_i}{P_t} = \ln P_t + \frac{H_t}{P_t},$$

$$H_b(t) = -\sum_{i=t+1}^{l-1} \frac{P_i}{1-P_t} \ln \frac{P_i}{1-P_t} = \ln(1-P_t) + \frac{H - H_t}{1-P_t},$$

其中

$$P_t = \sum_{i=0}^{l} P_i, \quad H_t = -\sum_{i=0}^{l} P_i \ln P_i.$$

图像的总熵$H(t)$为

$$H(t) = H_o(t) + H_b(t) = \ln P_t(1-P_t) + \frac{H_t}{P_t} + \frac{H - H_t}{1-P_t}, \quad (6.16)$$

最佳阈值就是使得图像的总熵取得最大值的那个t.

2. 基于最大类间方差阈值分割

设阈值t将灰度范围为$\{0,1,2,\cdots,l\}$的图像分为目标和背景两类.P_i为灰度出现的概率,则目标的概率和背景部分的概率分别为

$$\omega_o = \sum_{i=0}^{l} P_i, \quad \omega_b(t) = \sum_{i=t+1}^{l-1} P_i;$$

目标部分和背景部分的均值分别为

$$\mu_o(t) = \sum_{i=0}^{l} \frac{iP_i}{\omega_o}, \quad \mu_b(t) = \sum_{i=t+1}^{l-1} \frac{iP_i}{\omega_b}.$$

两组间的方差公式为

$$d(t) = \omega_o(t)\omega_b(t)(\mu_o(t) - \mu_b(t))^2, \quad (6.17)$$

最佳阈值是使得方差取得最大值的那个t值.

3. 两种分割算法步骤

以上两种方法都是图像的单阈值分割,均是通过适应度函数$f(i)$取最大值来求得最佳阈值t,维度的选取和算法实现过程都相同.

(1)初始化粒子群,使$m=20,n=1$.随机选取均匀分布在$[0,255]$之间的

值为初始的粒子位置（阈值）x_i，速度向量 $v=0$，令各粒子的最佳位置 Pbest$[i]$ 为初始位置，对每个 Pbest$[i]$ 通过适应度函数（6.16）和（6.17），算出符合条件的 Pbest[i] 即为 Gbest；

（2）根据粒子群算法的公式（6.2）和（6.3）调整粒子的速度和位置，并且计算粒子的适应度值 $f(i)$；

（3）对所有的粒子 $i \in \{l, 2, \cdots, m\}$，若后来的适应度值大于上次适应度值，Pbest$[i]$ 即被当前位置替换，若 Pbest$[i]$ 中有优于 Gbest，就用 Pbest$[i]$ 代替 Gbest；

（4）终止条件的判断：若连续 4 个 Gbest 的前后相似度都大于 99.7%，转步骤（5），否则再转向步骤（2）；

（5）得到的 Gbest 即为图像的最佳阈值，用得到的最佳阈值对图像进行阈值分割.

4. 基于最小误差的图像分割

在传统的多阈值分割中，图像中目标和背景的概率密度函数为高斯分布，混合密度函数中的参数是未知的，其求解是典型的非线性优化问题，可采用 PSO 来实现.

（1）基本思想

假设一幅灰度范围在 $\{0, 1, 2, \cdots, l-1\}$ 之间的图像，它的灰度分布函数可以用直方图函数来表示. 为了描述简单，把直方图函数标准化并且定义为下面的概率分布函数：

$$h(i) = \frac{n_i}{N}, \quad h(i) \geqslant 0, \quad \sum_{i=1}^{l-1} h(i) = 1,$$

式中，n_i 代表各灰度级的像素个数；N 代表图像的总像素个数，i 为图像灰度级.

而直方图函数用混合概率密度函数表示为

$$P(x) = \sum_{i=1}^{k} P_i P_i(x) = \sum_{i=1}^{k} \frac{P_i}{\sqrt{2\pi}\sigma_i} \exp\left[\frac{-(x-\mu_i)^2}{2\sigma_i^2}\right],$$

其中 P_i，μ_i 和 σ_i 分别为用来评估图像的三个参数，即先验概率、均值和标准差表；$P_i(x)$ 第 i 类的灰度概率密度函数，分类 $i=1, 2, \cdots, k$；均方误差定义为

$$E = \frac{1}{n} \sum_{i=1}^{n} [P(x_i) - h(x_i)]^2, \tag{6.18}$$

式中 $P(x_i)$ 表第 i 类的混合概率密度函数.

（2）算法步骤

基于粒子群的最小误差分割的方法属于多阈值分割，因此自变量的求取也较以上两种方法不太相同.

首先,粒子群的初始化中,每个粒子代表由每一类的先验概率、均值和标准差组成的参数向量,即 $\boldsymbol{X}_m=(P_i,\mu_i,\sigma_i),i=1,2,\cdots,k$;其次,要选取均方误差最小,即适应度函数 $f(i)$ 取最小时,得出全局最优值,即得到最优图像各类的三个参数,P_i,μ_i 和 σ_i.

5. 图像分割的结果对比

对风景图像用基于粒子群的最小误差图像分割方法进行 10 次实验,可以得出,此方法比较稳定,取得的阈值都稳定在 (84,159,215) 内. 实验结果表明,基于粒子群的最小误差阈值分割方法的效果明显好于其他两种方法,对于风景图,可以把天空、白云和水明显地分开,如图 6.23~6.26 所示.

图 6.23　原始图像　　　　图 6.24　基于粒子群最小误差的图像分割

图 6.25　基于粒子群最大熵的　　　　图 6.26　基于粒子群最大类间
　　　　图像分割　　　　　　　　　　　方差的图像分割

6.9.2　PSO 算法在图像分类中的应用

传统的影像分类方法包括最短距离、最大似然、聚类分析及贝叶斯分类等,这些方法简单实用,但都是基于统计学原理的,以训练数据遵循正态分布为前提,因此训练样本的选择和参数估计直接影响分类结果.本小节将生物群集智能中的粒子群优化算法引入到遥感图像分类中,阐述其智能分类的过程.

1. PSO分类方法

以土地利用遥感分类为例,介绍利用粒子群分类器(PSO-Miner)对遥感影像进行分类的一种新方法.在PSO-Miner算法中,每个粒子对应一条路径(参见图6.27),相应产生一条分类规则,分类规则的挖掘可以看作是在多维空间搜索最优解.规则的形式如下:

```
    if          band1＝value_1
    and     band2＝value_2
    ⋮
    and     band j＝value_j
    then class  x
```

而对于每一条规则,粒子需要确定各波段的最优区间范围$[x_-, x_+]$,x_-为最优区间的下界,x_+为最优区间的上界,即粒子自动寻找各个波段的最优分割.由于区间的上下限是成对出现的,因此对于波段数目为n的遥感数据,$D=2n$.假设有m个粒子,第i个粒子的位置向量可表示为$(x_{-i1}, x_{+i1}, x_{+i2}, \cdots, x_{-in}, x_{+in})$,第$i$个粒子的速度向量可表示为$(v_{-i1}, v_{+i1}, v_{-i2}, v_{+i2}, \cdots, v_{-in}, v_{+in})$.粒子在飞行过程中不断根据当前最优值$p(t)$和全局最优值$p_g$进行速度和位置的调整.

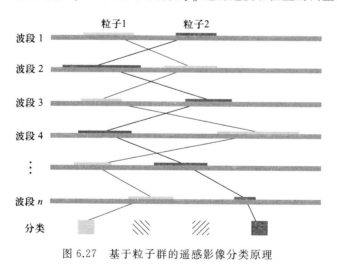

图6.27　基于粒子群的遥感影像分类原理

基于粒子群的遥感分类方法可分为:规则构造、分类规则适应度的计算、规则对训练数据的覆盖等三个阶段.

(1) 规则构造

每个波段的最优区间用操作符"and"连接,与土地利用分类的类别相连形成一条规则. 初始状态粒子的位置分布为

$$\begin{cases} x_{-ij} = \mathrm{rand} \times (\mathrm{band}_{j\max} - \mathrm{band}_{j\min}) + \mathrm{band}_{j\min}, \\ x_{+ij} = \mathrm{rand} \times (\mathrm{band}_{j\max} - \mathrm{band}_{j\min}) + \mathrm{band}_{j\min}, \end{cases} \tag{6.19}$$

式中,rand 为分布区间$[0,1]$内的随机数,$\mathrm{band}_{j\max}$,$\mathrm{band}_{j\min}$分别为第 j 个波段的最大值和最小值.

粒子的初始速度为

$$\begin{cases} v_{-ij} = \mathrm{rand} \times v_{-j}^{\max}, \\ v_{+ij} = \mathrm{rand} \times v_{+j}^{\max}. \end{cases} \tag{6.20}$$

运行后,计算每个粒子的适应度值,比较每个粒子的当前适应度值并进行迭代,当全局最优适应度值与平均适应度值的绝对值小于一个阈值或迭代次数超过最大迭代次数 $I_{\max}$时,循环终止,得到一组分类规则.

(2) 分类规则适应度的选取

分类规则(粒子)的适应度用来衡量粒子位置的优劣,是判断粒子飞行方向的标准,合理地选择适应度函数对问题的求解有着重要的作用. 根据不同的分类目的,可设计不同的适应度函数. 本例中用下面公式计算分类规则(粒子)的适应度:

$$Q = \frac{\mathrm{TruePos}}{\mathrm{TruePos} + \mathrm{FalseNeg}} \frac{\mathrm{TrueNeg}}{\mathrm{FalsePos} + \mathrm{TrueNeg}}, \tag{6.21}$$

式中,TruePos 表示满足规则条件,并且和规则预测类型相同的样例数;FalsePos 表示满足规则条件,并且和规则预测类型不同的样例数;FalseNeg 表示不满足规则条件,并且和规则预测类型相同的样例数;TrueNeg 表示不满足规则条件,并且和规则预测类型不同的样例数.

(3) 规则对训练数据的覆盖

将搜索到的粒子最优位置 p_g(最优分类规则)置入到规则集 R 中,然后采用序列覆盖算法在训练数据中移除规则 p_g 所覆盖的数据,其他类别属性的数据得以保留. 若训练数据中某一类别的数据个数小于一个阈值时,意味着该类别的数据量过小,可终止该类别数据的规则挖掘,进行下一类别规则的挖掘,直至所有类别的规则挖掘完毕.

2. 实例分析与结论

(1) 实例分析

实验中采用的数据是广州市番禺地区的 TM 卫星数据,选择的波段为 TM 的 1~5 波段及 7 波段,总共六个波段的数据,图 6.28 所示为研究区域 5,4,3 波段所合成的假彩色影像图.

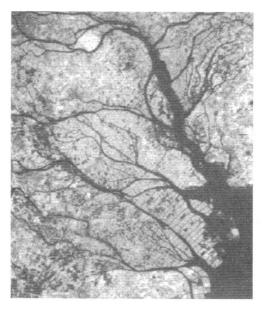

图 6.28　番禺 TM 影像合成图

在分类中各参数值的设置如下：训练数据数目为 2120；类别数为 8；粒子数 $m=20$；维度 $D=2\times6$；最大速度 $v_{max}=10$；最大惯性权重 $W_{max}=0.9$；最小惯性权重 $W_{min}=0.4$；学习因子 $c_1=c_2=2$. 同时，选取相同的训练数据，用 See 5.0 决策树方法对实验区的遥感影像进行分类，对比这两种分类结果.

为了能更清楚地进行分类结果的对比，分别对两种分类方法的结果图做了局部放大处理，如图 6.29 所示. 从图中可以看出，PSO 分类后的图像更加符合原图、斑块也比较均匀，更接近土地利用制图的要求. 将两种分类方法的精度评价结果分别表示为混淆矩阵，如表 6.11 和 6.12 所示. 通过比较混淆矩阵，PSO

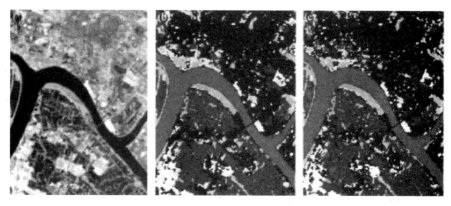

图 6.29　从左至右依次为原图像、PSO 分类图和 See 5.0 分类图（彩色图见插页）

表 6.11　基于 PSO 的分类精度评价结果

总精度＝84.6％, kappa 系数＝0.821

实际	分类								总和	使用精度/(％)
	建成区	山体	水体	果园	农田	体耕地	基塘	建设用地		
建成区	288	1	2	1	8	19	3	7	329	87.6
山体	1	98	1	9	5	0	0	1	115	85.2
水体	1	3	313	2	2	1	28	1	351	89.2
果园	9	10	3	184	35	4	2	0	247	74.5
农田	1	4	2	31	259	7	1	2	307	84.4
休耕地	10	1	1	6	4	107	1	1	131	81.3
基塘	11	3	37	1	0	4	285	1	342	83.4
建设用地	10	1	0	3	2	3	1	158	178	88.7
总和	331	121	359	237	315	145	321	171	2000	
生产精度/(％)	87.0	81.0	87.2	77.6	82.2	73.8	88.7	92.4		

表 6.12　See 5.0 决策树的分类精度评价结果

总精度＝81.8％, kappa 系数＝0.788

实际	分类								总和	使用精度/(％)
	建成区	山体	水体	果园	农田	休耕地	基塘	建设用地		
建成区	281	2	3	0	9	22	5	7	329	85.4
山体	1	96	0	8	8	0	1	1	115	83.4
水体	2	4	304	3	3	1	33	1	351	86.6
果园	7	12	2	183	36	6	1	0	247	74.1
农田	1	5	2	31	258	8	1	1	307	84.0
休耕地	13	2	0	5	5	104	1	1	131	79.4
基塘	14	2	60	3	1	6	254	2	342	74.3
建设用地	13	1	1	5	2	1	0	155	178	87.1
总和	332	124	372	238	322	148	296	168	2000	
生产精度/(％)	84.6	77.4	81.7	76.9	80.1	70.3	85.8	92.3		

分类方法的总体精度为 84.6％, See 5.0 决策树方法的总体精度为 81.8％. 可见, PSO 分类的效果比 See 5.0 决策树方法的效果要好.

（2）结论

PSO 算法从开始提出到应用在很多方面只经历了短短十几年,近几年才引入到空间信息智能处理中. 实际应用案例,证明了 PSO 较传统方法的优越性. 除了遥感图像分割及分类应用外,卫星定位中的高程拟合、组合导航、星座优化设计和水下导航的机器人路径规划,GIS 中的选址优化和最优路径问题等均可用 PSO 来实现. 一方面,可在原有的 PSO 算法基础上进行公式的改进或者与新的算法结合;另一方面将 PSO 算法引入到更加广泛的空间信息处理问题中.

讨论与思考题

（1）优化的本质是什么? 为什么要进行优化?

（2）优化效率和效果如何定量评价?

（3）简述本章所列优化算法和生物行为学习之间的联系.

（4）遗传算法和混合遗传算法之间最大的区别是什么?

（5）模拟退火算法中,Metropolis 准则是什么?

（6）在空间信息智能处理中,这些优化算法能起到什么作用?

（7）任选一种优化算法,谈谈你对该算法进行优化的思路.

参 考 文 献

[1] 梁娜. 基于遗传方法的多光谱图像处理算法研究. 西安:西北工业大学,2007.

[2] 梁娜,何明一. 基于遗传算法的混合像元快速分解及分类算法. 遥感技术与应用,2007,04;560-564+476.

[3] 黄席樾,蒋卓强. 基于遗传模拟退火算法的静态路径规划研究. 重庆工学院学报(自然科学版),2007,06;53-57+121.

[4] 韩云,郭庆胜,等. 行政区划图自动着色的混合遗传算法. 武汉大学学报(信息科学版),2007,08;748-751.

[5] 刘传文. 仿生优化算法在数字图像处理中的应用研究. 武汉:武汉理工大学,2008.

[6] 张京钊,江涛,程凤菊. 改进的自适应遗传算法在遥感图像分割中的应用. 测绘科学,2008,S3;247-248+267.

[7] 冯莉,李满春,等. 基于遗传算法的遥感图像纹理特征选择. 南京大学学报(自然科学版),2008,03;310-319.

[8] 王赫. 混沌遗传算法在模式识别中的应用. 吉林:东北电力大学,2009.

[9] 彭开. 基于遗传算法的遥感图像融合方法研究. 西安:西安电子科技大学,2010.

[10] 金烨. 混沌遗传算法及其在图像匹配中的应用. 西安:西安科技大学,2010.

[11] 丁胜. 智能优化算法在高光谱遥感影像分类中的应用研究. 武汉:武汉大学,2010.

[12] 王潇宇,刘生,等.遗传算法优化的数学形态学遥感影像滤波算法.武汉理工大学学报,2010,16:31-33+101.

[13] 叶茂毅.基于混合遗传算法的图像匹配研究.北京:北京印刷学院,2011.

[14] 王芳.粒子群模拟退火融合算法及其在物流配送问题中的应用.上海:华东理工大学,2011.

[15] 黄明,吴延斌.基于混沌遗传算法的遥感影像分类.测绘科学,2011,02:5-8.

[16] 邱荣祖,钟聪儿,等.基于GIS和禁忌搜索集成技术的农产品物流配送路径优化.数学的实践与认识,2011,10:145-152.

[17] 李国.基于遗传算法的遥感影像增强技术研究.郑州:中国人民解放军信息工程大学,2012.

[18] 李国,龚志辉,等.DCT域遥感影像的自适应遗传优化增强.测绘科学,2012,06:135-137.

[19] 程博,杨育,等.基于遗传模拟退火算法的大件公路运输路径选择优化.计算机集成制造系统,2013,04:879-887.

[20] 王立国,魏芳洁.结合遗传算法和蚁群算法的高光谱图像波段选择.中国图像图形学报,2013,02:235-242.

[21] 彭晓鹃,胡国华,陈明辉.基于模拟退火法的遥感影像亚像元定位方法.测绘通报,2013,09:55-58.

[22] 魏芳洁.高光谱图像波段选择方法的研究.哈尔滨:哈尔滨工程大学,2013.

[23] 于白云.基于模拟退火算法的土地利用结构优化研究.长沙:湖南师范大学,2013.

[24] 蒋韬.基于遗传粒子群优化算法的遥感图像分类方法研究与应用.北京:首都师范大学,2013.

[25] 吴晓燕.路标图像识别的禁忌搜索遗传算法研究.计算机工程与设计,2014,06:2109-2113.

[26] 仵振东.基于蚁群优化的遥感影像分类研究.淮南:安徽理工大学,2014.

[27] 卢宇婷,林禹攸,等.模拟退火算法改进综述及参数探究.大学数学,2015,06:96-103.

[28] 梁潇.基于遗传算法的油气管道线路优化研究.南充:西南石油大学,2015.

[29] 黄河,范一大,等.利用遗传算法实现不同遥感影像的河道信息自动提取.计算机系统应用,2015,02:140-145.

第七章　空间信息智能融合

随着不同类型的传感器越来越多地被应用于对地观测,用户能够获取大量的多源遥感图像数据.任何单一传感器的遥感数据都不能全面反映目标对象的特征,因此为了更加充分地利用和开发这些资源,减小多源遥感图像之间的信息冗余、增强其互补性,遥感图像融合技术便应运而生.遥感图像融合就是对多源传感器的图像数据和其他信息的处理过程.它着重于把那些在空间或时间上存在冗余或互补的多源数据,按一定的规则进行运算处理,从而获得比任何单一数据更精确、更丰富的信息,生成一幅具有新的空间、波谱、时间特征的合成图像.图像融合不仅仅是数据间的简单复合,而是强调信息的优化,以突出有用的专题信息,消除或抑制无关的信息来改善目标识别的图像环境,从而增加图像解译的可靠性、减少模糊性、改善分类,并扩大应用范围与效果.本章主要介绍空间信息智能融合的基本概念、融合方式及其应用.

7.1　4G 地学空间数据融合

地质学(geology)、地理学(geography)、地球化学(geochemistry)、地球物理学(geophysics)数据统称 4G (geology/geography/geochemistry/geophysics)地学空间数据,具有多学科综合的特点,存在由多元、语义和多维复杂空间结构等因素引起的异构问题,系统应用必须进行数据分析、处理、融合等集成操作,以构建地学数据模型,进而满足用户需求.数据集成操作因此成为地学研究的基本前提和必要步骤.较好地研究解决数据集成面临的格式转换、数据共享等难题,可以大幅减少数据重复采集,降低数据采集成本,充分挖掘数据信息,提高数据利用率,实现数据网络共享,增加经济效益.

4G 地学空间数据具有多源、多类、多量、多维、多主题和多用途的特征,最典型的是多源、多类和多量这三个特征.多主题是指数据应用范围广,每种数据既可用于地质体、地质现象、地质作用以及矿体及矿床特征分析,还可用于地质图件编制和储量计算以及综合评价;既可用于表示地质空间,也可用于表示地理空间等.4G 地学空间数据还具有获取费用高、共享效益高、涉及专业部门多的特征.

7.1.1 4G 地学空间数据主要内容

4G 地学空间数据是地学系统的数据基础和空间数据仓库系统的数据源泉,数据存储格式通常为 GIS(MapGIS,MapInfo,ArcGIS 等)系统、XML(eXtensible Markup Language)、文本文件、电子表格、数据库(Access,Oracle,SQL Server 等)、栅格(遥感、测绘等)及电子文档等. 这些数据来自各地学研究单位通过技术手段获取的原始空间数据、属性数据和地学研究成果报告等,也是组成各分数据库系统的数据源,其中包括地质数据、地理数据、地球物理、地球化学数据和元数据等几种类型.

1. 地质数据

地质数据包括基础地质数据、矿产资源数据和地质环境数据等. 基础地质数据主要描述我国岩体概况、样品概况、岩石特征、矿物特征、氧化物、稀土元素、微量元素以及地质年龄等状况,古生物标志化石组合数据和矿物鉴定标准数据也属于基础地质数据. 矿产资源数据主要包括中国金属矿产资源、非金属矿产资源等相关矿床的地质资料数据,其中有各种常见金属和稀有金属、稀土等 13 个矿种 5000 个矿床以及 800 个非金属矿床数据,矿产资源及矿产地开发利用环境的基础数据等. 地质环境数据主要包括我国地下水资源、岩溶、洞穴、地质灾害及地面沉降等相关地质现象的数据及图片、影像等资料数据,还包括国内外相应的地质公园及地质遗迹资料.

2. 地理数据

地理数据包括自然地理数据和社会经济数据. 其中,自然地理数据与自然地物地貌有关,主要包括利用土地覆盖类型数据、地貌数据、土壤数据、植被数据、水文数据及河流数据等. 社会经济数据与人文社会相关,主要包括居民地数据、行政境界及社会经济状况数据等.

3. 地球物理和地球化学数据

地球物理和地球化学数据主要包括利用多种同位素方法测定的样品地质年龄数据、各种样品的地质背景资料、多种同位素地球化学测试数据和利用多种物探方法获取的深部地球物理探测数据.

4. 元数据

元数据主要包括国内外地质科学数据库的元数据,即数据仓库数据源的信息、数据模型信息、操作环境到数据仓库环境的映射关系、操作元数据和汇总用的算法等,以及地质机构及专家学者等信息.

7.1.2 4G 地学空间数据特征

地学空间数据获得的渠道主要为五种:(1) 实际探测数据,包括地球物理勘探数据、地球化学勘探数据、航空航天遥感数据、室内化验测试数据、全站仪和卫星定位手段测量的野外地质观测数据、地形地物的测量数据、统计普查数据、综合研究与图件数据、地图数字化数据、解析摄影测量数据、数字摄影测量数据和应用键盘录入的属性数据等;(2) 理论数据,包括依据相关规则和定理得出的理论推测与估算数据;(3) 生成数据,包括集成数据和经过相应变换处理得到的数据;(4) 文献数据,包括已有的各种勘查和研究成果资料;(5) 共享数据,通过网络服务实现的分布式共享数据. 其中,实际探测数据是数据获得的重要且主要途径.

不管用哪一种手段获取,4G 地学空间数据均由空间、时间、属性和综合度等四个特性要素构成,且要素之间具有非线性关系.

1. 空间特性

空间特性包括空间参考性和空间拓扑特征. 4G 地学空间数据总是与地球表层处于某一空间位置的地学实体相联系,表征该实体的某些特征,即具有空间参考性. 地学信息数据包含了反映地学信息特征及现象在各种投影坐标系下所处的空间位置,也包含了数据之间的拓扑关系. 空间拓扑特性(如面积、长度、连通性、连接性和邻接性)反映的就是数据间的拓扑关系,直接影响地学数据的质量,如:经过拓扑的数据能够大大减小数据空间的占用,减少数据冗余;存在拓扑关系的地学数据能够直接进行缓冲分析、查询检索及叠加深加工等操作;具有拓扑关系的数据在进行处理的过程中,便于重新组织其空间信息等属性. 具备拓扑关系的地学数据可以单独对其空间特征进行处理加工,这对于面向对象的 GIS 操作设计有着很高的效率和便利性,即数据的位置是相对固定的,不能随意进行位置变换和移动,且这类数据具有完整性和整体性,不能够对其中的个别数据信息或图形进行移动操作. 地学数据的空间位置信息进行各种运算处理都要在数据具备空间位置和拓扑关系的基础上,如必须具备投影坐标系、比例尺等信息. 地学数据的属性关系也受拓扑关系的制约,如有河流处的等高线是内凹的. 拓扑关系可以用来检验地学数据的质量,也可以利用它来生产新的数据,例如可以依据河流信息来提取桥梁等数据. 另外,地学数据还有很多特殊的地方,如地学数据占用空间较大、生产成本较高,而且涉及多个部门的生产和加工处理. 若处理好地学数据的共享关系,可以节省很多的人力、物力和财力,避免资源的重复和浪费.

2. 时间特性

时间特性包括时序特征和时间分辨特性. 时序特性是指同一地学现象在不同的时间区间内具有不同的特征值,但在某段时间内具有规律性或周期性. 时间分辨率是指地学现象保持稳定的最短时间或发生变化的最小可观察时间,即时间周期,根据需要可分为瞬时、小时、日、月、年、多年、人类历史和地质历史等不同尺度类型.

3. 属性特征

属性特征包括多维、多尺度和分布式特征. 多维是指地学空间数据涉及地学空间上的多方位、时间上的多段落和属性上的多级别特征,或者说多层次性. 多尺度是指对 4G 地学空间数据评价标准差异引起的数据形式差异,可以说是同种或同类地学现象的展布范围大小、地学过程持续时间长短和过程发生的复杂程度,也可以表示数据本身的分辨率或精度. 分布式特征是指 4G 地学空间数据存在于不同的地域,具有空间分布性. 4G 地学空间数据的存储、使用、更新等操作不在同一处或所有者不同,但可通过计算机网络进行传播并可基于地学规律进行相关性操作.

4. 综合度特性

综合度特性是指数据间相融合的程度. 4G 地学空间数据间存在很多差异,其中包括来源的差异性、存储的差异性以及空间数据模型的差异性. 来源的差异性是指地学数据来源的多种多样,有的来自历史图件扫描后的栅格图形数据,有的来自扫描矢量化的矢量数据,有的来自通过数字设备采集的电子数据;存储的差异性是指不同的地学数据存放于不同的数据库中,而这些数据库在物理上往往是分离的;空间数据模型的差异性是指空间数据库中存在多种各异的数据模型,根据分类标准不同可分为有拓扑关系和无拓扑关系的空间数据模型等.

4G 地学空间数据的上述特征,使人们在进行研究和解决问题时,必须首先进行空间数据集成. 只有通过数据集成,才能高效利用不同时空特性、不同来源、不同格式和不同精度的 4G 地学空间数据,为数据的进一步利用打好基础.

7.1.3 4G 地学空间数据集成

1. 概述

4G 地学空间数据集成是指根据用户需求对原始数据进行处理,主要是对格式、单位、分辨率、精度等外部特征和属性等内部特征做出相应调整、转化、合成、分解等操作,得到符合需求的、充分兼容的数据集(库),如图 7.1 所示.

4G 地学空间数据集成是在地学内容、知识和规律的基础上进行的,集成主要是对数据进行两种性质处理:一是对数据表达方式进行处理,主要是修改数据相对位置、特征数量等,空间特征、属性的构成及层次不发生变化;另一是对数据内在特征进行处理,即通过运算使集成数据空间特征、属性内容、时间特征尺度等发生变化或产生新的数据集.

(1) 数据的集成性. 数据经过集成处理后应该具有符合某种规则的内在关联,具有集成性. 由于数据的集成性,用户得以透明地访问数据,即查询一个综

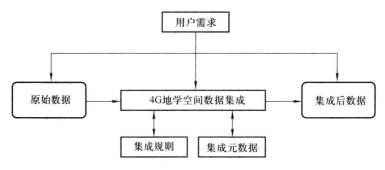

图 7.1　4G 空间数据集成原理图

合数据信息只需与数据仓库进行交互,而不必再到各个业务系统进行分别查询和单独处理. 集成后的数据仓库中的数据是由各分系统数据的有机集成和关联存储形成的. 数据集成要求挖掘出各分系统数据间的内在关联关系而不是将它们简单独立地放置在一个数据仓库系统里.

(2) 数据的完整性. 数据的完整性是指数据自身的完整性和约束的完整性两方面,是数据发布和交换的前提. 数据自身的完整性是数据本身的语义特性,是指完整提取数据本体;约束的完整性表明数据之间的关联关系,是指数据与数据间相互关联约束的规则. 约束的完整性是表征数据间逻辑的唯一特征,保证约束完整性是进行数据集成的基础.

(3) 数据访问的安全性. 数据仓库中的数据来自不同的分数据库系统,每个分数据库系统有着各自的用户权限和管理模式. 为保证数据仓库对分数据库或分数据库间相互访问的安全管理,在访问全局数据时分数据库的私有数据的权限不被侵犯,这可保证当异构的数据源数据访问和修改数据时,原有数据库对原有数据源访问权限的隔离与控制.

(4) 数据的一致性. 数据的一致性是指数据在表示同类事物时具有表达和逻辑的一致性. 不同数据间存在着语义差别,从而会引起各种语义缺失甚至会产生错误的信息. 这种语义差别会造成集成结果的误差. 数据的不一致与结构语义冲突会造成数据集成结果的冗余,从而干扰数据处理和进一步研究应用. 因此,集成后的数据应该根据一定的数据转换规则进行数据结构统一和字段语义编码转换,从而具有符合需求的一致性.

2. 地学空间数据集成常用方法

要实现对 4G 地学空间数据的集成,需要有适合集成的规则支持,例如模式集成方法和数据复制方法.

模式集成方法是最早的数据集成方法,其基本思想是为异构数据提供一个全局模式的虚拟视图,使用户可以透明地访问各异构数据源的数据. 应用全局模式,集成数据需要对数据源的语法、语义和操作等进行描述.用户直接在虚拟视图上提交请求,由全局模式集成系统接收这些请求并根据相应描述规则将请求转换为针对各个异构数据源的子查询,这些子查询可以在本地执行,从而实现数据对用户的透明.模式集成过程的关键步骤是将异构数据源数据做适当的转换,映射为全局模式,便于依据全局模式规则查询和读取数据.全局模式与数据源之间映射的建立方式有全局视图法和局部视图法两种.全局视图法(global-as-view,GAV)是将整个数据源视图通过映射规则与各个异构数据源元素一一对应建立起来.因为全局模式与数据源是一一对应关系,所以全局视图表示该数据源上的操作和数据结构.局部视图法(local-as-view,LAV)是先建立全局模式,然后在全局模式的基础上按一定的规则推理得到数据源的数据视图.

数据复制方法是在保持数据一致性的基础上,将各个数据源的数据复制到与其相关的指定数据源上.数据复制方法保证了数据源的数据一致性,因此该方法可以提高信息共享利用的效率.数据复制可以是对整个数据源的复制,也可以是仅对变化数据的复制.应用数据复制方法进行数据集成可以减少用户使用数据集成系统时对异构数据源的数据访问量,从而提高数据集成性能和数据利用率.

集成方法是面向不同应用的,每一种集成方法都要用到组成系统描述、界面描述、参考定义、转换功能模块库、语意相关性以及访问控制等操作,在实际应用中可以根据需求进行选择.当前常见的联邦数据库法、基于中间件的集成方法、数据仓库集成方法,分别对应于上述的模式集成法、数据复制集成法以及二者相结合的集成方法.

(1) 联邦数据库方法

随着信息技术的发展,信息处理方式由集中式变为分布式,人们常常需要从相互独立运行的大型数据库中获取信息,而不是像从前一样仅仅从集中式的单一数据源获取信息.由于数据呈现分布式特性的原因,在地学研究时不同的单位和组织需要使用不同数据库管理系统来存储和管理相关的重要数据,这也同时加剧了信息的分布性.但是,各个数据库中包含的信息可能只是研究所需的某一部分,随着信息量的不断增加,每个数据库都不能包含所有数据,甚至有时需要将各个分布系统中的信息有机合成才会得到这些系统所包含数据的整体信息.联邦数据库(Federated Data Base,FDB)可以针对各种关系型和非关系型数据源进行集成,把分布式系统的信息组合起来,使用户能访问分布式数据.

FDB是一种较早应用的数据集成方法,它采用模式集成的方法集成数据.FDB系统是由相互协作却又相互独立的源数据库组成的集合体,各个源数据库之间存在某种相互关联.FDB系统将独立源数据库系统按不同需求进行集成,利用 FDB 管理系统控制组成系统的各个源数据库协同操作,并对其进行管理,以提高系统整体操作性能. 一个源数据库可以加入若干个联邦系统,每个独立源数据库系统的数据库管理系统可以是独立的,可采用集中式或者是分布式;也可以是联邦式的,即其他的联邦数据库管理系统直接充当源数据库管理系统,各数据源之间共享自己的一部分数据,形成一个联邦模式.

（2）中间件集成方法

中间件集成方法是一种典型的模式集成方法. 应用中间件集成方法进行集成操作时同样需要使用全局数据模式,不仅能够集成结构化的数据源信息,还可以集成半结构化或非结构化数据源中的信息,如 web 信息,因此有异于使用结构化数据联邦的 FDB. 典型的基于中间件的数据集成系统如图 7.2 所示.

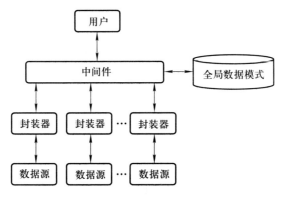

图 7.2　典型的基于中间件的数据集成系统

基于中间件的数据集成系统中,除了数据源系统和用户,还包括中间件和封装器. 每个数据源对应一个封装器,对相应数据源进行封装,以便将数据模型转换为系统所采用的通用模型,并提供一致的访问机制. 中间件通过封装器与各个数据源交互,封装器相当于数据源的转换器,是数据源和用户联系的桥梁. 中间件应用全局数据模式,为用户提供一个统一的逻辑视图;逻辑视图在全局数据模式作用下,具有统一的数据模式和通用接口,使用户可以在逻辑视图上对数据进行操作,实现数据的"透明"操作. 中间件还可以通过封装器对数据源进行协调.

在基于中间件的数据集成系统中,用户对数据的操作流程为:用户向中间件发出查询请求;中间件处理用户请求,将其转换成各个数据源能够处理的子查询,并将各个子查询请求发送给封装器;封装器与其封装的数据源交互,执行子查询请求,并将结果返回给中间件. 同为模式集成法,中间件集成法相对于FDB 系统集成法在集成非数据库形式的数据源时具有更明显的优势. 中间件主要功能是为异构数据源提供高层次的检索服务,注重于全局查询的处理和优化,有很好的查询性能和较强的自治性,可以提高查询处理的并发性,减少响应时间. 但是,中间件集成法只能处理只读操作,在数据读写能力上稍有欠缺.

(3) 数据仓库方法

20 世纪 90 年代,数据仓库(data warehouse,DW)技术迅速发展. DW 是一个包含了大量来自各种不同数据源,且在数据类型、格式、精度及编码等方式上存在很大差异的复杂数据,用于支持组织的决策分析处理的面向主题的、集成的、稳定的、时变的数据集合体. 应用 DW 处理数据的优势在于分析决策功能,可以帮助使用者更好更快地进行决策. 因此,DW 本质上是网络数据库的管理系统及其应用系统,一个典型的 DW 由源数据、源数据库和映射复制规则组成,如图 7.3 所示. 源数据分别由它们各自的事务性数据库管理,DW 为用户提供交互服务,使用户无缝透明地使用数据. 根据用户需求,DW 将来自各个事务性数据库的数据按照相应规则进行集成和存储,供用户进行数据分析. 随着客户机/服务器(client/server,C/S)技术和并行数据库技术的发展,DW 技术不断发展.

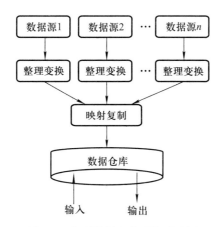

图 7.3 典型数据仓库系统示意图

DW 不完全等同于数据库,它是集成的数据库,或者说高级的数据库系统. 数据仓库是一种网络数据库,具有联机分析处理(on-line analytical processing,OLAP)功能,主要存储历史的、综合的、稳定的数据集合,数据常常通过模型化转换变为多维数据,用于数据立方体的构建.

DW 的主要特点是:可以根据用户需求组织和提供面向主题的数据,为数据提供聚集操作服务,并以易于用户理解的方式表示出来,对通过网络链接的分散的不同源数据库提供管理功能,对从存储格式不同、版本不同、数据语义不同的源数据库中取得的数据具有集成和关联作用. 而数据库多为事务性数据库,主要是为联机事务处理(on-line transction processing,OLTP)服务的,数据库所处理的事务较小,数据量不大,其一致性和可恢复性是标准的,事务性数据库主要管理当前版本的数据.

7.2 多源地学信息综合处理

7.2.1 多源信息集成与融合的意义和必要性

首先,从信息加工过程来看,地球信息流先经 RS,GNSS 等手段获取,到 GIS 中进行信息分离和组合,再经过专业模型和专家系统分析处理后,产生目的、计划和策略等新的信息,然后被输送到因特网的各种输出平台上进行信息传递,用户获取信息后可将它们应用到日常生活和工程中去. 这样,产生的新信息又有可能再次被利用,形成新一轮的、更高层次的信息流,如图 7.4 所示.

地球信息流本身是自然地融合在一起的,不能被人为地割裂成许多片断,这是地球信息的不可分割性. 但是,由于人类认识的局限性,人们对地物的描述不能够同时获得时间、空间、属性三方面的信息,而只能固定一个因素而动态地研究另外两个因素,在信息描述上人为地采用了分割的手段. 这种人为地分割表现在实际应用中就是分别从各个方面描述信息流,把从不同方面获得的信息收集加工,最后加以利用,即把信息技术分割为信息获取、信息处理和信息应用三个互不关联的方面. 信息流本身的不可分性和实际工作中信息技术的分割性是造成对信息理解、描述、应用中误差的主要根源. 例如,GNSS 侧重于空间定位特征的获取;RS 主要侧重于时间动态特征的获取;GIS 侧重于属性与空间、时间的特征联结和管理(而非采集). 多源多类信息的集成与融合的目的就是尽可能完美地获取地物空间、时间和属性三个特征的信息,还原地球信息的本来面目,以大大提高信息精度和信息利用的效率.

其次,从遥感或其他手段采集来的同一种或同一类地球信息,存在着不同的空间分辨率和时间分辨率. 采用集成与融合方法,能使不同空间分辨率或不同时间分辨率、时相分辨率的遥感图像互相补充、互相印证和取长补短,同时又不过多增加购买图像的成本.

再次,从现实的信息存贮和处理情况来看,信息源分布分散,信息获取种类繁多,信息容量巨大,对信息进行处理的模型众多,模型与数据的联系复杂,空间数据处理系统(spatial data processing system,SDPS)与管理信息系统(management

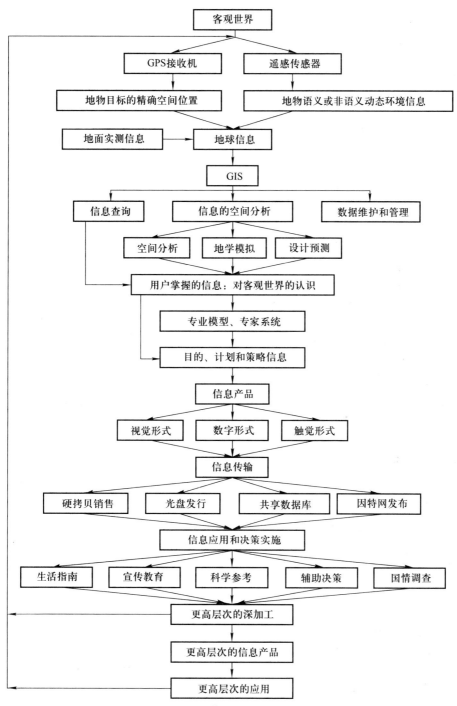

图 7.4　地球信息科学中的信息流

information system，MIS）、办公自动化（office automation，OA）系统、通信指挥系统等形成了多种多样的连接关系，迫切需要进行异种硬件、异种软件、异种网络环境中的信息集成与融合.

7.2.2　多源地学信息综合处理理论

对同一自然现象通过不同方法得到的观察结果，用特定的技术手段加工处理成能够表达相应现象的简明结果，即为数据融合. 数据融合技术是众多多源信息综合处理的方法之一，是一种归一化处理算法. 经过数据融合处理后的数据，降低了模糊度，提高了可信度，增强了系统可靠性. 该技术以不同平台、多时空尺度、多传感器和多学科的信息资源为基础，利用计算机技术强大的数据处理和图形图像处理功能，将多源信息按获取时的时空顺序在一定的规则下加以综合、分析、利用及控制，对被观测的地物对象得出一致的描述，以满足研究决策的需求.

数据融合的本质是指在同一空间坐标系下，对具有相同投影参数的同一类地物的各种不同来源和不同内容的地学数据进行格式转换、空间匹配及冗余处理等，并利用一定的算法及原理将多源数据构成一种新的具有综合信息的数据. 由于新数据更能反映所观测地物的地学信息，该过程也称为多源信息综合处理过程. 从理论角度看，多源数据的综合处理是一个简单的过程，要真正做到多源数据的融合非常困难，尤其是在地学应用的实际工作中，多源地学信息的融合涉及多种不同学科（如遥感、地质、地理等），其融合过程中需应用到计算机科学技术、信息融合理论、数学统计、认知科学等不同学科的理论知识.

多源地学数据融合综合处理是一个具有系统性、理论性的概念，组成这个综合体的诸多元素从不同层面和不同角度相互作用产出新的东西. 数据融合的处理模型跟人的大脑模型非常相似，既具有串行性又具有并行性，因为人的左半脑在识别信息的时候具有宏观串行的特点，每个新的处理过程都是以上一过程产生结果为前提. 但是，人的右半脑却是在一定规模上具有并行的特点，可以同时反复处理分析大量的信息，两种不同的处理方式交替进行，共同产生新的结果.

由于数据融合层级不同、结构的差异、融合算法的差别、数据传输过程不同等因素的影响，每个融合方法都有各自的特点. 例如，四层神经网络模型用于多平台数据融合就很具有代表性.

（1）神经网络的输入级是采集数据经过传感器进行预处理后的数据，可能是信号级或图像级的，还可能是特征级的，输入层传感器数目设为 N.

（2）隐层 1 也就是数据融合的第一步，该层神经元数目不定. 若该层神经元的信号都直接来源于输入级，那么此系统结构就为分布式结构；若该层神经元之间还有信号的参与,那么此系统结构就为分级式结构;若该层的神经元数目为1,那么此系统结构就为中心式.

（3）隐层2的神经元数目为2,一个用于状态分析,另一个用于属性识别,两者之间也可能有信号的连接,这是数据融合的第二步.

（4）神经网络的输出层神经元数目只有一个.该层属于符号层的数据融合,主要根据目标参数及目标的类型、类别,进行态势分析和威胁评估,其输出结果提供给数据库、执行部分和工作人员等.

7.2.3　多源地学信息综合处理方法

随着系统论、控制论、信息论、D-S(Dempster-Shafer)证据理论、Zadeh的模糊逻辑理论等基础理论,以及计算机技术、网络技术、通信技术和高效传感器技术等实用技术的快速发展,信息融合技术得到前所未有的发展.多源地学信息综合处理方法如表7.1所示.多源地学信息综合处理方法有数据层(如信号层、像元层)融合、特征层融合和决策层融合,每种融合方法都有多种具体实施手段,在工程实际中能够较为灵活地选择.

表 7.1　典型多源地学信息综合处理方法

像元层融合	特征层融合	决策层融合
加权融合法	贝叶斯法	基于知识的融合法
乘积融合法	D-S法	D-S法
比值融合法	熵法	模糊集理论
高通滤波融合法	带权平均分	可靠性理论
小波变换融合法	神经网络法	贝叶斯法
彩色变换融合法	聚类分析法	神经网格法
主成分变换融合法	表决法	逻辑模板

信息融合是指对多个载体内的信息进行综合、处理以达到某一目的.信息融合涉及面极为广泛.归纳可以看作一个信息融合过程,其中一般性结论即由多个特殊事例经过综合、抽象后得到.因此,归纳推理与信息融合有本质联系,而归纳推理又是所有科学技术的源泉.

对于多源信息融合综合处理而言,所处理的信息具有独特的地方,具体来说主要包括信息的全空间性、信息的综合性以及信息的互补性.

（1）信息的全空间性.融合系统要处理的是确定和不确定(模糊)的、全空间和子空间的、同步和非同步的、同类型和不同类型的、数字的和非数字的信息,是比传统系统更为复杂的多源、高维信息. 从广义上讲,信息融合的对象包括自然信息(即可由传感器获取)和社会信息. 系统的状态变化可分为随机过程、混沌过程、确定过程以及模糊过程. 前三者可用数字信息来描述,而后者只能用语义信息来描述.

(2)信息的综合性. 融合可以看作是系统动态过程中所进行的一种信息综合加工处理,也是一种信息处理系统,只不过这里所说的系统指的是多传感器系统,即信息融合系统在结构上是一个多输入系统,是多模块集成系统.

(3)信息的互补性. 包括信息表达方式上的互补性、结构上的互补性、功能上的互补性以及不同层次上的互补性等,是解决系统多功能的主要手段之一,也是实现系统智能化的必要手段. 融合的目的之一是要解决系统功能上的互补问题;反过来,互补信息的融合可大大提升性能.

总之,信息的全空间性是融合空间的性质,其研究对象是复杂的多维多输入系统;信息的综合性是融合动态信息流的广义综合技术;信息的互补性是融合的算法性质,其核心问题是信息的互补运算,从微观结构(指融合的本质)上说明了融合的内涵.

就多源信息融合而言,运动目标观测这一应用非常具有代表性. 分布在不同空间位置上的多传感器在对运动目标观测时,各传感器在不同时间和不同空间的观测值将形成一个观测值集合,信息融合存在时间性和空间性问题.

(1)信息融合的时间性,是指按时间先后对观测目标在不同时间的观测值进行融合,特别是利用单传感器在不同时间的观测结果进行信息融合时,要重点考虑信息融合的时间性.

(2)信息融合的空间性,是指对同一时刻不同空间位置的多传感器观测值进行信息融合,特别是利用多传感器在同一时刻的观测结果进行信息融合时,要考虑信息融合的空间性.

(3)信息融合的时空处理,是指在实际应用中,为获得观测目标的准确状态,往往需要同时考虑信息融合的时间性与空间性,通常有先时间后空间、先空间后时间、空间与时间同时融合等三种情况.

7.3　遥感信息融合

7.3.1　遥感影像的表色系统

1. RGB 表色系统

彩色图像(color image)C 如图 7.5(a)所示,由红(red,R)、绿(green,G)、蓝(blue,B)三刺激值所构成的 R,G,B 向量和表示,如下式所示:

$$C = RR_0 + GG_0 + BB_0,\tag{7.1}$$

其中 R_0, G_0, B_0 称为原刺激,是单位向量.式中的 R, G, B 若用光谱三刺激值 (spectral tristimulus value) $\bar{r}(\lambda), \bar{g}(\lambda), \bar{b}(\lambda)$ 来计算,则有

$$\begin{cases} R = \int \phi_{e\lambda} \bar{r}(\lambda) \mathrm{d}\lambda, \\ G = \int \phi_{e\lambda} \bar{g}(\lambda) \mathrm{d}\lambda, \\ B = \int \phi_{e\lambda} \bar{b}(\lambda) \mathrm{d}\lambda, \end{cases}\tag{7.2}$$

其中 $\varphi_{e\lambda}$ 为光谱分布,光谱三刺激值 $\bar{r}(\lambda), \bar{g}(\lambda), \bar{b}(\lambda)$ 的分布如图 7.5(b)所示.

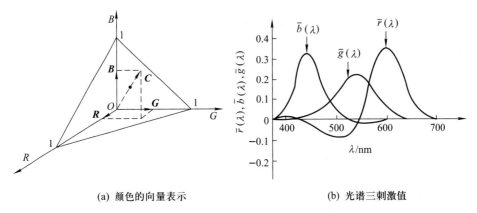

(a) 颜色的向量表示　　　　　　　　(b) 光谱三刺激值

图 7.5　RGB 表色系统与光谱三刺激值

2. 表色系统的变换

(1) CIE-XYZ 表色系统

① 三刺激值 X, Y, Z 与光谱分布 $\phi_{e\lambda}$ 的关系

如图 7.6 所示,RGB 表色系中的光谱三刺激值有负数存在.出于方便考虑, 1931 年,由国际照明学会(法语 Commission Internationale de L'Eclairage, CIE)制定了 XYZ 表色系[CIE(1931)XYZ 表色系],三刺激值 X, Y, Z 与光谱 分布 $\phi_{e\lambda}$ 及光谱三刺激值 $\bar{x}(\lambda), \bar{y}(\lambda), \bar{z}(\lambda)$ 的关系定义如下:

$$\begin{cases} X = k \int_{\lambda_1}^{\lambda_2} \phi_{e\lambda} \bar{x}(\lambda) \mathrm{d}\lambda, \\ Y = k \int_{\lambda_1}^{\lambda_2} \phi_{e\lambda} \bar{y}(\lambda) \mathrm{d}\lambda, \\ Z = k \int_{\lambda_1}^{\lambda_2} \phi_{e\lambda} \bar{z}(\lambda) \mathrm{d}\lambda, \end{cases}\tag{7.3}$$

式中,λ_1, λ_2 的波长分别是 380 nm 和 780 nm,k 为常数.光谱三刺激值 $\bar{x}(\lambda)$,

$\bar{y}(\lambda),\bar{z}(\lambda)$ 的分布如图 7.6(a)所示. 图中的虚线和实线分别表示 1931 年制定的 2°视场的色匹配和 1964 年制定的 10°视场的色匹配[CIE(1964)XYZ 辅助标准表色系]光谱三刺激值 $\bar{x}(\lambda),\bar{y}(\lambda),\bar{z}(\lambda)$ 曲线. RGB 表色系与 XYZ 表色系的关系可描述如下:

$$
\begin{bmatrix} X \\ Y \\ Z \end{bmatrix} = \begin{bmatrix} 2.7689 & 1.7517 & 1.1302 \\ 1.0000 & 4.5907 & 0.0601 \\ 0.0000 & 0.0565 & 5.5943 \end{bmatrix} \begin{bmatrix} R \\ G \\ B \end{bmatrix}. \tag{7.4}
$$

10°视场中所用的三刺激值 X_{10},Y_{10},Z_{10} 与光谱的三刺激值 $\bar{x}_{10}(\lambda),\bar{y}_{10}(\lambda),$ $\bar{z}_{10}(\lambda)$ 及 $\varphi_{e\lambda}$ 的关系同式(7.3).

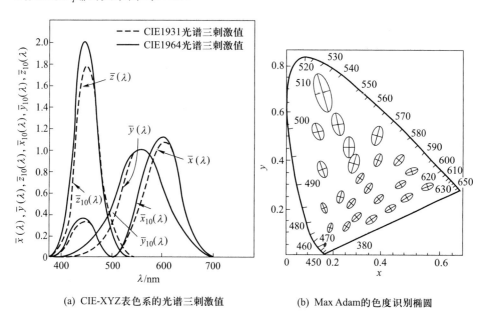

(a) CIE-XYZ 表色系的光谱三刺激值　　　(b) Max Adam 的色度识别椭圆

图 7.6　光谱三刺激值与色度图

② 色度坐标

通常用色度坐标来表示相对色. CIE(1931 年)XYZ 表色系的三刺激值 $X,$ Y,Z 与色度坐标 x,y,z 的关系可由下式来描述:

$$
\begin{cases} x = \dfrac{X}{X+Y+Z}, \\[2mm] y = \dfrac{Y}{X+Y+Z}, \\[2mm] z = \dfrac{Z}{X+Y+Z}. \end{cases} \tag{7.5}
$$

取上式 x,y,z 中的任意两个(由式(7.5)得 $x+y+z=1$),例如取 x 和 y,就可以构成一个二维正交坐标系,在这个坐标系上所表示的图就称为色度图.

(2) 等色空间上的表色系

在 CIE1931 色度图上,具有相等 Y 值的两个颜色,在色度空间上的欧几里得距离与色差的感觉不成比例,图 7.6(b)是 x,y,z 色度图上可以分开的两个色差(可感知色差)扩大 10 倍之后的示意图(根据 D. L. Mac Adam 实验). 如图所示,指定色度点周围的两个颜色的可感知色差呈椭圆形,色度的大小不同,则椭圆的大小与方向也不同. 若将这些椭圆通过坐标变换之后变为在色度图的任何地方都是几乎大小相同的圆的话,就得到了一个色度的感知色差为均衡的色度图. 这种感知色差在色度图上呈近似圆的表色空间称为等色空间(uniform color space,UCS). 下面就两个等色空间进行说明.

① CIE UCS 色度空间

CIE 在 1960 年制定了 UCS 色度图,色度图的坐标(u,v)由下式变换得到:

$$u = \frac{4X}{X+15Y+3Z}, \quad v = \frac{6Y}{X+15Y+3Z}. \tag{7.6}$$

1976 年,CIE 又将式(7.6)按下式进行修正,得到 UCS(u',v')色度图:

$$u' = u, \quad v' = 1.5v. \tag{7.7}$$

② CIE 1976$L^*a^*b^*$ 色度空间

对象物反射光的三刺激值 X,Y,Z 进行以下变换:

$$\begin{cases} L^* = 116(Y/Y_0)^{1/3} - 16, \\ a^* = 500[(X/X_0)^{1/3} - (Y/Y_0)^{1/3}], \\ b^* = 200[(X/X_0)^{1/3} - (Z/Z_0)^{1/3}], \end{cases} \tag{7.8}$$

式中,X_0,Y_0,Z_0 是照明用光源的三刺激值,且 $X/X_0,Y/Y_0,Z/Z_0$ 均大于 $0.01,Y_0=100$.

以 $L^*a^*b^*$ 色度空间为例,坐标(L_1^*,a_1^*,b_1^*)与坐标(L_2^*,a_2^*,b_2^*)的色差 ΔE 按下式定义:

$$\Delta E = [(L_1^* - L_2^*)^2 - (a_1^* - a_2^*)^2 + (b_1^* - b_2^*)^2]^{12}. \tag{7.9}$$

7.3.2　遥感图像融合的层次性

遥感图像融合从层次上可分为像元层融合、特征层融合和决策层融合. 因此,图像融合就可相应地在像元层、特征层和决策层三个层次上进行,构成三种融合水平. 融合的层次决定了对多源原始数据进行何种程度的预处理,以及在信息处理的哪一个层次上实施融合. 虽然有很大区别,但遥感图像融合的三个层次也有密切的联系,它们可以作为一个整体,同时进行分层融合,而前一层的融合结果往往可以作为后一层次更理想的输入信息. 多源遥感图像融合层次的问题,不但涉及处理方法本身,而且影响信息处理系统的体系结构,这是图像融合研究的重要问题之一.

1. 像元层融合

像元层融合是最低层次的信息融合,其实现过程是直接在采集到的原始图像数据层上进行数据的综合分析.目前,像元层融合是三个层次中研究最为成熟的一层,已经形成了丰富有效的融合算法.

通常像元层的融合大致有基于彩色变换、基于统计方法、基于多分辨率分析方法以及基于数字加权方法等四类融合方法.

(1)基于彩色变换的融合方法就是利用不同色彩通道表示数据的可能性进行融合,如强度、色度和饱和度(intensity,hue,saturation,IHS)变换,亮度、同相和正交相位(brightness,in-phase,quadrature-phase,BIQ)变换,Brovey 变换等.

(2)基于统计方法就是使用数学或其他符号组合不同波段的图像数据,如主成分分析(principal components analysis,PCA)变换、偏光转换系统(polarizing conversion system,PCS)方法等.

(3)基于多分辨率分析方法就是利用不同变换尺度对图像数据进行任意尺度的分解、融合和恢复,如金字塔分解法、高通滤波(high-pass filter,HPF)法、小波分解法等.

(4)基于数字加权方法就是对各融合图像像素直接进行加权处理合成新的图像,如支持向量回归(support vector regression,SVR)法、加权平均法、全局法等.

像元层融合的优点是保留了尽可能多的原始信息,提供其他融合层次所不能提供的细微信息,具有最高精度.这一点对于遥感图像提高分辨率非常重要.

像元层融合的主要缺点是:(1)处理的信息量大,实时性差,所需的代价高.(2)低层次的融合.由于传感器原始信息的不确定性、不完全性和不稳定性,故要求在融合时有较高的纠错处理能力.(3)抗干扰能力差.处理的信息量大,会导致抗干扰能力差.(4)对传感器的配准精度要求很高.通常要求各传感器信息之间具有精确到一个像素的校准精度.

2. 特征层融合

特征层融合是一种中等水平的融合,其处理方法是首先对来自不同传感器的原始数据进行特征提取,然后再对从多个传感器获得的多个特征信息进行综合分析和处理.通常提取的特征信息应是像素信息的充分表示量或充分统计量.目前,大多数融合系统的研究都是在该层次上展开的.

特征层融合的方法有基于假设前提及统计分析的方法和基于知识的方法.前者包括贝叶斯法、D-S 法、相关聚类法等;后者则有神经网络法、模糊逻辑法、专家系统法等.其优点是实现了可观的信息压缩,有利于实时处理,提供的特征直接与决策分析相关. 其缺点是精度比像元级融合低.

3. 决策层融合

决策层融合是在信息表示的最高层次上进行的融合处理,其结果为各种控制或决策提供依据. 为此,必须结合具体的应用及实际特点,有选择地利用特征层融合所抽取或测量的有关对象的各种特征信息,才能实现决策层融合的目标.

决策层融合通常分为基于辨识的决策层融合和基于知识的决策层融合两类. 基于辨识的融合对数据设定了一定的假设前提,然后建立目标的概率模型来分类目标,其典型的方法包括最大后验概率(maximum a posteriori,MAP)法、最大似然(maximum likelihood,ML)法、贝叶斯法和 D-S 法等;而基于知识的融合则使用逻辑模板和句法上下文知识来描述、融合数据,其具体方法有专家知识法、神经网络法,以及模糊逻辑法等.

这些方法的基本原理与特征层融合所使用的方法非常类似,所不同的是:(1) 融合针对的对象不同,即特征层融合的对象是目标的特征空间. 而决策层融合的对象则是目标的决策信息空间. (2) 对支撑知识的依赖程度不同,即决策层融合与外部知识支撑系统密不可分,相对特征层融合而言,其更加依赖于外部知识推理决策. 与特征层融合使用的方法一样,在决策层融合处理中,基于辨识方法和基于知识方法也各有类似的缺陷,因此在实际应用中往往两类方法结合使用.

决策层融合的优点主要是:(1) 能在一个或多个传感器失效或错误的情况下继续工作,具有良好的容错性,而且系统对信息传输带宽要求较低,通信量小,抗干扰能力强.(2) 对传感器的依赖性小,传感器可以是同质的,也可以是异质的.(3) 具有很高的灵活性.(4) 能有效地反映环境或目标各个侧面的不同类型信息.(5) 融合中心处理代价低.

决策层融合的缺点是需要对判决前的原传感器信息进行预处理,以获得各自的判定结果,故预处理代价高.

图像融合三个层次的优缺点对比关系归纳如表 7.2 所示.

表 7.2　不同融合层次特点比较

特性	像元层融合	特征层融合	决策层融合
信息量	最大	中等	最小
信息损失	最小	中等	最大
容错性	最差	中等	最好
抗干扰性	最差	中等	最好
实时性	最差	中等	最好
对传感器的依赖性	最大	中等	最小

续表

特性	像元层融合	特征层融合	决策层融合
精度	最高	中等	最低
预处理代价	最小	中等	最大
融合水平	最低	中等	最高
融合方法难易度	最难	中等	最易
分类性能	最好	中等	最差
系统开放性	最差	中等	最好

7.3.3 遥感图像融合方法

遥感图像融合方法有很多,本小节选取几种典型、常用的进行介绍,供读者在实际应用中参考.

1. 线性平均加权法

线性加权平均法是一种最简单的实时处理信息的融合方法,该方法将来自于不同图像传感器的冗余信息进行加权,得到的加权值即为融合的结果.

设输入图像为 $A(i,j)$ 和 $B(i,j)$,融合图像为 $C(i,j)$,其中 (i,j) 是图像中某一像元的坐标,则加权平均图像融合算法可表示为

$$C(i,j) = \rho A(i,j) + (1-\rho)B(i,j), \qquad (7.10)$$

式中,ρ 为权重因子,且 $0 \leqslant \rho \leqslant 1$,可根据需要调节 ρ 的大小. 权值的选择是该算法的关键问题,必须先对源图像进行详细分析,以获得正确的权值. 这种算法的特点是简单、直观、运算量小,每幅源图像的特征都得到了保留,但也都被极大地削弱了. 此方法虽然可以实时应用,但融合效果欠佳.

2. 高通滤波融合法

高通滤波融合法的基本思想就是将高空间分辨率图像的高频信息(即细节和纹理信息)加入多光谱图像(即低分辨率图像)中. 这样一来,多光谱图像的光谱信息尽可能地得到了保持,并在一定程度上加入了高分辨率图像的细节信息,从而达到融合的目的. 研究表明,在传统图像融合方法中,高通滤波融合法能够极大地增加图像的信息含量,以达到信息富集的目的.

用 R,H,L 分别表示融合结果图像、高空间分辨率图像和多光谱图像,用 $F_h(P)$ 和 $F_l(P)$ 分别表示图像 P 的高、低频信息,则高通滤波融合法可按下式定义:

$$R = L + F_h(H). \qquad (7.11)$$

在空间域中,对于图像 P 而言,通常有

$$F_1(P_{i,j}) = \overline{M}(P,i,j,r,c), \tag{7.12}$$

$$F_h(P_{i,j}) = G(P_{i,j}) - \overline{M}(P,i,j,r,c), \tag{7.13}$$

式中，$G(P_{i,j})$ 表示图像 P 中 (i,j) 像元的灰度值，$\overline{M}(P,i,j,r,c)$ 表示在图像 P 中以 (i,j) 像元为中心的 $r \times c$ 区域的灰度均值. 即在空间域中，某一点的低频信息通常采用以该点为中心邻域均值来表示，而其高频信息则用它的灰度值与其低频信息之差来表示. 将式 (7.11)，(7.12) 带入式 (7.13) 中，就得到了空间域中高通滤波图像. 融合方法可表示为

$$G(R_{i,j}) = G(L_{i,j}) + G(H_{i,j}) - \overline{M}(H,i,j,r,c). \tag{7.14}$$

3. IHS 变换融合法

(1) IHS 变换法的基本思想

由色度学可知，颜色可用三刺激值来表示，如采用红、绿、蓝所含成分的多少来表示，即 RGB 系统. 同样，颜色也可以采用色品度方式来表示，强度、色度、饱和度便是色品度表示方式之一，即 IHS 系统. 强度 I 表示强度的大小，色度 H 代表颜色纯的程度，而饱和度 S 代表具有相同明亮度的颜色离开中性灰度的程度.

IHS 变换法的基本思想是将多光谱图像从 RGB 色彩空间变换到 IHS 色彩空间（强度、色度、饱和度空间），然后利用高空间分辨率的灰度图像替换 IHS 变换中的强度分量 I，最后再进行一次 IHS 反变换，从而得到一幅具有高空间分辨率的多光谱图像.

IHS 颜色模型有多种，模型不同，其变换公式也不同，常用的有三角形、六棱锥、双六棱锥等，目前具有代表性的是基于三角形的 IHS 模型. RGB 系统与 IHS 系统的变换关系式为

$$\begin{bmatrix} I \\ v_1 \\ v_2 \end{bmatrix} = \begin{bmatrix} \dfrac{1}{\sqrt{3}} & \dfrac{1}{\sqrt{3}} & \dfrac{1}{\sqrt{3}} \\[2mm] \dfrac{1}{\sqrt{6}} & \dfrac{1}{\sqrt{6}} & -\dfrac{2}{\sqrt{6}} \\[2mm] \dfrac{1}{\sqrt{2}} & -\dfrac{1}{\sqrt{2}} & 0 \end{bmatrix} \begin{bmatrix} R \\ G \\ B \end{bmatrix},$$

$$H = \arctan\left(\frac{v_2}{v_1}\right),$$

$$S = \sqrt{v_1^2 + v_2^2},$$

式中，v_1 和 v_2 为变换的中间变量. 其逆变换为

$$\begin{bmatrix} R \\ G \\ B \end{bmatrix} = \begin{bmatrix} \dfrac{1}{\sqrt{3}} & \dfrac{1}{\sqrt{6}} & \dfrac{1}{\sqrt{2}} \\ \dfrac{1}{\sqrt{3}} & \dfrac{1}{\sqrt{6}} & -\dfrac{1}{\sqrt{2}} \\ \dfrac{1}{\sqrt{3}} & -\dfrac{2}{\sqrt{6}} & 0 \end{bmatrix} \begin{bmatrix} I \\ v_1 \\ v_2 \end{bmatrix}.$$

（2）IHS 变换的主要步骤

IHS 变换的主要步骤如下：

① 融合前的预处理，包括影像配准和影像滤波去噪处理.

② 将三个波段的 TM 图像进行 IHS 变换，得到亮度 I、色度 H、饱和度 S 三个分量；

③ 将高分辨率图像和多光谱图像经 IHS 变换后得到的亮度分量，在一定的融合规则下进行融合，得到新的亮度分量（融合分量）.

④ 用③中生成的融合分量代替亮度分量图像，并同 H,S 分量图像进行 IHS 反变换，最后得到融合结果图像.

IHS 变换已成为影像处理与分析中一种重要的基本工具，它为强相关的数据提供彩色增强、地质特征增强、空间分辨率的改善等功能.

4. 主成分分析法（PCA）

PCA 变换在数学上称为 K-L 变换，在图像压缩和随机噪声信号的去除等方面均有广泛的应用. 主成分分析的原理如图 7.7 所示，原始数据为二维数据，两个分量 x_1,x_2 之间存在相关性，通过投影，各数据可以表示为 y_1 轴上的一维点数据. 从二维空间中的数据变成一维空间中的数据会产生信息损失，为了使信息损失最小，必须按照使一维数据的信息量（方差）最大的原则确定与 y_1 正交，且尽可能多地汇集剩余信息到第二轴 y_2，新轴 y_2 称作第二主成分.

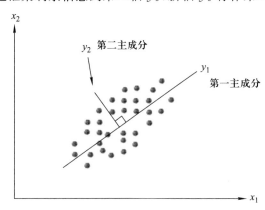

图 7.7　主成分分析原理示意图

PCA 是在统计特征基础上进行的一种多维(多波段)正交线性变换.实际操作中将原来的各个变量重新组合,组合后的新变量互不相关.此方法用于对全色图像和多光谱图像数据进行融合时,具有显著的优势.其主要步骤为:

(1) 将多光谱图像作为矩阵输入,计算输入矩阵的协方差矩阵.计算公式为

$$\sigma_{XY} = \mathrm{cov}(X, Y) = \frac{\sum_{i=1}^{s}(X_i - \overline{X})(Y_i - \overline{Y})}{S - 1},$$

式中,X_i,Y_i 分别表示不同的波段;$\overline{X}$,$\overline{Y}$ 表均值;S 表示输入矩阵的行宽,即每一维波段数据的长度.

(2) 计算协方差矩阵的特征向量 v 及特征值.

(3) 将特征向量矩阵 v 乘以多光谱图像数据矩阵得到主成分矩阵 P. 记 P 中对应于最大特征值的一行 P_1 为第一主成分.

(4) 将 P_1 用经过拉伸后的全色图像数据进行替换得到新的 P 矩阵.

(5) v 矩阵的转置 v^{T} 乘以 P 矩阵,反变换回 RGB 坐标系统.

以 SPOT 图像和 TM 图像为例,基于主成分分析的遥感图像信息融合的一般过程如下:首先对 TM 图像进行 PCA 变换;然后,对 SPOT 全色波段图像进行线性拉伸,使之与 TM 图像第一主成分分量具有相同的均值与方差;最后,用拉伸后图像替换第一主成分,再通过 PCA 反变换回到 RGB 空间,即得到最终的融合结果图像.

PCA 融合方法的优点在于,它适用于多光谱图像的所有波段.由于在 PCA 融合方法中只是用 SPOT 全色波段图像简单替换 TM 卫星图像第一主成分,这样可能会损失 TM 图像第一主成分分量中的一些反映光谱特性的有用信息,因而使得融合结果图像的光谱分辨率受到较大影响.

5. Brovey 变换法

Brovey 变换法也称为彩色标准化变换,是一种对来自不同传感器的数据进行融合的比较简单方法.该方法通过归一化后的多光谱波段与高分辨率全色图像乘积来增强图像的信息;其融合后的 R(红)、G(绿)、B(蓝)三波段结果图像如下:

$$R = [\mathrm{band}_4 / (\mathrm{band}_2 + \mathrm{band}_3 + \mathrm{band}_4)] \times \mathrm{PAN},$$
$$G = [\mathrm{band}_3 / (\mathrm{band}_2 + \mathrm{band}_3 + \mathrm{band}_4)] \times \mathrm{PAN},$$
$$B = [\mathrm{band}_2 / (\mathrm{band}_2 + \mathrm{band}_3 + \mathrm{band}_4)] \times \mathrm{PAN},$$

其中 $\mathrm{band} / (\mathrm{band}_2 + \mathrm{band}_3 + \mathrm{band}_4)$ 体现了图像的光谱信息,PAN 体现了高分辨率全色影像的空间信息.该方法一次操作过程只能对三个多光谱波段进行融合,其颜色与原始多光谱波段相比有较大扭曲,会给图像解译带来更多困难.

6. 基于金字塔分解的融合算法

　　早期的图像融合方法都是基于原始图像的处理,虽然实施起来比较简单,但是引入了大量的负面效应,比如对比度减小等. 直到 20 世纪 80 年代中期引入金字塔分解以后,人们发现在变换域进行图像融合可以产生良好的效果,进而产生了一系列较为复杂的融合算法. 图像的金字塔结构是一个图像序列 $\{M_L, M_{L-1}, \cdots, M_0\}$,其中 M_L 是具有原图像分辨率的图像,即原图像本身,然后依次减少一半分辨率得到该图像序列. 当原图像的分辨率是 2 的整数幂时,M_0 则仅对应于一个像素. 当需要对图像的不同分辨率同时进行处理时,可以采用这种数据结构. 分辨率每降低一层,数据量则减少 4 倍,因而处理速度差不多提高 4 倍. 利用金字塔分解的融合算法基本思路是:对每一幅源图像进行金字塔分解,然后通过从原始图像金字塔选择系数来构成融合金字塔,再将融合金字塔进行反变换即可得到融合图像.

　　这种算法优点有:① 可以提供对比度突变信息,而人类视觉系统通常对这些对比度突变信息非常敏感;② 可以同时提供空间域和频率域两方面的局部化信息,非常适合用于图像融合领域.

　　(1) 基于金字塔算法的融合框架

　　一个通用的基于金字塔分解的融合算法框架如图 7.8 所示.

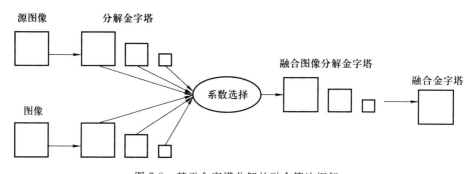

图 7.8　基于金字塔分解的融合算法框架

　　图像金字塔方法的原理是:将参加融合的每幅图像分解为多尺度的金字塔图像序列,将低分辨率的图像置于上层,高分辨率的图像置于下层,上层图像的大小为前一层图像大小的 1/4.层数为 $0, 1, 2, \cdots, N$. 将所有图像的金字塔在相应层上以一定的规则融合,就可得到融合图像的分解金字塔,再将该分解金字塔按照金字塔生成的逆过程进行重构,就得到融合金字塔.

　　(2) 梯度金字塔变换

　　在图像 I 的金字塔的每一层上施加一个梯度算子便可得到该图像的一个梯度金字塔.图像 I 可以通过四个这样的梯度金字塔完全表示,分别是对水平、垂直以及两个对角线方向上求导而得. 首先给出高斯和拉普拉斯金字塔变换的定义, 然后给出梯度金字塔变换的具体步骤.

① 标准高斯和拉普拉斯金字塔

令 G_k 为图像 I 的高斯金字塔的第 k 层, 其中 $G_0(i,j) \equiv I(i,j)$, 对于 $k > 0$, 有

$$G_k = [w * G_{k-1}]_{\downarrow 2}, \tag{7.15}$$

式中 w 是产生核, $*$ 表卷积, $[\cdot]_{\downarrow n}$ 表示对括号中的图像进行 n 次降采样.

令 $\tilde{L}_k$ 为降维(reduce-expand, RE)拉普拉斯金字塔的第 k 层, 可将其定义为高斯金字塔相邻两层之间的差

$$\tilde{L}_k = G_k - 4w * [\hat{G}_{k+1}]_{\uparrow 2}, \tag{7.16}$$

这里 $[\cdot]_{\uparrow n}$ 表示 n 次升采样: 向括号中原始图像的行和列之间插入 $n-1$ 行和列的零值, 然后和 w 做卷积可以插入丢失的采样.

从 RE 拉普拉斯金字塔恢复图像是一个相反的过程. 用 $\hat{G}$ 表示从 RE 拉普拉斯金字塔得到的高斯恢复, 重构算法要求知道 RE 拉普拉斯的所有层以及原始高斯金字塔的最高层: $\hat{G}_N = G_N$, 对于 $k < N$, 则

$$\hat{G}_k = \tilde{L}_k + 4w * [\hat{G}_{k+1}]_{\uparrow 2}. \tag{7.17}$$

② 抽取采样滤波器(filter subtract decimate, FSD)拉普拉斯金字塔

令 L_k 为 FSD 拉普拉斯金字塔(Anderson, 1984)的第 k 层, 可将其定义为

$$L_k = G_k - w * G_k = [1 - w] * G_k. \tag{7.18}$$

注意, 在上式中构造一个 RE 拉普拉斯金字塔是用 G_k 和 w 做卷积并降采样, 然后升采样, 再次和 w 卷积, 最后与其自身做差得到 $\tilde{L}_k$. 若忽略采样步骤, 可以得到

$$\tilde{L}_k \approx G_k - w * w * G_k = [1 - w * w] * G_k = [1 + w] * [1 - w] * G_k. \tag{7.19}$$

因此, 进一步地 FSD 拉普拉斯层可以通过一个滤波卷积转化为一个 RE 拉普拉斯层, 即

$$\tilde{L}_k \approx [1 + w] * L_k. \tag{7.20}$$

③ 梯度金字塔

在构造高斯金字塔中, 假设产生核是一个 5×5 的二项系数滤波, 令 $\dot{w}$ 为一个 3×3 的二项滤波

$$\dot{w} = \frac{1}{16} \begin{bmatrix} 1 & 2 & 1 \\ 2 & 4 & 2 \\ 1 & 2 & 1 \end{bmatrix}, \tag{7.21}$$

并且

$$w = \dot{w} * \dot{w} = \frac{1}{256} \begin{bmatrix} 1 & 4 & 6 & 4 & 1 \\ 4 & 16 & 24 & 16 & 4 \\ 6 & 24 & 36 & 24 & 6 \\ 4 & 16 & 24 & 16 & 4 \\ 1 & 4 & 6 & 4 & 1 \end{bmatrix}. \tag{7.22}$$

令 D_{kl} 为图像 I 的第 k 层、第 l 个方向上的梯度金字塔图像, D_{kl} 可由下式获得:

$$D_{kl} = d_l * [G_k + \dot{w} * G_k], \tag{7.23}$$

式中,

$$d_1 = \begin{bmatrix} 1 & -1 \end{bmatrix}, d_2 = \frac{1}{\sqrt{2}} \begin{bmatrix} 0 & -1 \\ 1 & 0 \end{bmatrix}, d_3 = \begin{bmatrix} -1 \\ 1 \end{bmatrix}, d_4 = \frac{1}{\sqrt{2}} \begin{bmatrix} -1 & 0 \\ 0 & 1 \end{bmatrix}.$$

为了从梯度金字塔重构图像,方向拉普拉斯和 FSD 拉普拉斯作为中间结果被构造出来. 其中滤波器 $1 - \dot{w}$ 被定义为:

$$1 - \dot{w} = \frac{1}{16} \begin{bmatrix} -1 & -2 & -1 \\ -2 & 12 & -2 \\ -1 & -2 & -1 \end{bmatrix} = -\frac{1}{8} (d_1 * d_1 + d_2 * d_2 + d_3 * d_3 + d_4 * d_4),$$

$$\tag{7.24}$$

并且, $1 - w = 1 - \dot{w} * \dot{w} = (1 - \dot{w}) * (1 + \dot{w})$.

每一个梯度金字塔层 D_{kl} 都可以先被转变成方向拉普拉斯 $\widetilde{L}_{kl}$,即

$$\widetilde{L}_{kl} = -\frac{1}{8} d_l * D_{kl}, \tag{7.25}$$

然后将方向拉普拉斯金字塔相加,可得到

$$L_k = \sum_{l=1}^{4} \widetilde{L}_{kl}. \tag{7.26}$$

也可以先将 FSD 拉普拉斯转化成 RE 拉普拉斯(见式(7.20)),然后再通过式(7.17)转化成高斯金字塔,从而完成图像的重构.

（3）融合准则选取

融合算法中最重要的部分是融合准则的选取,即融合的模式问题. 最简单的融合准则是取极大值、极小值以及均值等,这些准则虽简单易行,但有可能导致噪声扩大,在实际应用中难以取得理想的融合效果. 1993 年,Burt 等人提出了基于邻域的融合准则,即通过计算以某一像元为中心的窗口内的方差来确定此像元的活性测度,完成对多源图像的融合,其本质上是一种基于区域特征的融合方法.

基于区域特征的图像融合基本思路是:对比待融合源图像的某方面特征,从而动态选取这方面特征突出的源图像组成融合结果. 通常,这种基于区域特征的选择是逐像元进行的. 此外,为了保证融合后图像数据的一致性,还应采用

概率方法对选择结果进行一致性检测和调整. 一致性调整按照"多数"原则进行,即在选择结果中,若某像元的 8 个邻域中至少有 6 个来自影像 A,则该像元在融合结果中的灰度值就由影像 A 决定,否则由影像 B 决定. 其基本流程如图7.9 所示.

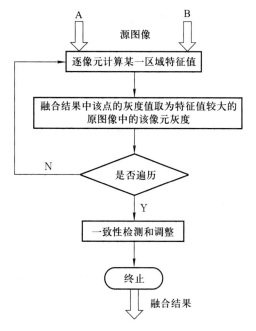

图 7.9 基于区域特征的图像融合算法流程图

可供使用的区域特征主要有如下几点.

① 区域极值:其定义为该区域内各点灰度值的极值.

② 区域方差:由于方差描述了像元值与图像平均值的离散程度,因此它是图像信息量大小的重要标志,选取方差值大的区域作为融合结果,可以得到有关该地区的更多信息.

③ 区域熵值:与方差类似,信息熵也是衡量图像信息丰富程度的一个重要指标,因此同样可以选取信息熵大的区域作为融合结果.

④ 区域边缘信息:优先选取区域边缘信息丰富的影像做融合.

⑤ 区域特征能量:Burt 等人提出了一种采用基于区域能量的融合准则. 具体步骤如下:

首先,用一个特征提取算子 p(例如,$p[3][3] = \{\{0,1,0\},\{1,2,1\},\{0,1,0\}\}$)来加权计算以某一像元为中心的区域能量 S,公式如下:

$$S_I(m,n,k,l) = \sum_{\Delta m,\Delta n} p(\Delta m,\Delta n) D_I(m+\Delta m,n+\Delta n,k,l)^2, \quad (7.27)$$

式中,$S_I(m,n,k,l)$为图像$I(i,j)$的梯度金字塔第k层、第l个方向上以(m,n)为中心的邻域内的区域能量;$D_I(m,n,k,l)$是图像$I(i,j)$的金字塔变换;p为特征提取算子.

为了表示方便,令$\widetilde{m}=m,n,k,l$,则M_{AB}可用来表示两图像在该区域的特征相关度

$$M_{AB}(\widetilde{m}) = \frac{2}{S_A(\widetilde{m})+S_B(\widetilde{m})} \sum_{\Delta m,\Delta n \in Z} p[\Delta m,\Delta n] D_A(\widetilde{m}+\Delta m \Delta n) D_B(\widetilde{m}+\Delta m \Delta n).$$

$$(7.28)$$

然后,对源图像金字塔的融合准则采用加权平均法,即

$$D_c(\widetilde{m}) = w_A(\widetilde{m}) D_A(\widetilde{m}) + w_B(\widetilde{m}) D_B(\widetilde{m}). \quad (7.29)$$

权值的大小取决于区域特征能量和区域特征相关度.假设当区域特征相关度比较低时,M_{AB}小于某个给定的阈值θ,则令其权重为 0 和 1(选择模式);当区域特征相关度较高时,可以近似地看成其权重均接近于 0.5(平均模式).为了保证较大权值分配给特征能量较大的区域,要有合适的选择方案,权值选择方案示例如下:

```
for(每一个位置 m̃)
    {if(M_AB ≤ θ)
then    {w_min = 0, w_max = 1}
            else if (M_AB > θ)
    {w_min = 1/2 − 1/2 · ((1 − M_AB)/(1 − θ)), w_max = 1 − w_min}
                            end
            end}
```

若$S_A > S_B$,则$w_B = w_{min}$;反之亦然.因此,区域特征能量准则是一个动态自适应的融合准则.

(4) 基于金字塔的融合算法流程:

① 对每一幅源图像进行金字塔变换,得到其图像金字塔;

② 针对相应图像金字塔中的每一个位置,根据融合准则计算其区域极值系数或区域特征能量系数;

③ 利用加权系数线性组合各图像金字塔,形成融合图像金字塔;

④ 将融合图像金字塔进行反变换,重构得到融合图像.

7. 小波变换融合法

采用小波变换进行遥感图像融合的基本思想是：首先将待融合的图像重采样成尺度大小一致的图像；其次再用小波变换分解为不同分辨率的子图像；然后按照某种规则在子图像级进行处理；最后再用小波逆变换重构原始图像，其流程如图 7.10 所示.

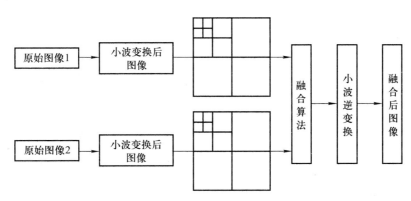

图 7.10　基于小波变换的图像融合算法流程图

$\{V_j\}, j \in \mathbf{Z}$ 为 $L^2(R)$ 的一个多分辨分析（multi-resolution analysis, MRA）. 设 $\varphi(x)$ 为 V_0 空间的生成元，$\tilde{V}_0$ 中的生成元为 $\varphi(x)\varphi(y)$，记为 $\varphi(x, y)$，则 $\{\varphi_{j, n_1, n_2}(x, y); n_1, n_2 \in \mathbf{Z}\}$ 为 $\tilde{V}_j$ 中的规范正交基. 同理，在三个小波子空间中分别定义二维母小波函数：$\psi^1(x, y) = \varphi(x)\psi(y)$；$\psi^2(x, y) = \psi(x)\varphi(y)$；$\psi^3(x, y) = \psi(x)\psi(y)$；于是 $\{\psi^\lambda_{j, n_1, n_2}(x, y); n_1, n_2 \in \mathbf{Z}, \lambda = 1, 2, 3\}$ 构成 $\widetilde{W}_j$ 空间的规范正交基. 对于二元数 $f(x, y)$，其二维小波变换定义为

$$w^\lambda_j f(x, y) = \iint_{R^2} f(u, v)\psi^\lambda_j(x - u, y - v)\,\mathrm{d}u\,\mathrm{d}v,$$

式中，j 表示分解尺度，λ 表示高频分量.

设尺度函数 $\varphi(x)$ 和小波函数 $\psi(x)$ 对应的滤波器系数为 $\mathbf{H}$ 与 $\mathbf{G}$，原始图像 $f(x, y)$ 记为 C_0，则对于数字图像 $f(x, y)$ 的小波运算可表示为

$$\begin{cases} \mathbf{C}_{j+1} = \mathbf{H}\mathbf{C}_j\mathbf{H}', \\ \mathbf{D}^{\mathrm{h}}_{j+1} = \mathbf{G}\mathbf{C}_j\mathbf{H}', \\ \mathbf{D}^{\mathrm{v}}_{j+1} = \mathbf{H}\mathbf{C}_j\mathbf{G}', \\ \mathbf{D}^{\mathrm{1}}_{j+1} = \mathbf{G}\mathbf{C}_j\mathbf{G}', \end{cases}$$

式中 D^{h}_{j+1} 显示 C_j 在水平方向上的高频分量信息，即图像的垂直边缘；D^{v}_{j+1} 显示 C_j 在垂直方向上的高频分量信息，即图像的水平边缘；D^{1}_{j+1} 显示 C_j 在对角方向上的高频分量信息，即图像的对角边缘. $\mathbf{H}'$ 和 $\mathbf{G}'$ 分别表示 $\mathbf{H}$ 和 $\mathbf{G}$ 的共轭

转置矩阵.

（1）基于二进小波变换的图像融合方法

设 $f(x,y)$ 和 $g(x,y)$ 为两幅同一地区不同信源的遥感图像,对应的二进小波分解的子图分别为 $f_{00}, f_{01}, f_{10}, f_{11}$ 和 $g_{00}, g_{01}, g_{10}, g_{11}$. 当两幅图像的分辨率相同时,可对相应的高频子图像按平均梯度较大优先的原则进行替换,然后再重构进行图像融合. 例如,取 $h_{00} = f_{00}$,对固定大小的邻域,比较每一点 (i,j) 在其邻域内 $f_{mn}(x,y)$ 和 $g_{mn}(x,y)$ 的平均梯度(mn 取 01,10,11). 取 $h_{mn}(i,j)$ 为其中较大者,然后由 h_{00}, h_{10}, h_{11} 重构原图像,即融合结果. 当两幅图像的分辨率不同时,传统的方法是对其中分辨率较高的图像进行插值,使两幅图像的分辨率近似相等,然后再进行融合.

（2）基于多进小波变换的遥感图像融合算法

多进小波分析原则上可以保证对两幅同一地区的任意分辨率的、大小不等的图像在不需插值的情况下获得尺寸大小相同且分辨率相同的子图像. 设图像 $f(x,y)$ 和 $g(x,y)$ 表示不同信源的、同一地区的两幅图像,其分辨率的不可约比值为 $p:q$,分别对 $f(x,y)$ 进行 q 带小波变换及对 $g(x,y)$ 进行 p 带小波变换,则两幅图像变换后子图像的分辨率相同,大小相同.

① 算法 1

首先,对 $f(x,y)$ 进行 q 带小波变换,得到 q^2 幅子图;然后,对 $g(x,y)$ 进行 p 带小波变换,得到 p^2 幅子图;再用 $f(x,y)$ 的低频子图和 $g(x,y)$ 的高频子图进行小波逆变换合成.

② 算法 2

首先,对 $f(x,y)$ 进行 q 带小波变换,得到 q^2 幅子图;然后,对 $g(x,y)$ 进行 p 带小波变换,得到 p^2 幅子图;再对其中的高频信息按梯度较大优先的原则提取各点的高频信息,用提取的新的高频信息与其中一幅图像的低频信息进行小波逆变换合成.

7.3.4　遥感图像融合效果评价

在遥感图像融合的过程中,数据获取方式各不相同,图像融合的方法也有许多种. 即使是对同一对象,不同的融合方法也可以得到不同的融合效果,即可得到不同的融合图像. 图像融合效果的评价可分为主观评价和客观评价,主观评价是通过目视进行分析,客观评价就是利用图像的统计参数进行判定.

1. 主观融合效果评价法

主观评价是由判读人员直接对图像信息进行评估,具有简单、直观的优点,对明显的图像信息可以快捷、方便地评价. 这种方法在一些特定应用中是十分可行的,它可以用于判断图像是否配准. 若配准得不好,那么图像就会出现重影,可通过直接比较图像差异来判断光谱是否扭曲和空间信息的传递性能好坏以及是否丢失重要信息;判断融合图像纹理及色彩信息是否一致,融合图像整体色彩是否与天然色彩保持一致;判断融合图像整体亮度、反差是否合适,是否有蒙雾或马赛克等现象出现以及判断融合图像的清晰度是否降低,图像边缘是否清楚等. 通过对图像上的田地边界、道路、民居的轮廓、机场跑道边缘的比较,可直观地得到图像在空间分解、清晰度等方面的差异,且因人眼对色彩具有强烈的感知能力,使得对光谱特征的主观评定方法是任何其他方法所无法比拟的. 虽然存在上述优点,但因人的视觉对图像上的各种变化并不是完全敏感,图像的视觉质量强烈地取决于观察者,具有主观性和片面性.

2. 客观融合效果评价法

由于主观评定方法带有一些片面性,当观测条件发生变化时,评定的结果有可能产生差异,因此需要与客观评价的定量评价标准相结合进行综合评价,即对融合质量在主观的目视评价基础上,进行客观定量评价. 客观评价方法可以从以下几个方面进行:

(1) 计算量

计算量决定融合方法是否高效,它和实时性有密切联系. 实时性在某些应用领域有较高要求,如在导弹制导方面,速度要求很快;而在另一些领域,如长期土地监测中实时性要求就不是很高,因此选择融合方法时应考虑应用背景. 一般像元层融合计算量最大,特征层融合、决策层融合计算量则较小.

(2) 预期效果和精度

预期效果包括预期精度、对比度等. 一般来说,精度随着像元层融合、特征层融合、决策层融合逐渐降低.

(3) 开放性和可扩充性

现在所有的科学方法对开放性和可扩充性都有很高的要求,这是由于现代技术要靠一个人来完成是不可能的,大多数是许多人合作的结果,因此要求融合方法具有开放性. 现代科技发展速度很快,若一种方法不具有可扩充性则很快就会被淘汰.

(4) 抗干扰能力和容错性

遥感图像噪声大,而且地物信息丰富,如何减少噪声干扰是图像融合方法研究的重要方面. 一般地,决策层融合抗干扰能力和容错性较高,而像元层融合抗干扰能力和容错性较低.

3. 基于统计学的评价方法

基于统计学的评价方法多是用于像元层的图像融合中,大致分为如下几类:

（1）基于信息量的评价

① 信息熵是衡量图像信息丰富程度的一个重要指标，融合图像的熵越大，说明融合图像的信息量增加得越多. 对于一幅单独的图像，可以认为其各元素的灰度值是相互独立的样本，则这幅图像的灰度分布为 $P = \{P_1, P_2, \cdots, P_n\}$，$P_i$ 表示图像 X 中像素灰度值为 i 的概率，A 为图像灰度级数，则图像的熵表示为

$$H(X) = -\sum_{i=0}^{A-1} P_i \log_2(P_i).\tag{7.30}$$

② 交叉熵直接反映了两幅图像所对应像素的差异，是对两幅图像所含信息的相对衡量，即

$$D(p, q) = \sum_{i=0}^{A-1} P_i \log_2\left(\frac{P_i}{Q_i}\right),\tag{7.31}$$

式中，P_i 和 Q_i 分别为原始图像和融合图像的灰度分布.

③ 联合熵反映了图像 X 和 Y 的综合信息含量，也是信息论中的一个重要基本概念. 融合图像与原始图像的联合熵越大越好，联合熵为

$$H(X, Y) = -\sum_{i,j=0}^{A-1} P_{i,j} \log_2(P_{i,j}),\tag{7.32}$$

式中，$P_{i,j}$ 表示图像 X 中像元灰度值为 i 且图像 Y 中同名像元灰度值为 j 的联合概率，A 为图像灰度级数.

（2）基于统计特性的评价

① 均值是图像中所有像元灰度值的算术平均值，在遥感影像中反映的是地物的平均反射强度，表示了地物的平均反射率；其大小由一级波谱信息决定，计算公式为

$$\bar{g} = \frac{1}{MN}\sum_{i=0}^{M}\sum_{j=0}^{N} g_{i,j},\tag{7.33}$$

式中，$g_{i,j}$ 表示图像 g 中 (i, j) 像元的灰度值.

② 中值是图像灰度的中间值. 由于遥感图像的灰度级绝大多数情况下是连续变化的，因此中值的计算公式为

$$g_{\text{med}} = \frac{g_{\max} + g_{\min}}{2}.\tag{7.34}$$

图像的中值大致反映了图像的总体亮度水平，其物理意义有时与均值相同.

③ 标准差描述了像元值与图像平均值的离散程度，是图像信息量大小的重要标志，其计算公式为

$$\text{Std} = \sqrt{\frac{1}{MN}\sum_{i=0}^{M-1}\sum_{j=0}^{N-1}(g_{i,j} - \bar{g})^2}.\tag{7.35}$$

④ 均方差描述融合图像 R 与理想图像 F 的接近程度,其计算公式为

$$\text{MSE} = \frac{\sum\limits_{i=1}^{M}\sum\limits_{j=1}^{N}(R_{i,j} - F_{i,j})^2}{\sum\limits_{i=1}^{M}\sum\limits_{j=1}^{N}(R_{i,j})^2}, \tag{7.36}$$

均方差越小,说明越接近. 但是,由于理想图像通常难以得到,因此这种评价方法并不常用.

（3）基于相关性的评价

① 偏差指数用以反映融合结果与原多光谱图像的偏差程度,定义为融合结果和多光谱图像灰度值之差的绝对值与多光谱图像灰度值的比值,即

$$\text{DI}(X) = \frac{1}{MN}\sum\limits_{i=0}^{M-1}\sum\limits_{j=0}^{N-1}\frac{|R_{i,j} - L_{i,j}|}{L_{i,j}}, \tag{7.37}$$

式中,$R_{i,j}$ 和 $L_{i,j}$ 分别为融合结果和多光谱图像中像元 (i,j) 的灰度值.

② 相关系数反映了图像 X 和 Y 的相关程度,其计算公式为

$$\rho(X,Y) = \frac{\frac{1}{MN}\sum\limits_{i=1}^{M}\sum\limits_{j=1}^{N}[g_{i,j}(X) - \overline{g_{i,j}(X)}][g_{i,j}(Y) - \overline{g_{i,j}(Y)}]}{\sqrt{D(X)D(Y)}}, \tag{7.38}$$

其中 M,N 分别为图像 X 和 Y 的大小,$D(X),D(Y)$ 分别为图像 X 和 Y 的方差,可以用融合结果与多光谱图像间的相关系数作为融合效果的评价准则.

（4）基于梯度值的评价.

平均梯度反映了图像中的微小细节反差与纹理变化特征,同时也反映了图像的清晰度,其定义为

$$\nabla \overline{g}(X) = \frac{1}{MN}\sum\limits_{i=0}^{M-1}\sum\limits_{j=0}^{N-1}[\Delta_x g_{i,j}^2 + \Delta_y g_{i,j}^2]^{1/2} \tag{7.39}$$

式中,$\Delta_x f(i,j)$,$\Delta_y f(i,j)$ 分别为像元 (i,j) 在 X,Y 方向上的一阶差分值.

除此之外,还有基于光谱信息的评价方法、基于模糊积分的评价方法、基于小波能量的评价方法等,由于使用较少,这里便不再详细列出.

7.4　GIS 空间信息融合

7.4.1　多源地理空间数据

由于地理实体的不确定性、人类认识表达能力的局限性、测量误差、数字化采集误差以及地理空间数据在计算机中表达的局限性等因素的影响,再加上数

据获取手段(RS,GNSS,实地勘测,地图)的不同、专业领域数据的不同、比例尺的不同、获取时间的不同和使用软件系统的不同,故所获取的同一地区的地理空间数据存在着差异. 这种同一地区多次获取的地理空间数据称为多源地理空间数据. 多源地理空间数据的差异表现可以概括为以下几个层次:

(1) 多语义性. GIS 研究对象的多种类型特点决定了地理信息的多语义性. 对于同一个地理信息单元,在现实世界中其几何特征是一致的,但是却对应着多种语义,如地理位置、海拔高度、气候、地貌及土壤等自然地理特征;同时也包括经济社会信息,如行政区界限、人口、产量等. 不同 GIS 解决问题的侧重点也有所不同,因而会存在语义分歧问题.

(2) 多时空性和多尺度. GIS 数据具有很强的时空特性. 一个 GIS 中的数据源既有同一时间不同空间的数据系列,也有同一空间不同时间序列的数据. 不仅如此,GIS 会根据系统需要而采用不同尺度对地理空间进行表达,不同的观察尺度具有不同的比例尺和不同的精度.

(3) 获取手段的多源性. 获取地理空间数据的方法多种多样,包括取自现有系统和图表、遥感手段、GNSS 手段、统计调查及实地勘测等,不同手段获得的数据在其存储格式、提取与处理方式方面都各不相同.

(4) 存储格式的多源性. GIS 应用系统很长一段时间处于以具体项目为中心孤立发展状态中,很多 GIS 软件都有自己的数据格式.

(5) 空间基准不一致. 不同来源的空间数据有着不同的坐标参考体系和不同的投影方式. 由于地理空间数据自身的复杂性,使得 GIS 的数据集成、数据融合问题变得复杂起来.

7.4.2　地理空间矢量数据融合

1. 地理空间矢量数据集成

多源地理空间矢量数据集成是把不同来源、格式、比例尺、投影方式或大地坐标系统的地理空间数据在逻辑上或物理上有机集成,从而实现地理信息的共享,包括水平集成与垂直集成,集成后的地理空间数据仍然保留着原来的数据特征,并没有发生质的变化.

2. 地理空间矢量数据融合

多源地理空间矢量数据融合是指按某种特定的应用目的,将同一地区不同来源的空间数据,采用一定的方法进行匹配;按照一定的原则对数据进行融合,包括重新组合专题属性数据,改善地理空间实体的几何精度,提高地理数据生产效率和质量,最终产生新的质量更高的数据.

地理空间矢量数据融合具有以下特点:① 研究的对象是同一地区的不同矢量数据,这些数据存在着数不一致性,包括同一地物在不同图上几何位置、几何形状、拓扑关系及属性数据等方面的不一致性;② 根据不同的研究对象采用不同的匹配方法与融合原则,正确而有效的匹配方法是数据融合的关键技术,融合的原则包括一些经验型的原则和一些有效的算法;③ 融合的目的是提高数据质量,包括改善几何精度和丰富属性信息;④ 融合的结果是产生新的数据,新数据部分或者全部集成了两种源数据的优点,如高的点位精度、好的现势性及丰富的属性信息等.

3. 地理空间矢量数据集成与融合关系

多源地理空间矢量数据集成和融合不是孤立的两个过程. 集成是融合的基础,融合是在集成基础上进一步的发展. 空间矢量数据集成和融合首先实现地物实体的分类分级、数据模型和空间基准的统一,然后再进行同名实体的匹配与数据融合. 集成和融合差异在于,融合不仅是数据的集成,而是在集成的基础上,从已有数据出发,通过一定的方法匹配出同名实体,抽取同名实体中更丰富的几何信息和属性信息,融合后产生质量更高的新数据.

4. 地理空间矢量数据融合的体系结构

地理空间矢量数据融合的体系结构如图 7.11 所示. 数据融合的基础是数据集成,主要包括:① 数据分类分级、数据模型和空间基准的统一;② 在此基础上,通过数据集成的常用方法将不同来源的空间数据转入到统一的平台上,如格式转换、数据互操作、数据直接访问和基于本体的数据集成;③ 根据一定的融合策略进行同名实体匹配和数据融合,最终产生新的数据.

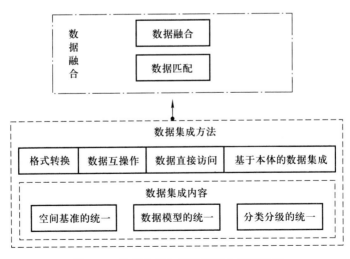

图 7.11　地理空间矢量数据融合体系结构

数据集成在体系结构中位于最低层,可用以解决不同空间数据格式的非兼容性,允许各种数据类型同时由 GIS 进行处理、显示与分析. 数据集成是低层次的转换程序,它不需要各种数据的语义知识,一般是在单个 GIS 中进行,比如,为显示或作为分布系统的一部分所进行的矢量数据集成.

融合较集成高一个层次,传统上这种工作由手工完成,称为地图合并,指由两个或多个表示相同地理位置的数据源合并为一个数据源的过程. 但从 20 世纪 80 年代开始,采用了更多的自动化技术,称为数据融合. 融合比合并更具有普遍性,表示在一个系统中结合了不同种类的数据,对多个数据集进行特征的自动匹配和链接,能以对用户有益的最有效方式组织信息,从多渠道为用户提供最好的空间和属性信息. 融合可以包括影像与影像的融合,矢量数据之间的融合,影像与文字、矢量、视频、数字高程模型之间的融合.

7.4.3　地理空间矢量数据融合原则与过程

1. 融合原则

地理空间矢量数据融合是从多源地理空间矢量数据中选取有用的信息,生成新的数据. 既然是选取,就有一定的目的性. 首先要对多源数据分析、评价,结合具体的实际需要来确定各种数据源的使用程度,如基本资料、补充资料和参考资料等. 对于具体的某一种资料,应明确使用哪些内容、补充或修测什么要素. 当某种要素用一种资料修测不能满足要求时,可以同时使用两种以上资料,但必须明确以哪种资料为主,哪种资料为辅. 可以用一种资料来确定要素的平面位置,而用另一种资料来确定要素的属性. 例如,利用卫星定位数据确定公路的位置,用公路图确定公路的等级和其他属性.

同一区域不同来源的空间矢量数据,会涉及相同要素的重复表示问题,应综合取舍. 通常有唯一性、几何精度、现势性、比例尺适合以及坐标系相同等原则,但有时为了突出某种专题要素,或为了适应某种需要,应视具体情况综合取舍.

(1) 唯一性原则. 在多源数据中,只有一种数据源具有所需要的地理信息数据,则直接从该数据中提取. 例如,数字地形图和数字海图的融合,两种图的精度都很高,但因图的用途不同,描述的侧重点不同. 数字地形图侧重于对陆地信息(如等高线、测量控制点、居民地等)的描述,对海洋要素的描述要概略一些;数字海图则侧重于海洋要素(如等深线、水文、海底地貌及底质等)的描述,如水深是海图表示的重要内容之一,而在地形图中没有此要素的表示. 因此,融合后数据中的水深要素只能从海图中选取.

(2) 几何精度原则. 对数据源的几何精度分析包括平面几何精度、高程精度及用于定向的各方位元素等内容. 例如,地形图和旅游图的融合,地形图的精度要高,对于地形图中满足要求的要素,则直接进行提取.

（3）现势性原则. 对不同的数据源,要分析其内容的现势性. 资料截止日期决定了内容的现势性,但有些资料没有截止日期,只能从出版日期来推算. 若还有其他同类的资料,比如遥感影像,可以用来进行比较,以便做出正确的判断,最终要从多源地理信息数据中选择现势性好的数据源.

（4）比例尺适合原则. 地图的比例尺决定着内容的详细程度. 地图比例尺相近,其内容详细程度表示也相近. 数据融合时要从多源地理空间数据中选择比例尺相近的数据源.

（5）坐标系相同原则. 不同的数据源,往往采用不同的大地坐标系和地图投影,融合时应尽量从多源地理空间数据中选择坐标系相同的数据源,以尽量减少数据转换带来的误差.

上述各项原则出现矛盾时,往往要灵活应用这些原则,抓住主要问题,做出正确的选择并合理地安排各种资料的利用程度和使用顺序.

2. 融合过程

地理空间矢量数据融合是一个比较复杂的过程,包括几何位置的融合和属性数据的融合. 融合应包括找出同名实体的实体匹配,将匹配的同名实体进行几何位置、属性数据的融合等过程.

（1）同名实体的匹配和识别

同名实体指两个数据集中反映同一地物或地物集的空间实体,同名实体在不同来源的地图中通常都存在着差异,这种差异是因制图误差、不同应用目的、不同人的解释差异以及制图综合等因素的影响而产生的. 同名实体的识别或匹配就是通过分析空间实体的差异和相似性识别出不同来源图中表达现实世界同一地物或地物集（即同名实体）的过程.

实体匹配是判断两个实体是否相同或者相似,同时给出两者相似度的过程. 一般步骤为:对于调整图中的每一点,先确定其在参照图中的候选匹配集,里面包含若干个可能匹配的实体;再选取实体的某些空间信息作为筛选候选匹配集的指标依据,这些指标将最为相似的实体确定为匹配实体.

例如,现有两幅不同来源存在一定差异的图. 图 A 的实体集为 $\{a_1, a_2, \cdots, a_m\}$,图 B 的实体集为 $\{b_1, b_2, \cdots, b_n\}$,两幅图的实体个数可能并不相等,实体匹配的目的就是要确定其中一幅图的实体在另一幅图中对应的同名实体. 多数算法未考虑非一对一匹配的情况,而这种情况是客观存在的. 由于比例尺的不同,采集的要求不同,一对多、多对一、多对多实体的匹配和识别也是必须解决的问题.

矢量空间数据语义信息丰富且拓扑关系复杂,此外匹配时还要考虑几何形状和位置差异. 矢量空间数据匹配的途径主要包括:① 几何匹配. 通过计算几何相似度来进行同名实体的匹配,其中几何匹配又分为度量匹配、拓扑匹配及方向匹配等；② 语义匹配. 通过比较候选同名实体的语义信息进行匹配；③ 组合匹配. 在匹配过程中，往往单一方法的匹配难以达到理想的匹配效果，而需要将几种方法联合起来进行匹配.

（2）地理空间矢量数据几何位置融合

对相同坐系和相近比例尺的数据而言，因技术、人为或数据转换等因素，数据的表示和精度会有差别. 为了有效地利用这些有差异的几何位置数据，需要对不同数据源的几何位置数据进行融合. 对同名实体的几何位置进行融合，首先要对数据源的几何精度进行评估，根据几何精度，融合应分两种情况进行讨论. 若一种数据源的几何精度明显高于另一种，则应该取精度高的数据，舍弃精度低的数据. 对于几何精度近似的数据源，应该分点、线、面来探讨融合的方法. 点状物体的合并较为简单，面状物体的融合主要涉及边界线的融合，可参照线状物体的合并进行，而线状物体的融合可采用特征点融合法和缓冲区算法.

（3）地理空间矢量数据属性融合

地理要素数据属性的差异通过地理要素语义融合来消除. 在两个不同数据集中的同一个地理实体，不仅有不同的几何形状差异，也有不同的属性结构和语义描述方法. 例如，道路在车辆导航数据中被描述为编码、名称、等级、路面、车道、中间隔离带、行驶方向及设计行驶速度等，同样一条道路在地形图上被描述为编码、名称、等级、路面、桥梁、涵洞和路堤坡度等.

为了完善新数据的属性，往往综合利用多种数据源补充属性项和属性值. 若新数据所需要的属性在不同的数据源中存在，可通过两个数据源中同名地理实体的匹配和识别将同名实体识别出来，再采用数据融合的方法进行属性的补充和完善. 这样，通过数据融合就使得一个数据集在保持原来特点的基础上，某些质量指标得到了提高（如现势性、属性信息、数据完整性等）. 属性融合往往和几何位置的融合结合起来进行，在进行几何位置融合的同时，按照数据融合的目的从两种数据源中抽取所需的属性组成新的属性结构，按照语义转换方法对属性值进行转换. 融合后新数据不仅改变了属性结构，也从两个数据集中继承了属性内容.

如图 7.12 所示，$\{a_1, a_2, a_3\}$ 与 $\{b_1, b_2, b_3\}$ 为不同来源的同名道路，不仅具有不同的几何位置，而且具有不同的属性项. 经过数据融合，生成新的道路 $\{c_1, c_2, c_3, c_4\}$，融合了原有数据的关键点，丰富了属性信息.

讨论与思考题

（1）什么是信息融合？它与信息集成有什么区别和联系？

（2）4G 地学空间数据的概念是什么？每一个"G"所代表的空间数据来源

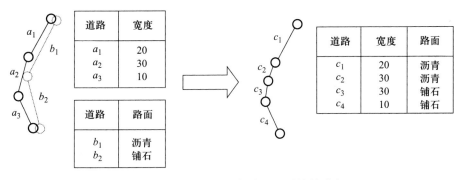

图 7.12　矢量数据的几何位置和属性的融合

有哪些?

（3）试简述多源信息综合处理的方法和技术流程.

（4）遥感信息融合的研究内容和融合方法有哪些?

（5）GIS 信息融合的研究内容和融合方法有哪些?

（6）在遥感信息融合中,多源传感器、多分辨率、多时相的遥感数据之间如何融合?

（7）遥感信息和 GIS 信息如何融合? 试举实例说明.

（8）信息融合是否创造了新的信息? 信息融合和数据共享有什么联系?

参 考 文 献

［1］　刘纯平. 多源遥感信息融合方法及其应用研究. 南京:南京理工大学,2002.

［2］　何磊,陈圣波. 地球空间中多源信息的融合. 广东技术师范学院学报,2003,06:66-71.

［3］　董广军. 高光谱与高空间分辨率遥感信息融合技术研究. 郑州:中国人民解放军信息工程大学,2004.

［4］　武万峰. 数据融合技术与 GIS 在水质管理信息系统中的应用研究. 南京:河海大学,2005.

［5］　潘军. 多元地学空间数据融合及可视化研究. 长春:吉林大学,2005.

［6］　郭黎. 多源地理空间矢量数据融合理论与方法研究. 郑州:中国人民解放军信息工程大学,2008.

［7］　戴晨光. 空间数据融合与可视化的理论及算法. 郑州:中国人民解放军信息工程大学,2008.

［8］　胡圣武. 空间数据融合的研究现状及其问题分析. 测绘通报,2008,02:26-29.

［9］　金晶. 智能空间中的多传感信息融合平台研究与实现. 上海:上海交通大学,2008.

［10］　贺养慧. 源遥感信息融合研究. 太原:中北大学,2009.

［11］　王锐,马德涛,等. 基于 GIS 的地方志信息与空间基础地理信息融合方法的研究. 中国地理信息系统协会,2009 中国地理信息产业论坛暨第二届教育论坛就业洽谈会论文

集,2009.

[12] 陈传彬,陆锋,等. 城市路网信息融合的关键技术. 地球信息科学学报,2009,04:520-525.

[13] 赵亮. 基于数据融合与GIS技术的动态交通信息诱导系统研究与设计. 济南:山东大学,2010.

[14] 吴苏,李芳,朱善林. 基于信息融合技术的交通量检测算法研究. 仪表技术,2010,03:33-35+57.

[15] 翟京生,陈长林. 海陆空多源地理空间信息的融合共享. 测绘科学技术学报,2010,05:313-315.

[16] 郭文娟. 遥感影像数据融合方法及效果评价研究. 开封:河南大学,2010.

[17] 蒋年德. 多尺度变换的图像融合方法与应用研究. 长沙:湖南大学,2010.

[18] 张利利. 基于多特征的彩色图像融合分割方法研究. 合肥:合肥工业大学,2011.

[19] 鲍必赛,伍健荣,等. 无线传感器网络信息时空融合模型与算法研究. 传感器与微系统,2012,04:43-46.

[20] 曹杨. 基于GIS的空间格网对象建模与信息融合方法及应用. 武汉:华中科技大学,2012.

[21] 王建强. 多源地学信息综合处理及三维立体化方法研究. 临汾:山西师范大学,2012.

[22] 谭航. 像素级图像融合及其相关技术研究. 成都:电子科技大学,2013.

[23] 张培尼,穆志纯. 基于多特征信息融合的目标轨迹聚类方法. 河南理工大学学报(自然科学版),2013,02:193-198.

[24] 宋宏利. 多源土地覆被遥感信息融合及数据重构研究. 北京:中国矿业大学(北京),2013.

[25] 刘涛. 信息融合算法及其应用研究. 南京:南京邮电大学,2013.

[26] 刘金梅. 多源遥感影像融合及其应用研究. 青岛:中国海洋大学,2014.

[27] 党领茹,朱丹,等. 一种多色彩空间信息融合的图像增强算法. 微电子学与计算机,2014,12:84-87+92.

[28] 付建胜,祖晖,等. 信息融合技术及其在智能交通领域中的应用. 公路交通技术,2014,03:120-125.

[29] 魏红雨. 基于4G地学空间数据集成关键技术研究. 长春:吉林大学,2014.

[30] 魏玮,张丽纯,谢慧珍,徐丹. 一种新的融合颜色和空间信息的目标提取方法. 计算机应用与软件,2015,01:217-220.

[31] 王俊淑,江南,等. 融合光谱-空间信息的高光谱遥感影像增量分类算法. 测绘学报,2015,09:1003-1013.

[32] 张振红. 空间多源信息跨尺度融合研究. 北京:北京邮电大学,2015.

[33] 刘李漫,张治国,等. 基于模板匹配及区域信息融合提取的快速目标跟踪算法. 计算机工程与科学,2016,03:534-541.

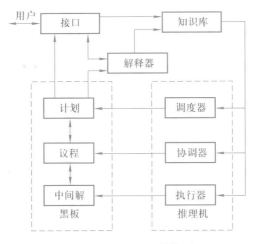

图 3.2 理想 ES 的结构图

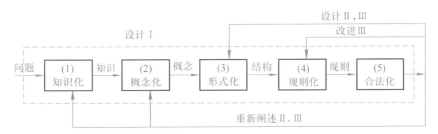

图 3.3 建立 ES 的一般步骤

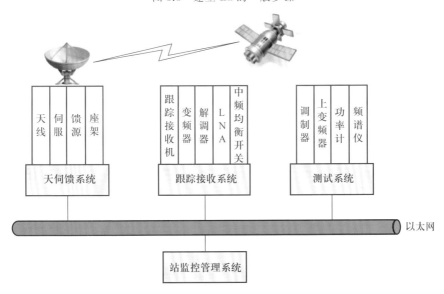

图 3.4 遥感卫星接收系统的组成图

图 4.11　大理洱海西南区域(4,5,3 波段)假彩色合成图

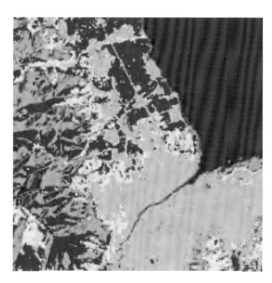

图 4.12　FCM 聚类结果

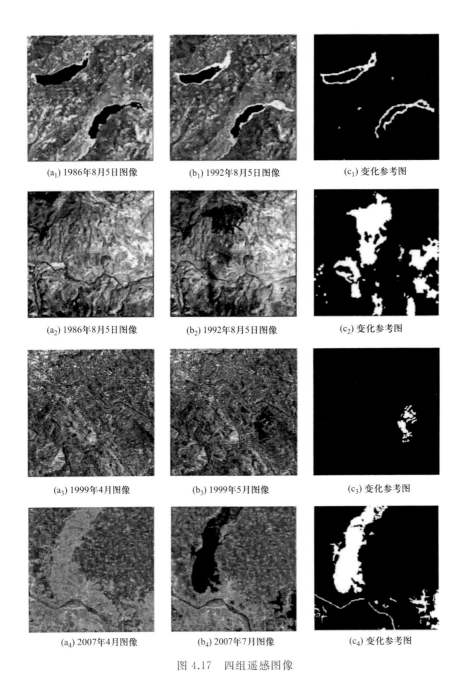

(a₁) 1986年8月5日图像   (b₁) 1992年8月5日图像   (c₁) 变化参考图

(a₂) 1986年8月5日图像   (b₂) 1992年8月5日图像   (c₂) 变化参考图

(a₃) 1999年4月图像   (b₃) 1999年5月图像   (c₃) 变化参考图

(a₄) 2007年4月图像   (b₄) 2007年7月图像   (c₄) 变化参考图

图 4.17 四组遥感图像

表 5.1　TM 影像解译标志

类型定义		遥感解译标志	解译样本
园林地	包括生长有阔叶林、疏木林及其他果树的土地	形状规则，条纹清楚，纹理细腻，色彩均匀边缘清晰	
水域	指天然形成或人工开挖的常水位线所围成的水面，包括河流、湖泊、水库等	河流呈线形条带状，湖泊边界清晰，纹理均匀；湖泊、水库等呈斑块状	
耕地	指用于农作物生长的土地	影像几何特征较规则，色调均匀，纹理细腻	
建筑用地	主要指居民点及特殊用地等，还包括占面积较大的交通运输用地	居民占形状较规则，边界清楚，与周围反差较大	
其他用地	主要为自然保留地	零散分布于上述四种地类周围，几乎无植被覆盖，几何特征不明显	

(a) 平行六面体分类法

(b) 最小距离分类法

(c) 最大似然分类法

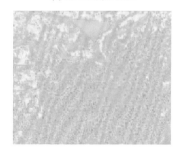

(d) BP神经网络分类法

图 5.20　各监督分类分类器对样本 I 分类的结果图

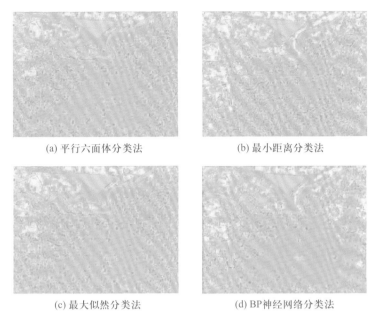

(a) 平行六面体分类法   (b) 最小距离分类法

(c) 最大似然分类法   (d) BP神经网络分类法

图 5.21　各监督分类分类器对样本 Ⅱ 的分类结果图

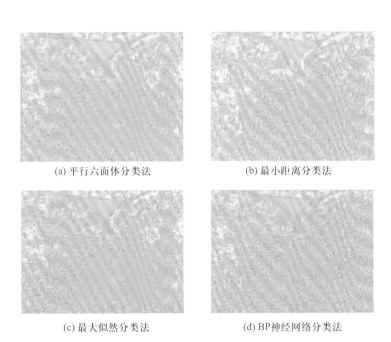

(a) 平行六面体分类法   (b) 最小距离分类法

(c) 最大似然分类法   (d) BP神经网络分类法

图 5.22　各监督分类分类器对样本 Ⅲ 的分类结果图

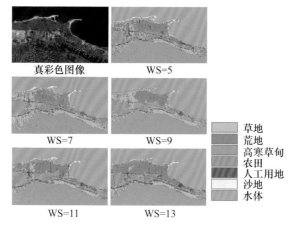

真彩色图像　　　　　WS=5

WS=7　　　　　WS=9

草地
荒地
高寒草甸
农田
人工用地
沙地
水体

WS=11　　　　　WS=13

图 5.28　不同领域窗口尺寸下的 CNN 分类结果[67]

(a) CNN分类结果　(b) 最大似然分类结果　(c) SVM分类结果

图 5.29　CNN 与最大似然分类、SVM 分类结果对比[67]

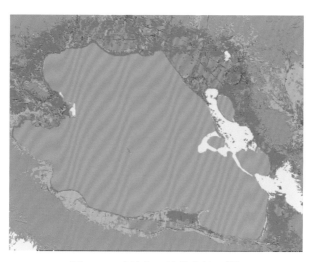

图 5.30　青海湖区域分类结果[67]

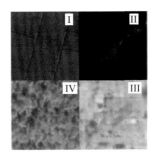

图 5.32 合成影像[72]

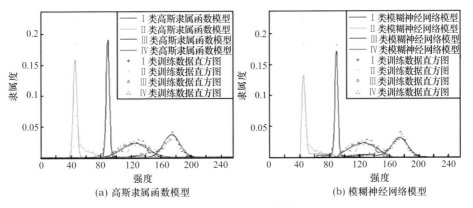

(a) 高斯隶属函数模型

(b) 模糊神经网络模型

图 5.33 拟合模型[72]

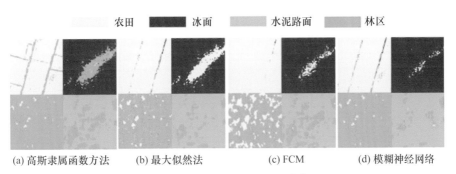

农田　冰面　水泥路面　林区

(a) 高斯隶属函数方法　　(b) 最大似然法　　(c) FCM　　(d) 模糊神经网络

图 5.34 合成影像分类结果[72]

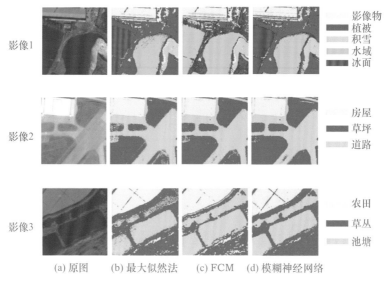

影像1

影像2

影像3

影像物
植被
积雪
水域
冰面

房屋
草坪
道路

农田
草丛
池塘

(a) 原图　(b) 最大似然法　(c) FCM　(d) 模糊神经网络

图 5.35　高分辨率遥感影像及分类结果[72]

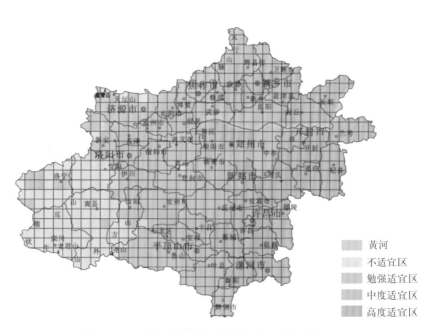

黄河
不适宜区
勉强适宜区
中度适宜区
高度适宜区

图 5.37　BP 神经网络模型评价农用地适宜性分区图

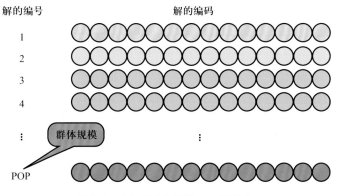

图 6.3　GA 的进化操作——初始化

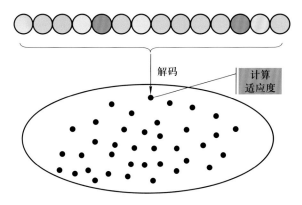

图 6.4　GA 的进化操作——计算适应度

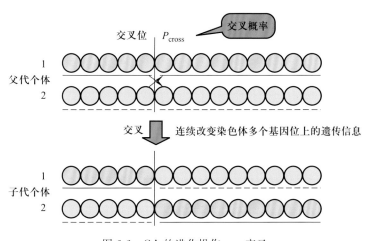

图 6.6　GA 的进化操作——交叉

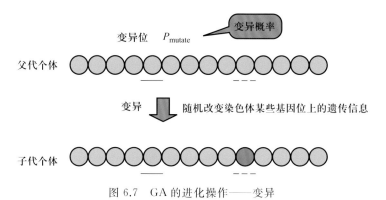

图 6.7 GA 的进化操作——变异

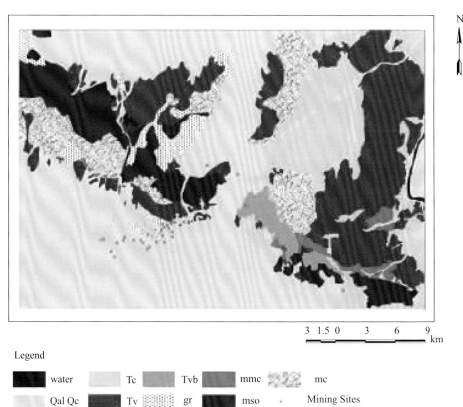

图 6.17 实验区域及附近区域的地质分布图

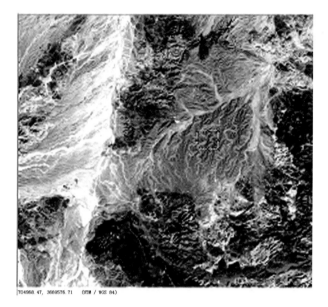

图 6.18　选择岩石训练样本示意图

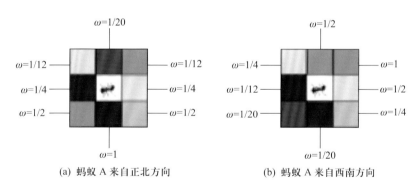

(a) 蚂蚁 A 来自正北方向　　　　　　(b) 蚂蚁 A 来自西南方向

图 6.20　根据方向偏移量 $\omega(\Delta\theta)$ 的取值情况

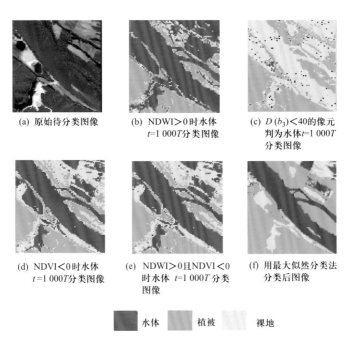

(a) 原始待分类图像　　(b) NDWI>0时水体　　(c) $D(b_3)<40$的像元
　　　　　　　　　　　$t=1\ 000T$分类图像　　　判为水体$t=1\ 000T$
　　　　　　　　　　　　　　　　　　　　　　分类图像

(d) NDVI<0时水体　　(e) NDWI>0且NDVI<0　　(f) 用最大似然分类法
　　$t=1\ 000T$分类图像　　时水体 $t=1\ 000T$分类　　分类后图像
　　　　　　　　　　　图像

■ 水体　　　■ 植被　　　□ 裸地

图 6.21　不同时间、不同分类规则下分类前后图像比较

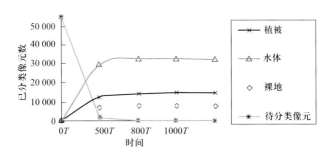

图 6.22　已分类像元数与时间关系

图 6.29　从左至右依次为原图像、PSO 分类图和 See 5.0 分类图